WILLIAM ISAACS

DIALOG ALS KUNST
GEMEINSAM ZU DENKEN

EHP - ORGANISATION

Hrsg. von Gerhard Fatzer
in Zusammenarbeit mit Wolfgang Looss und Sonja A. Sackmann

Der Autor

William Isaacs, Ph.D., unterrichtet an der Sloan School of Management am MIT; er ist Gründer und Präsident von DIA*logos* Inc., Cambridge, Mass. Als Berater vieler internationaler Unternehmen und in Forschung und Lehre hat er in den letzten zwanzig Jahren intensiv an der Erforschung, Entwicklung und Anwendung des Dialog-Ansatzes gearbeitet. Er lebt mit seiner Familie in der Umgebung von Boston, Mass. www.dialogos-inc.com

William Isaacs

DIALOG ALS KUNST
GEMEINSAM ZU DENKEN

Die neue Kommunikationskultur in Organisationen

Aus dem Amerikanischen von
Irmgard Hölscher

– E H P 2011 –

© 2002 für die deutsche Ausgabe EHP - Verlag Andreas Kohlhage
www.ehp.biz
Original English language title: Dialogue and the art of thinking together:
a pioneering approach to communication in business and in life
© 1999 by William Isaacs
Published by arrangement with the The Doubleday Broadway Publishing
Group, a division of Random House, Inc.

Redaktion: Maria Michels-Kohlhage

2. Auflage 2011

Bibliografische Information der Deutschen Nationalbibliothek
Die Deutsche Nationalbibliothek verzeichnet diese Publikation in der Deutschen Nationalbibliografie; detaillierte bibliografische Daten sind im Internet über http://dnb.d-nb.de abrufbar.

Umschlagentwurf: Gerd Struwe
- unter Verwendung eines Bildes von Petra Schulze -
Satz: MarktTransparenz Giese, Berlin
Gedruckt in der EU

Alle Rechte vorbehalten
All rights reserved. No part of this book may be reproduced or transmitted in any form or by any means, electronic or mechanical, including photocopying, recording or by any information storage and retrieval system, without permission in writing from the publisher.

ISBN 978-3-89797-011-3

Inhalt

	Seite
Zur Reihe EHP-Organisation	7
Vorwort von Peter Senge	11
Einleitung: Das Feuer des Gesprächs	15

I. Teil: Was ist Dialog?   27
1. Ein Gespräch mit einem Zentrum, aber ohne Parteien   28
2. Warum wir alleine denken und wie sich das ändern lässt   57
3. Eine zeitlose Form des Gesprächs   75

II. Teil: Kapazitäten für neues Verhalten   **83**
4. Zuhören   85
5. Respektieren   105
6. Suspendieren   123
7. Artikulieren   141

III. Teil: Prognostische Intuition   **155**
8. Handlungsmuster   160
9. Überwindung struktureller Fallen   173

IV. Teil: Die Architektur des Unsichtbaren   **197**
10. Installation des Containers   202
11. Gesprächsfelder   210
12. Den Dialog begleiten   239
13. Die Ökologie des Denkens   246

V. Teil: Die Erweiterung des Kreises   **261**

14. Dialog und die New Economy   262

15. Dialog in Organisationen und Systemen   275

16. Dialog und Demokratie   293

17. Ganzheit ernst nehmen   312

Anhang   **327**

Zur Reihe *EHP-Organisation*

Die Reihe *EHP-Organisation* verfolgt das zentrale Anliegen, neben der Übersetzung wichtiger Basistexte zum Bereich der Organisationsentwicklung und des Change Managements Grundlagen zur Organisationskultur, zu interkulturellen Entwicklungen, zur Verbindung Management und neue Technologien, zur lernenden Organisation, aber auch zu systemischen Interventionen in Organisationen, zu defensiven Routinen, zu neuen Formen der Organisation und theoretischen Ansätzen wie Aktionsforschung, Systemtheorie, Prozessberatung und Gestaltansätzen der OE darzustellen. Dabei werden selbstverständlich auch die verwandten Interventionsformen wie Supervision und Coaching ausführlich erörtert und in ihrer Unterschiedlichkeit und Ähnlichkeit gewürdigt. Es soll nicht nur der interkulturelle Austausch zwischen Europa, Amerika und anderen Kulturräumen im Vordergrund stehen, sondern auch neue Interventionsformen der OE wie Dialog und Wissensmanagement (»Lerngeschichten in Organisationen«); darüber hinaus werden neue Organisationsformen (Joint Ventures, Strategische Allianzen und Mergers & Acquisitions) thematisiert.

Die Reihe soll sowohl Diskussionsgrundlagen und Denkfiguren im Bereich OE für das 3. Jahrtausend als auch historische Grundlagen der OE in ihrer Aktualität bereitstellen. Damit ist die Reihe ganz bewusst ein Stück ›unmodern‹, weil die Professional Community der OE-Berater, Coaches und SupervisorInnen zum Teil ihre eigenen Grundlagen nicht kennt. Ziel ist es, einen Gegentrend zu den gängigen Einbahnstraßen der Wahrnehmung und zur kulturellen Ignoranz zu installieren, indem auch Autorinnen und Autoren zu Wort kommen, die diesen interkulturellen Dialog praktizieren und konzeptionell untermauern. Damit soll der herrschenden Flut von Publikationen, die zum Teil nur konzeptlos aus dem amerikanischen Sprach- und Kulturraum übersetzt (oder kopiert) wird, eine Reihe mit ausgewählten Titeln entgegengesetzt werden. Inspiriert ist die Reihe auch durch unsere amerikanischen Kollegen und langjährigen Wegbegleiter Chris Argyris, Edgar H. Schein, Fred Massarik, Ed Nevis, Warren Bennis und die Kollegen um Peter Senge am MIT, aus deren Kreis sich auch die Consulting Editors von *EHP-Organisation* rekrutieren. Herausgeber sind vier Kolleginnen und Kollegen aus dem Feld: als Hauptherausgeber Gerhard Fatzer in Zusammenarbeit mit Wolfgang Looss, Kornelia Rappe-Giesecke und Sonja Sackmann.

Der erste Titel war Ed Nevis' *Organisationsberatung*, ein Meilenstein, in dem Gestalt-, System- und Prozessberatungsansätze in Verbindung mit gestaltpsychologischen Grundlagen dargestellt werden; dann das Buch von Albert Koopman, *Transcultural Management*, das als erste Monographie praktisch und konzeptionell ein erfolgreiches interkulturelles OE-Projekt in Südafrika dokumentierte, und darüber hinaus ein breit anwendbares Modell der interkulturellen Organisationsentwicklung vorlegte. Koopmans Buch wird ergänzt durch einen aktuellen Sammelband des erfolgreichen Herausgeberteams Barbara Heimannsberg und Christoph Schmidt-Lellek *(Interkulturelle Beratung und Mediation)*: ein interessanter Band, in dem die Grundlagen der Mediation auf den interkulturellen Bereich und auf die Organisationsentwicklung angewendet werden.

Gerhard Fatzers *Supervision und Beratung*, das die Grundlagen von Supervision und Organisationsberatung umfassend vorstellt, ist in der mittlerweile 9. Auflage eines der erfolgreichsten Handbücher des Feldes geworden. Die verschiedenen *Trias-Kompasse (Erfolgsfaktoren von Veränderungsprozessen, Schulentwicklung als Organisationsentwicklung)* werden fortgesetzt mit Bänden, die sich Transformationsprozessen in Organisationen und Kurt Lewin widmen. *Organisationsentwicklung für die Zukunft* ist eine breite Darstellung der Grundlagen der lernenden Organisation von Peter Senge und zahlreichen Kollegen wie Bill Isaacs und Ed Schein; es enthält die ersten deutschsprachigen Texte von Chris Argyris zur »eingeübten Inkompetenz« und zu »defensiven Routinen«, die diesen wichtigen Vordenker in Europa bekannt machten.

In Ergänzung zu internationalen Autoren publizieren wichtige deutschsprachige Autorinnen und Autoren (z.B. Kurt Buchinger, Jörg Fengler, Wolfgang Looss, Lothar Nellessen, Kornelia Rappe-Giesecke, Sonja Sackmann, Jane E. Salk, Wolfgang Weigand), aber auch Newcomer und bisher noch wenig beachtete Autoren finden hier ein Forum für innovative Ideen und Texte.

Ed Scheins Klassiker *Prozessberatung für die Organisation der Zukunft*, der die Grundlagen von Prozessberatung als einer Philosophie des Helfens für Einzelpersonen, Teams und ganze Organisationen aufzeigt, wird in Kürze ergänzt durch ein weiteres Grundlagenwerk des Mitbegründers der

Organisationspsychologie und der Organisationsentwicklung: *Organisationskultur - The Ed Schein Corporate Culture Survival Guide.*

Es freut uns, als neustes das vorliegende Buch von William Isaacs (ebenfalls Mitglied der Fakultät des MIT) zum strategischen Dialog in Unternehmen vorzustellen, in dem der Begründer des Dialog-Ansatzes aufzeigt, worin Dialog besteht und wie er auf die Kommunikation von Unternehmen, Führungskräften und gesellschaftlichen Gruppen und im interkulturellen Kontext angewendet werden kann; eine zukunftsweisende Konkretisierung der lernenden Organisation und schon jetzt ein Klassiker mit seiner Fülle von Beispielen, Übungen und praktischen Anregungen, die die breite Darstellung der Wurzeln und der Tradition des Dialog-Ansatzes ergänzen. Wir möchten an dieser Stelle auch auf das Heft 2 (2001) der Zeitschrift *Profile* hinweisen, das sich ebenfalls dem Thema Dialog widmete.

Neue Titel werden dazu beitragen, das Verständnis von Menschen, Teams und Organisationen in einer immer turbulenter werdenden Umwelt zu fördern. Die Zeitschrift *Profile (Internationale Zeitschrift für Lernen, Veränderung, Dialog)* ist dieser Zielsetzung ebenfalls verpflichtet und wird als Periodikum die Buchreihe ergänzen. *EHP-Organisation* und *Profile* werden den Dialog zu den Lesern und innerhalb der globalen Professional Community unabhängig von Modeströmungen fördern und der Fortentwicklung des Feldes von Organisationsentwicklung und Supervision, von Coaching und Lernen, von Veränderung und Dialog dienen. Die Herausgeber und der Verlag EHP freuen sich, wenn Sie sich an diesem Dialog beteiligen: Bill Isaacs Buch ist mit Sicherheit ein guter Einstieg dazu!

Gerhard Fatzer, Grüningen/ Zürich

Vorwort: »A pioneering approach in business and in life«

Vor einigen Jahren wurde ich nach einer Rede vor einer Großgruppe im Silicon Valley zu einem Treffen mit einer 25-köpfigen Gruppe von Geschäftsführern und Vorstandsvorsitzenden gebeten. Anstatt nun aber weiter vorzutragen oder eine der üblichen Frage-und-Antwort-Sitzungen abzuhalten, schlug ich vor, unsere Stühle im Kreis aufzustellen und ein Check-in zu machen. Auf diese Art und Weise entsteht eine der einfachsten Dialogpraktiken: Reihum sagt jeder ein paar wenige Worte dazu, welche Gedanken und Gefühle ihn gerade in diesem Augenblick bewegen.

Die ersten Teilnehmer gaben mehr oder weniger oberflächliche Statements ab, stellten Fragen oder kommentierten das Besondere an der Situation, nicht in der üblichen Klassenzimmer-Anordnung zu sitzen. Schließlich sagte ein Mann: »Ich glaube, ich weiß, worum es hier geht«, und erzählte eine Geschichte von einer Wanderung mit seinen beiden jugendlichen Söhnen. Er hatte während einiger Tage in den Bergen der Sierra Nevada den Eindruck gehabt, dass es den beiden nicht besonders gefallen hatte, da sie sich häufig über die ungewohnten Umstände beklagt hatten: ohne ihre Musik, ohne Telefongespräche mit ihren Freunden und ohne ihre Computer. Einige Monate nach dem Trip sagte ihm sein 16-jähriger Sohn plötzlich, was ihm damals am besten gefallen hatte: »Ganz einfach: wenn wir abends ums Feuer saßen und miteinander sprachen.«

Von diesem Augenblick an veränderte sich das Check-in: Offensichtlich hatten alle etwas verstanden. Es folgten unterschiedliche Geschichten, einige einfacher, manche komplexer und bewegender; manche Teilnehmer stellten tiefgehende Fragen, die ihr persönliches Leben oder ihr Arbeitsleben und ihre Karriere betrafen; manche sprachen über gravierende Probleme im familiären Alltag oder in ihren Unternehmen. Offensichtlich spielte der Gegenstand des Gesprächs keine Rolle, aber alle wollten die Gelegenheit nutzen, etwas vorzustellen, zu fragen, gemeinsam zu reflektieren oder einfach angehört zu werden.

»Man redet und redet, bis das Gespräch beginnt«[1]

Noch vor wenigen Generationen bedeutete persönliche Reifung auch, seine eigenen Fähigkeiten durch die Kunst der Konversation weiterzuentwickeln. Auch wenn das noch nicht so lange her ist, scheint es doch wenig mit unserer Situation zu tun zu haben: Zeit und Geschwindigkeit spielten eine vollkommen andere Rolle, die tägliche Arbeit wurde mit abendlichem Beisammensein und dem Erzählen von Geschichten beschlossen, mündliche Tradition prägte das Leben ebenso wie die direkten persönlichen Beziehungen der Menschen zueinander.

Die Geschichte des Dialogs ist länger und geht natürlich weiter zurück, aber sie reicht bis an die modernen Gesellschaften heran, die auf eine bestimmte Weise auch eine Art historisches soziales Experiment darstellen: Kann eine Gesellschaft zusammenhalten, ohne auf eine Kernkompetenz zurückzugreifen, die stets Gruppen wie Organisationen und ganze Gesellschaften verband: die Kunst der Konversation.

Dialog als zentraler Prozess in Organisationen

Seit 1990 die Gruppe von Organisationen und Beratern, Universitätseinrichtungen und Forschern zusammenarbeitet, aus der später die *Society for Organizational Learning SoL* wurde, haben wir umfangreiche Erfahrungen mit Dialog als Kernkompetenz gemacht: Bill Isaacs hat diese Forschungen und Experimente geleitet: sowohl in Firmen wie in Non-Profit-Organisationen und in unterschiedlichen gesellschaftlichen Gruppen. Diese Erfahrungen führten ihn zu den zentralen Fragen:
– Was sind die entscheidenden Erfolgsfaktoren in Dialogprozessen?
– Was geschieht, wenn Leute versuchen miteinander zu reden?

Nach und nach nahm ein Fundus an Kenntnissen Gestalt an: der Nukleus des vorliegenden Buchs. William Isaacs lädt uns ein, Dialog auf vielen unterschiedlichen Ebenen zu untersuchen, und führt uns von Experimenten und Beobachtungen bis hin zu komplexen Hintergründen in Sozialwissenschaften, Psychologie und moderner Naturwissenschaft: Gegenstände, die eher ungewöhnlich für ein normales Managementbuch sind – aber Bills Buch ist ein ungewöhnliches, einzigartiges Managementbuch. Unsere Arbeit bei SoL stand unter der sehr simplen Prämisse, dass ungewöhnliche Durchbrüche notwendig sind, um erfolgreiche Organisationen aufzubauen, die den turbulenten Anforderungen des 21. Jahrhunderts gewachsen sind.

Und immer wieder haben wir erkennen müssen, dass diese Durchbrüche sowohl zutiefst persönlicher wie systemischer Art sein müssen. Ich kann mir kein Buch vorstellen, dass diesen scheinbaren Widerspruch eleganter und nützlicher darlegt.

Die Leute und Organisationen, mit denen die in diesem Buch vorgestellten Projekte durchgeführt wurden, sind praktisch orientierte Leute: aus dem Top-Management, aus den Geschäftsführungen, aus der technischen Basis und dem Staff von Fortune-100-Unternehmen. Wenn diese Leute an in die Tiefe gehenden Forschungsprojekten zum Dialog-Ansatz interessiert sind – und sich dafür wie Indianer am Lagerfeuer in den Kreis setzen – dann hat das unmittelbar etwas mit den Anforderungen ihrer Arbeit zu tun, und sie wissen, dass sie es direkt umsetzen können. In nahezu jedem Setting, in das Dialog eingebettet und Teil der Alltagsroutinen geworden ist, ist Veränderung irreversibel geworden. Wer Bills Buch mit seiner Fülle von Beispielen und Übungen kennengelernt hat, erkennt in unserer Gesellschaft verschüttete Kernkompetenzen: Die Teams mögen sich verändern, die Leute den Job wechseln oder die Firma, aber sie versuchen Leute zusammenzubringen mit dem Ziel, zu reden und gemeinsam zu denken.

Peter M. Senge,
MIT und *SoL – Society for Organizational Learning*

Anmerkung

[1] Sprichwort der nordamerikanischen Indianer

Einleitung:
Das Feuer des Gesprächs

»Come now, let us reason together«
Jesaja 1,18[1]

Im Anschluss an ein Gipfeltreffen internationaler Politiker konnte der frühere israelische Außenminister Abba Eban seine Enttäuschung nicht verhehlen: Die führenden Politiker hätten außerordentliche Macht, »aber ihre Treffen führen zu nichts«.

Ein Kind mag von einem solchen Treffen Großes erwarten – zumindest aber Richtung und Führung. Aber was kommt wirklich dabei heraus? In der Regel vorsichtige Schritte, Positionspapiere und Argumente, Politikerreden und Pressemitteilungen, die so glatt sind, dass Kontroversen daran einfach abgleiten. Abba Eban diagnostizierte das zentrale Problem knapp und präzise: Die führenden Politiker »haben es nicht gelernt, miteinander zu denken.«[2]

Mit eben diesem Problem kämpfen fast alle Politiker und Manager, Wissenschaftler, Sozialarbeiter und Familien, und das nicht etwa aus mangelndem Interesse. Den meisten Menschen sind Form und Qualität ihres Lebens und der Institutionen, die ihr Leben stützen, sehr wichtig. Auch fehlt es nicht unbedingt an Geld, Macht, Intelligenz, Beziehungen, Visionen oder was sonst allgemein als Voraussetzung für Erfolg und Größe gelten mag.

Was fehlt, ist etwas anderes – subtil, fast unsichtbar, aber dennoch stark genug, um selbst die führenden Politiker der sieben größten Industrienationen der Welt an echter Führung zu hindern, die Menschen inspirieren und das Beste in ihnen zum Vorschein bringen kann. Das ist natürlich der Traum jedes Politikers, auch wenn er oft nicht in Worte zu fassen ist, aber verwirklichen können ihn nur sehr wenige. Und das gilt nicht nur für Politiker, sondern für uns alle.

Aber was fehlt? Eine angeborene Weisheit, wie sie nur wenige Menschen besitzen? Oder wissen wir, wie Abba Eban meint, einfach nicht, wie wir zu einem gemeinsamen Denken und Sprechen finden können, das unsere gemeinsame Vernunft, unsere Weisheit und unser gesamtes Potential einbezieht?

Das grundlegende Problem hat sowohl mit mangelnden Fähigkeiten als auch mit dem Kontext zu tun, in dem wir leben. Die wenigsten Menschen scheinen die Strömungen unter der Oberfläche ihrer Gespräche erkennen zu können, die Gesprächspartner verbinden oder trennen. Aber das ist kein rein individuelles Problem, das sich durch Selbsthilfeprogramme oder energische Bemühungen um Veränderungen im Management »lösen« ließe, sondern ein Symptom, ausgelöst durch eine tieferreichende Fragmentierung, die nicht nur die Politik, sondern die gesamte menschliche Kultur durchzieht.

Das Versprechen gemeinsamen Denkens

Wenn es zutrifft, dass das Problem des gemeinsamen Denkens gleichzeitig ein persönliches und ein überpersönliches ist, dann brauchen wir wirksame Methoden und Praktiken für den Umgang mit beiden Dimensionen. Sie müssen uns in die Lage versetzen, schwierige Gespräche so zu führen, dass pragmatische, gute Ergebnisse entstehen, gleichzeitig aber auch die Fragmentierung sichtbar machen und uns helfen, das Gute, Wahre und Schöne in uns und in den Institutionen, in denen wir leben, zu integrieren. In diesem Buch will ich zeigen, wie sich beide Dimensionen ansprechen lassen.

Praktisch gesinnten Menschen mag es nicht allzu wichtig erscheinen, sich auf diese Weise die Welt bewusst zu machen. Dennoch geht das große Problem jeder Führungskraft – ob in Unternehmen, in Organisationen oder in der Politik – unmittelbar auf die Spaltung zwischen dem Dasein als Mensch und dem konkreten Handeln im Beruf zurück.

Am Ende aber lässt sich, und darauf werde ich immer wieder zurückkommen, beides nicht trennen. Was wir privat tun, *hat* Einfluss auf die berufliche Leistung. Wie wir denken, *hat* Einfluss darauf, wie wir sprechen. Und wie wir miteinander sprechen, beeinflusst definitiv unsere Effektivität. Man könnte sogar sagen, dass sich große berufliche Fehlschläge auf parallele Fehlschläge im Gespräch zurückführen lassen. Selbst in Organisationen, die sich weitmöglichst an der Praxis orientieren, lassen sich Probleme – etwa bei der Verbesserung der Leistung oder beim Erreichen der gewünschten Ergebnisse – unmittelbar auf ihre Unfähigkeit zurückführen, miteinander zu denken und zu sprechen, vor allem in kritischen Situationen.

*Ein **Beispiel** soll das deutlich machen: Vor kurzem begannen zwei Teilbereiche eines sehr großen Konzerns mit strategischen Planungen zur Erschließung eines* *wichtigen neuen Markts mit beispiellosem Wachstumspotential, der hohen Einsatz erforderte und dem Unternehmen neue Einnahmen in Milliardenhöhe bescheren konnte. Die Leiter der beiden Bereiche hatten sehr verschiedene Auffassungen darüber, wer den neuen Geschäftszweig führen sollte und welche Investitionen dazu nötig seien. Jeder glaubte, der neue Geschäftszweig stärke den eigenen Bereich, jeder streckte schon seine Fühler danach, als plötzlich die Konzernleitung die Erarbeitung eines gemeinsamen Ansatzes forderte.*

Obwohl der Erfolg in diesem neuen Markt erkennbar von der Entwicklung neuer Synergien abhing, waren weder die Bereichsleiter noch ihr Management bereit, offen und direkt über das Problem nachzudenken. Ihre Positionen schlossen sich wechselseitig aus: Beide gingen davon aus, der jeweils andere Ansatz schade dem Wachstum des eigenen. Also setzte man Task Forces ein, die das Problem untersuchen sollten, und tat so, als ließen sich die Widersprüche dadurch überwinden. Privat räumten alle ein, dass es sich um einen schwerwiegenden, ungelösten Konflikt handelte. Als Gruppe aber weigerten sie sich, diese Tatsache anzuerkennen, von einem Gespräch über die fundamentalen Ängste vor Kontrollverlust, Umsatzeinbußen und schließlich Gesichtsverlust im Unternehmen, die dem Problem zugrunde lagen, ganz zu schweigen. All diese Fragen ließen sie außen vor, behaupteten aber nach außen hin das Gegenteil. Eine der Task Forces zeigte zwar eine gewisse Bereitschaft, sich von vorgefassten Annahmen zu lösen und ein offenes Gespräch über die Risiken und über die Befürchtungen der Beteiligten in Hinblick auf die Wünsche und Absichten der Vorgesetzten zu führen, doch nicht einmal dieser Gruppe gelang es, Bewegung in die festgelegten und engagiert verteidigten Annahmen vieler Mitarbeiter und Führungskräfte zu bringen.

Und das Ergebnis? Ohne je direkt zu prüfen, wie stark die Synergien bei einer Zusammenarbeit hätten sein können, verfolgte jeder Bereich seine eigene Strategie für den neuen Markt. Die Widersprüche und internen Konkurrenzen, die unvermeidlich sind, wenn zwei Bereiche desselben Unternehmens denselben Markt erobern wollen, wurden einfach ausgeklammert. Statt eine völlig neue Abteilung aufzubauen, die die Vorzüge beider Bereiche in sich vereint hätte, fragmentierten sie weiter und wilderten im Bereich des jeweils anderen. Garniert wurde das Ganze mit vollmundigen öffentlichen Erklärungen, nach dem Motto: »Unter den gegebenen Umständen hatten wir keine andere Wahl«, und: »Dies war nicht nur die einzige, sondern auch die beste Entscheidung.«

Hier handelte es sich um ein Versagen auf Leitungsebene. Sie hat die Chance zu einem sehr viel wirksameren Handeln auf der Basis eines gemeinsamen Engagements verspielt und sich statt dessen für eine Strategie entschieden, bei der sich die Mitarbeiter nicht mit ihren Annahmen, Sorgen, Befürchtungen, Feindschaften und Träumen auseinander setzen mussten.

Und der wahre Grund für diese Entscheidung war die Unfähigkeit, miteinander zu denken.

Diese Situation ist nicht ungewöhnlich. Sie ist eingebettet in die Grundstruktur unserer heutigen Interaktionen. Die Unfähigkeit, miteinander zu denken, ist mittlerweile so normal, dass man sie kaum noch als Defizit bezeichnen kann – »Menschen sind eben so«, lautet wohl die einhellige Meinung. Und Skeptiker würden vielleicht noch darauf hinweisen, dass zuviel Kontakt mit den Gedanken anderer kontraproduktiv sei, denn das könne zum Verlust an Objektivität, Distanz und vertrauten Überzeugungen führen.

Die Vorstellung eines gemeinsamen Denkens erscheint also als gefährliche Illusion, der die Beteiligten auf der Suche nach Harmonie unbemerkt ihre Individualität opfern. Aber das Bestreben, falsche Harmonie um jeden Preis zu vermeiden, führt oft nur ins andere Extrem – zu einer ebenso unbemerkten »Streit-Haltung«, bei der die Beteiligten im Sumpf der eigenen Prädispositionen und Gewissheiten stagnieren und ihr jeweiliges Terrain als notwendig und unveränderbar blind verteidigen. Ob falsche Harmonie oder polarisierte streitbare Stagnation – in beiden Fällen hören die Beteiligten auf zu denken.

»Nichtdenken« ist ein anderes Wort für »Gedächtnis«. Menschen leben aus ihren Erinnerungen heraus, abgeschirmt gegen direkte Erfahrung. Das Gedächtnis ähnelt einer Tonbandaufzeichnung: Es spult eine einmal erlebte Realität ab, die sich auf die gegenwärtige Situation mehr oder weniger gut anwenden lässt. Und wie ein Tonband ist auch das Gedächtnis begrenzt. Die Parameter seiner Reaktionen sind schon festgelegt, die Gefühle bereits definiert. Das heißt, angesichts einer neuen Situation, auf die die instinktive Erinnerung nicht anwendbar ist, wissen wir nicht, wie wir reagieren sollen, und fallen in eine Gewohnheit zurück, die wir durch bittere Erfahrung erworben haben: uns gegenseitig vor den Worten, Taten und Verhaltensweisen der anderen zu schützen. Da ein neuer Weg, der über die falschen »Lösungen« in unserem Gedächtnis hinausweisen könnte, nicht in Sicht ist, klammern wir uns an unsere Auffassungen und verteidigen sie, als ginge es um Leben und Tod.

In diesem Buch will ich zeigen, dass das nicht der Weisheit letzter Schluss ist. Wir können lernen, einen neuen Geist des Gesprächs zu wecken und zu pflegen, mit dem sich selbst hartnäckigste und schwierigste Probleme erfassen und lösen lassen. Diesen Geist können wir in uns selbst, in unseren engsten Beziehungen, in unseren Organisationen und Gemeinschaften lebendig werden lassen.

Die Methode und die Begriffe des Dialogs, die ich hier vorstelle, sind so alt wie die Menschheit. Und doch werden sie auch in unserer Zeit wieder neu erfunden. Sie repräsentieren die Kunst, nicht nur miteinander zu sprechen, sondern miteinander zu denken, eine Kunst, die in der Kultur der Moderne so gut wie verloren gegangen ist. Dieses Buch geht von der schlichten Voraussetzung aus, dass wir die enormen Herausforderungen, vor denen die Menschen heute stehen, nicht bewältigen und die großartigen Verheißungen der Zukunft, auf deren Schwelle wir stehen, nicht erfüllen können, solange wir nicht lernen, auf ganz neue Weise miteinander zu denken.

Feuerströme

Vor einigen Jahren erhielt eine Gruppe vom MIT, zu der auch ich gehörte, von einem der größten Stahlwerke Amerikas den Auftrag, Managern und Gewerkschaftsvertretern zu zeigen, wie sie durch eine neue Art des Gesprächs ihre Jahrzehnte alte Spaltung und ihre Streitigkeiten überwinden könnten.

Unser erster Besuch im Stahlwerk war wie ein Besuch in einer anderen Welt – auf den ersten Blick ein aussichtsloses Setting für einen Dialog. Aber wie sich herausstellen sollte, wurde gerade dieser Ort zur perfekten Metapher für tiefere Interaktion.

Das Stahlwerk war sehr groß, sehr laut und sehr heiß. Die Produktionsanlagen in der Haupthalle nahmen eine Fläche ein, die etwa der von zwei Fußballfeldern entsprach. Über mir wurden rund 160.000 Pfund Stahlschrott zu einer weißglühenden Brühe erhitzt. Im Schmelzprozess schien der Stahl förmlich zu brüllen.

Dann verstummte der Lärm plötzlich, und eine unheimliche Stille breitete sich aus. Der Schmelzzyklus war in eine neue Phase eingetreten. Drei neun Meter hohe und zwölf Meter breite Bottiche mit flüssigem Stahl standen, wie die Einmachgläser auf dem Regal eines Riesen, auf einem breiten Sims über mir. In diesen elektrischen Schmelzöfen verwandelten sich alte Kühlschränke, Autowracks und abgerissene Häuser in Verbundstahl, aus dem dann wieder Bettfedern, Stahldraht und Stahlkugeln für den Bergbau hergestellt wurden, die Kupfer und andere Metalle zu einem Granulat pulverisierten, das leichter zu verarbeiten war.

Nun wurde am Boden eines Schmelzofens ein kleines Ventil geöffnet, aus dem sich ein leuchtend roter, unerträglich heißer Feuerstrom ergoss. Als ich zurücktrat, wurden andere »heiße« Öfen geöffnet, die rote und weiße Funken sprühten. Unter den fünfzehn Meter hohen Decken liefen Laufstege entlang. Grellgelbes und weißes Licht erhellte immer wieder die Dunkelheit, Funken flogen, und flüssiges Feuer ergoss sich in die bereitstehenden riesigen Gusspfannen.

Angesichts dieses surrealen Schauspiels hatte ich das Gefühl, in das Innerste der Schöpfung geraten zu sein. Es war ein Privileg für mich, abseits der Alltags-

welt beobachten zu dürfen, wie diese enormen Kräfte unter Kontrolle gebracht wurden. Hier handelte es sich um Schöpfung in fast schon mythischem Ausmaß.[3] Die Männer, die in diesem Werk arbeiteten, erschienen mir als Schmiede der Welt. Später sagte ich ihnen, sie seien keine Stahlarbeiter, sondern »Manager des Feuers«.

Alle arbeiteten zielgerichtet. Alle waren der Meinung, die Arbeit sei ungefährlich. Schwere Unfälle hatte es tatsächlich seit Jahren nicht mehr gegeben. Die meisten arbeiteten seit mehr als zwanzig Jahren in diesem Werk, manche sogar seit vierzig, und bei vielen waren bereits die Väter hier beschäftigt gewesen. Die Männer, die in der Nähe des heißen Stahls arbeiteten, mussten die Augen vor dem Licht des weißglühenden Metalls mit dicken blauen Brillen schützen, die an ihren Schutzhelmen befestigt waren. Dadurch wirkten sie wie Wesen aus einer anderen Welt, aber dennoch geerdet. Es war erkennbar, dass das Werk für sie kein fremder Ort, sondern so etwas wie ein strenges Zuhause war. Die Sicherheit hing auch damit zusammen, dass die riesigen Bottiche den geschmolzenen Stahl fest umschlossen. Container des Prozesses war der Stahl, und im Feuer gehärteter Stahl schloss das Feuer ein.

Als ich neben diesen Metallströmen stand, begriff ich, dass diese Leute bereits eine Menge darüber wussten, wie man kreative Prozesse einfasst und das »Feuer des Gedankens« in den Griff bekommt. Sie hatten es mit den wohl intensivsten Kräften zu tun, die der Mensch kennt – unglaublich heißes geschmolzenes Metall, das täglich in benutzbaren Stahl verwandelt wurde – und sie bändigten sie relativ problemlos. Bei unserer Arbeit geht es unter anderem darum, zu untersuchen, wie man die ungeheuren emotionalen, intellektuellen und sogar spirituellen Kräfte, vor allem Aspekte, die im Gespräch auftauchen, einfassen und Wege zu ihrer kreativen Nutzung finden kann. Dieses menschliche Feuer scheint oft schwerer zu umschließen als geschmolzener Stahl – eine Analogie übrigens, die die Stahlwerker sofort verstanden.

Das MIT-Forschungsteam arbeitete über zwei Jahre hinweg mit den Vertretern der Stahlarbeiter und des Managements – zwei Gruppen mit einer langen Geschichte erbitterter Arbeitskämpfe –, um eine Form des Gesprächs zu finden, die die tiefgehenden Differenzen in einen sinnvollen, nutzbringenden Dialog umwandeln konnte. Nach einigen Monaten erlebten viele Teilnehmer eine radikale Veränderung, so radikal, dass sie – zumindest zeitweise – aus ihren Schwertern Pflugscharen machen konnten. Wir beschäftigten uns intensiv mit den Grundannahmen beider Gruppen und bauten dadurch große wechselseitige Achtung, Koordination und Verbindung auf. Aus diesem gegenseitigen Verständnis erwuchsen Taten: Die Leistung verbesserte sich, die Unzufriedenheit nahm ab, und zum ersten Mal seit Generationen wurde versucht, die chronischen Probleme des Werkes im gemeinsamen Handeln zu lösen. Durch die veränderte

Atmosphäre konnten Investoren von außen gewonnen werden, die mehr als 100 Mio. US$ in das Unternehmen steckten. Und obwohl sich einige dafür einsetzten, diese Bemühungen zu beenden, gibt es viele der Initiativen bis heute. In diesem Buch will ich erklären, wie solche Prozesse funktionieren und warum sie sich auf die beabsichtigte Weise entfalten oder eben nicht.

Ein Buch über den Dialog

Ein Buch über den Dialog ist in gewisser Hinsicht ein Widerspruch in sich. In meiner Definition bedeutet *Dialog* gemeinsames Ergründen, gemeinsames Denken und Nachdenken. Es geht nicht darum, jemandem etwas *beizubringen*, sondern etwas *gemeinsam* mit anderen zu tun. Um das zu lernen, muss man vor allem lernen, die eigene Einstellung zu den Beziehungen zu anderen zu verändern. Dann kann man das Bemühen, von anderen verstanden zu werden, nach und nach aufgeben und lernen, sich selbst und die anderen besser zu verstehen.

Ein Buch aber soll Maßstäbe setzen. Die Leser erwarten von mir als Autor Antworten, d.h., sie wollen möglichst schnell und problemlos an die Informationen kommen. Aber Dialog funktioniert anders. Der Dialog ist die gelebte Ergründung *in* und *zwischen* Menschen. In den anderthalb Jahrzehnten, in denen ich über Dialog geschrieben und auf der ganzen Welt Dialoge geführt habe, ist mir klar geworden, dass der wichtigste Teil jedes Gesprächs das ist, was sich keiner der Beteiligten zu Anfang hätte vorstellen können.

Dieses Buch will Ihnen also keine Vorschriften machen, sondern eine Art Landkarte sein, mit deren Hilfe Sie Ihren Weg selbst finden können. Sie werden entdecken, was den Dialog fördert (oder verhindert), was passiert, wenn Sie in problematischen Settings damit zu arbeiten versuchen, und wie Sie mit den inneren Veränderungen umgehen können, die notwendig sind, um ihn effektiv einzusetzen.

Dialog in allen Lebensbereichen

Der dialogische Prozess ist eine sinnvolle Gesprächsform für Menschen aus allen sozialen Schichten, Nationalitäten, Berufen und Verantwortungsbereichen in Organisationen und Gemeinschaften. Es gibt zahlreiche Gründe, sich für den Dialog zu entscheiden: z.B. der Wunsch, Konflikte zu lösen, die Beziehungen zu anderen, etwa Geschäftspartnern, Vorgesetzten, Ehepartnern, Eltern oder Kindern, zu verbessern, oder aber auch der Wunsch nach effektiverer Problemlösung. Der Grund, aus dem Sie dieses Buch in die Hand genommen haben, ist vielleicht nur der erste Schritt auf dem Weg zum wahren Nutzen des Dialogs für Sie.

Produktionsmanagern kann dieses Buch helfen, ihre Mitarbeiter ohne ständige strenge externe Kontrolle zur koordinierten und kreativen Zusammenarbeit zu befähigen. Häufig soll der Durchbruch bei Produktivität und Leistung durch vorgegebene Maßnahmen, Belohnungen und Strafen erreicht werden. Der Dialog leistet das, indem er die Bindekraft des Kitts verstärkt, der Menschen miteinander verbindet. Bei diesem »Kitt« handelt es sich um die wahrhaftige gemeinsame Bedeutung und das gemeinsame Verständnis, das in jeder Gruppe bereits vorhanden ist. Aus gemeinsamer Bedeutung erwächst gemeinsames Handeln. Hier können Sie lernen, dass ein Dialog nicht durch ein starres, von außen eingebrachtes Regelwerk, sondern aus der Gesamtheit der Interaktionen entsteht.

Führungskräfte haben es in der Regel mit exponentiell wachsenden Führungsaufgaben zu tun. Die Mitarbeiter enthalten ihnen aus Angst vor Sanktionen oft alles vor, was sie ihrer Meinung nach nicht hören wollen. Deshalb wissen Führungskräfte meist nicht, was um sie herum vorgeht. Der Dialog kann ihnen helfen, das herauszufinden, worüber die Mitarbeiter ihres Unternehmens lieber nicht sprechen.

Als Führungskraft, unabhängig von Ihrer Position im Unternehmen, können Sie lernen, den Dialog noch einen Schritt weiterzuentwickeln. Die Probleme, vor denen wir heute stehen, sind zu komplex, um von einer Person allein gelöst zu werden. Für sie braucht man mehr als ein Gehirn. Der Dialog will die »kollektive Intelligenz« (die man sich als kollektiven Intelligenzquotienten oder »KQ« vorstellen kann) der Menschen, mit denen Sie arbeiten, nutzbar machen; zusammen sind wir wacher und klüger als allein. Zusammen können wir auch neue Wege und Chancen deutlicher erkennen. Heute, wo viele Firmen sich ständig neu erfinden, ist diese Fähigkeit zu kollektiver Improvisation und Kreativität essentiell. Was den dialogischen Ansatz als Methode der Führung von anderen Methoden unterscheidet, ist die Tatsache, dass man ihn zunächst in sich selbst entwickeln und anderen beispielhaft vorleben muss, bevor man ihn im Team einführen oder auf Probleme anwenden kann. So gesehen, bietet der Dialog Führungskräften ein besseres Gleichgewicht.

Diplomaten und Politiker stehen vor ähnlichen Herausforderungen, wenn auch vor anderen Themen: Sie müssen die enormen kulturübergreifenden Probleme unserer globalen und multikulturellen Welt steuern. Menschen aus verschiedenen Kulturen sprechen verschiedene Sprachen, haben verschiedene Grundannahmen, verschiedene Denk- und Handlungsweisen. Der Dialog kann Menschen in die Lage versetzen, diese Unterschiede ans Licht zu bringen und allmählich zu verstehen. Das fördert die Kommunikation und das wechselseitige Verständnis. Außerdem muss man den Beteiligten dabei helfen, Settings zu schaffen, in denen sie gefahrlos und bewusst über ihre Unterschiede nachdenken können. Da heute die meisten Großunternehmen global angelegt sind, sind natürlich auch Manager und Führungskräfte mit diesen Problemen konfrontiert. Schon die Mitglieder eines einzigen Teams kommen oft aus verblüffend unterschiedlichen Kulturen – Abteilungen oder Funktionen, die genauso stark diversifiziert sein können wie die ethnischen Kulturen in einer Region.

Leser aus dem Bereich der Aus- und Weiterbildung werden vermutlich feststellen, dass dieses Buch ihre intuitive Auffassung über gute Lernbedingungen bestätigt – Settings, in denen man einander zuhört, Unterschiede respektiert und feste Meinungen zugunsten einer anderen Perspektive aufgeben kann. Der Dialog ist ein vielversprechender Ansatz in der Pädagogik, denn er stellt traditionelle, hierarchische Modelle in Frage und bietet eine Methode zur Bewahrung der »Partnerschaft«: zwischen Ausbildern und Verwaltung, Lehrenden und Lernenden und Lernenden untereinander. Dialog kann dazu befähigen, mit und von einander zu lernen.

Eltern oder Familienangehörige schließlich können mit Hilfe des Dialogs ein Gefühl von Heilung, Ruhe und Klarheit in ihre Interaktionen einbringen. Die Familie ist oft der erste Ort, an dem man lernt, zuzuhören und sich auf Menschen zu beziehen. Leider waren diese Erfahrungen bei den meisten von uns nicht immer so erfüllend und befriedigend, wie sie hätten sein können. Manche Methoden und Gedanken dieses Buches können dazu beitragen, die häuslichen Interaktionen zu verändern. Ein führender Banker sprach mich einmal nach einem meiner Vorträge ein wenig schüchtern an: »Kann ich Sie etwas fragen? Ich hoffe, Sie verstehen mich nicht falsch, aber mir ist eingefallen, dass das, was Sie gesagt haben, auf meine Familie zutrifft. Arbeiten Sie auch mit Familien?« Als ich ihn fragte, ob er glaube, ich sei beleidigt, weil er mich nicht nach beruflichen Dingen gefragt habe, antwortete er: »Nun ja, mir schien das wichtiger als mein Geschäft.«

Was immer Sie von diesem Buch auch erwarten mögen, der Dialog bietet Ihnen einen Weg zu Verständnis und Effektivität, der zum Zentrum der Humanität führt – zu der Frage nach dem Sinn und den Gedanken und Gefühlen, die dem zugrunde liegen, was wir allein und mit anderen tun.

Die drei Sprachen des Buchs

Ich habe mich bemüht, in diesem Buch drei charakteristische und unterschiedliche Sprachen zu verbinden, Sprachen, die normalerweise nicht eben gut zusammenpassen.[4] Die erste ist die Sprache der *Bedeutung*, mit der ich die Ideen vermitteln will, auf die sich diese uralte Praxis stützt, ihren Kontext sowie die von mir entwickelten Konzepte, die sie verständlicher machen sollen. Die zweite ist die Sprache der *Gefühle* und der Ästhetik: das Gefühl für die Schönheit, den Rhythmus und das Timing unserer Gespräche. Das, was wir *denken*, wird zutiefst von dem beeinflusst, was wir *fühlen*. Die dritte Sprache ist die der *Macht* – vor allem der Macht unseres Handelns. Sie spricht von den Werkzeugen, die man benötigt, um effektiver handeln zu können. Denn beim Dialog geht es nicht nur ums Reden, sondern ums Handeln. Im Idealfall bezieht der Dialog alle drei Sprachen ein: Bedeutung, Ästhetik und Macht.

In diesen drei Sprachen klingt das Echo einer noch älteren Gedankenwelt nach, die über die gegenwärtigen praktischen Herausforderungen hinaus die grundlegenden Kräfte offenbart, die beeinflussen, wie wir als Menschen leben und arbeiten. Für die Griechen der Antike war die menschliche Gesellschaft von drei aktiven Werten bestimmt: Das Streben nach objektivem Verständnis, die subjektive Erfahrung der Schönheit und das gemeinsame, koordinierte und gerechte Handeln. Die Griechen bezeichneten das als das Wahre, Schöne und Gute. Aus dem Wahren entwickelte sich das Streben nach objektiver wissenschaftlicher Wahrheit, aus dem Schönen Ästhetik und Kunst und aus dem Guten die Moral und die Herausforderungen kollektiven Handelns. Im Zuge dieser Entwicklung brachte jedes seine eigene Sprache hervor: Das Wahre, das auf Objektivität ausgerichtet ist, sagt »Es«, das Schöne, das auf subjektive Erfahrung zielt, sagt »Ich«, und das Gute, ausgerichtet auf intersubjektive Beschreibungen, spricht vom »Wir« – von dem, was wir durch Handeln ausdrücken.[5]

Wie Ken Wilbur in seinem Buch *The Marriage of Sense and Soul* zeigt, haben sich diese Sprachen seit der Zeit der Griechen nicht nur weiterentwickelt, sondern auch getrennt, fragmentiert und dissoziiert. Es ist deshalb ungewöhnlich, sie in einem ernsthaften Buch zu verbinden, das sich mit der Verbesserung des Denkens und Sprechens beschäftigt – und das bedeutet auch zu lernen, durch das rechte Wort das rechte Handeln hervorzubringen, sich aber genauso ernsthaft mit der Ästhetik, den Gefühlen und dem Timing des gemeinsamen Gesprächs zu beschäftigen. Es ist durchaus möglich, sich auf Effektivität zu konzentrieren, ja sich sogar zu bemühen, beim Sprechen Mensch zu bleiben, ohne darüber nachzudenken, ob das, was wir denken, auch gut oder gerecht ist. Aber alle drei Elemente sind wesentlich, und ein echter, ausgeglichener Dialog ist nur möglich, wenn alle drei Elemente vorhanden sind.

So alt das Konzept des Dialogs auch ist, er wird nicht sehr häufig praktiziert. Das liegt auch daran, dass Menschen eine innere Ökologie besitzen, ein Geflecht aus Gedanken, Vorstellungen und Gefühlen, das ihr Handeln leitet. Man kann diese Ökologie mit einem Computerprogramm vergleichen – mit den Anweisungen, die dem Computer sagen, wie er Berechnungen auszuführen hat. Da diese innere Ökologie allen Menschen gemeinsam ist, taucht ein Problem, das in einem Teil der Kultur entsteht, tendenziell auch in allen anderen Teilen auf.

Allzu viele von uns haben den Kontakt zum Feuer des Gesprächs verloren. Wenn wir miteinander reden, gehen wir selten in die Tiefe. In den meisten Fällen sind Gespräche für uns entweder Gelegenheit zum Austausch von Informationen oder eine Arena, in der man Punkte sammeln kann. Probleme, die lösbar, und Schwierigkeiten, die zu bewältigen wären, bleiben bestehen. Und wir stellen oft fest, dass wir einfach nicht das nötige Rüstzeug besitzen, um wirklich neue Möglichkeiten, neue Optionen auszuloten. Falsche Kommunikation und Missverständnisse verdammen uns dazu, an anderer Stelle nach der kreativen Intensität zu suchen, die in und zwischen uns schlummert. Aber gerade diese Intensität kann unsere Institutionen, unsere Beziehungen und uns selbst revitalisieren. Und so geht es letztlich in diesem Buch darum, das Feuer des Gesprächs neu zu entfachen.

Anmerkungen

[1] Die englische Fassung dieser Bibelstelle umfasst genau den Bedeutungsumfang »gemeinsam schlussfolgern, vernünftig denken, vernünftig reden, argumentieren« und entspricht damit Isaacs Bestimmung des Dialogs als gemeinsamem Denken; sowohl der Vulgatatext als auch die Lutherfassung von Is. 1,18 legen allerdings einen etwas anderen Schwerpunkt, der neben dem »miteinander« von »richten, urteilen, verurteilen« spricht: »Et venite, et iudicio contendamus« / »So kommt denn und lasst uns miteinander rechten«. Jesaja 1,19/20 drückt dann im Folgenden in alttestamentarisch drastischer Weise aus, was geschieht, wenn man sich nicht um Dialog bemüht: »Wollt ihr mir gehorchen [also zu gemeinsamem Urteil kommen], so sollt ihr des Landes Gut genießen. Weigert ihr euch aber und seid ungehorsam, so sollt ihr vom Schwert gefressen werden«.

[2] *Time Magazin*, 12. Juli 1993

[3] Der dramatische Prozess der Stahlherstellung erinnert an den Ursprung an sich. Davon spricht Rumi, der große persische Dichter des 13. Jahrhunderts, wenn er sagt: »In der Nacht der Schöpfung wachte ich, // eifrig beschäftigt, während alle schliefen // Ich war da, um das erste Blinzeln zu sehen und die erste Geschichte zu hören ... // Wie kann ich dir das beschreiben? // Du bist später geboren.« (Andrew Harvey: *The way of passion*, Berkeley, Cal. 1994, 130)

[4] Diese Gedanken wurden zuerst von David Kantor formuliert.

[5] Vgl. Ken Wilbur: *The marriage of sense and soul*, New York 1998.

I. Teil

Was ist Dialog

1. Ein Gespräch mit einem Zentrum, aber ohne Parteien

»Ich habe nie erlebt, dass ein Disputant
einen anderen durch Argumente überzeugt hätte.«
Thomas Jefferson

Wann hat man Ihnen zuletzt wirklich zugehört? Wahrscheinlich können auch Sie sich nur schwer daran erinnern. Denken Sie an eine Situation, in der Sie erlebt haben, wie andere über eine schwierige Frage zu sprechen versuchten. Wie war der Ablauf? Sind sie zum Kern der Sache vorgestoßen? Fanden sie zu einem dauerhaften gemeinsamen Verständnis? Oder verhielten sie sich hölzern, mechanisch und reaktiv, waren auf die eigenen Ängste und Gefühle fixiert und hörten nur das, was zu ihrer vorgefassten Meinung passte?

Trotz bester Absichten lauern die meisten Menschen in Gesprächen nur auf die erste beste Gelegenheit, ihre Kommentare und Meinungen vorzubringen. Und wenn es hitziger wird, erinnert das Tempo der Gespräche an die Schießerei in einem Western: »Du hast unrecht!« »Das ist ja verrückt!« Sieger ist, wer am schnellsten zieht und sein Terrain am längsten verteidigt. Neulich scherzte ein Bekannter: »Die Leute hören nicht zu, sie laden nach.« Wohl jeder wird angesichts der Fernsehübertragungen von amerikanischen oder britischen Parlamentsdebatten, in denen die Führer unserer Gesellschaft plädieren, pfeifen, buhen und sich im Namen eines vernünftigen Diskurses gegenseitig niederbrüllen, den Eindruck gewonnen haben, irgend etwas sei grundlegend falsch gelaufen.[1] Die Politiker spüren das ebenfalls, scheinen aber nicht die Kraft zu haben, es zu ändern.

Unsere Gespräche verlaufen nur allzu oft enttäuschend. Statt etwas Neues zu schaffen, wird polarisiert und gestritten. Insbesondere, wenn viel auf dem Spiel steht und die Schwierigkeiten groß sind, erstarren wir gern in Positionen, für die wir dann plädieren. Plädieren bedeutet, den eigenen Standpunkt zu vertreten. Das geschieht in der Regel einseitig und lässt keinen Raum für andere. Israelis und Palästinenser streiten über die Siedlungen in der West Bank. Vertriebs- und Produktionsleiter streiten über Produktionspläne. Führungskräfte streiten über den besten Kapitaleinsatz.

Freunde streiten über Moral. In all diesen Situationen scheitert eine mögliche neue Art der Begegnung – aus welchen Gründen auch immer.

Dennoch gibt es natürlich zahlreiche Situationen, in denen Plädieren vernünftig ist. Es gibt Loyalitäten, etwa zu einem Stamm, einem Unternehmen, einer Religion oder einem Land. Wir leben nicht in einer neutralen Welt, sondern in einer Umgebung, die von Meinungen, Positionen und Überzeugungen über die richtige und falsche Wahrnehmung der Welt, über die richtige und falsche Interaktion mit ihr förmlich wimmelt. Entsprechend gibt es auch Interessen, die es zu schützen, Meinungen und Überzeugungen, die es zu verteidigen, schwierige oder schlicht verrückte Kollegen, die es zu vermeiden, und einen eigenen Weg, den es zu gehen gilt. Es gibt Zeiten, in denen wir unsere Auffassungen einfach verteidigen müssen.

Ein Dialog aber ist eine ganz andere Art des gemeinsamen Gesprächs. Gemeinhin nimmt man an, Dialog sei ein »besseres« Gespräch, aber er ist sehr viel mehr. Ich definiere ihn als ein *Gespräch mit einem Zentrum, aber ohne Parteien*. Er bietet eine Möglichkeit, die Energie unserer Differenzen so zu kanalisieren, dass etwas Neues, nie zuvor Geschaffenes entsteht. Er führt über die Polarisierung hinaus zu einer gemeinsamen Vernunft. Dadurch wird er zu einem Mittel, das den Zugang zu der Intelligenz und der koordinierten Kraft von Gruppen eröffnet.

Ein Dialog erfüllt weit tiefere und verbreitetere Bedürfnisse als das schlichte »Erreichen von Zustimmung«. Verhandlungen dienen dazu, Vereinbarungen zwischen Parteien herzustellen, die verschiedener Meinung sind. Im Dialog dagegen geht es um ein neues Verständnis, d.h. um die Entwicklung einer ganz neuen Basis des Denkens und Handelns. Im Dialog werden Probleme nicht nur gelöst, sondern *aufgelöst*. Wir versuchen nicht, Vereinbarungen zu ermöglichen, sondern wollen einen Kontext schaffen, in dem viele neue Vereinbarungen möglich sind. Und wir wollen ein gemeinsames Bedeutungsfundament freilegen, das uns hilft, unser Handeln mit unseren Werten zu koordinieren und in Einklang zu bringen.

Das Wort *Dialog* stammt aus dem Griechischen *dia*, (»durch«), und *logos* (»Wort« oder »Sinn«).[2] Ein Dialog ist also im Grunde ein *Bedeutungsfluss*. Aber *Logos* hieß in der ältesten Bedeutung des Wortes auch »sich versammeln«, was auf eine intime Kenntnis der Beziehungen zwischen den Dingen in der Welt der Natur hinweist. Von daher lässt sich *logos* am besten mit »Beziehung« übersetzen. Den Satz: »Im Anfang war das Wort *(logos)*«, mit dem das Johannesevangelium beginnt, können wir also auch so verstehen: »Im Anfang war Beziehung.«[3]

Geht man einen Schritt weiter, dann wird der Dialog zu einem Gespräch, bei dem die Beteiligten, die aufeinander bezogen sind, miteinander denken. Miteinander denken impliziert, dass die jeweils eigene Position nicht mehr endgültig sein kann. Man kann sich von den eigenen Gewissheiten lösen und auf die Möglichkeiten hören, die sich einfach daraus ergeben, dass man sich aufeinander bezieht – und die unter anderen Umständen so vielleicht nie entstanden wären.

Im Grunde gehen wir fast alle davon aus, man müsse, um Dinge und Menschen zu erreichen, erstere in Ordnung bringen und letztere verändern. Der Dialog macht dieses Verhalten überflüssig. Er verlangt, auf eine bereits existierende Ganzheit zu hören und eine neue Form des Umgangs zu entwickeln, so dass alle vorgetragenen Meinungen wirklich gehört werden. Er fordert eine Qualität des Zuhörens und der Aufmerksamkeit, die jede einzelne Auffassung umfasst und dennoch weit darüber hinausgeht.[4]

Der Dialog behandelt Probleme nicht, wie es konventionelle Ansätze tun, dort, wo sie sich bereits manifestiert haben, sondern an ihrem Ursprung. Er will Veränderungen vor allem an der Quelle unseres Denkens und Fühlens erreichen und weniger am Strom der Ergebnisse, zu denen unser Denken geführt hat. Wie beim Total Quality Management sollen Mängel nicht erst dann korrigiert werden, wenn sie bereits aufgetreten sind. Es gilt vielmehr, die Prozesse so zu verändern, dass Fehler möglichst gar nicht erst entstehen. Das lässt sich mit den Veränderungen der Ökologiebewegung in den letzten zwanzig Jahren vergleichen: Auch hier geht es nicht mehr an erster Stelle um die Entsorgung bereits entstandener Giftstoffe, sondern um die »Reduzierung der Ursachen«, d.h. um die Eliminierung der Gifte durch eine grundlegende Veränderung des Produktionsprozesses. Dasselbe versucht der Dialog mit dem Problem der Fragmentierung: Nicht die Neustrukturierung der äußeren Komponenten des Gesprächs ist das Ziel, sondern die Aufdeckung und Veränderung der grundlegenden organischen Strukturen, die die Fragmentierung produzieren.

Die Gedanken, die ich in diesem Buch diskutiere, stammen aus der Zusammenarbeit mit dem Physiker David Bohm zu Anfang der achtziger Jahre und danach mit den Kollegen am MIT Center for Organizational Learning. Meine Kollegen und ich haben in diesen Jahren ein wachsendes Interesse am Dialog und seiner Anwendung festgestellt. Heute experimentieren Firmen wie Ford, Hewlett-Packard, Shell, Amoco, Motorola, AT&T und Lucent genauso damit wie Gemeinden, Schulen oder Gesundheitsdienstleister, und das mit guten Ergebnissen.[5] Bei Ford führte ein Manager Dialog vor wichtigen Konferenzen ein; wie er berichtete, haben die Teilnehmer trotz anfänglicher Skepsis mittlerweile festgestellt, dass diese Sitzungen ausschlaggebend für den Erfolg sind. Und seit vier Jahren führt mein Kollege

Peter Garrett Dialoge in englischen Hochsicherheitsgefängnissen; an diesen Sitzungen nehmen tatsächlich auch solche Straftäter teil, die alle anderen Bemühungen boykottieren. Die Gefängnisdialoge bieten ein Setting, in dem echte Heilung beginnen kann und die Gefangenen nach und nach lernen, mit ihren Erfahrungen, ihren Gefühlen und ihrer Situation umzugehen. Das hat zu einer von vielen als beispiellos bezeichneten Veränderung geführt. Darüber hinaus gibt es in vielen Ländern informelle Dialoggruppen, z.B. Freundeskreise, eine Gruppe von Frauen aus verschiedenen Ländern, die einmal im Jahr zusammenkommt, sowie Gruppen von Bürgern, die das Potential des Dialogs zur Lösung schwieriger sozialer Fragen und die Macht des gemeinsamen Gesprächs ausloten. Im Folgenden stelle ich einige Beispiele vor.

Dialog in Aktion

Ende der achtziger und Anfang der neunziger Jahre traf sich Südafrikas Präsident de Klerk privat mit Nelson Mandela, der damals noch im Gefängnis saß. Die beiden verhandelten nicht nur über bestimmte Fragen, sondern führten einen Dialog über einen völlig neuen Kontext für ihr Land. Diese Gespräche bereiteten den Boden für die anschließenden dramatischen Veränderungen.

John Hume, Nobelpreisträger und Politiker aus Ulster, führte viele Jahre lang hinter den Kulissen Gespräche mit Gerry Adams, dem Führer des politischen Arms der IRA, Sinn Fein. Laut Hume war die neue friedliche Entwicklung dieses Konflikts Ergebnis jahrelanger privater Gespräche, ohne öffentliche Kontrolle und formelle Verpflichtungen. Die beiden waren sich einig, dass Irland vor allem anderen lernen musste, die Gewalt zu beenden, und sie haben darüber sehr gründlich gesprochen. Hume sagt:

> »25 Jahre haben wir gegen die Gewalt gekämpft. Fünf Regierungen sind daran gescheitert. Zwanzigtausend Soldaten und fünfzehntausend Polizisten haben es nicht geschafft. Deshalb hielt ich die Zeit für gekommen, etwas anderes zu versuchen: Dialog.«[6]

Die Spitzenmanager von Shell Oil USA haben in den letzten Jahren ihre Dialogfähigkeit ausgebaut. Das Gespräch wurde für sie in dem Maße wichtiger, in dem sich ihre Führungsrollen stark veränderten. Früher trafen sie die Entscheidungen über die Verteilung von Ressourcen, Investitionen und richtungsweisende Strategien selbst. Heute dagegen liegt ein Großteil dieser Entscheidungen bei den lokalen Unternehmen. Ihre neue Rolle ist die des Coachs, des Beraters und des Vordenkers für neue Möglichkeiten des Unternehmens. Sie blicken in die Zukunft, geben das Tempo vor und unterstützen sich wechselseitig bei der Verwaltung der neuen Unternehmen, die mittlerweile innerhalb des Shell-Konzerns entstanden sind.

Sie haben erkannt, dass eine weniger formale Hierarchie eine neue Art des gemeinsamen Denkens und Arbeitens erfordert. Zu Anfang fiel es ihnen schwer, mit ihrer neuen Rolle zurechtzukommen und die straffe Form der Diskussion zu lockern. Doch mittlerweile fordern sie Meetings ohne feste Tagesordnung, um über die Zukunft und die Implikationen der von ihnen initiierten Veränderungen nachzudenken. Wie der frühere CEO Phil Carrol sagte: »Der Dialog stand im Mittelpunkt unserer Führungstätigkeit.«

Der Dialog hebt nicht nur das Niveau des gemeinsamen Denkens, er beeinflusst auch das Handeln und vor allem das gemeinsame Handeln. Vor einiger Zeit begleiteten wir über Jahre hinweg eine Reihe von Dialogen in Grand Junction, Colorado. An den etwa einmal im Monat stattfindenden Sitzungen nahmen 35 Personen aus allen wichtigen Einrichtungen des Gesundheitswesens teil, darunter drei Verwaltungsleiter der örtlichen Krankenhäuser, die Leiter des lokalen Health Management Organisation (HMO), der Vorsitzende des Ärzteverbandes, Chefärzte, Krankenschwestern, Techniker und der Leiter des größten örtlichen Unternehmens und damit des wichtigsten Abnehmers für Gesundheitsdienste.

Es ging darum, ein »nahtloses Gesundheitssystem« zu schaffen. Angesichts des sich verändernden Gesamtbildes der nationalen Gesundheitsdienste hatten viele erkannt, dass die Mittel langfristig schrumpfen mussten. Die Leiter der verschiedenen Institutionen hatten sich zu dem Versuch bereit erklärt, einen alternativen Ansatz zu entwickeln. Nachdem diese Entscheidung gefallen war, wollten sie die Veränderungen möglichst rasch in Gang bringen.

Die Teilnehmer waren bereit, die Ärmel aufzukrempeln und das System umzubauen. Als ich sie nach ihren Erfahrungen mit früherer Zusammenarbeit fragte, antworteten sie, sie hätten ein Hospiz gegründet, das aber keinen wesentlichen Beitrag zu ihrem Einkommen geleistet habe. Auf meine Frage: »Und was könnte sich jetzt ändern?« wussten sie keine Antwort.

Der Druck, zusammenzuarbeiten und einen Weg zu finden, die Herausforderung zu bewältigen, war zwar gelegentlich artikuliert worden, hatte sich aber nicht in Taten niedergeschlagen. Die Teilnehmer hielten sich höflich hinter den wohlbefestigten Mauern ihrer Institutionen. In dem anderthalb Jahre währenden regelmäßigen Dialog untersuchten wir viele bislang nicht ausgesprochene Probleme, darunter auch die Angst der Ärzte vor Einkommensverlusten unter der neuen Verwaltung und die Mühe, die es sie kostete, das Image des Praktikers als letztem und bestem Hüter der Gesundheit in der Gemeinde aufrechtzuerhalten. Irgendwann zeigte sich zur Überraschung vieler, dass die lokale HMO von einer großen Organisation in einem anderen Bundesstaat aufgekauft werden sollte. Das hätte die Community einen großen Teil ihrer Kontrolle und Autonomie gekostet. Die Beteiligten dachten mittlerweile ganz anders über ihre Zusammenarbeit, und die Gefahr des Aufkaufs zeigte ihnen, wie wenig Optionen sie noch hatten. Sie entschieden sich dafür, die HMO gemeinsam zu kaufen.

Die kollektive Sprache der Community hatte sich beträchtlich verändert – von höflicher Konkurrenz zu bereitwilliger Kooperation. Die Kaufentscheidung, darin stimmten fast alle überein, wäre vor einem Jahr nicht denkbar gewesen. Auf die Frage, was sich durch den Dialog verändert habe, war die einhellige Antwort: »Alles« – ein unvorstellbarer Wandel in der wechselseitigen Haltung und Zusammenarbeit der Teilnehmer.

Die Gruppe, die eine neue Struktur entwerfen und die HMO kaufen wollte, zeichnete sich durch eine bemerkenswerte Aufrichtigkeit aus. Ihre Sprache war nicht die Sprache überreizter Ängste oder übertriebener Siegesgewissheit, sondern eine Sprache kollektiver Ehrlichkeit über ihre Hoffnungen und die Probleme, die vor ihnen lagen. Am Ende war kollektives Handeln überflüssig geworden, weil die Gefahr eines Aufkaufs der HMO von außen nicht mehr bestand. Aber die Community war sich bewusst, dass sie jetzt besser in der Lage war, in einer gemeinsamen Richtung zu denken und zu handeln.

Die verlorengegangene Tradition des Dialogs

Der Dialog ist paradox: Wir wissen, wie man ihn führt, müssen aber gleichzeitig noch viel darüber lernen. Der Dialog ist eine alte Tradition, sie reicht von den Kreisgesprächen der amerikanischen Indianer über die griechische *agora* (Marktplatz) der Antike bis zu den Stammesritualen afrikanischer, neuseeländischer und anderer Völker. Durch dieses indigene Erbe wurde die Praxis des Dialogs oft romantisiert oder grob vereinfacht. So gesehen, ist Dialog also nichts Geheimnisvolles oder Komplexes. Wir alle können instinktiv Gespräche führen. Das mag zwar richtig sein, erklärt aber nicht die Brüche und Fragmentierung in der Kommunikation, die sich so häufig beobachten lassen, sobald Menschen einen Dialog führen wollen. Die wahrhaft problematischen, systemischen Fragen unserer Zeit scheinen gegen Gespräche ohne Parteinahme auffallend resistent.

In Kyoto z.B. trafen sich die Vertreter von hundert Nationen, um einen Vertrag über die Eindämmung der globalen Erwärmung abzuschließen. Aber sie führten zwei völlig verschiedene Gespräche: ein öffentliches über den Vertrag, den sie erarbeiten sollten, und ein privates Gespräch über all das, was *nicht* diskutiert und behandelt werden sollte. Dieses Gespräch kreiste im Wesentlichen um die Möglichkeiten zur Eindämmung der Konflikte und den Schutz ökonomischer und politischer Interessen. Zahlreiche, besonders brisante und potentiell sehr folgenreiche Themen, z.B. die Frage nach der Kontrolle der Kohlendioxid-Emissionen in Ländern der Dritten Welt, kamen gar nicht erst auf die Tagesordnung. Das bedeutete, dass die Teilnehmer ihre wichtigsten Grundannahmen, z.B. ihre Bewertung des wirtschaftlichen Wachstums, der Verbreitung von Habgier und Konsumerismus und vor allem ihre Grundüberzeugungen zum Thema Umwelt, gar nicht untersuchten. Ist die Umwelt eine Ressource, die verwaltet, ein Netzwerk, das respektiert, ein externer Kostenfaktor für Unternehmen, der von der Gesellschaft getragen werden muss? Im Fokus der Debatte stand eben nicht die Untersuchung der Verantwortung, sondern die politische Positionierung.

Wenige werden sich die Konferenz von Kyoto als Setting für eine nachdenkliche, offene Untersuchung vorgestellt haben. »Nüchterne Realisten« halten bereits die Vorstellung, solche Probleme durch Dialog lösen zu können, für naiv. Für sie ist der Glaube, man könne ungeachtet aller politischen Einflüsse, wirtschaftlicher Zwänge und jahrhundertealter kultureller Unterschiede miteinander sprechen und Differenzen bereinigen, nichts als ein Wunschtraum. Aber vielleicht liegt es ja daran, dass sie einerseits ein romantisiertes Bild von der Schlichtheit des Dialogs hegen und andererseits glauben, ihre eigenen Positionen um jeden Preis verteidigen zu müssen.

Der Versuch, den Dialog auf einige wenige Gesprächstechniken zu reduzieren und ihm damit einiges von seiner Komplexität zu nehmen, kann nur zu Enttäuschungen führen. Aufgezwungene, allzu vereinfachte Regeln fragmentieren Gespräche zusätzlich und reizen eben nicht dazu zu ergründen, was ein gutes Gespräch verhindert. Was gebraucht wird, ist eine Form, die das bereits vorhandene Wissen über den Dialog evoziert und gleichzeitig die Wege erkennt, auf denen wir uns systematisch unterminieren, so dass wir dem Potential unserer Gespräche nicht gerecht werden können.

Wir leben in einer merkwürdigen Zeit. Nach 150-jähriger Erfahrung mit dem Industriezeitalter haben wir den Wert älterer, traditioneller Formen ganz neu schätzen gelernt, wissen aber gleichzeitig auch, dass wir diese Formen nicht einfach komplett übernehmen können. Christopher Alexander, Architekturprofessor an der Universität von Kalifornien in Berkeley und einer der bekanntesten Architekturwissenschaftler unserer Zeit, hat dafür ein erhellendes Beispiel gefunden: Jahrhunderte lang haben slowakische Bäuerinnen wunderschöne Tücher aus Garn gewebt, das mit Naturfarben gefärbt wurde. Die Tradition war uralt. Nach der Einführung moderner Anilinfarben aber sank die Qualität dieser Tücher drastisch. Alexander meint, die Bäuerinnen hätten früher Fehler in ihren Tüchern durch den Vergleich mit ihrer Tradition erkennen und die Arbeit entsprechend anpassen können. Ihre Kunst war in alten Gewohnheiten und vertrauten Praktiken verankert; die Bäuerinnen waren die unbewussten Trägerinnen einer Tradition, die quasi in ihnen eingebettet war. Angesichts einer völlig neuen Technologie aber war eine Anpassung nicht mehr möglich. Umgekehrt gelang es aber auch nicht, die industriellen Techniken, die das Handwerk ersetzten, qualitativ in dieser alten Tradition zu verwurzeln. Trägerinnen dieser Tradition waren also die Bäuerinnen, auch wenn sie sich dessen nicht bewusst waren.[7]

Dasselbe gilt für unsere Beziehung zum Gespräch. Die meisten Menschen erinnern sich heute nicht mehr daran, wie man sinnvolle Gespräche führt. Wir wissen nicht mehr viel von Gesprächstraditionen, mit deren Hilfe wir vielleicht so natürlich und authentisch sprechen könnten, wie die slowakischen Bäuerinnen ihre Tücher färbten. Statt dessen haben wir so etwas wie ein Patchwork-Wissen ererbt. Wir erkennen gelegentlich noch, dass es im Gespräch »funkt«, aber meistens merken wir nur, dass der Funke fehlt.

Manchmal erleben wir kreative Augenblicke, die echten Dialog evozieren. Aber unsere unbefangene Fähigkeit in diesem Bereich haben wir verloren, nicht anders als Alexanders Weberinnen. Wir sind mit so vielen Ablenkungen und Bildern, so vielen Informationen vertraut, dass wir uns nicht mehr auf eine einzige Gesprächstradition stützen können. Und wir können heute auch nicht darauf hoffen, einfach zu einer unbefangenen Form des gemeinsamen Denkens und Handelns zurückzufinden. Wir brauchen einen ganz anderen Weg.

Aber wir können lernen, die Gespräche, die wir brauchen, bewusst zustande zu bringen, vor allem dann, wenn der Einsatz hoch ist. Die Lösung, die Alexander für die Architektur gefunden hat, war die sogenannte »Mustersprache«: Er hat kreative Merkmale der volkskundlichen Architekturtradition zusammengestellt und sie kreativen Menschen im industriellen Zeitalter zugänglich gemacht. Ich hoffe, dass es mir gelingt, in diesem

Buch eine »Mustersprache des Dialogs« zu formulieren, die von Ihnen und vielen anderen in Tausenden von Gesprächen ständig neu erfunden und weiterentwickelt wird.

Denken – allein und miteinander

Im Dezember 1997 saß eine Gruppe hoher russischer und tschetschenischer Beamter mit ihren Gästen im Präsidentenpalast von Tatarstan beim Abendessen. Noch am Nachmittag war die Situation sehr angespannt gewesen. Tschetschenien hatte mit einem Guerillakrieg gegen die Russen seine Unabhängigkeit erklärt. Die Welt sah schockiert zu, wie das russische Militär zum Rückzug gezwungen wurde und sich bereit erklärte, die Unabhängigkeit Tschetscheniens anzuerkennen. Die Tschetschenen betrachteten die Wissenschaftler und westlichen Politiker, die sich in diesem Raum versammelt hatten, mit tiefen Misstrauen; sie hielten sie für bloße Schachfiguren im Spiel Russlands, das die tschetschenische Unabhängigkeit verhindern sollte. Die Russen ihrerseits fürchteten, einer in ihrer Sicht sehr problematischen Situation durch die Konferenz zusätzliche Legitimität zu verleihen.

Aber nach einigen Stunden entspannten sich die Teilnehmer ein wenig. Der Facilitator erhob sich zum ersten Toast des Abends und sagte: »Noch vor ein paar Tagen war ich bei meiner Mutter in New Mexiko. Sie stirbt an Krebs. Ich hatte hin und her überlegt, ob ich an diesem Treffen überhaupt teilnehmen sollte. Aber als ich ihr sagte, man habe mich beauftragt, Ihnen hier bei Ihrem Dialog zu helfen, da befahl sie mir geradezu die Reise, ohne weitere Debatte. Hier bin ich also. Und ich trinke auf die Mütter«. Ein langes Schweigen senkte sich über den Raum.

In solchen Augenblicken der Tapferkeit wird das Versprechen des Dialogs erkennbar. Eine so tiefreichende Offenheit kann Menschen über sich hinauswachsen lassen. Sie erweitert den Horizont und rückt die Dinge ins rechte Licht. Und sie ruft die eigene Elastizität in Erinnerung und fordert dazu auf, energischer nach einem Weg aus den vor uns liegenden Schwierigkeiten zu suchen.[8]

Und doch sind solche Augenblicke in der Regel eher flüchtig. Es ist nur allzu leicht, wieder in die alten Interaktionsformen zu verfallen. Immerhin gelang es bei dem Treffen in Tatarstan, einen weiteren Bruch der existierenden Verträge zwischen Russland und Tschetschenien zu verhindern, was als echte Leistung, ja sogar als Zeichen des Fortschritts betrachtet wurde. Aber letztlich hielten alle an ihren ursprünglichen Positionen fest, und innerhalb eines Monats zwangen die Führer der Guerilla und die Hardliner in der tschetschenischen Regierung den neuen Präsidenten zum Rücktritt. Die neue Führung ließ keinen Zweifel daran, dass sie, anders als der frühere Präsident, einem Gespräch mit den Russen nie zugestimmt hätte. Sie war nicht bereit, einen Versuch zum gemeinsamen Denken zu machen.

Miteinander Denken ist natürlich nicht so leicht, wie es sich anhört. Meiner Erfahrung nach ziehen die meisten Menschen diese Möglichkeit gar nicht erst in Betracht. Sie denken *allein*. Wenn sich Russen und Tschetschenen, Nordiren und Engländer, Unternehmer und Gewerkschafter, Männer und Frauen streiten, dann verteidigen sie in der Regel ihren Standpunkt und suchen nach Beweisen dafür, dass sie recht und die anderen unrecht haben. Sie glauben, auf ihrer Meinung bestehen zu müssen, ohne sich allzu sehr von der Meinung des Gegners beeindrucken zu lassen. Das heißt sie halten Informationen zurück, fühlen sich verletzt oder verraten und verlieren die Achtung vor den Gesprächspartnern. Kampf oder Flucht scheinen die einzigen Alternativen. Diese Art des Gesprächs verlangt einen Sieger und einen Verlierer. Unsere Konferenzen und Institutionen können sehr einsame Orte sein.[9]

Im Physikunterricht hat man uns gelehrt, Atome seien mit mikroskopischen Billardkugeln vergleichbar, die aneinander vorbeisausen und gelegentlich bei sehr hoher Geschwindigkeit zusammenstoßen. Dieses Bild eignet sich auch dazu, die üblichen Interaktionen von Menschen in schwierigen Gesprächen zu beschreiben: Sie sausen entweder aneinander vorbei oder sie kollidieren und werden dadurch abgelenkt. Diese Kollisionen erzeugen Reibung – wir sagen dann, es sei eine »hitzige« Debatte. Aber da wir »Hitze« nicht gut ertragen, versuchen wir dafür zu sorgen, dass sich die Dinge wieder abkühlen und wenigstens ein »Vielleicht« oder ein Kompromiss möglich wird.[10] Wir haben es nie gelernt, die Hitze auszuhalten, ihre Ursachen zu begreifen und die wechselseitige Sicht der Bedingungen zu untersuchen, die zu ihrer Entstehung geführt haben. Wir entdecken weder unsere Elastizität noch unsere Fähigkeit, diese Erfahrung völlig zu verändern.

Für uns ist es so selbstverständlich und so tief in unserer modernen Lebensweise verankert, allein zu denken, dass die Vorstellung, es könne oder müsse auch anders gehen, absurd erscheint. Aber vielleicht ist es ja gerade die hartnäckige Überzeugung, dies sei der einzige Weg, der uns all die Probleme beschert.

Ein Dialog, drei Handlungsebenen

Wie können wir als Individuen lernen, so zu handeln, dass ein Dialog entsteht? Wie bringen wir es fertig, dass sich ein Dialog auch in einem

Setting entwickelt, in dem die Beteiligten ursprünglich gar nicht dazu bereit sind? Wie lässt sich der Dialogprozess auf eine größere Gruppe von Menschen ausweiten? Wie vermeidet man den Ausbruch erneuter Grabenkämpfe? Auf diese und andere wichtige Fragen will dieses Buch eine Antwort geben.

Den Schlüssel dazu liefert die Untersuchung dreier grundlegender Interaktionsebenen, die zusammen das Fundament für ein gemeinsames Denken liefern. Deshalb stehen sie im Mittelpunkt dieses Buches. Dazu müssen wir drei Dinge lernen.

1. Kohärentes Handeln möglich machen
Menschen neigen zur Torheit: Wir tun Dinge, die wir nicht beabsichtigen. Vermutlich ist auch Ihnen diese Neigung nicht fremd. Ein dialogischer Ansatz setzt voraus, dass wir lernen, uns die Widersprüche zwischen unseren Worten und Taten bewusst zu machen. Wir müssen vier neue Verhaltensweisen erlernen, um diese Grenzen zu überwinden. Wenn wir die *Fähigkeit zu neuem Verhalten* entwickeln, sind wir in der Lage, die Inkohärenz zu überwinden und das zu bewirken, was wir bewirken wollten.

2. Fließende Interaktionsstrukturen entwickeln
Da wir oft nicht erkennen, welche Kräfte unter der Oberfläche unserer Gespräche wirksam sind, neigen wir als Einzelne dazu, das Handeln anderer und die eigene Wirkung auf andere misszuverstehen. Deshalb kommt es in Gruppen und Organisationen immer wieder dazu, dass Veränderungsbemühungen von wohlmeinenden Beteiligten mit anderen Zielen und einer anderen Weltsicht neutralisiert werden. Diese Kräfte lassen sich intuitiv begreifen, antizipieren und beherrschen. Dazu müssen wir »*prädiktive Intuition*« entwickeln, d.h. die Fähigkeit, solche Kräfte klarer zu erkennen, festgefahrene Interaktionsstrukturen wieder in Gang zu bringen, Energien freizusetzen und zu einer fließenderen Form des gemeinsamen Denkens und Arbeitens zu finden.

3. Dem Dialog den nötigen Raum geben
Bei dem Versuch, einen Dialog in Gang zu bringen, wird häufig übersehen, dass Gespräche in einem Umfeld und einer Atmosphäre stattfinden, die das Denken und Handeln stark beeinflussen. Der Raum, aus dem wir kommen, wirkt sich nachhaltig auf die Qualität der Einsicht, die Klarheit des Denkens und die Tiefe des Gefühls aus. Unter Raum verstehe ich hier die Denkgewohnheiten und die Art der Aufmerksamkeit, die in jede Interaktion einfließen. Je mehr wir uns der *Architektur des Unsichtbaren*, d.h.

der Atmosphäre in Gesprächen bewusst werden, desto tiefer wird unser Einfluss auf unsere jeweiligen Welten.

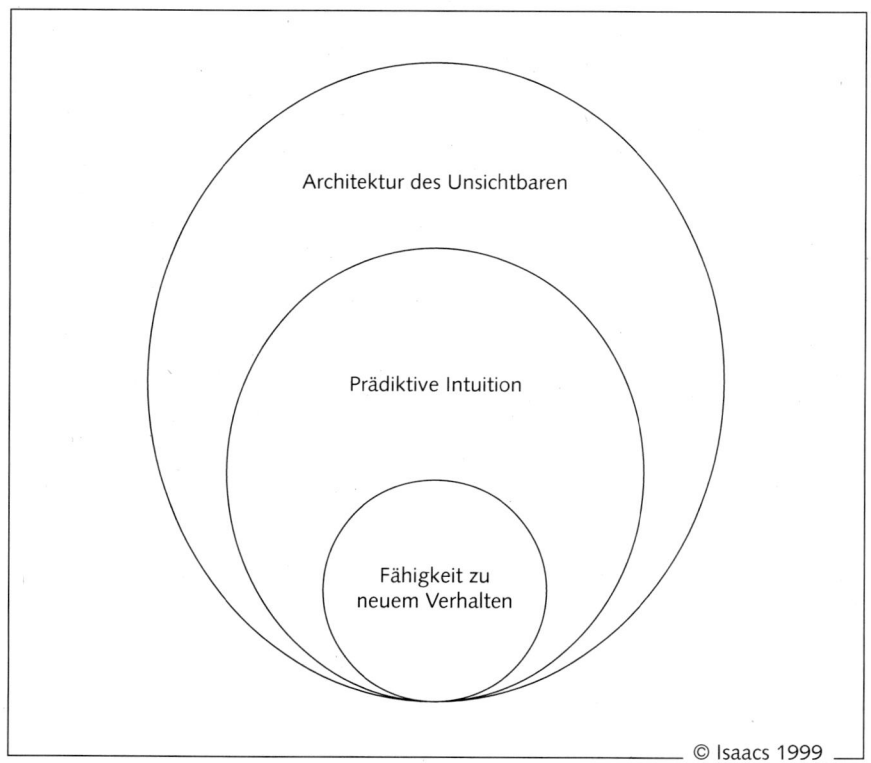

Abb. 1: *Fähigkeit zu neuem Verhalten – Prädiktive Intuition – Architektur des Unsichtbaren*

*Das folgende **Beispiel** soll zeigen, wie diese drei Ebenen funktionieren. Neulich erzählte ein Kollege von einem Projekt in einer seiner Fabriken, für das Investitionen in Höhe von hundert Millionen Dollar veranschlagt waren. Den Planern war sehr früh klar geworden, dass die realen Kosten sehr viel höher sein würden, ja sich vielleicht sogar verdoppeln könnten. Da sie aber auch sehr früh zu dem Schluss gekommen waren, dass Vorgesetzte und Investoren keinen Vorschlag akzeptieren würden, dessen Kosten den öffentlich bekannt gegebenen Betrag überstiegen, entwickelten sie ein Angebot, das sich scheinbar mit den zugesagten Mitteln verwirklichen ließ, nach dem Motto: Jetzt fangen wir erst mal damit an, und dann sehen wir weiter. In nur zwei Jahren mussten dieselben*

Planer viele Hundert Millionen Dollar zusätzlich aufbringen, um die Fehler zu korrigieren, die durch zwar billige, aber ungeeignete Bauteile und Materialien entstanden waren.

Diese Geschichte klingt bekannt, naheliegend und auch ein wenig traurig. Man hätte es eben gleich »richtig« machen oder es lassen sollen, stimmt's? Sicher, aber das ist leichter gesagt als getan! Wie oft haben Sie etwas getan, von dem Sie wussten, dass es nicht so ganz stimmte, nur weil es keine Alternative zu geben schien? Oder weil Sie erst sehr viel später erkannt haben, dass etwas Entscheidendes fehlte?

Versuchen wir, diese Situation zu verstehen:

1. Dem Handeln dieser Planer fehlte es an Kohärenz. *Ihr Handeln war problematisch:* Sie trafen eine Entscheidung, sagten das aber nicht. Sie verheimlichten Probleme und gaben sich dabei ganz offen. Sie setzen sich für ihre Auffassung ein, widersetzten sich aber denen, die einen anderen Standpunkt vertraten. Sie unterstellten anderen fehlendes Interesse oder mangelnde Bereitschaft, sich mit den »wirklichen« Problemen auseinander zu setzen, und thematisierten sie deshalb gar nicht erst. Ihr Verhalten verhinderte die Einsicht, dass sie genau das taten, was sie anderen vorwarfen. Ungeachtet der vielen Fragen, die die Durchführung eines Projektes dieser Größenordnung aufwerfen, hat niemand je wirklich bemerkt, dass und wie sie ihre eigenen Bemühungen systematisch unterminierten.

2. Alle Beteiligten hatten sich in einer ganzen Reihe von Fallen verstrickt: Die Unternehmensleitung, die mit den ursprünglichen Zahlen an die Öffentlichkeit gegangen war und bei der deshalb Alternativen auf taube Ohren stießen; die Ingenieure, die das Projekt auf die ursprünglich geplanten Mittel zuschnitten, weil sie damit die Wünsche ihrer Vorgesetzten zu erfüllen glaubten; die Banken, die ihr Geld zu retten versuchten; die Investoren, die nur auf kurzfristigen Gewinn aus waren und das langfristige Denken und Handeln, auf dem er basierte, nicht berücksichtigten; die Manager, die glaubten, auf Nummer Sicher gehen und zum eigenen Schutz eine manipulierte Lösung anbieten zu müssen. Das alles ist natürlich eher die Regel als die Ausnahme. Immer wieder lässt sich zeigen, wie aus Kurzsichtigkeit, geringfügigen Missverständnissen und kleineren Täuschungen große und teure Katastrophen werden, die sich hätten vermeiden lassen, wären die Beteiligten nur in der Lage gewesen, mit einer anderen Art von Präsenz und »Hitzigkeit« miteinander zu reden.

Natürlich wird niemand seine Projekte absichtlich unterminieren. In diesem Fall waren die Folgen absehbar: Fast alle Manager, die den ursprünglichen Plan entwickelt hatten, wurden gefeuert, die Kosten übertrafen alle Erwartungen, und der geplante Börsengang verzögerte sich um Jahre. Es ist immer sehr viel einfacher, ein paar inkompetente oder kurzsichtige Manager für das Desaster verantwortlich zu machen, anstatt sich einzugestehen, dass sich hier ein ganzes System vielfältiger Kräfte verschworen hatte und die Effektivität verhinderte. Und was lag diesem System zugrunde? Der Vorwurf, andere hätte sich politischer Intrigen und mangelnder Offenheit schuldig gemacht, erhoben von denen, die selbst nichts anderes getan hatten.

Die Beteiligten hatten sich in Rollen und *Interaktionsstrukturen* verstrickt, die ihnen nicht bewusst waren, aber ihnen das Gefühl gaben, sich so und nicht anders verhalten zu *müssen*, wie sie es taten. Solche Strukturen legen fest, welches Verhalten akzeptabel ist. In unserem Beispiel hatten einige Mitarbeiter des zuständigen Managements für eine möglichst breite und offene Beteiligung geworben, auch von Mitarbeitern aus dem Fertigungsbereich, dem in einer neuen Anlage möglicher Weise wichtige Funktionen zukamen. Andere Manager und die Investoren aber waren der Meinung, es reiche, die »Experten« zu hören. Sie glaubten, man müsse genau festlegen, wer mit wem über was sprechen dürfe. Ihnen ging es um »Qualifikation«, und ihr Ansatz setzte sich schließlich durch.

Die Auffassungen dieser beiden Gruppen waren ebenfalls Teil der Gesamtstruktur und führten zu bestimmten Reaktionen. Für die Investoren z.B. schien es *unumgänglich*, die Zahlen in den Vordergrund zu stellen. Die Ingenieure glaubten, sie *hätten keine andere Wahl*, als zu tun, was das Management erwartete – und nicht mehr. Die Manager glaubten, die Resultate produzieren zu *müssen*, die andere für positiv hielten. Solche Regeln sind sehr real, und viele glauben, meist ohne darüber nachzudenken, sie in dieser und anderen Situationen einhalten zu müssen. Und ein Verstoß gegen diese Regeln kann durchaus schwerwiegende Folgen haben.

3. Vor allem aber gingen die Beteiligten (und das betrifft das, was ich als unsichtbare Architektur des Menschen bezeichnet habe) an das Problem mit allgemein akzeptierten und als selbstverständlich betrachteten *Gewohnheiten des Denkens und Fühlens* heran. Der Versuch, ein einzelnes Element zu isolieren, dem man die Schuld geben kann, ist nichts anderes als die Wiederholung genau des Problems, das für das Desaster verantwortlich war und das in eben dieser *Art des Denkens und Handelns* wurzelt. Es ist ein Denken, das Probleme fragmentiert oder separiert und die darunter

liegenden wechselseitigen Verbindungen bzw. die Kohärenz der Situation nicht erkennt. Nicht die Aufteilung ist das Problem, sondern die fehlende Berücksichtigung der Verbindungen.

So glaubten mehrere Manager z.B., man könne die Perspektive der Gewerkschafter zur Machbarkeit der neuen Technologie getrost vernachlässigen. Damit leugneten sie aber die grundlegende Tatsache, dass alle Perspektiven im Grunde Teil eines Ganzen sind, und seien sie noch so provozierend, unakzeptabel oder unangenehm. Für sie aber war das eine vernünftige Entscheidung. Sie fürchteten, zu viele Köche könnten den Brei verderben, glaubten, die Gewerkschafter seien keine Experten und würden nur versuchen, Bedingungen durchzusetzen, die dem Management nicht genehm wären. Schließlich, so sagten sie sich, sei es bloße Zeitverschwendung, die Gewerkschafter hinzuziehen. Mit dieser Entscheidung gingen aber auch entscheidende Informationen und die Gelegenheit zu möglichen Korrekturen verloren.

Außerdem hielten die Beteiligten, wie sich denken lässt, ihre eigene Perspektive für richtig und die der anderen für falsch. Genau dieses Denken verhinderte eine breitere Perfektive – eine Perspektive, die es allen ermöglicht hätte, innezuhalten und sich zu fragen: Was haben *wir* übersehen? Aber für sie waren nicht die eigenen blinden Flecken von Interesse, sondern ausschließlich das, was *andere* bereits übersehen hatten.

Vor allem diese beiden Gewohnheiten – mangelnder Respekt vor dem Unangenehmen und Fremden sowie die Fixierung auf die eigenen Gewissheiten – sind tief im menschlichen Bewusstsein verankert. Das führte hier zu einer distanzierten, defensiven Atmosphäre, die ernsthaftes Nachdenken und ehrliche Untersuchung behinderte. Diese Atmosphäre entscheidet wesentlich mit darüber, ob Gespräche erfolgreich oder erfolglos sind, weil sie bestimmt, ob sich die Gesprächspartner als unlösbar miteinander verbundene Teile eines größeren Ganzen verstehen oder als separate und beziehungslose Wesen mit lästigen, aber im Wesentlichen voneinander unabhängigen Problemen, die es zu bearbeiten und schließlich zu lösen gilt. Im letzteren Fall ist ein gutes Gespräch kaum möglich.

Diese Atmosphäre im eigenen Bewusstsein entsteht dadurch, wie wir denken und fühlen – d.h. wie viel innere Freiheit wir uns zugestehen, wie viel Inklusivität wir bewahren, wie viel Authentizität wir uns zutrauen, wie flexibel wir in unseren Perspektiven sind und wie viel Seelenstärke und -größe wir besitzen.

Natürlich lässt sich die eigene innere Atmosphäre nicht von der anderer trennen. Unsere Gefühle und Denkgewohnheiten sind Teil eines komplexen Netzwerks, das uns alle verbindet: eine »Ökologie des Denkens«, ein lebendes Geflecht aus Erinnerungen und Bewusstsein, das sich nicht auf eine einzelne Person beschränkt, sondern kollektiv ist. Die Ökologie des Denkens ist die Matrix, die uns darüber informiert, dass die Welt in bestimmter Weise beschaffen ist und Probleme nur auf eine bestimmte Weise gelöst werden können. Aus ihr ergibt sich die kollektive Atmosphäre, in der wir alle leben und arbeiten.

Das hier beschriebene Projekt ist auf allen drei Ebenen gescheitert: Das Handeln der Beteiligten war kontraproduktiv, die Grundstrukturen und Interaktionsregeln, die das Verhalten leiteten, konkurrierten, und die Atmosphäre war fragmentiert. Das verhinderte, dass die richtigen Leute so über das Problem nachdenken und reden konnten, dass es möglich gewesen wäre, alle Fragen gefahrlos und klug auf den Tisch zu legen. Jeder wusste etwas über die kritischen Punkte. Jeder war mit einem Teil des Problems befasst. Aber keiner war fähig oder willens, darüber zu sprechen. Alle waren nur allzu bereit, das Projekt zu rechtfertigen. In dieser Situation hätten weder Marktanalysen noch technische Berechnungen, weder finanzielle Planungen noch Händeringen helfen können. Die Beteiligten, die es nicht fertig brachten, effektiv miteinander zu reden, haben selbst die Saat gesät, die in die Katastrophe führte.

Was braucht man, um einen Dialog zustande zu bringen? Kohärente neue Handlungs- und Verhaltensweisen, fließende Strukturen, die Fähigkeit, problematische Strukturen vorauszusehen, sowie eine günstige Atmosphäre und das Verständnis für den Raum, in dem Gespräche entstehen.

Der Aufbau des Buches

Das Buch hat fünf Teile mit folgenden Schwerpunkten:

Im ersten Teil (Was ist Dialog?) geht es um die Grundlagen – die Bedeutung des Worts *Dialog*, Gründe für das Scheitern von Dialogen und Maßnahmen, die ein solches Scheitern verhindern können. Auch heute schon denken Menschen miteinander, aber sie tun das auf eine Art, die die Kreativität blockiert.

Der zweite Teil, Kapazitäten für neues Verhalten, untersucht die vier essentiellen Verhaltensweisen für das Entstehen des Dialogs zwischen Einzelnen und Gruppen: Zuhören, Respekt, Suspension und Artikulation oder Mut zur eigenen Stimme. Hier geht es auch um die vier Prinzipien des Dialogs, die diesen Verhaltensweisen zugrunde liegen und über ihre Anwendung informieren.

Der dritte Teil, Prädiktive Intuition, zeigt, wie wir die Kräfte, die jedes Gespräch unterminieren, antizipieren und benennen können. Er stellt Möglichkeiten für das Verständnis der verschiedenen Sprachen der Teilnehmer vor, einen Rahmen, in dem sich ihr Umgang mit der Macht antizipieren lässt, und einen Ansatz für die Aufdeckung kontraproduktiver Handlungsmuster. Weiter zeige ich hier, wie sich die Fallstricke an wichtigen Schnittstellen zwischen den Menschen im Unternehmen erkennen lassen, und skizziere verschiedene Wege zur Veränderung der Strukturen in Gruppengesprächen.

Der vierte Teil, Die Architektur des Unsichtbaren, zeigt, dass Gespräche je nach der Qualität des Settings oder des Klimas, in dem sie stattfinden, verschiedene Formen annehmen können. Untersucht werden die verschiedenen »Felder«, in denen Gespräche stattfinden. Die Konzentration auf die Qualität des Settings, in dem wir interagieren, fördert die Übernahme eines neuen Führungsmodells. Weiter werden die verschiedenen Gesprächskontexte und die Eigenschaften, die sie auszeichnen, behandelt.

Im fünften Teil (Ausweitung des Kreises), geht es darum, wie der Dialog in großen Unternehmen, in Communities und in der Gesellschaft eingesetzt wird. Hier finden sich Beispiele für dialogische Ansätze in zahlreichen interessanten und vielversprechenden Feldern.

Abschließend stelle ich Überlegungen über die neue Sprache der Ganzheit vor, die heute viele zu sprechen versuchen. Der Dialog ist eine Möglichkeit, die Vielfalt der Stimmen zu würdigen, die sich im Gespräch artikulieren – und zu einer neuen Ebene kollektiver Einsicht zu finden.

Die Evolution des Gesprächs
Eine Skizze der Gesprächstypen

Bei der aktiven Beschäftigung mit all diesen Ebenen wird deutlich, dass der Weg zum Dialog mehrere charakteristische Schritte oder Phasen durchläuft. Ein Gespräch beginnt oft mit der *Konversation*. Eine Wurzel dieses Wortes ist *con vertere*, sich umdrehen, einander zuwenden: Man wechselt sich beim Sprechen ab. Beim Zuhören und Teilnehmen nimmt man das eine oder andere als relevant bzw. irrelevant wahr. Informationen werden ausgewählt und verarbeitet, sie werden *erwogen*. Man wägt ab, was einem gefällt oder nicht gefällt, beachtet das eine und das andere nicht. Und genau hier muss man sich entscheiden: Man kann die eigenen Gedanken *suspendieren*, d.h. sie in der Schwebe lassen, locker und offen bleiben, oder sie *verteidigen*, weil man glaubt, im Recht zu sein. In der Regel trifft man diese Entscheidung nicht bewusst. Und in den meisten Fällen reagiert man, indem man seine Position oder seinen Standpunkt verteidigt.

Der Weg zum Dialog

Bei einer bewussten Entscheidung tun sich zwei Wege auf. Einer führt zu einem nachdenklichen Dialog, d.h. zu der Bereitschaft, über die Regeln nachzudenken, die dem eigenen Denken und Handeln zugrunde liegen. Das bislang Selbstverständliche wird klarer. Gary Larsons hat das in einem seiner »Far Side«-Cartoons gut auf den Punkt gebracht: Eine Gruppe Kühe grast zufrieden auf einer Wiese. Eine der Kühe schaut erschreckt auf und sagt: »Gras! Wir essen Gras!« Im Dialog beginnen wir, darüber nachzudenken, was wir zwar getan, aber nicht bemerkt haben. Diese Erfahrung kann so erschreckend wie wirkungsvoll sein.

Aus dem nachdenklichen Dialog entsteht dann der generative Dialog, der ganz neue Möglichkeiten und Interaktionsebenen eröffnen kann. Ein Jazzmusiker, der bei seinen Improvisationen eine ganz neue Musik erfindet, steht in einem generativen Dialog mit der Musik und der Band. Ein verbaler generativer Dialog ist seltener. Zum ersten Mal habe ich ihn 1984 erlebt, als der Physiker David Bohm auf einen Vorschlag von Peter Garrett und Donald Factor hin eine kleine Gruppe von Menschen um sich versammelte, um über seine Arbeit nachzudenken. Es war eine ungewöhnliche Gruppe; viele Teilnehmer brachten Erfahrungen aus Arbeitsgruppen mit, in denen ein kontemplatives Bewusstsein und ein gemeinschaftsorientiertes, verantwortliches Gruppensetting entwickelt wurde. Dazu kamen Naturwissenschaftler, Akademiker, Psychologen, Pädagogen, ja selbst einige Doktoranden, zu denen auch ich zählte.

Bohm hielt zunächst Vorlesungen über seine akademische Arbeit und gab den Teilnehmern anschließend Gelegenheit, sich dazu zu äußern. Rasch wurde deutlich, dass es Bohm nicht nur um Physik ging, sondern um die Einsichten, die diese Wissenschaft für vielfältige Bereiche menschlicher Erfahrung ermöglichte. Anders als die meisten Physiker interessierte sich Bohm nicht nur für die äußere materielle Welt, sondern auch für deren

Implikationen für die Innenwelt des Menschen. Damals entwickelte er einen Ansatz, den er als »implizite Ordnung« bezeichnete.

Die implizite Ordnung ist die Vorstellung, unter dem physischen Universum liege ein Meer an Energie, das sich in der expliziten, sichtbaren Welt um uns »entfaltet«. So gesehen, entfaltet sich die Realität aus diesem unsichtbaren Meer und faltet sich anschließend wieder zusammen. Bohm zufolge eignet sich diese Vorstellung auch als Metapher für andere Ebenen der Erfahrung, auch für das Denken und das Bewusstsein selbst. Er hatte die implizite Ordnung in der Außenwelt zu identifizieren begonnen und stellte jetzt die These auf, sie korreliere direkt mit dem Denken und ließe sich in uns evozieren.

Einem umstrittenen, aber namhaften Physiker zuzuhören, ist an sich noch kein Durchbruch. Aber der sollte bald kommen. Eines Abends sprach Bohm über den Schmerz – oder die Angst vor dem eingebildeten Schmerz –, den das Leben im gegenwärtigen Augenblick mit sich bringt. Nach seiner Beobachtung vermeiden die meisten Menschen die Gegenwart und neigen statt dessen dazu, in ihren Erinnerungen an die Vergangenheit oder ihren Vorstellungen über die Zukunft zu leben. Wir sprachen darüber, wie viel unerschlossene oder verdrängte Energie freigesetzt werden könne, wenn es gelänge, gemeinsam in der Gegenwart zu leben, diese Aufmerksamkeitsschranke zu durchbrechen. Ich fragte mich plötzlich, warum wir das nicht einfach taten, statt nur darüber zu reden, und sagte das auch. Wäre es nicht möglich, die Gelegenheit, hier und jetzt zusammen zu sein, zu nutzen, auf eine Art gemeinsam zu denken, die den Schmerz überwinden und den Nebel zerstreuen könnte, der uns normalerweise umgibt? Als ich das sagte, wandelte sich etwas im Raum; andere sagten Ähnliches, und wir spürten eine veränderte Atmosphäre und eine größere Klarheit. Für mich war dieser Moment der Beginn eines Dialogs zwischen den Teilnehmern und gleichzeitig meine Initiation in diesen Bereich.

Am nächsten Morgen sagte Bohm, er halte es für sinnvoller, wenn wir statt der ursprünglich geplanten Vorlesung einfach miteinander sprächen. Und als wir über die Möglichkeiten der impliziten Ordnung und die für ihr Verständnis nötige Sensibilität nachdachten, wurde das Gespräch selbst zum lebendigen Beispiel für die neue Erfahrung, von der Bohm gesprochen hatte. Alle, auch Bohm selbst, waren verblüfft darüber, dass die theoretische Vorstellung, ein Gespräch könne bereits an sich schon die natürliche Abwehr überwinden und zu echtem Kontakt miteinander und mit einer unsichtbaren, impliziten Realität führen, keine bloße Theorie mehr war. Wir sahen zu, wie es geschah, und spürten das Ergebnis. Später sagte Bohm zu der Erfahrung:

»Am Anfang wurden feste Positionen ausgetauscht, die Tendenz, sich zu verteidigen, bestand, aber später wurde klar, dass es viel wichtiger wurde, die Freundschaft in der Gruppe zu spüren und zu erhalten, als eine bestimmte Meinung zu vertreten. Eine solche freundschaftliche Beziehung besitzt in dem Sinn eine wichtige Qualität, dass ihre Existenz nicht von der persönlichen Beziehung zwischen den Teilnehmern abhängig ist. Eine neue Denkweise beginnt damit, ins Leben zu treten, die auf der Entwicklung einer gemeinsamen Bedeutung basiert, die sich ständig im Dialog transformiert. [...] Soweit haben wir nur begonnen, die Möglichkeiten des Dialogs in dem Sinn zu erforschen, der hier beschrieben wurde, aber wenn wir so weitermachen, würde sich uns die Möglichkeit einer Veränderung nicht nur der Beziehung zwischen Menschen, sondern darüber hinaus eine Veränderung des Bewusstseins, in dem diese Beziehung entsteht, eröffnen.«[11]

Als die Teilnehmer aufhörten, sich an ihre Positionen und Standpunkte zu klammern, entstand ein generativer Dialog. Wir stellten fest, dass wir einfach auf den Gesprächsfluss achteten, der uns umgab und eine neue Ebene gemeinsamer Einsicht in den Dialog eröffnete.

Dieser Schritt von der Verteidigung zur Suspension und schließlich zum Dialog zieht sich seitdem als roter Faden durch meine Untersuchung dieses Feldes. Die Abbildung zeigt diese zentrale Entscheidung und die beiden Wege, die davon ausgehen:

Diskussion

Im Diagramm führt der zweite Weg zur *Diskussion*. Trotz des Wunsches nach Dialog spiegeln die meisten Gespräche die Neigung der Teilnehmer, allein zu denken: Sie entscheiden sich dafür, ihren Standpunkt zu verteidigen und ihre Position aufrechtzuerhalten. Das Gesprächsmodell der Verteidigung – die Abwehr eines Angriffs – ähnelt einem Billardspiel: Die Teilnehmer an einer Diskussion sehen sich als separat, beziehen Stellung, tragen Argumente vor und verteidigen ihre Position. Und sie versuchen, ihre Differenzen endgültig zu lösen – wenn X richtig ist, dann muss Y falsch sein. *Diskussion* stammt aus dem lateinischen *discutere* und bedeutet wörtlich »in Stücke schlagen«. David Bohm verglich Diskussionen mit dem Pingpong-Spiel, in dem der Ball in raschem Tempo hin und her wechselt und es darum geht, den Austausch zu gewinnen.

Wie oben angemerkt, gibt es zwei Formen der Diskussion: die »gute« Verteidigung, die zur sogenannten »qualifizierten Diskussion« führt, bei der wir, ohne nachzugeben, offen bleiben für die Möglichkeit, Unrecht

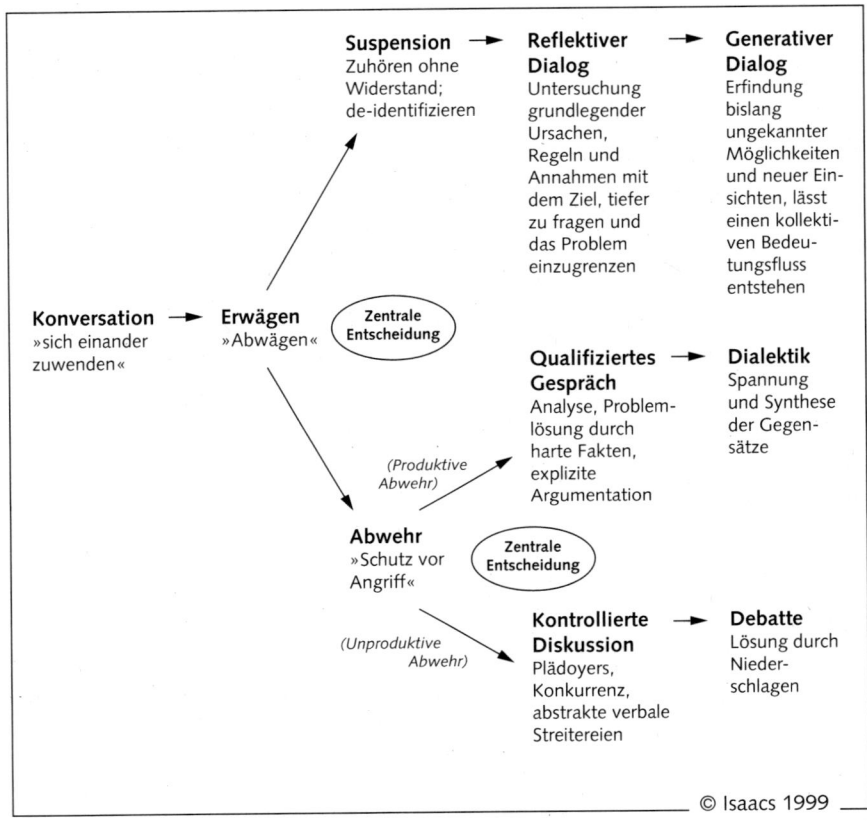

Abb. 2: Die Evolution des Gesprächs

zu haben, und die »schlechte«, d.h. einseitige Verteidigung, bei der wir nur hoffen können, zu gewinnen und nicht zu verlieren, und nicht offen sind für die Möglichkeit, Unrecht zu haben. Es handelt sich dann um eine kontrollierte oder unproduktive Diskussion.

Unabhängig von der Form ist Diskussion in den meisten professionellen Settings die vorherrschende Interaktionshaltung. Das liegt zum Teil daran, dass Unternehmen und Berufsverbände das sogenannte Billard-Modell für die beste Möglichkeit halten, valide Ergebnisse zu erzielen. Diskussion ist eine wirkungsvolle, aber, wie wir sehen werden, auch eine begrenzte Form des Austauschs. Tendenziell zwingt sie zu einem Entweder-oder-Denken. Der Fokus liegt auf Abschluss und Endgültigkeit. Dabei setzt sie allerdings voraus, eine Situation könne nur dann unter Kontrolle gebracht werden, wenn man die separaten »Teilchen« in eine kohärente Ordnung zwingt. Sie geht nicht von der Vorstellung einer bereits existierenden grundlegenden Ganzheit aus, sondern im Gegenteil von deren Fehlen. Die Formulierung: »Wir müssen eine klare Lösung *zustandebringen*«, heißt nichts anderes, als dass der Sprecher keine grundlegende richtungweisende Kohärenz wahrnimmt und folglich glaubt, eine Entscheidung erzwingen zu müssen.

Unproduktive oder kontrollierte Diskussionen arten oft in *Debatten* aus (von frz. *débattre*, »zerschlagen«): Statt unterschiedliche Meinungen zu thematisieren, geht es hier darum, die anderen mit den eigenen Argumenten zu schlagen. Ein Beispiel dafür sind die sogenannten »Abstraktionskriege«.

Abstraktionskriege

Bei vielen Gesprächen schlägt z.B. eine Partei der anderen die abstrakte Beschreibung eines Problems um die Ohren, so als sei alles glasklar und eindeutig. Bei einer Konferenz zur Reform der Gesundheitsdienste, an der Ärzte und Administratoren teilnahmen, hörte ich den Manager eines gutgehenden Krankenhauses sagen: »Die Ärzte verdienen einfach zu viel, und das ist nicht richtig.« Sofort konterte ein anderer Teilnehmer: »Wie meinen Sie das? Die werden das wohl kaum so sehen und Sie für einen Heuchler halten.« Worüber wurde hier gesprochen? Was ist »zu viel«? Was sind die Kriterien dafür? Und wer sind »die«, die das nicht so sehen? Aus ihren Worten lässt sich keinerlei Antwort auf diese Fragen entnehmen, und doch glaubten beide, sie hätten sich vollkommen klar ausgedrückt. Mehr noch, beide unterlegten ihre Worte mit zusätzlichen hochbesetzten Bedeutungsschichten. Der erste Sprecher vermittelte die Botschaft: »Ich allein weiß, was richtig ist, und ich bin nicht bereit, darüber zu diskutieren.« Der zweite unterstellte, der Manager bekomme ebenfalls ein sehr gutes Gehalt, auch wenn sein Verhalten das leugne, und außerdem ginge es nicht ums Geld. Man könnte seine Reaktion auch so formulieren: »Ich erkenne Ihre Abstraktion und biete Ihnen eine neue.«

Problemfindung

Andere Probleme hängen damit zusammen, dass Diskussionen in *allen* Bereichen benutzt werden, in denen es um Erkenntnisse geht. Eine Haltung, die auf Abschluss und Endgültigkeit zielt, ist etwa in den Anfangsstadien der Problemdefinition nur bedingt fruchtbar. Donald Schön, Professor am MIT, hat auf die Notwendigkeit der »Problemfindung« hingewiesen. Bevor wir ein Problem lösen können, müssen wir erst festgestellt haben, von *welchem* Problem wir überhaupt sprechen. In Diskussionen, die ja tendenziell Probleme auseinander nehmen, betrachten wir in der Regel die Teile des Problems, die wir bereits kennen. Der Dialog dagegen steuert nicht nur auf den Abschluss hin, sondern ermöglicht es, den Kontext oder das Feld zu berücksichtigen, in dem das Problem entsteht, offen zu bleiben für neue Optionen und für die Annahmen, die unserem Denken zugrunde liegen.

Ein gutes Beispiel dafür ergab sich in einer Gruppe von qualifizierten Ärzten und Krankenschwestern aus ganz Nordamerika. Die Ärzte berichteten stolz, Neugeborene mit Untergewicht gebe es in ihren Kliniken praktisch nicht mehr. Ein Arzt meinte mit Blick auf die Statistik: »Ich sehe hier kein Problem.« Für ihn hatte sich das Thema einfach in Luft aufgelöst. Daraufhin ging eine Krankenschwester fast in die Luft: »Das ist mal wieder typisch für euch Ärzte«, fuhr sie ihn an. »Ihr seht hier nichts, aber ich sehe *alles*. Wir waren monatelang im Einsatz, in sämtlichen Gemeinden hier in der Umgebung, und haben den Müttern die pränatale Versorgung erklärt. Das Problem hat sich nicht einfach in Luft aufgelöst. Wir haben hart dafür gearbeitet.«

Der Arzt hatte die Statistiken und die Frage der Bewertung der Veränderung im Blick. Die Krankenschwester sah den Kontext, in dem diese Veränderung entstanden war.

Viele Menschen sind der Meinung, die Wahrheit zeige sich, wenn zwei entgegengesetzte Vorstellungen aufeinanderstoßen. Die Funken, die bei dem Aufprall entstehen, sollen die Situation ins rechte Licht rücken. Meistens führt dieses Verhalten aber nur dazu, dass eine Partei die andere unterdrückt. In einer Diskussion sollen sich die Beteiligten für eine von zwei Alternativen entscheiden. Der Dialog bietet die Möglichkeit, die Alternativen auszubreiten und nebeneinander zu stellen, so dass alle Beteiligten sie im Kontext betrachten können.

Dennoch hat die Diskussion ihre Berechtigung. Eine gut geführte Diskussion zerlegt eine Situation in ihre Einzelteile und macht sie so besser verständlich. Eine »qualifizierte Diskussion« bemüht sich, in gewissem Rahmen die Ordnung der Teile zu finden, solange sie noch »heiß« sind. Sie erfordert die Kunst, sich in einen anderen hineinzuversetzen und die Welt mit seinen Augen zu sehen. In qualifizierten Diskussionen fragen wir danach, welche Gründe hinter einer Position stehen und welches Denken und welche Beweise sie stützen. Im Verlauf einer solchen Diskussion entsteht Dialektik, d.h. der *produktive* Widerstreit zweier Standpunkte.

Dialektik stellt zwei verschiedene Ideen gegenüber und schafft dann Raum für neue Vorstellungen, die sich daraus entwickeln.

Diskussion und Dialog – ein Vergleich

Wir brauchen beides, Diskussion und Dialog. Manchmal ist es fruchtbar, allein zu denken und mit anderen zu diskutieren, manchmal ist gemeinsames Denken und Dialog unverzichtbar.

Bei einer *Diskussion* geht es um Entscheidungen. Anders als beim Dialog, in dem neue Möglichkeiten eröffnet und neue Optionen erkannt werden sollen, zielt die Diskussion auf Abschluss und Endgültigkeit. Das englische Wort *decision*, Entscheidung, bedeutet »Probleme lösen, indem man sie durchschneidet. Die Wurzeln meinen im Wortsinne »Töten der Alternative«.

Der *Dialog* erforscht das Wesen der Wahl. Wählen heißt, eine von mehreren Alternativen auszusuchen. Dialog soll Einsichten evozieren, d.h. er soll unser Wissen neu ordnen – insbesondere die selbstverständlichen Annahmen der Beteiligten.

Manager bei Ford, mit denen ich vor einigen Jahren gearbeitet habe, haben im Dialog Erkenntnisse gewonnen, die den Entwicklungsprozess des neuen Lincoln Continental, für den sie verantwortlich waren, völlig veränderte. Sie stellten fest, dass die Ingenieure in den Anfangsphasen des Projekts vor der Aufgabe standen, ein Modell zu entwickeln, das sowohl den Kostenkriterien der Finanzabteilung als auch den kreativen Vorstellungen des Marketings gerecht werden sollte. Das gelang ihnen nicht, denn sie steckten in der Zwickmühle: Was immer sie auch vorschlugen, brachte ihnen Ärger mit der einen oder anderen Abteilung ein.

Im Dialog der Projektgruppenleiter wurde deutlich, dass sie im Grunde versuchten, »einen Lexus zu bauen, der nicht mehr kostete als ein Cadillac«. (Damals war der Lexus der Inbegriff des Luxus und der Qualität. Der Cadillac dagegen entsprach zwar den Preisvorstellungen des Managements, erfüllte aber die Qualitätsvorgaben nicht.) Dieses Dilemma betraf sämtliche Gruppen im Entwicklungsteam – Elektrik, Lärm- und Vibrationsdämmung, Karosserie- und Fahrzeugtechnik. Bislang aber hatte niemand diese implizite Prämisse in Frage gestellt. Im gemeinsamen Gespräch erkannten sie jetzt, dass dieses stillschweigende (und praktisch nicht diskutierbare) Ziel die Bemühungen der gesamten Gruppe beeinträchtigt hatte. Sobald das Problem einmal benannt war, konnten sich die Teams allmählich davon freimachen. Ein »Lexus-Cadillac« war unmöglich, aber es gab andere Optionen. Sie begannen, Alternativen zu entwickeln, und die nötigen Kompromisse expliziter zu benennen.

Das ist ein Beispiel für Einsicht: Im gemeinsamen Gespräch wurde das vorhandene Wissen der Teilnehmer neu geordnet. Sie erfuhren nichts, was sie in gewissem

Maße nicht bereits gewusst hätten. Aber sie konnten das, was sie wussten, in einem neuen Licht betrachten. Monatelang hatten die langen Diskussionen über die »richtige« Seite des Problems alle Beteiligten frustriert. Jetzt erkannten sie, dass sie die völlig falsche Frage gestellt hatten.

Mit Diskussionen lassen sich wichtige und wertvolle Resultate erzielen. In vielen Situationen sind sie unverzichtbar. Aber bei wirklich undurchschaubaren Problemen setzt die Diskussion zu enge Grenzen, vor allem, wenn die Teilnehmer sehr unterschiedliche Grundannahmen und vernünftige Meinungen mitbringen und viel in ihre Wünsche investiert haben. Wir brauchen also beides, müssen aber gleichzeitig auch unser Repertoire erweitern.

Die Freiheit des Gesprächs

Gesprächsprobleme lassen sich nicht darauf zurückführen, dass es uns an Worten fehlt. Im Gegenteil, wir leiden unter einer geradezu inflationären Wörterschwemme: Immer mehr Wörter, immer weniger Bedeutung. Fünfhundert Kabelfernsehsender, Millionen von Websites und ein schier endloser Strom von Informationen über den neuesten politischen oder gesellschaftlichen Skandal in den Medien kämpfen erbittert um Aufmerksamkeit. Angesichts so vieler verschiedener Perspektiven ist für uns kaum noch so etwas wie ein »gemeinsamer Sinn« auszumachen. Die Folge ist, dass die »Goldwährung« einer allgemeinen und zutiefst gemeinsamen Bedeutung, die unseren Worten einmal zugrunde gelegen haben mag, aufgehoben und verloren ist. Wir leben in einer Welt voller wohlklingender, aber bedeutungsloser Wörter. Und was schlimmer ist, wir wissen kaum noch, was die Goldwährung der Bedeutung eigentlich ist und wie sie sich wiederherstellen ließe.

Der Dialog kann ein Weg zur Wiedergewinnung dieser Goldwährung sein, weil er eine Atmosphäre herstellt, in der wir wahrnehmen können, was uns individuell wie kollektiv wirklich wichtig ist. Das ermöglicht den Zugang zu einer sehr viel schärferen, subtileren Intelligenz als wir sie kennen.

Respektvolles Zuhören, die Kultivierung der eigenen Stimme, die Suspension unserer Meinung über andere, das sind die Elemente, durch die wir zu der Intelligenz finden, die im Zentrum des Selbst existiert – eine Intelligenz, die sichtbar wird, wenn wir auf die Möglichkeiten um uns achten und unbefangen denken. Mein Kollege, der Musiker Michael Jones, hat das als »Intelligenz des Herzens« bezeichnet.

Im Dialog lernen wir, unser Herz ins Spiel zu bringen. Das ist nicht dasselbe wie ein Schwelgen in Gefühlen. Es bedeutet, den großen Bereich reifer Perspektiven und Sensibilität zu kultivieren, den wir im beruflichen Kontext meist nicht berücksichtigen und ignorieren. Daniel Goleman hat in seinem Buch *Emotionale Intelligenz* ausführlich dokumentiert, zu wie vielen Fehlfunktionen emotionale Unreife und eine blockierte emotionale Entwicklung führen können. Es ist eine große Versuchung, sich in einen reaktiven Zustand zu flüchten und die Intelligenz zum Fenster hinauszuwerfen. Der Dialog hilft, das Gleichgewicht zu bewahren. Mit seiner Hilfe können wir erneut Verbindung zu unseren emotionalen Kapazitäten aufnehmen und sie revitalisieren, denn er zwingt dazu, alltägliche Reaktionen und erstarrtes Denken zu suspendieren. Er verlangt, Meinungen zu akzeptieren und zu berücksichtigen, die nicht die unseren sind. Im Dialog müssen wir Verantwortung nicht nur für unsere Reaktionen, sondern für unser Denken übernehmen, und können so einen höheren Bewusstseinszustand erreichen. Das ist das, was Ralph Waldo Emerson als »die hohe Freiheit des guten Gesprächs« bezeichnet hat.

Den Traum beschwören

Gemeinsam ergründen zu lernen, was das wirklich Wichtige ist, ist für mich die sinnvollste Arbeit, die ich mir vorstellen kann. Isolation, Streben nach Positionen und Rollen und Verteidigen der eigenen Grenzen, das alles fördert ein einsames Denken. Der Dialog repräsentiert eine neue Grenze – vielleicht die wirklich letzte Grenze, zu der Menschen vorstoßen können. Hier können wir lernen, uns selbst in unserer Bezogenheit auf die Gesamtheit des Lebens zu erkennen.

Fast jeder träumt von der Macht, die gemeinschaftlich denkende Gruppen nutzbar machen könnten. Dieser Traum ist immer gegenwärtig, wenn Menschen zusammenkommen und hoffen, dieses Mal könnte es anders sein. In ihm schimmert das Versprechen auf, diese Bemühung könne diesmal trotz aller Schwierigkeiten auf irgendeine Weise die kollektive Macht des Menschen aktivieren – ein Potential, das weit über das des Individuums hinausgeht. Dieses Potential ist meiner Meinung nach kein bloßer Traum, sondern eine tiefliegende Erinnerung, die immer noch in der Asche uralter Feuer glüht. Um diesen Traum aber heute praktisch wahr werden zu lassen, muss die Leidenschaft neu entfacht und die Erinnerung an eine einzigartige, aber zutiefst vertraute Art des Redens und Zuhörens wieder geweckt werden.

Anmerkungen

[1] Allerdings gibt es, darauf hat Professor Blair Sheppard von der Fuqua School of Management an der Duke University hingewiesen, wichtige Unterschiede zwischen den Debatten im britischen Parlament und den verbalen Kriegen im US-Kongress. In England sind die Parlamentsdebatten sorgfältig choreographierte, ehrliche und disziplinierte rituelle Schlachten. Die Parlamentarier halten sich an wohlverstandene Regeln, die Ehrlichkeit in gewissem Sinne ungefährlich macht. Bei allem scheinbaren Chaos gibt es Grenzen, die eingehalten werden. Im Kongress dagegen gibt es nur wenige ähnliche Absprachen. Differenzen nehmen den Charakter moralischer Empörung an, und die Parlamentarier können sehr unhöflich werden. Eben dieses Problem hat einige Kongressmitglieder dazu bewogen, das gesamte Haus zu Sondersitzungen über die Form der Debatten einzuberufen.

Der ritualisierte Prozess in England versetzt die Legislative gewissermaßen erst in die Lage, sehr direkt über kontroverse Themen zu sprechen, ohne fürchten zu müssen, den generellen Kontext zu zerstören, in dem sie alle arbeiten. Das ist ein ausgezeichnetes Beispiel für einen Gesprächs-»Container« – ein Setting, in dem es spezifische Regeln und Normen für den Austausch gibt, die die Einzelnen und vor allem den generellen Charakter der Beziehung zwischen diesen Personen schützt. Natürlich ist das ein »Container«, der den Personen, die darin eingeschlossenen sind, größte Einschränkungen auferlegt. Parallelen finden sich z.B. bei Ehepartnern, die sich trotz großen Streits darin einig sind, dass die Gesamtstruktur der Beziehung bewahrt wird. In diesem Fall ist der »Container« das Ehegelöbnis.

[2] David Bohm verwendete dafür das Bild eines Flusses zwischen zwei Ufern.

[3] Dieser Gedanke stammt von Emelios Bouratinos, der in den 50er-Jahren ein Schüler Heideggers war. Wie Bouratinos sagte, sei auch Heidegger der Meinung gewesen, *logos* könne am besten als „Beziehung" verstanden werden.

Die Philosophin Gemma Fiurama bestätigt diese Auffassung in ihrem Buch *The other side of language* (London 1995). Sie hat nachgewiesen, dass das Substantiv *logos* vom griechischen Verb *legein*, »sammeln« und »sprechen« stammt. Dieses Wort wiederum stammt von einem früheren Wort, *leg*, »sammeln«. Im ursprünglichen Sinn vermittelte *logos* das Gefühl der Sammlung mit einem tiefen Gespür für und tiefer Beteiligung an dem Kontext, in dem diese Sammlung stattfand – für und an der Ökologie der Dinge. Der Begriff impliziert grundlegende Zugehörigkeit, oder schlicht *Beziehung*. Fiumara zeigt, dass die konventionellen Definitionen des Begriffs *logos* seit der Zeit der griechischen Antike einseitig und reduktionistisch waren und sich streng auf die rationale und geordnete Redeweise bezog.

Erstaunlicherweise hat sie auch festgestellt, dass alle Interpretationen des Begriffs *logos* seit der Zeit der Griechen den Begriff des *Zuhörens* ausgelassen haben. Damit hat man fast von Anfang an einem Wort, das für die Entwicklung des westlichen Denkens absolut zentral war, die Hälfte seiner Bedeutung genommen. Durch den Fokus auf das Sprechen und nicht auf das Zuhören haben wir ein Verständnis von Logik entwickelt, das Wahrnehmung, Hören oder Sammlung auslässt – also das Ganze, über das nachgedacht wird.

4   Das ist nicht dasselbe wie »Toleranz«. Wenn wir die Meinung eines anderen tolerieren, können wir sie für falsch halten und ihr dennoch das Recht zusprechen, vertreten zu werden. In jedem Fall betrachten wir sie als etwas, das außerhalb von uns ist. In diesem Sinne stützt Toleranz Trennung und Fragmentierung.

5   Vgl. Mark Gerzon: *A house divided* (New York 1996), in dem entsprechende Projekte beschrieben werden.

6   *The New York Times*, 24.8., 5.9.1994.

7   Christopher Alexander: *Notes on the syntheses of form*, Cambridge, Mass. 1964, 53. Dieses Muster findet sich bei vielen indigenen Völkern weltweit, deren Verwurzelung in der physischen Erde, deren künstlerische Praktiken und selbst deren Sprachen in den letzten hundert Jahren zutiefst verletzt wurde. Das heißt nicht, dass ihre Lebensweise nicht bemerkenswert oder für uns nicht mehr gültig wäre, sondern nur, dass wir unwissentlich Muster unbefangener Gruppenbildung gestört haben.

8   In diesem Schweigen und in den folgenden Gesprächen legte diese Gruppe den Samen für eine neue Sichtweise des Konflikts zwischen Russland und Tschetschenien. Aber sie schaffte den »Durchbruch« nicht. In gewissem Sinne bestand der Sieg darin, dass am Schluss alle das Gefühl hatten, ihre Interessen würden besser gehört und untersucht. Natürlich gibt es viel mehr Probleme zwischen diesen Staaten. Aber in diesem Augenblicke nutzten sie den Dialog, zum Teil wegen des mutigen Einsatzes einer Mutter und ihres Sohnes. Die Mutter starb wenige Stunden, nachdem der Facilitator seinen Toast ausgebracht hatte. Er sagte das damals nicht, weil er es in einer Gruppe, die monatelang mit so viel Blutvergießen konfrontiert war, nicht für hilfreich hielt. Aber der Geist seiner Worte blieb.

9   Dahinter steht so etwas wie eine Theorie des einsamen Ichs der modernen politischen Philosophie, die auf »Rechten« basiert. Beginnend mit Immanuel Kant über den Utilitarismus bis hin zu unserem modernen Rechtssystem haben wir die Vorstellung des Individuums als eines newtonschen Teilchens, separat und distinkt, akzeptiert. Darauf ist unser gesellschaftlicher Überbau errichtet. »Tu mir nichts, und ich werde dir nichts tun«, das ist die Annahme, die von dieser Vorstellung ausgeht. Aber Humpty Dumpty ist trotzdem gefallen: In seiner Denkweise sind die Teile alle einzeln und lassen sich nicht mehr zusammensetzen.

[10] Die Wurzeln des Wortes *Kompromiss, com pro mettre*, bedeuten: »fortschicken« oder »gemeinsam fortschicken«, das impliziert, etwas anstelle eines anderen fortzuschicken – Ersatz für das, was wir hätten schicken können. Tun wir das gemeinsam, dann »schließen wir einen Kompromiss«. Wir erkennen, dass wir uns verpflichten und uns an etwas binden, das nicht ganz richtig oder nicht ganz wahr ist.

[11] David Bohm/Donald Factor (Hg.): *Die verborgene Ordnung des Lebens*. Dt. v. D. Liebisch. Grafing 1988, 199. — Orig. *Unfolding meaning, London 1985, 175*

2. Warum wir alleine denken und wie sich das ändern lässt

Sie betreten einen Konferenzraum. Die Leute sitzen herum und warten darauf, dass die Konferenz beginnt. Manche unterhalten sich zwanglos bei einer Tasse Kaffee, zu zweit oder zu dritt, andere stehen am Fenster oder haben sich zusammengesetzt. Die Atmosphäre ist entspannt und locker. Dann kommen weitere Teilnehmer, abgehetzt und zerstreut. Einer zieht die Tagesordnung und einen Kalender hervor und fragt nach Ergänzungen.

Jetzt verändert sich die Atmosphäre. Die Anwesenden sind nicht mehr entspannt, sondern reserviert, sie nehmen eine »professionelle« Haltung ein, verhalten sich also autoritativer und formeller. Die Veränderung ist greifbar. Sie kennen diese Leute. Sie haben ein ganz gutes Gespür für ihre Meinungen zum Thema der Konferenz. Sie wissen, wer welchem Punkt zustimmen und wer sich ärgern wird, wenn ihn der Chef unterbricht. Das alles ist Ihnen seit langem bekannt: Die Melodie ist immer dieselbe, nur der Text ändert sich.

Sie hören zu, bekommen aber nicht alles mit – Sie merken, dass Ihnen wichtige Teile entgehen, während Sie sich Notizen machen und an all die Telefonate denken, die Sie heute noch zu erledigen haben. Sie haben den Autopiloten eingeschaltet und sind in der Lage, im Notfall selbst einzugreifen. Das erscheint Ihnen durchaus effektiv, denn während Sie mit einem Ohr zuhören, können Sie sich gleichzeitig auf andere Pflichten konzentrieren – Sie pendeln zwischen zwei Welten.

Plötzlich zieht das Tempo des Gesprächs an. Die Anwesenden werden aggressiver, kämpfen für ihre Meinung. Jetzt greifen Sie ein und vertreten Ihre Auffassungen. Schließlich reden nur noch zwei weitere Teilnehmer und Sie. Die anderen halten sich zurück und sehen zu, ohne etwas zu sagen. Sie fragen sich, warum, konzentrieren sich aber vor allem auf das, was Sie zu sagen haben, und auf die Fortschritte, die die Gruppe machen soll. Das Gespräch wird hitziger, es gibt Meinungsverschiedenheiten. Es ist ein alter und vertrauter Streit. Sie wissen, wer ihn gewinnen wird. Die Situation ist unangenehm, und viele blicken verlegen auf ihre Hände oder ihre Notizen. Schließlich ergreift der Chef das Wort und verkündet, man müsse jetzt endlich »weiterkommen«. Für den Augenblick ist die Schlacht beendet.

Solche Gespräche sind in Unternehmen und Institutionen auf der ganzen Welt die Regel. Manchmal kommt es zur Entscheidung, manchmal nicht. Nach einer Entscheidung stellt man oft fest, dass die Beteiligten sie falsch verstanden haben oder nur zum Teil dahinter stehen, es aber meist nicht zugeben – und dann lösen sich die angeblich einstimmigen Entscheidungen in Luft auf. Die meisten Menschen machen sich nicht klar, dass andere ein Ereignis anders interpretieren. Sie sind sich der Wirkung ihrer Worte und Taten nicht bewusst.

Die Theorie des Dialogs erkennt in solchen Situationen eine Reihe von Problemen in unserer Denkweise, denn wir alle haben gelernt, alleine zu denken. »Denken« bezieht nach meiner Definition den ganzen Menschen mitsamt seinen Emotionen, seinem Körpergefühl, seinen Vorstellungen und seinen Charakter- und Wesenseigenschaften ein.

Zur Theorie des Denkens

Die Frage, wie man Fahrrad fährt, könnten Sie vermutlich nur schwer beantworten. Man beginnt eine Radtour nun mal nicht mit dem Studium der Kreiselbewegung unter Einfluss äußerer Kräfte, sondern schwingt sich aufs Rad und tritt in die Pedale. Ähnlich ist es mit den Denkprozessen: Wir wissen, wie man denkt, und denken nicht darüber nach. In beiden Fällen handelt es sich um »wortloses« oder implizites Wissen.[1]

Dieses implizite Wissen macht es möglich, dass wir uns verhalten können, ohne darüber nachzudenken. Es ist ein Wissen, für das wir *keine Worte haben*. Wir können zwar Metaphern über das Denken entwickeln, aber beschreiben können wir nur die Ergebnisse, nicht die Mechanismen. Wir können z.B. mit Sprache umgehen, aber das *Wie* bleibt implizit. Es ist nun mal sehr schwer zu beschreiben, warum wir Wörter verstehen und ihren Sinn begreifen.

Das Konzept des impliziten Wissens wird heute zunehmend genutzt, vor allem im Bereich des sogenannten »Wissensmanagements«. Im Unternehmensbereich wendet man implizites, d.h. ungeschriebenes und ungeprüftes Know-how sehr häufig an: ob es darum geht, Brot zu backen, Stahl zu kochen oder Software zu schreiben. Viele bemühen sich, dieses Know-how zu erfassen und zugänglich zu machen, mit anderen Worten, es in explizites Wissen zu verwandeln. Das Rezept oder der Algorithmus, nach dem implizites Know-how funktioniert, lässt sich natürlich beschreiben, aber dennoch geht dieser Ansatz von einem grundlegenden Missverständnis aus, weil sich implizites Wissen eben *nicht* in explizites Wissen verwandeln lässt. Implizites Wissen ist etwas völlig anderes und zeichnet sich eben dadurch aus, *dass es keine Worte dafür gibt*. Aber wir können es auch nicht ignorieren, denn es beeinflusst unser Handeln.

Die Probleme des Denkens liegen auf der impliziten Ebene. Deshalb sind solche Schwierigkeiten, wie ich sie im ersten Kapitel beschrieben habe, auch nur schwer zu verändern oder zu begreifen. Die impliziten Prozesse, die das Denken bestimmen, sind wie der Boden, aus dem Gedanken und Handlungen erwachsen. Wir beachten diesen Boden zwar nicht sonderlich, doch zeigt sich immer deutlicher, dass wir Probleme, vor allem in den Fällen, in denen viel auf dem Spiel steht, nicht gut gemeinsam lösen können. Der Boden ist sozusagen vergiftet, und dieses Gift schädigt alles, was darauf wächst. Wir neigen zur Polarisierung, beschränken unsere Gruppenintelligenz, halten an den eigenen Positionen fest und wichtige Informationen zur Lösung der Probleme zurück. Wenn wir den Boden verändern wollen, dann müssen wir uns bewusst machen, wie dieser Prozess funktioniert.

Mit Hilfe des Dialogprozesses können wir vier Denkgewohnheiten untersuchen, die den Dialog verhindern und dazu beitragen, »alleine« zu denken. Um diese Gewohnheiten zu verändern und einen anderen Umgang mit Problemen und ihrer Lösung zu finden, müssen wir ganz neue Fähigkeiten entwickeln. Auf den folgenden Seiten werde ich diese Gewohnheiten einzeln skizzieren und jeweils ein Prinzip des Dialogs erläutern, das uns hilft, sie zu verändern. Diese vier Prinzipien sind das Herzstück des wahrhaft dialogischen Lebens, für den Einzelnen genauso wie für Organisationen.

Abstraktion, Fragmentierung und Partizipation

Wenn ich die Hand hebe und frage: »Wie viele Finger halte ich hoch?«, lautet die Antwort in der Regel vier bzw. fünf (wenn man den Daumen auch als Finger bezeichnet). Aber das Konzept des »Fingers« ist eine *Abstraktion* – wir haben einen Teil des Körpers losgelöst oder von ihm abstrahiert und ihm einen Namen gegeben.[2] Abstrahieren heißt, Bedeutung zu »extrahieren« oder herauszulösen. Das geschieht mühelos und automatisch, denn diese Abspaltung ist sehr nützlich, und wir glauben ja in Wirklichkeit auch nicht, dass unsere Finger von der Hand oder dem Körper getrennt sind. Entsprechend gehen wir auch vor, wenn wir eine Organisation oder ein Unternehmen prüfen: Wir sehen verschiedene Teams, Abteilungen, Funktionen. Hier aber vergessen wir nur allzu leicht, dass es sich ebenfalls um miteinander verbundene Teile eines größeren Ganzen handelt. Wir halten diese von uns festgelegten Unterscheidungen für real.

*Ein **Beispiel**: Als die ersten Astronauten im Weltraum auf die Erde blickten, erkannten sie, dass es keine Grenzlinien auf dem Planeten gab. Ein syrischer Astronaut, der an einer russischen Raumfahrtmission teilnahm, meinte: »Ich sah aus dem Weltraum die Erde – unbeschreiblich schön ohne die Narben der nationalen Grenzen.«³ Die Trennlinien verschwinden, sobald die Perspektive groß genug ist. Die Grenzen sind in unseren Köpfen entstanden, und die Grenzlinien, die Afrika oder Südamerika teilten, wurden oft genug in europäischen Konferenzräumen festgelegt. Heute aber sind sie signifikant und real: sie haben Institutionen hervorgebracht und begründen Identitäten. Die Fragmentierung der Erde ist durchgängig: Wo immer wir hinschauen, sehen wir Trennungen in und zwischen den Menschen.*

Wir unterteilen ständig und vergessen es anschließend. Das Ergebnis ist die »Fragmentierung«, ein Wort, das ursprünglich »zerschlagen« bedeutete. Wir fragmentieren die Welt, und dabei geht die Verbindung der Teile zum Ganzen verloren. Der Physiker David Bohm versteht Fragmentierung als Aufteilung von Dingen, die auf einer tieferen Ebene miteinander verbunden sind. Verschiedene Abteilungen desselben Unternehmens konkurrieren miteinander und verhalten sich, als gehörten sie unterschiedlichen Firmen an. Republikaner und Demokraten streiten über die Prinzipien moralischer Führung und teilen sich gleichzeitig die Regierungsverantwortung. Ethnische Gruppen in Mitteleuropa spalten Land und Familien im Kampf um Autonomie. Gewerkschafter und Manager einer Firma streiten um Löhne und Arbeitsbedingungen. Und Ehepartner streiten darüber, ob sie nach dem Weg fragen oder wie sie ihre Kinder bestrafen sollen.

Die Fragmentierung des Guten, Wahren, Schönen

Die wohl verheerendste Teilung aber betrifft, wie Ken Wilbur gezeigt hat, die drei wichtigsten menschlichen Wertbereiche Moral, Wissenschaft und Kunst. In der modernen Welt sind diese drei Sphären völlig getrennt. Hier dominiert die Wissenschafts- und Technikkultur mit ihrem beeindruckenden Wahrheitsstreben. Aber sie dominiert heute nicht nur, sondern setzt ihren Kanon von Beweisen und Bedeutungsstandards absolut. Sie bestreitet, dass die Realität auch anders konstituiert sein könnte. Als »neue Naturwissenschaft« beschäftigt sie sich zunehmend mit der Komplexität und den systemischen Interdependenzen und ist dabei so holistisch, wie es früher nur die Religion war. Sie hat die Macht ergriffen und alle anderen Bereiche gezwungen, auf ihre Argumente und Entdeckungen zu reagieren.

Die Naturwissenschaft ist zur höchsten Autorität geworden; sie hat alle anderen Bereiche auf den zweiten Platz verwiesen und damit unbedeutend gemacht. Glauben darf man alles, aber *wirklich* ist nur das, was die »objektive« Wissenschaft als real bezeichnet. In der Wissenschaft selbst interessiert man sich praktisch nur für beobachtbare Phänomene, die sich in gewissem Rahmen empirisch testen und extern validieren lassen. Dieser Anspruch wird heute in vieler Hinsicht und von vielen Seiten, wissenschaftlichen wie religiösen, in Frage gestellt, und zwar begründet. Aber an der alles überragenden Wirkung der bemerkenswerten Erfolge der modernen, naturwissenschaftlichen Geisteshaltung hat das bis jetzt nichts geändert.

Diese Haltung war für die Welt durchaus segensreich und hat unser Wissen über das physikalische Universum, den menschlichen Körper und das Evolutionssystem der Natur stärker vertieft als je zuvor. Dennoch gingen diese Erfolge auf Kosten anderer Sphären menschlicher Aktivität. Wenn man alles durch die Brille des modernen Wissenschaftskanons betrachtet, führt das, wie Wilbur meint, zu einer »Verflachung« der Tiefendimensionen unserer Welt. Wirklich ist nur das, was einen spezifischen und messbaren äußeren Ort hat, egal, ob es sich um Bewusstsein, künstlerische Impulse oder Altruismus handelt. Man kann die elektrochemischen Aktivitäten des Gehirns beim Denken scannen und so einen Gedanken im Schädel gleich hinter der Nase lokalisieren. Das führt zu faszinierenden Erkenntnissen über den *Ort* des Denkens, sagt aber nichts über die Gründe des Denkens, seinen Einfluss auf andere oder die Richtigkeit des Denkinhalts aus. Kunst, Ästhetik und Moral sind allesamt an den Rand gedrängt worden, um Platz für die Wissenschaft zu machen.

In einem bescheidenen Versuch, diese Bereiche erneut zu integrieren, haben wir künstlerische Elemente in unsere Seminare für Führungskräfte aufgenommen. Michael Jones improvisiert z.B. in den Sitzungen gelegentlich auf dem Klavier, um die Imagination der Teilnehmer zu aktivieren und ihnen ein Gefühl für die improvisierte »Musik des Gesprächs« zu vermitteln. Dieses Experiment hat zu zwei sehr unterschiedlichen Reaktionen geführt: Die einen waren begeistert, sie sahen darin den Beweis für die Wiedereinsetzung des gesunden Verstands und hofften im Stillen, auch die sturen Pragmatiker würden jetzt endlich »begreifen«. Die anderen wussten nicht, was zum Teufel Musik in einem Seminar über Dialog, Problemlösung und Geschäft zu suchen hatte, außer als nettes Hintergrundgeräusch.

Beides, die übertriebene Begeisterung genauso wie das ganz und gar nicht begeisterte Unverständnis, sind für mich ein Zeichen dafür, wie weit wir von echter Integration noch entfernt sind. Kunst und (Management-)

Wissenschaft sind immer noch zwei streng getrennte Lager. Eine ebenso strenge Trennung gibt es auch zwischen Wissenschaft und Moral. Bei Fragen, die eine Einigung über das moralisch Richtige erfordern, schweigt die Wissenschaft. Sie kann z.B. Techniken für das Klonen menschlicher Zellen entwickeln und uns damit die Möglichkeit geben, beschädigtes oder erkranktes Gewebe zu ersetzen. Aber sobald es um die ethischen Konsequenzen dieser Entwicklungen geht, hat sie nichts mehr beizutragen. Sie ist »wertfrei«. Sie gibt Auskunft über das Was und das Wie, aber nicht über das Warum und das Ob.

Die Griechen bezeichneten die drei Bereiche Moral, Wissenschaft und Kunst als das Gute, Wahre und Schöne. Alle sind heute in außerordentlichem Maße weiterentwickelt, differenziert und letztlich fragmentiert worden. Früher aber galten sie als gleichermaßen notwendige Bestandteile echter Erziehung und ausgeglichener Führung. Die Griechen sahen die Seele als Spiegel der Absicht, des Wissens und der Musik des Universums. Dass sie heute divergieren, hat dazu geführt, dass wir gut bewachte Mauern zwischen ihnen errichtet haben und ihre enge, unauflösliche Verbindung kaum noch wahrnehmen.

Die Folge ist die tief reichende Fragmentierung der Struktur unserer Gesellschaft. Sie zieht sich durch unser gesamtes Denken und Sprechen, im Familien- und Freundeskreis genauso wie in Unternehmen und Gemeinden. Sie ist ein Spiegel der ererbten trennenden Kräfte, die wir normalerweise für selbstverständlich halten und gegen die wir anscheinend wenig tun können. Der Abstraktionsprozess ist eine große Gabe, aber sie muss kontrolliert werden, damit sie nicht zur Fragmentierung führt und Beziehungen entstehen lässt, die auf der Fiktion der Isolation basieren. In Bohms Worten: »Der Gedanke erschafft die Welt und sagt dann: ›Ich bin es nicht gewesen.‹« Welche Bilder wir uns auch schaffen, sie sind nie dasselbe wie das, was sie abbilden, sondern immer mehr oder weniger.

Das Prinzip der Partizipation

Das *Prinzip der Partizipation* hilft, die Probleme zu lösen, die durch die gedankliche Abstraktion entstanden sind, und ruft uns wieder ins Gedächtnis, dass wir Teil der Welt sind, die uns umgibt. Wir müssen also lernen, wieder auf die Einzelheiten unserer Erfahrung zu achten. Dieses Prinzip können wir entdecken, wenn wir wieder etwas betrachten können, ohne ihm im Kopf zugleich einen Namen überzustülpen.

Betrachten Sie z.B. einen Baum. Wahrscheinlich kommen Ihnen sofort Assoziation in den Sinn – der Wunsch, im Freien zu sein, das Wort

»Baum«, die Art des Baumes, Gedanken über seine Gesundheit. Versuchen Sie, nach und nach diese Gedanken loszulassen, einen nach dem anderen, und einfach gegenwärtig zu sein und den Baum wahrzunehmen. Wenn Ihnen das gelingt, werden Sie feststellen, dass der Baum lebendiger, »präsenter« und vielleicht auch charakteristischer wird. Vielleicht erscheint er Ihnen auch weniger vertraut. Jetzt partizipieren Sie unmittelbarer an Ihrer Erfahrung.

Das Prinzip der Partizipation führt zurück zu einer unmittelbareren Erfahrung der Welt und der eigenen Person. Indem wir die Welt benennen, verlieren wir den Unterschied zwischen den Namen und unserer Erfahrung aus dem Blick. Im Zen-Buddhismus heißt das »Anfänger-Geist«: »Im Geist des Anfängers gibt es viele Möglichkeiten, aber im Geist des Experten nur wenige.«[4] Im Mittelpunkt des Prinzips der Partizipation steht die Intelligenz des Herzens, die Frische der Wahrnehmung und letztlich auch ein tiefes Gefühl der Verbundenheit mit anderen und mit der Welt.

Aber das Prinzip der Partizipation führt über ein bloßes Gefühl der Verbundenheit hinaus zu der Erkenntnis, dass die Welt nicht einfach »da draußen«, sondern auch in uns ist.

In der Regel erleben wir uns einfach als in der Welt: »Ich bin hier, die Welt ist dort.« Wir erleben etwas, wir bewegen uns in der Welt und beeinflussen sie gelegentlich auch. Wir nehmen sie tendenziell als »objektiv vorhanden« wahr. Wir sind in der Welt. Durch Empathie entwickeln wir vielleicht ein Gefühl für die Gefühle anderer. Aber das alles entsteht immer noch aus dem Paradigma der Fragmentierung – die einzelnen Teile können zwar »Verbindungsnetze« spinnen, existieren aber getrennt voneinander.

»Ich bin in der Welt, und die Welt ist in mir«

Die Prinzipien, die dem Dialog zugrunde liegen, stammen aus einer anderen Quelle, insbesondere aus David Bohms Einsichten aus der Quantenphysik. Bohm hat die These aufgestellt, dass Teilchen, die im expliziten Sinne als einzelne, als äußere, unabhängige Welten erscheinen, gleichzeitig eng miteinander verbunden sind. Wir können zwar sagen, wir lebten in der Welt, aber auch begreifen, dass die Welt gleichzeitig in *uns* ist. Alles, was uns geschieht, geschieht in unserem Bewusstsein. Die Worte, die Sie jetzt lesen, werden Teil von Ihnen – Teil Ihres Bewusstseins. Ob Sie sie ablehnen oder akzeptieren, in jedem Fall werden Sie von ihnen beeinflusst. Wie weit dieser Einfluss reicht, hängt von dem Maß ab, in dem Sie emotional damit verbunden sind.

Denken Sie an Menschen, die Ihnen viel bedeuten. Der Einfluss, den diese Menschen auf Sie haben, verschwindet nicht, sobald sie physisch abwesend sind. Sie leben in Ihnen weiter als aktive Kräfte, die Ihr Leben lenken.

Solches Denken fällt zunächst schwer, aber ich habe festgestellt, dass es reale Macht und Potential besitzt. Wenn wir damit beginnen, erkennen wir, dass wir in der Welt sind und die Welt in uns ist.

Bohm bezeichnet diese Weltsicht als »holographisches Paradigma«, was bedeutet, dass die Gesamtheit der Welt in unserem Bewusstsein, ja sogar in jedem Aspekt der Welt enthalten ist. Ein einfaches Beispiel kann Ihnen ein Gefühl dafür vermitteln: Wenn Sie in einem Raum herumgehen, sind Sie sich des ganzen Raumes bewusst, aus welcher Ecke auch immer Sie ihn betrachten. Ihre Perspektive ändert sich ständig, aber das Gefühl für den Raum bleibt. Das heißt, Ihr Auge und Ihr Gehirn nehmen irgendwie in jedem einzelnen Aspekt den gesamten Raum wahr. Das Problem unseres Denkens besteht darin, dass es diese Weltsicht im allgemeinen nicht berücksichtigt. Solche holographische Partizipation geschieht unbewusst. Aber sobald wir sie mit einbeziehen und uns ihrer bewusst werden, ergeben sich viele neue Möglichkeiten.[5]

Jetzt lässt sich Partizipation also auf ganze neu Weise definieren: nicht nur als Verbindung, sondern als wechselseitige Entfaltung.

Idolatrie, Gedächtnis und Entfaltung

Ein zweites Merkmal unseres Denkens ist die Verwechslung von Denken und Erinnerung. Was ist wirkliches Denken? Wirkliches Denken führt zu Überraschungen – zu Gedanken, die man noch nicht gedacht hat, an die man sich nicht erinnert. Solche Gedanken verändern uns. Denken bedeutet, das Potential einer Situation zu spüren, das wahrzunehmen und zu formulieren, was noch nicht sichtbar ist.

Denken heißt auch, auf unsere automatischen Reaktionen zu hören und sie in die richtige Perspektive zu rücken, sich zu fragen: Warum tue ich das jetzt? Wenn ich heute meine Eltern besuche, stelle ich an mir Verhaltensweisen fest, die anscheinend wenig mit dem Menschen zu tun haben, der ich jetzt bin. Ich regrediere, wehre ab oder konkurriere, bin aggressiv – und sehe die Ursache bei den anderen (*die* treiben mich dazu)! Wenn ich (und die Menschen in meiner Umgebung) Glück habe, fällt mir das später auf, so dass ich darüber nachdenken und die Verantwortung übernehmen kann. Denn was »die« auch immer getan haben mögen, *ich* habe mich in einer bestimmten Weise verhalten. »Die« sind mir vielleicht auf die Nerven gegangen, aber es waren meine Nerven. Mein Verhalten in diesen unangenehmen Situationen ist automatisch, spult sich ab wie ein Tonband. Mit Denken hat es nichts zu tun.

Was wir normalerweise als Denken bezeichnen, ist oft nichts als das Formulieren oder Ausagieren von Gedächtnismustern. Solche Gedanken (und Gefühle) stehen wie eine bespielte Tonbandkassette stets für ein erneutes Abspielen zur Verfügung. Die Ansichten und Arbeitsweisen der Teilnehmer der am Anfang des Kapitels beschriebenen Konferenz waren vorhersagbar. Ihre Aussagen bestanden überwiegend aus der Wiederholung ihrer Erinnerungen: bereits etablierte Positionen, Annahmen und Überzeugungen, starre, wenn auch oft unausgesprochene Regeln über das, was man »legal« sagen darf. In der Regel ist das dichter, schwerer als der oben beschriebene Prozess glauben machen könnte. Solche Konfrontationen mögen temporeich und hochbesetzt sein, aber es fehlt ihnen auffallend an Selbstbewusstheit.

Wahres Denken ist langsamer und sachter, und dazu haben wir, wie wir glauben, meist keine Zeit. Denken besitzt eine Frische wie Wasser, das sich langsam im Geist ausbreitet, und es braucht Zeit. Die Frucht des Denkens kann eine scheinbar einfache, stille Idee sein, die sich deutlich von der Masse der anderen Gedanken abhebt und ohne Ankündigung auftaucht. Einer meiner Lehrer hat einmal gesagt, Wahrheit sei wie ein Reh, das an den Waldrand kommt, um zu trinken, und fortläuft, wenn man zu laut ist. Wie leise sind Sie?

Bohm hat die frischen Reaktionen als »Denken« und die habituellen Gedächtnisreaktionen als »Gedachtes« bezeichnet. Das »Gedachte« ist nicht nur die Vergangenheit des Denkens, sondern auch sein Produkt. Das Problem besteht aber darin, dass Gedachtes sich im Bewusstsein so repräsentiert, als sei es jetzt »real« und aktiv.

Dazu ein **Beispiel:** *Als Sie Auto fahren lernten, mussten Sie ständig über alles nachdenken. Sie mussten üben, die Bremsen zu finden, den Abstand zwischen Beifahrerseite und Bordsteinkante einzuschätzen, sich in den Verkehr einzufädeln. In der Fahrschule wurde das alles Teil Ihres Gedächtnisses. Und irgendwann merkten Sie, dass Sie ins Auto gestiegen, zur Arbeit gefahren und wieder ausgestiegen waren, ohne die geringste Ahnung zu haben, welchen Weg Sie genommen hatten. Aber wer oder was ist in dieser Situation gefahren? Ich würde sagen, das Gedachte – Ihr Gedächtnis hat Ihre Instinkte und Reaktion geleitet, ohne dass Sie sich dessen bewusst werden mussten. Das ist eine sehr nützliche Fähigkeit. Das Gedachte ist essentiell. Es wäre schrecklich, wenn wir bei jeder Autofahrt aufs Neue das Fahren lernen müssten.*

Mein Kollege Peter Garrett hat darauf hingewiesen, dass Gefühle genauso funktionieren. »Fühlen« geschieht in der Gegenwart, »Gefühltes« ist eine Erinnerung an vergangenes Fühlen. Bei vielen Menschen löst z.B. patriotische Marschmusik »gefühlten« Patriotismus aus.

Die Gegenwart von »Gedachtem« und »Gefühltem« wird zum Problem, wenn man aus der Erinnerung lebt, ohne es zu merken. Dann wird man vom Gedächtnis kontrolliert – die Erinnerungen bestimmen die Reaktionen, die Gefühle und die Deutung von Ereignissen. Aber unvertraute Situationen erfordern unter Umständen ganz neue Reaktionen, Innovation, ein völlig neues *Denken*. Das ist leicht gesagt, aber schwer getan, weil uns das Gefühl, klar zu sehen, oft nur die Optionen Kampf oder Flucht lässt.

Stellen Sie sich vor, sie gingen eine dunkle Straße entlang. Sie sehen einen Schatten und glauben, er gehöre einem Angreifer. Ihr Herz beginnt zu klopfen, Sie sehen sich nach der nächsten Straßenlaterne, dem nächsten Fluchtort um. Aber dann sehen Sie genauer hin und erkennen, dass Sie tatsächlich nur einen Schatten gesehen haben, vielleicht sogar Ihren eigenen, und entspannen sich. Die Fluchtgedanken und -gefühle kamen aus Ihrem Gedächtnis. Erst durch die Überprüfung Ihrer Reaktion und der Umstände konnten Sie erkennen, dass Sie nicht in einer Gefahrensituation waren, sondern die Gefahr selbst produziert hatten. Sicher ist es sinnvoll, nachts wachsam zu sein, aber meiner Meinung nach reagieren wir sehr viel häufiger auf Schatten, als wir glauben.[6]

Ich bezeichne dieses Erinnerungsphänomen als *Idolatrie*. Ein Idol ist eine kollektive Repräsentation oder ein Bild, das als »real« wahrgenommen wird.[7] Das beste Beispiel für ein Idol ist der Regenbogen. Ein Regenbogen ist nicht einfach »da«, er ist ein Produkt unseres Auges, des Sonnenstands und der Wassertropfen in der Luft. Diese drei Faktoren zusammen produzieren einen Regenbogen. Der Regenbogen ist immer eine Konstruktion, selbst wenn er als physische Realität erscheint. Und er ist nicht das einzige Beispiel für solche Repräsentationen.

Idole – falsche Götter, denen die Menschen Opfer darbrachten – scheinen vergangenen Jahrhunderten anzugehören. Aber auch unsere Zeit hat eine ganze Menge Idole – falsche Götter oder Bilder, die wir bedingungslos akzeptieren und von denen wir uns leiten lassen, die uns aber gleichzeitig blind machen für andere Möglichkeiten. Wir halten an ihnen fest, ohne es zu merken. Idole unserer Zeit sind die Bilder von glücklichen Menschen und materiellem Erfolg, die die Werbung heraufbeschwört. Einem Bekannten von mir, der in einer der größten Wirtschaftsprüfungsgesellschaften der Welt arbeitet, leuchtete der Begriff sofort ein. »In unserer Firma ist das Idol der ›Partner‹«, meinte er. Nach außen sind Partner in diesem

Unternehmen Eigentümer, aber bei siebenhundert Partnern lässt sich kaum leugnen, dass sie im Grunde nichts weiter als leitende Angestellte sind und eine sehr viel kleinere Gruppe wirklich über das Schicksal des Unternehmens entscheidet. Unter Idolen verstehe ich also den eingebildeten Angreifer auf der Straße, den wir fürchten, genauso wie unsere Überzeugung, wir seien »Partner« in einem Unternehmen, in dem andere über unser Schicksal bestimmen.

Bei dem Begriff *Dialog* (etwa in Sätzen wie: »Die früheren Gegner begannen einen erfolgreichen Dialog«) denken viele an eine Ebene von Verständnis und Erfahrung, die in gewöhnlichen Gesprächen fehlt. In den Anfangssitzungen von Dialoggruppen, in denen das Potential zum ersten Mal sichtbar geworden ist, wird die Erfahrung oft als »besseres Miteinander« oder »Gewinn neuer Einsichten« beschrieben. Ein gelungener Dialog kann zur Leinwand werden, auf die die Teilnehmer ihre größten Hoffnungen oder Phantasien über das Potential des Austausches und des Gesprächs projizieren. Das kann nur zu Enttäuschungen führen. Gruppen oder Teams, die eine »Peak-Erfahrung« machen, nutzen diese Erfahrung oft als Bezugspunkt und verschwenden viel Zeit mit dem Bemühen, sie zu wiederholen. Dann wird die Erfahrung zum *Idol* und verliert allmählich ihren Wert, denn sie basiert auf einer Erinnerung und nicht auf dem gegenwärtigen Augenblick.

Wenn Sie an einen Konkurrenten, einen Kollegen oder an Ihr nächstes Projekt denken, denken Sie dann wirklich oder beruhen Ihre Ansichten auf Informationen, die Sie von anderen erhalten haben, auf eigenen Erinnerungen oder auf dem, was Sie glauben, ohne es ganz genau zu wissen? Zu wie viel Prozent bestehen Ihre Ansichten aus Annahmen oder fremden Weisheiten? Und können Sie die im Gedächtnis gespeicherten Reaktionen wirklich von frischem, originellem Denken unterscheiden? Wie können Sie zu einer ganz neuen Sichtweise kommen?

Die Probleme der Erinnerung lassen sich durch das *Prinzip der Entfaltung* lösen. Dieses Dialogprinzip stützt sich auf eine Prämisse von David Bohm: auf die Annahme, es gebe eine unsichtbare, strukturierte Realität, die darauf wartet, sich in gegenwärtiger, sichtbarer Form zu entfalten. Das lässt sich als wachsendes Vertrauen in die Kontinuität des Lebens erfahren, die nicht vom eigenen Handeln abhängt. Dieses Weltverständnis und diese Welterfahrung unterscheiden sich grundlegend von unserer konventionellen Vorstellung.

1983 hat Bohm auf einer Konferenz dafür ein besonders gutes Bild gefunden: Wenn man ein Samenkorn einpflanzt, geht man davon aus, dass daraus ein Baum wird. Das Samenkorn ist also die Ursache für das Wachsen des Baumes. Aber anders betrachtet könnte es auch sein, dass sich die gesamte Umwelt – die Luft, der Boden, das Wasser – in diesem Baum entfaltet, die wiederum aus einer gemeinsamen, »entfalteten« oder unsichtbaren Quelle entspringt und sich dann in der Welt manifestiert. Dann wäre das Samenkorn das Tor, aus dem sich der Baum entfaltet. Stirbt der Baum, dann faltet er sich sozusagen wieder ein. Nur uns erscheint dieser Prozess als lineare Progression. Für Bohm ist es durchaus möglich, dass sich auch die Natur selbst ständig entfaltet und wieder einfaltet.

Dasselbe gilt für Gedanken und Gefühle. Authentizität ist die Kunst, Potentiale wahrzunehmen und die Bereitschaft, wenn nicht sogar den Mut zu ihrer Entfaltung aufzubringen. Dieses Prinzip impliziert, dass wir allmählich lernen, die Wahrheit über unsere Gefühle und unser Wissen zu sagen. Es ist die Kunst, mit anderen oder allein die eigene Stimme zu finden und dadurch das Potential zu spüren, das existiert und darauf wartet, sich durch uns zu entfalten.

In diesem Sinne sind wir das Samenkorn, durch das sich aus der »impliziten Ordnung« eine neue Realität entfaltet. Mit diesem Prinzip haben sich übrigens nicht nur die Physiker beschäftigt. Schon Ralph Waldo Emerson forderte in seinem Essay »Selbstvertrauen« den Menschen auf, auf sich selbst und das sich im eigenen Inneren entfaltende Potential zu hören:

»Die Kraft, die ihm innewohnt, ist neu in der Natur, und niemand als er allein weiß, was das ist, das er tun kann, und er kann es auch erst dann wissen, wenn er es versucht hat.«[8]

Wenn wir das tun, verwechseln wir das, was wir sind, nicht länger mit dem, was wir zu sein glauben oder nach Meinung anderer sein sollten. Dann entfalten wir unser wahres Selbst.

Gewissheit, Fließen und Bewusstheit [9]

Aber nicht nur funktionieren wir unwissentlich aus dem Gedächtnis, wir neigen auch dazu, das, was wir nur teilweise verstehen, für das Ganze zu halten oder uns starr an die eigenen Ansichten zu klammern. Eine Kollegin hat das als »edle Gewissheit« bezeichnet.[10] Interpretationen auf der Grundlage unserer edlen Gewissheiten machen uns blind und schränken die Freiheit unseres Denkens ein.

Vor kurzem lernte ich eine Frau kennen, die sich zutiefst für den Tierschutz engagierte. Es war ihr unerträglich, dass in New England die Bärenjagd erlaubt war, vor allem, weil der Bär in dieser Region Anfang des 20. Jahrhunderts fast ausgerottet worden war. Die Befürworter der Jagd waren für sie »Neandertaler«, Gleichgesinnte dagegen »vernünftig«. Gleichzeitig wollte sie aber auch ihre Interaktionen mit den »Neandertalern« verändern – um sie besser beeinflussen zu können.

Der Gedanke an leidende und sterbende Tiere schmerzte sie, aber allmählich fand sie es ähnlich bedrückend, an einer Überzeugung festzuhalten, die zu einer so starken Polarisierung zwischen ihr und anderen führte. Sie erkannte, dass sie sich auf diese Überzeugung fixiert hatte und dadurch blind für andere Möglichkeiten geworden war. Dem folgte eine weit erschreckendere Erkenntnis: »Wenn ich nicht an meiner Überzeugung festhalte, was bleibt übrig? Vielleicht habe ich dann gar nichts mehr.«

Hinter der Weigerung, die eigenen Gewissheiten aufzugeben, steht die Angst vor der Leere, die sich dahinter auftut: die Existenzangst. Vielleicht klammern wir uns ja deshalb so sehr an unsere Gewissheiten, weil wir glauben, sie seien alles, was wir haben. Die gewohnten Gewissheiten ersparen es uns, uns dieser Möglichkeit zu stellen.

Wie bereits gesagt, schaffen wir Bilder und verhalten uns dann so, als seien sie die Wirklichkeit. Dass diese Bilder vielleicht unvollständig sind, hält uns nicht davon ab, uns daran zu klammern. Besonders deutlich lässt sich das in Unternehmen erkennen, die »Visionen« entwickeln, die dann zu ganz anderen Ergebnissen führen als beabsichtigt. Viele Unternehmen vertreten heute bestimmte Visionen oder Werte – »Wertorientierung« ist modern und fast schon notwendig geworden. Und doch zeigt die Umsetzung der Visionen in die Praxis, dass das Regiment der Gewissheit die Reflexion und Wahrnehmung anderer Möglichkeiten verhindert und sogar paradoxe Resultate zeitigen kann.

*Nehmen wir zum **Beispiel** die Büromöbelfirma Hermann Miller, die sich mit ihrem eleganten Design und mit der Entwicklung des »action office«, den heute so unbeliebten Großraumbüros mit ihren Arbeitskojen, einen Namen gemacht hatte. Die Firma legte großen Wert darauf, dass alle Mitarbeiter an wichtigen Entscheidungen beteiligt waren. Doch das, was anfangs ein zentraler Wert gewesen war, erwies sich am Ende als Fessel. »Beteiligung« wurde von den Mitarbeitern allmählich so verstanden, dass jeder überall mitreden konnte. So wurde aus Beteiligung schließlich Lähmung: Jede Entscheidung erforderte ausführliche Beratungen aller mit allen. Wichtige Fragen blieben monate-, in manchen Fällen sogar jahrelang ungeklärt. Das Unternehmen schien nicht in der Lage, ohne Verstoß gegen die ursprünglichen Werte das Konzept der Beteiligung in »angemessene« Beteiligung zu verwandeln. Die starre, einseitige Interpretation des Beteiligungsbegriffs setzte sich durch und wurde von den Mitarbeitern weder erkannt noch in Frage gestellt. In mühseliger Arbeit ist es vor kurzem gelungen, einen Kulturwandel auf den Weg zu bringen, aber der Preis dafür war hoch: Rückgang des Marktanteils, häufige Wechsel an der Firmenspitze und schlechte Arbeitsmoral.*

Die Unfähigkeit zur Reflexion und damit zu der Erkenntnis, wie einschränkend es sein kann, wenn es nur eine einzige Auffassung gibt, hindert Individuen wie Unternehmen an der Entfaltung. Auch das hängt mit dem allgemeinen Problem der Fragmentierung des Denkens zusammen: Wir nehmen die Fragmente für das Ganze und fixieren uns dann darauf. Wie stark halten Sie an Ihren Ansichten fest? Haben Sie genügend Raum für andere Gesichtspunkte?

Dem Problem der Gewissheit liegt noch ein weiteres einschränkendes Merkmal des Denkens zugrunde: die Tendenz, die Welt als wesentlich unveränderlich und statisch zu sehen. Aus unserer Sicht verändern sich die Dinge nicht allzu sehr. Auf der physischen Ebene scheint alles relativ stabil. Die Landschaft verändert sich vielleicht allmählich, aber das bemerken wir meist erst dann, wenn wir eine Weile fort waren. Es kann sehr verblüffend sein, wenn man entdeckt, dass ein Teil der äußeren Landschaft, die man bislang für unverrückbar gehalten hat, plötzlich anders geworden ist. Bei mir um die Ecke stand lange Zeit ein altes, verfallenes Gebäude. Eines Tages, als ich von einer Reise zurückkam, war es verschwunden. Ich musste zweimal hinsehen – ich hatte das riesige Loch an der Stelle, an der das Haus gestanden hatte, zuerst gar nicht bemerkt, weil ich erwartete, dort das Haus zu sehen. Das Gebäude war an einem Nachmittag abgerissen worden und hatte einer Baustelle Platz gemacht.

Diese Beeinträchtigung der Sinne geht auf die ständigen Bemühungen des Gehirns zurück, eine kohärente, stabile Ansicht der Dinge herzustellen. Um diese Kohärenz zu bewahren, fügen wir selbst die fehlenden Details ein – und übersehen dabei die Lücken.

Es mag angenehm sein, im Glauben an eine feste, sichere Welt zu leben, aber wirklich sicher ist nur eins: Veränderung. Oder in den Worten Buckminster Fullers: »Leben ist ein Verb.« Alles ist in Bewegung, im Prozess. Manche dieser Prozesse vollziehen sich zu langsam, als dass wir sie sehen könnten, aber sie bewegen sich dennoch.[11]

Ein Bewusstsein für dieses Gefühl von Bewegung und Prozess kann die Schwierigkeiten beheben, die aus allzu großer Gewissheit entstehen. Wenn wir uns dieses Prozesses bewusst bleiben, können wir unsere Gewissheiten loslassen, unseren Blick erweitern und die Welt aus einer neuen, höheren Perspektive betrachten. Das *Prinzip*, das ich hier vorstelle, ist das der *Bewusstheit*[12]. Es ist ein weiteres Schlüsselprinzip des Dialogs. Es beinhaltet die Fähigkeit, die Lebensprozesse zu erkennen, die allem zugrunde liegen, ein Bewusstsein von uns selbst und von der Wirkung zu entwickeln, die von uns ausgeht, – und zwar dann, wenn sie geschieht. Es beinhaltet auch die Fähigkeit, loszulassen, Gewissheiten und starre Auffassungen zu »suspendieren«, die Dinge aus einer anderen Perspektive zu betrachten. Mit dieser Bewusstheit können wir mehrere, ja widersprüchliche Standpunkte gleichzeitig einnehmen. Zu spüren, dass alles in Bewegung, im Prozess ist, befreit uns von dem Druck, dafür sorgen zu müssen, dass alles immer fix und fertig ist, weil wir dann begreifen, dass wir nichts weiter wissen, als dass sich auch diese Situation verändern wird.

Gewalt, Inklusion und Kohärenz

Ein letztes Merkmal des Denkens ist die Tatsache, dass wir anderen und der Welt unsere Ansichten aufzwingen. Wir urteilen. Wir beschließen, dass etwas so und nicht anders ist. Und dann verteidigen wir unsere Deutung, führen alles an, was beweist, dass wir rechthaben, und ignorieren oder entwerten das, was dagegen spricht. Mit unseren defensiven Urteilen setzen wir uns gegen andere durch und machen ihnen implizit oder explizit klar, dass sie anders sind, als sie sein sollten.

Wenn man die Gedanken eines anderen abwehrt, leugnet man jegliche Verbindung zu diesem Gedanken oder zu dem, was dahinter steht. In solchen Situationen erkennen wir die grundlegende Kohärenz oder den Sinn der anderen Meinung nicht. Wir lehnen sie ab, halten sie völlig oder zumindest in manchen Aspekten für falsch. Aber dadurch übersehen wir, dass das Denken und die Erfahrung anderer eine legitime Quelle hat, die sich verstehen lässt, sobald man sie untersucht. Untersucht man sie nicht, hält man an der Fragmentierung fest. Als Vertreter der Stahlarbeiter den Managern des Stahlherstellers Armco sagten, sie glaubten nicht, dass sie es ehrlich meinten und würden sich jedes Wort merken, um das zu beweisen, war die hohe Mauer zwischen den beiden Gruppen im Raum unübersehbar. Beide Gruppen reagierten auf die bedrohliche Vorstellung des Neuen mit eben der »Kampf oder Flucht«-Reaktion, wie sie bei realer physischer Gefahr zu erwarten ist.

Diese Art der Abwehr führt zu einer Form von Gewalt, die zu den wohl tiefreichendsten Problemen des Denkens zählt. Das englische Wort *violence* bedeutet »unrechtmäßiger Einsatz von Stärke«. Ein Denken, dass sich gegen andere durchsetzt oder sie abwehrt, ist gewalttätig: Es setzt Stärke ein, um einen anderen zu verändern. Es zwingt eine falsche Logik auf, die die Gewalt hervorbringt, die wir in der Welt um uns sehen. Und all das beginnt in unserem Kopf.

Das *Kohärenzprinzip* wirkt dem abwehrenden und gewalttätigen Denken entgegen. Der Dialog, so wie er in diesem Buch definiert ist, setzt voraus, dass die Welt ein ungeteiltes Ganzes ist und unser zentrales Problem darin liegt, dass wir das nicht erkennen. Die Welt ist bereits ganz. Die Herausforderung für uns besteht darin, diese Wahrheit zu begreifen. Terenz hat das sehr gut erfasst mit seinem: »Ich bin ein Mensch, deshalb ist mir nichts Menschliches fremd.« Mit anderen Worten: Alles, was edel, und alles, was hässlich ist, ist in irgendeiner Form in mir enthalten.

Es ist unser Problem, dass wir normalerweise nicht die Kohärenz, sondern nur Fragmente sehen. Erziehung und Erfahrung haben uns nicht in die Lage versetzt, den Begriff *ganz* zu verstehen. Einzelteile und Differenzen sind in unserem Bewusstsein sehr viel stärker präsent. Deshalb konzentrieren wir uns auch darauf, qualitative Maßstäbe zu finden, und vergessen dabei oft, nach ihrer Bedeutung zu fragen. Physiker konzentrieren sich auf die formalen Gleichungen der Quantentheorie statt auf ihre Bedeutung. Geschäftsleute konzentrieren sich auf die Leistungs-»Zahlen«, ohne sich zu fragen, ob diese Zahlen tatsächlich wesentliche Aussagen über die Qualität und Kreativität ihrer Mitarbeiter ergeben. Wir beschäftigen uns mit technischen Details, weil uns das leichter fällt.

Außerdem glauben wir fälschlich, durch die Verbindung der Teile ein Gefühl der Ganzheit erzeugen zu können. Das ist die Grundvoraussetzung des digitalen Zeitalters und das scheinbare Versprechen des Internet. Aber es führt nur zu dem, was ich später als »*Verbindung ohne Kontakt*« bezeichnen werde. Es ist nichts anderes als die Geschichte von Humpty Dumpty: Wenn wir die Welt erst zerbrochen haben, lassen sich die Einzelteile nicht wieder zusammensetzen. Elektronische Verbindungen an sich werden der grundlegenden Kohärenz der Welt nicht gerecht und machen auch nicht neugierig darauf.

Wir brauchen etwas anderes: Wir müssen Kohärenz begreifen, einen Blick entwickeln, der sich an erster Stelle auf die Kohärenz richtet und unsere Neigung wahrnimmt, die Welt zu zerbrechen, die unverbundenen Teile wieder zusammenzusetzen und dann zu behaupten, sie seien dasselbe. Wir brauchen den Blick des Künstlers, der das Ganze würdigt und dabei doch die Details nicht übersieht. Mit dem Kohärenzprinzip im Hinterkopf können wir das untersuchen, was ist, ohne uns ständig zu bemühen, das zu produzieren, was sein sollte. Wir können lernen, dass Dinge auf eine Weise zusammengehören, die unsere Vorstellung weit übersteigt. Auch wenn uns das Ergebnis nicht immer gefällt, sehen wir dabei doch, wie es zusammenpasst. Praktisch gesprochen begreift man z.B., dass noch die abscheulichsten Taten Folge einer Gruppe von Kräften sein können, die eine gewisse Validität besitzen. Ziehen Sie beim nächsten Streit mit Ihrem Partner oder Ehepartner einmal ernsthaft die Möglichkeit in Betracht, dass er oder sie ebenfalls zu Ihrer Welt gehört und seine oder ihre Art, die Dinge zu sehen, ebenfalls vernünftig ist – und zwar potentiell auch für Sie selbst. Und wenn Sie sich das nächste Mal bei unangenehmen oder hässlichen Gedanken ertappen, stellen Sie sich die Frage: »Wo kommt das her? Wie funktioniert es?« Letztlich nehmen wir die Kohärenz der Welt dann wahr, wenn wir uns und anderen verzeihen.

Diese vier Pathologien des Denkens – Abstraktion, Idolatrie, Gewissheit und Gewalt – liegen den meisten Schwierigkeiten zugrunde, mit denen wir konfrontiert sind – in der Familie, im Unternehmen, in der Gesellschaft. Gemeinsam verstärken sie die Erfahrung der Fragmentierung. Die vier Prinzipien des Dialogs dagegen – Partizipation, Entfaltung, Bewusstheit und Kohärenz – entwerfen die Umrisse einer Menschlichkeit, mit deren Hilfe diese Schwierigkeiten überwunden und die Grundlagen zur Entwicklung einer ganz anderen Arbeits- und Lebensweise gelegt werden können.

Anmerkungen

1   David Bohm hat die Frage des wortlosen Denkens verschiedentlich aufgeworfen, unter anderem in: *Thought as a system*, London 1996. Dieses Buch ist ein guter Wegweiser zum Thema. Vgl. auch Michael Polanyi: *The tacit dimensions*, New York 1967.

2   Dieses Beispiel verdanke ich Peter Garrett.

3   Muhammad Ahmad Faris, zitiert in: *The home planet*, Reading, Mass. 1998.

4   Shunryu Suzuki: *Zen-Geist, Anfänger-Geist*, Aus d. Amerikan. v. S. Dornier u. P. Ragg, Berlin 2000.

5   Vgl. David Bohm: *Science, order and creativity*, New York 1987.

6   Dieses von David Bohm vorgestellte Beispiel zeigt, dass die »Kampf oder Flucht«-Reaktion aus der Erinnerung kommt. Man kann sie als »instinktive« Reaktion sehen, die in gewissem Sinne Teil eines gesellschaftlichen oder gar biologischen Gedächtnismuster ist, ein Muster, das wir praktisch fertig mitgeliefert bekommen haben.

7   Vgl. Owen Barfield: *Evolution - der Weg des Bewußtseins*, Aus d. Engl. v. M. Wülfing, Aachen 1991. Das Regenbogen-Beispiel stammt von ihm.

8   Ralph Waldo Emerson: *Selbstvertrauen*. In: Essays. 1. Reihe, Ins Dt. übertr. u. hrsg. v. Harald Kczka, Zürich 1982, 42.

9   Im amerikan. Orig.: *awareness*; wird auch dt. häufig im Original verwendet, um den gesamten Bedeutungshorizont des Begriffs zu erhalten: Awareness; so

z.B. in Kognitiver Psychologie, Gestaltpsychologie und im gesamten Gestalt-Ansatz; dt. auch: *Gewahrsein, Achtsamkeit, Mittlerer Modus, Bewusstsein.*

[10] Diesen Ausdruck verdanke ich Juanita Brown.

[11] Bohm hat unser Denken einmal mit den Mustern und Wirbeln eines Flusses verglichen. So gesehen, bieten die größeren Felsen eine relativ stabile Struktur, die das Wasser umfließt. Wir sehen, wie der Fluss ständig regelmäßige Muster in diesem Wasser bildet. Manche Muster wirken so stabil, dass man glaubt, sie änderten sich nie. Auch Länder können diese Muster bilden: Die Vereinigten Staaten bilden sein rund 220 Jahren ein stabiles Muster. Uns Heutigen erscheint es dauerhaft, aber tatsächlich ist es nur ein weiteres Muster im Wasser, das sich durch die Prozesse menschlichen Lebens, menschlichen Denkens und menschlicher Interaktion ständig neu bildet.

[12] Vgl. Anm. 9.

3. Eine zeitlose Form des Gesprächs

Wohl jeder wird sich an ein besonders gutes Gespräch erinnern können, spät nachts vielleicht in der Schulzeit, bei einem langen Spaziergang mit einem Freund, bei einem Familientreffen, vielleicht sogar in Briefen. Wie wir gesehen haben, ist der Dialog ein Verfahren, mit dem sich gute Gespräche bewusst und mit Absicht evozieren lassen. Aber auch wenn er ein Verfahren, ja sogar eine Kunstform ist, so lässt er sich doch nicht ausschließlich unter methodischen Aspekten beschreiben. Ein Lehrbuch nach dem Motto: »Dialog für Anfänger«, ist nicht möglich.

Das liegt vor allem daran, dass sich die Begleitung eines Dialogs von anderen Formen der Facilitation unterscheidet. Beim Dialog ist der Berater selbst unlösbar Teil der Methode. Einen Dialog begleiten bedeutet, sich grundlegend neu mit sich selbst zu beschäftigen. Es gibt keine vom eigenen Verhalten unabhängige Schritte, die man anderen zeigen könnte. Wohl aber gibt es klare und zuverlässige Praktiken, die festlegen, ob die Bedingungen für einen Dialog vorhanden sind oder nicht.

So müssen Sie z.B. eine Haltung, eine Weltsicht erlernen, von der aus Sie Ihre Gespräche von Grund auf neu aufbauen, um den spezifischen Bedürfnissen und dem spezifischen Gesprächsfeld jeder Situation gerecht zu werden. Deshalb müssen Sie die Theorie und die Prinzipien des Dialogs verstehen, die ineinandergreifenden Kräfte, die bestimmen, »wie und warum« ein Dialog funktioniert. Ohne theoretische Basis keine Meisterschaft.

Ohne Theorie bliebe die Praxis des Dialogs auf eine kleine Gruppe intuitiver »Meister« beschränkt, weil jeder von uns Erfolg ein wenig anders bemisst und wechselnde Kategorien einbezieht. Damit werden aber auch die Ergebnisse unberechenbar. In diesem kurzen Kapitel will ich untersuchen, warum wir darüber hinausgehen müssen. Ausgehend von einer grundlegenden Theorie des Dialogs werde ich erklären, warum die Theorieentwicklung über den akademischen Bereich hinausgehen muss.

Viele reagieren auf Theorien allergisch – sie sind ihnen einfach zu akademisch. Ihr Motto ist: »Sagen Sie mir, was ich tun soll!« Dem halte ich entgegen: Wer offen für die Theorie des Dialogs ist, ist auch offen für das, was menschliches Streben effektiv oder ineffektiv macht. Sobald man sich dieser Kräfte bewusst geworden ist, gibt man nicht länger anderen die

Schuld, wenn eine Situation schief geht, und ist in der Lage, Gespräche in Gang zu setzen, die zu besseren Ergebnissen führen.

Glück allein ist nicht genug

Ein erfahrener Unternehmensberater erzählte mir, er habe in einer recht außergewöhnlichen Gruppe von Führungskräften, Unternehmern und Ausbildern einen Dialog über die Veränderungen des Arbeitsplatzes im 21. Jahrhundert angeregt. Grinsend meinte er:

> »Keiner hatte eine Ahnung. Ich hatte ein bisschen darüber gelesen. Wir wussten überhaupt nicht, was dabei herauskommen würde, aber irgendwie schien es uns richtig, und deshalb haben wir es ausprobiert. Es hat geklappt, und wie! Wir haben uns immer wieder angesehen und uns gefragt, ob wir träumen oder wachen. Aber alle waren begeistert. Leute, die sich noch nie gesehen hatten, haben sich zusammengesetzt und etwas ganz Neues geschaffen. Jeder hat etwas gelernt. Und alle wollen unbedingt weitermachen.«

Manchmal haben also auch die Ahnungslosen beim Dialog Glück! Wenn man »keine Ahnung« hat, schafft man Raum für Möglichkeiten, die sich weder vorwegnehmen noch kontrollieren lassen. Ironischerweise kann eine klare Vorstellung des Möglichen das Unerwartete und Unvorhergesehene oft verhindern.

Gleichzeitig bleibt aber Meisterschaft, wie meine Kollegin Diana Smith es ausdrückt, ohne bewusste Überlegung ein Geheimnis. Mit Glück allein sind dialogische Erfahrungen über eine längere Zeit nicht zuverlässig möglich. Es geht nicht um die Hochstimmung, die aus einer anfänglich positiven Dialogerfahrung entsteht, sondern um den Unterschied zwischen der Erfahrung und dem Wissen um die Ursachen dieser Erfahrung. Man muss also ein praktisches Wissen erarbeiten, das sich formulieren und vermitteln lässt.

Wenn man dieses praktische Wissen nicht besitzt und entsprechend auch nicht begreift, wie die Erfahrung zustande gekommen ist, wird man zwangsläufig davon abhängig, dass andere die Erfahrung erneut ermöglichen. Anders ausgedrückt: Man tanzt zur Musik, ohne zu begreifen, wie sie gespielt wird. Für mich liegt das Potential des Dialogs aber gerade darin, dass jeder lernen kann, die Musik des Dialogs zu spielen.

Nötig ist das vor allem deshalb, weil nicht nur meine eigenen Experimente mit dem Dialog keineswegs immer positiv ausgegangen sind. Manchmal kommt es zu Katastrophen.

*So erzählte zum **Beispiel** ein Manager von einer hochkarätigen Gruppe bei Ford, die einen neuen Produktionsprozess in Gang bringen und mit Hilfe des Dialogs ihre Perspektiven überprüfen und neue Einsichten gewinnen wollten. Aber wie sich herausstellte, wussten die Teilnehmer – die alle sehr klare Standpunkte vertraten – gar nicht, was ein Dialog ist, warum sie sich dafür entschieden hatten und was man von ihnen erwartete. Sie fragten nach Zielen und Absichten und behielten ihre wirklichen Differenzen und Ungewissheiten für sich, weil sie glaubten, das müsse beim Dialog so sein. Es wurde ein sehr abstraktes Gespräch, die Beteiligten fielen in ihre vertrauten Positionen und Interaktionsformen zurück und kamen schließlich zu der Meinung: »Dialog funktioniert anscheinend nicht. Vielleicht eignen wir uns nicht dazu. Aber vielleicht bringt er auch einfach nicht so viel, wie behauptet wird.«*

Wenn Ihnen eine Methode begegnet, weg damit!

Bei allem, was wir tun, ob wir eine Konferenz leiten, einen Vertrag aushandeln, ein Kind bestrafen oder meditieren, gehen wir von einer ganzen Reihe unhinterfragter Regeln oder Vorstellungen über Effektivität aus. Das Verständnis dieser unausgesprochenen Regeln bezeichne ich als *Theorie*. Das Wort *Theorie* hat dieselbe Wurzel wie das Wort *Theater* und heißt einfach »sehen«. Eine Theorie ist also eine Form des Sehens. Das wird dann problematisch, wenn man beschließt, eine bestimmte Sichtweise sei die »richtige«. Aber ohne Theorie, d.h. ohne die Möglichkeit, das zu bewerten, was geschieht, kann man nur blind vorgehen und ist dem Zufall unterworfen.

Wir müssen uns bewusst machen, was wir tun, um es verbessern und mit anderen teilen zu können. Es geht nicht darum, eine formelle, explizite Theorie des Dialogs zu entwickeln, sondern den Dialog in irgendeiner Form verständlich und anwendbar zu machen. Ich verstehe unter Theorie nicht ausschließlich das, was wir aus den Natur- oder Sozialwissenschaften kennen; für mich ist »Theorie« eine Weltsicht auf der Basis eines eindeutigen, prognosefähigen Prinzips: »Wenn man X unter der Bedingung Y tut, dann erhält man Z.« Vor einigen Jahren erschien ein Buch mit dem Titel *If you meet the Buddha on the road, kill him!* Das bezieht sich auf die paradoxen Methoden des Zen-Buddhismus und bedeutet, dass unsere Neigung, an Dingen festzuhalten und sie zu verstehen, manchen Erfahrungen, vor allem Selbsterkenntnis und Selbstbewusstheit, im Weg steht. Auch wenn es seltsam klingt, so ist das doch genauso eine Theorie wie die Gesetze der Physik.

Kurt Lewin, der faszinierende und unkonventionelle Sozialwissenschaftler, entwickelte provozierende neue Ideen, die sich nicht auf die Förderung weiterer Ideen, sondern auf die Förderung neuer Handlungsmöglichkeiten richteten. Seiner Meinung nach gibt es *nichts Praktischeres als eine gute Theorie*, da man mit einer Theorie nicht nur vorhandene Fakten erklären, sondern auch deutlich machen könne, was man noch nicht weiß. Die Theorie ist das Tor zu tieferer Untersuchung. Noch knapper hat es Edwards Deming, der Vater des Total Quality Management, gesagt: »Ohne Theorie kein Lernen.« Das heißt, ohne eine theoretische Erklärung lässt sich nicht feststellen, ob das Laborieren an einem System zu besseren oder schlechteren Ergebnissen führt.

Mein Kollege und Freund Michael Jones ist bekannt für seine brillanten Klavierimprovisationen. Er hat in langen Jahren ein besonderes Gefühl für das Klavier entwickelt, ein Gefühl für Berührung. Sein Zugang zum Klavier ist nicht intellektuell; er stopft sich nicht mit Wissen voll, sondern versucht, sich von Ablenkung zu befreien. Ihm geht es darum, buchstäblich das Instrument, den Raum, in dem er spielt, und sich selbst zu spüren – also das Ganze – und daraus die Musik sich entwickeln zu lassen. Das ist nur schwer in Worte zu fassen, ist aber gleichzeitig auch sehr präzise. Es basiert auf einer Art, die Welt zu sehen – und zu fühlen –, die davon ausgeht, dass authentische Musik direkt aus der Seele kommen müsse und nicht aus der Vorstellung, wie Musik zu sein hätte. Das ist ein sehr großer Unterschied, und man kann ihn hören. Er illustriert auch eine Methode, die genauso viel mit der emotionalen Reife des Pianisten zu tun hat wie mit seiner Technik: Sie versetzt den Künstler in die Lage, seine wahre Stimme zu artikulieren. Michael würde das wohl nicht so ausdrücken, aber es trifft das, was er tut.

Die Methode des Dialogs, die ich in diesem Buch beschreibe, besitzt diese Eigenschaft ebenfalls. Sie weist auf bestimmte Erfahrungen und Fähigkeiten hin, die man, hat man sie einmal verstanden, sofort wieder aufgeben muss, um die Dinge selbst zu erfahren. Das Paradox hier besteht darin, dass Dialog am Ende eine Eigenschaft des Daseins und eben keine Methode ist. Es ist wie der Unterschied zwischen dem Lesen der Speisekarte und dem Verzehren der Mahlzeit. Letztlich braucht man keine Theorie über sich selbst, sondern die direkte Erfahrung. Karten und Theorien sind durchaus sinnvoll, aber sie sind nicht die Realität.

Die zeitlose Form des Gesprächs

Christopher Alexander hat einen Weg für dieses Problem von Wissen und »Nichtwissen« entwickelt, der für den Dialog besonders geeignet ist. In seinem bahnbrechenden Buch *The Timeless Way of Building* behauptet er, es gebe eine Bauform, die viele tausend Jahre alt sei und den großen Bauwerken der Welt zugrunde liege, deren »Form so alt ist wie die Bäume und Berge und unsere Gesichter«. Er behauptet, wir müssten eine Art des Bauens entdecken, die wie die Natur funktioniert. Seiner Meinung nach tragen die Menschen diese zeitlose Art *schon in sich*, doch ist sie durch Illusionen, Methoden und Regeln seit langem verschüttet. Er sagt:

> »Ungeachtet der unendlichen Zahl verschiedener Bauformen und Prozesse tragen alle gelungenen Bauten und Wachstumsprozesse im Kern ein grundlegendes, unveränderliches Merkmal in sich, das für ihr Gelingen verantwortlich ist.«[1]

Dieser zentrale, unveränderliche Prozess *lebt*. Alexander zeigt uns, dass es sich dabei nicht um eine äußere, sondern um eine tief in uns liegende Methode handelt. Seiner Meinung nach müssen wir uns von all den Bildern und Methoden befreien, die uns zu dem Glauben verleitet haben, wir könnten den Akt des Bauens nur entdecken, indem wir ihn von außen kontrollieren. Durch diese Befreiung wird es möglich, unter dem Chaos in und um uns die »reiche, wogende, schwellende, sterbende, welkende, singende, lachende, schreiende, weinende, schlafende *Ordnung*« zu entdecken.[2] Durch den zunehmenden Kontakt zu dieser Ordnung wird es uns möglich, aus ihr heraus kreativ zu werden, zu bauen und zu sprechen.

Für Alexander liegt in der Entdeckung dieser Ordnung und ihrer Umsetzung in Gebäuden ein Geheimnis, das in der Tatsache gründet, dass wir feststellen können, welche Dinge ihrer inneren Natur treu sind – bei Bauwerken genauso wie bei Menschen –, und zwar deswegen, weil sie eine gewisse Lebendigkeit, Freiheit und Tiefe besitzen. Ich kenne z.B. einen Menschen, der so weise wie charismatisch ist. Er scheint eine innere Beständigkeit zu besitzen. Alexander beschreibt diese Eigenschaft als *sich wohl fühlen*. Solche Menschen fühlen sich wohl in ihrer Haut und machen das in ihren Interaktionen mit anderen deutlich. Sie besitzen Lockerheit, Sanftheit, gelassene Echtheit.

Diese Eigenschaften lassen sich auch in Gesprächen finden. In Gesprächen, in denen die Beteiligten sich treu bleiben, ihre eigene Sprache sprechen und so zuhören, dass auch andere zuhören können, fühlt man sich *wohl* – wenn auch nicht immer unbedingt behaglich. Man spürt, dass etwas Wichtiges geschieht. Alexander weist darauf hin, dass sich diese Eigenschaft nicht in einem Wort fassen lässt. Sie ist sehr präzise, aber auch verwirrend, weil man sie *nicht benennen kann*. Aber man kann sie erkennen, und man spürt, wenn sie fehlt.

Bevor man die von Alexander empfohlene Methode anwenden kann, muss man eine Disziplin entwickeln, die die Entdeckung einer wahren, befreienden Beziehung zwischen einem selbst und der Umgebung ermöglicht – und danach jeden Versuch, sie anzuwenden, aufgeben und sich so verhalten, wie es die Natur tut.[3] Dies ist die sich selbst auslöschende Methode der Architektur, in deren Kern die bewusste Neuentdeckung einer anderen Seinsweise liegt.

Was Alexander über die Architektur sagt, gilt auch für den Dialog. Im Folgenden beschreibe ich einen Weg, der, wie ich glaube, zu eben dieser inneren Lebendigkeit auch in Gesprächen führt. Menschen haben zahllose Möglichkeiten gefunden, die Kreativität zu blockieren, nicht nur in der Architektur, sondern auch im Gespräch. In den folgenden Kapiteln versuche ich einen Ansatz zu entwickeln, der das verändern kann.

Die Fähigkeit zu unbefangenem und kreativem Austausch scheint einmal allen Menschen eigen gewesen zu sein. Heute ist sie meist nur noch eine ferne Erinnerung. Überall in der Geschichte finden sich Belege für Versammlungen, Treffen und Beratungen von Stämmen und Dorfgemeinschaften, die durch das Gespräch strukturiert wurden und meist viele Tage dauerten. An diesen rituellen Gespräche waren in der Regel alle Stammesangehörigen beteiligt. In Südafrika z.B. gibt es immer noch Versammlungen indigener Völker, bei denen Alte und Junge gleichermaßen respektiert und alle Anwesenden wahrgenommen und anerkannt werden.

Die Professorin und Kolumnistin Dana Meadows hat mir vor vielen Jahren von einer Reise nach Georgien erzählt. Bei einem Essen, das man für die amerikanischen Gäste organisiert hatte, waren plötzlich Nachbarn erschienen, die Speisen mitbrachten, weil sie von dem Ereignis gehört hatten und sich daran beteiligen wollten. Bei diesem Essen hatte jeder, vom Ältesten bis zum Jüngsten, die Möglichkeit, zu sprechen und von seinem Leben und seinen Leistungen zu berichten. Die versammelte Menge nahm jeden Sprecher wirklich wahr. Meadows Schlussbemerkung werde ich nie vergessen: »Das ist das Geheimnis der Gesundheit!«

In einem solchen Setting wird jeder Einzelne ganz angenommen, begreift, dass er dazu gehört und die Chance hat, seinem Handeln eine Stimme zu verleihen. Diese unbefangene Gesprächsfähigkeit lässt sich nicht einfach wiederherstellen, indem man versucht, eine verlorene Gesellschaftsform neu zu erfinden. Die meisten von uns haben die Fähigkeit verloren, unbefangen zu reden und zu denken. Wir halten Gespräche heute oft für »Zeitverschwendung«, sofern sie kein bestimmtes Ziel verfolgen. Unsere Gespräche versiegen, wenn sie unter Druck geführt werden. Mit anderen

Worten: Wir lassen uns zwar gerne von dieser Gesprächsfähigkeit erzählen, können sie aber nur selten wieder erreichen. Das gilt insbesondere im beruflichen Umfeld, in dem sämtliche Normen darauf ausgerichtet scheinen, echten Kontakt zu verhindern.

Bei der Arbeit mit dialogischen Methoden müssen wir begreifen, wie sich Gespräche in Gruppen entwickeln und sich schließlich auf noch größere, noch komplexere Settings wie Unternehmen und Professional Communities ausdehnen. Die Grundprinzipien sind dieselben: Wir müssen eine Methode oder Theorie erlernen und sie in dem Augenblick, in dem wir sie beherrschen und in unsere Gespräche einbeziehen, völlig aufgeben, damit wir wieder natürlich leben und sprechen können.

Anmerkungen

[1] Christopher Alexander: *The timeless way of building*, New York 1979, 8.
[2] a.a.O., 15.
[3] a.a.O., 16.

II. Teil

Kapazitäten für neues Verhalten

Wenn Sie das Wort Dialog hören, denken Sie wahrscheinlich an Gespräche mit anderen. Aber so seltsam es auch klingt, der Dialog beginnt wie alle anderen guten Übungen auch in Ihnen selbst. Das Sprichwort: »Arzt, heile dich selbst«, geht auf eine lange Tradition zurück, die die tiefe Verbindung zwischen dem Einzelnen und der Umwelt erkannte, mit der der heilende Arzt interagiert. Dasselbe gilt für den Dialog. Wer effektiv sein will, muss sich zunächst fragen, ob er *sich selbst* zuhören und *mit sich selbst* sprechen kann.

Die vier im ersten Kapitel genannten Praktiken: Zuhören, Respektieren, Suspendieren und Artikulieren, sind die wichtigsten Bausteine. Diese Bausteine will ich hier im Einzelnen untersuchen und Wege aufzeigen, wie Sie sie begreifen und in sich entwickeln können.

Was ist eine Praktik?

Eine »Praktik« oder Übung ist eine wiederholte Aktivität, die zu einer bestimmten Erfahrung führt. Yogaübungen, Tonleiterspiel oder die Reihenfolge der Fragen bei der Anamnese – das alles sind Formen, die bei entsprechender Übung ein festgelegtes Ergebnis erzielen, z.B. Bewusstseinserweiterung, musikalische Präzision oder eine Diagnose. Man kann einem Medizinstudenten nicht beibringen, wie sich die Geschichten erspüren lassen, die den medizinischen Problemen eines Patienten zugrunde liegen, aber man kann ihm ein Gerüst zur Verfügung stellen, das ihm ermöglicht, dieses tiefere Gespür selbst zu entwickeln.

Eine Praktik beruht meist auf einer Theorie, d.h. sie ist von tiefreichenden, in langen Jahren entwickelten Prinzipien abgeleitet. So gesehen, hat sie weniger mit einem Rezept gemeinsam als mit Meditation: Sie bedarf ständiger, oft jahrelanger Wiederholung sowie der Erkenntnis, dass das Lernen nie aufhört. Und sie entsteht in der Regel im Kontext einer Gemeinschaft: Gruppen von Menschen begründen eine Tradition, mit deren Hilfe Wissen zugänglich wird. Die Gemeinschaft verstärkt die Notwendigkeit der Übung und fördert ihre kontinuierliche Reflexion und Verbesserung. Meistens unterrichten die ältesten Mitglieder die jüngsten.

Die Praktiken, die ich für den Dialog empfehle, sind nicht so umfassend entwickelt wie einige der anderen, die ich hier genannt habe; schließlich haben sich Yoga oder die Kunst des Heilens in Jahrtausenden ständig weiterentwickelt. Meiner Meinung nach bedarf auch ein effektiver Dialog in Gruppen und umfassenderen sozialen Settings einer solchen Entwicklung und eines Sets von Übungen, mit denen er weiterentwickelt werden kann.

Insgesamt vermitteln die hier vorgestellten Praktiken des Dialogs ein Gefühl der Ganzheit. Zusammengenommen verleihen sie Ihren Gesprächen Ausgeglichenheit, Elastizität, Stärke und Lebendigkeit. Wenn eine fehlt, sind die Gespräche weniger »ganz«, weniger effektiv – sie wirken tot. Ganzheit repräsentiert sich in einem Set von *Handlungsfähigkeiten*, und diese Fähigkeiten lassen sich von Einzelnen, Gruppen, Unternehmen und größeren gesellschaftlichen Organisationen artikulieren und umsetzen. Die Praktiken bieten die Möglichkeit, diese Handlungsfähigkeiten in sich zu verankern.

Aber wie ich zeigen werde, wirken sie auch zusammen und unterstreichen die Prinzipien der Partizipation, Kohärenz, Bewusstheit und Entfaltung. Zu jeder Praktik, die ich in den folgenden Kapiteln beschreibe, gehört jeweils ein Prinzip, das aus der unsichtbaren Architektur des Dialogs entsteht und die Anwendungsmöglichkeiten der hier beschriebenen Übungen prägt: Zur Praktik des Zuhörens gehört das Prinzip der Partizipation, zur Praktik des Respekts das Prinzip der Kohärenz, zur Praktik des Suspendierens das Prinzip der Bewusstheit und zur Praktik des Artikulierens das Prinzip der Entfaltung. In diesem Teil werde ich diese Praktiken diskutieren und Ihnen zeigen, wie Sie sie in sich entwickeln können.

Aber das allein reicht noch nicht aus. Wer sich nur seiner selbst bewusst ist, kann in Gruppen nicht effektiv sein. Dialog verlangt die Fähigkeit, mit anderen zu denken. Die vier individuellen Praktiken lassen sich auch in Gruppen aller Größen anwenden. Sie sind auf der Gruppen- im Grunde dieselben wie auf der individuellen Ebene, berücksichtigen aber den größeren Rahmen und ein umfassenderes Gespür für die Dynamik der Interaktionen zwischen Menschen.

4. Zuhören

Im Zentrum des Dialogs steht die schlichte, aber profunde Fähigkeit des Zuhörens. Zuhören erfordert es, nicht nur den Worten der anderen zuzuhören, sondern vor allem auch den Lärm im eigenen Innern wahrzunehmen, zu akzeptieren und nach und nach loszulassen. Zuhören ist eine expandierende Aktivität, die uns die Möglichkeit gibt, unmittelbarer wahrzunehmen, dass wir an der Welt um uns partizipieren.

Das bedeutet, dass wir nicht nur auf andere, sondern auch auf uns selbst und unsere Reaktionen hören müssen. Ein Manager in einem meiner Seminare meinte einmal: »Wissen Sie, ich habe mich immer nur aufs Reden vorbereitet, aber nie aufs Zuhören.« Damit steht er nicht allein. Das oft als so selbstverständlich empfundene Zuhören ist nämlich in Wirklichkeit sehr schwer, und wir bereiten uns kaum je darauf vor. Der indische Philosoph Krishnamurti hat das so beschrieben:

»Haben Sie je darauf geachtet, wie Sie zuhören? Egal wem, einem Vogel, dem Wind in den Zweigen, dem strömenden Wasser oder einem Selbstgespräch, dem Gespräch in verschiedenen Beziehungen: mit engen Freunden, Ihrem Mann oder Ihrer Frau. Wenn wir versuchen, zuzuhören, finden wir es außerordentlich schwierig, weil wir stets unsere Meinungen und Gedanken, unsere Vorurteile, unseren Hintergrund, unsere Neigungen und Impulse projizieren; wenn die vorherrschen, hören wir gar nicht auf das, was gesagt wird. Dieser Zustand ist wertlos. Zuhören – und Lernen – ist nur in einem Zustand der Aufmerksamkeit, des Schweigens möglich, dem dieser ganze Hintergrund fehlt. Dann, so scheint mir, ist Kommunikation möglich.«[1]

Zuhören heißt, inneres Schweigen zu entwickeln. Das ist den wenigsten Menschen vertraut. Emerson hat einmal gesagt, 95 Prozent dessen, was sich in unserem Geist abspielt, ginge uns nichts an. Wir achten oft genau darauf, was in uns vorgeht, wenn in Wahrheit viel eher so etwas wie disziplinierte Selbstvergessenheit gebraucht wird. Das ist nicht unbedingt schwierig; wir alle sind dazu in der Lage.

Man muss sich dazu auch nicht in ein Kloster zurückziehen oder sich bekehren lassen. Aber man muss sich bewusst darum bemühen, in sich selbst und gemeinsam mit anderen ein Setting zu kultivieren, in dem Zuhören *möglich* ist, oder, anders ausgedrückt: Wir müssen einen Raum schaffen, in dem Zuhören geschehen kann.

Welche Formen des Zuhörens oder der Sinngebung wir erlernt haben, hängt von den eigenen mentalen Modellen ab, von dem, was wir für wahr halten. Dennoch können die physischen Funktionen des Gehörs und die Art, in der sie sich von anderen Sinnen unterscheiden, ein Licht darauf werfen, wie wir zu einem neuen »Sinn« finden können.

Der Gehörsinn

Der Gehörsinn ist allgegenwärtig. Man kann ihn nicht abstellen, es gibt keinen »Schalter« dafür. Wir haben Lider, mit denen wir die Augen schließen können, und können die Empfindlichkeit des Tast-, Geruchs- und Geschmackssinnes herabsetzen, aber solange wir nicht taub sind (oder werden), lässt sich das Gehör ohne äußere Hilfe nicht »abstellen«.

Für Diane Ackermann ist die Aufgabe des Gehörs:

> »teilweise räumlich. Ein leise rauschendes Kornfeld, das uns in einem erdhaften Raunen umgibt, hat nicht dieselbe Dringlichkeit wie das Knurren eines Panthers rechts hinterm Rücken. Geräusche werden im Raum lokalisiert und nach Art, Intensität und anderen Merkmalen identifiziert. Hören hat eine geographische Qualität.«[2]

Durch das Gehör verorten wir uns im Raum. Es bringt uns ins Gleichgewicht. Der Gleichgewichtssinn ist im Körper aufs engste mit dem Gehör verbunden und an derselben Stelle angesiedelt. Das Gehör vermittelt uns die Räumlichkeit unserer Welt. Und Hören ist natürlich auch *auditiv*, d.h. es bezieht sich auf Geräusche. Das Wort auditiv hat dieselbe Wurzel wie das englische Wort *audience* (Publikum) und das Wort *Auditorium* (Hörsaal). Die älteste Bedeutung ist: Der Wahrnehmung einen Ort geben. Wenn wir hören, verorten wir unsere Wahrnehmung.

Unsere Kultur wird aber von Bildern beherrscht. In nur einer Stunde vor dem Fernseh- oder Computerbildschirm flackern Tausende von Bildern durch unser Hirn. Diese äußere Bombardierung mit visuellen Eindrücken hat unser Denken maßgeblich geprägt. Im Westen sind wir an dieses Tempo gewöhnt und werden bei anderen Rhythmen schnell ungeduldig. Sehen und Hören aber sind sehr verschieden.

Die Substanz des Sehens ist das Licht. Lichtwellen bewegen sich sehr viel schneller als Schallwellen (ca. 300.000 km/s im Gegensatz zu ca.

550 m/s) Mit anderen Worten: Zuhören erfordert die *Verlangsamung* der Funktionen von der Licht- zur Schallgeschwindigkeit.

Die Wahrnehmung des Auges liegt auf der Ebene der Oberfläche, der Brechung des Lichts.[3] Das Ohr dagegen dringt unter die Oberfläche durch. Joachim Ernst Berendt hat darauf hingewiesen, dass das Ohr der einzige Sinn ist, der die Fähigkeit des Messens mit der des Urteilens verbindet. Das Auge kann verschiedene Farben unterscheiden, aber das Ohr kann die Abstände unterschiedlicher Geräusche exakt *messen*. Selbst ein unmusikalischer Mensch kann eine Oktave und mit ein wenig Übung auch die Tonqualität erkennen, d.h. z.B. C oder Fis. Berendt weist darauf hin, dass es sehr viele optische, aber nur wenig akustische Täuschungen gibt. Das Ohr lügt nicht. Der Gehörsinn verbindet uns mit der unsichtbaren, grundlegenden Ordnung der Dinge. Er bietet Zugang zu den Schwingungen unserer Umwelt. Ton und Melodie in der Stimme eines anderen Menschen liefern ungeheuer viele Informationen über ihn, seine Lebenseinstellung und seine Absichten.[4]

Gutes Zuhören erfordert es, nicht nur auf die Worte, sondern auch auf die Stille zwischen den Worten zu achten. Am ersten Tag eines mehrtägigen Dialogseminars, das ich mit einer Gruppe von Beratern, Managern und hohen Beamten in Amsterdam durchführte, waren die Teilnehmer frustriert und streitsüchtig: Die einen fanden, es ginge zu langsam voran, die anderen vermissten ein kohärentes Thema. Sie waren sich nicht einig, was geschah und was geschehen sollte. Am Nachmittag des zweiten Tages eröffnete ich die Sitzung mit der schlichten Aufforderung, über die Ereignisse des Tages nachzudenken. Zur allgemeinen Überraschung entstand ein tiefes Schweigen. Die Stille erfüllte den Raum wie eine Pause zwischen zwei Noten. Sie schien uns aufzunehmen, zum Leben zu erwecken, einen tiefen Zustand des Zuhörens auszulösen. In diesem Zustand wirkt jedes Wort unzulänglich, fast wie ein Missbrauch. Allmählich begannen die Teilnehmer, ihre Gedanken in Worte zu fassen. Später sagten viele, sie hätten das Gefühl gehabt, improvisieren zu müssen, so wie beim Jazz, alle früheren Vorstellungen seien ihnen fehl am Platz erschienen. Sie versuchten, ihr Sprechen der Intensität dieses Schweigens anzupassen.

Zuhören und das Prinzip der Partizipation

Die Fähigkeit des Zuhörens bringt uns mit den breiteren Dimensionen unserer Umwelt in Kontakt und ermöglicht uns die Verbindung zu ihnen.

Zuhören kann in unserem Inneren eine Tür aufschließen und einem Gefühl der stärkeren Partizipation an der Welt Raum geben. Für mich ist Zuhören, wenn es richtig verstanden und entwickelt wird, der kürzeste Weg zu der ebenso abgedroschenen wie missverstandenen Vorstellung, dass wir in einem »partizipativen Universum« leben. Das zählt zu den vier wichtigsten Prinzipien, auf denen der dialogische Ansatz dieses Buches basiert.

Das Prinzip der Partizipation baut auf der Erkenntnis auf, dass der Einzelne aktiv an der lebendigen Welt teilhat und sowohl Bestandteil als auch Beobachter der Natur ist. Im Zentrum steht hier der Gedanke, dass Menschen nicht von der Welt getrennt sind, sondern intensiv daran teilhaben.

Solche Vorstellungen stehen in diametralem Gegensatz zu allem, was uns die Wissenschaft in den letzten dreihundert Jahren gelehrt hat: zu dem Glauben, der Mensch sei von der Natur getrennt und müsse sie beherrschen. Im 17. Jahrhundert behauptete Descartes, der denkende Mensch sei völlig von der Welt getrennt, die er beobachtet. Heute nennen wir – ganz im Sinne Descartes' und des aus seinem Denken entstandenen Kanons der modernen Naturwissenschaft – all das »real«, was wir objektiv quantifizieren und messen können, was einen »spezifischen Ort« hat. Was man nicht präzise bemessen und lokalisieren kann, existiert demnach nicht.

Auf der physikalischen Ebene besitzt diese Perspektive zweifellos Gültigkeit, aber sie wird problematisch, wenn man sich mit Denken und Fühlen beschäftigt. Heute versuchen Wissenschaftler, Gedanken durch Gehirnscannings zu »lokalisieren«, aber das sagt, wie bereits erwähnt, nur etwas über die Oberfläche, aber nicht über die inneren Konturen des Denkens aus.

Das Prinzip der Partizipation, das der Praktik des Zuhörens zugrunde liegt, lässt sich mit einem Hologramm vergleichen. Ein Hologramm ist ein dreidimensionales Bild, das durch die Interferenzmuster zweier interagierender Laserstrahlen erzeugt wird. Das Interferenzmuster wird auf Film oder auf einer holographischen Platte festgehalten. Wenn ein Laserstrahl auf diese Platte gerichtet wird, entsteht eine dreidimensionale Reproduktion des aufgezeichneten Bildes.

Jeder Teil der Platte enthält alle Informationen, die sich auf der gesamten Platte befinden. Bricht man sie z.B. in kleinere Teile und richtet dann den Laser darauf, sieht man immer noch das gesamte Bild. Je kleiner die Stücke werden, desto matter und diffuser wird das Bild, weil die Informationsdichte, die das Bild hell und klar macht, auf den kleinen Teilen geringer ist. Aber jeder Teil der holographischen Platte enthält das gesamte Bild. Laut David Bohm ist es mit dem Universum genauso: Jeder Teil enthält das Ganze.

Denken Sie z.B. an Musik.[5] Hier funktioniert es ein wenig anders. Musik wird ebenfalls als lebendiges Ganzes erfahren. Zwar lässt sich jede Note einzeln wahrnehmen, aber sie steht dennoch im Kontext der Schwingungen der vorausgegangenen oder folgenden Noten. Jeder Teil der Musik enthält Informationen über das ganze Stück. Hörten wir die Noten einzeln, nähmen wir sie in der Regel nicht als Musik wahr. Genauso ist laut Bohm das Universum: Jeder Teil ist in jedem anderen Teil »eingefaltet«. Es gibt eine relativ unabhängige Oberflächenordnung, vergleichbar den einzelnen Noten eines Musikstücks, aber alles ist miteinander verbunden.

Wir finden immer wieder aufs neue überraschende Belege dafür, dass wir Teil eines sehr viel größeren Universums sind. Henri Bortoft sagt, dass der gesamte Nachthimmel in jedem einzelnen seiner Aspekte »eingefaltet« ist:

> »Wir sehen die nächtliche Welt dank des Lichts, das die Sterne zu uns ›bringt‹, und d.h. dass diese ungeheure Weite des Himmels insgesamt in dem Licht vorhanden sein muss, das durch das kleine Loch der Pupille ins Auge fällt. Und andere Beobachter sehen an unterschiedlichen Orten ebenfalls diesen weiten Nachthimmel. Wir können also sagen, dass die Sterne, die wir am Himmel sehen, alle in dem Licht gegenwärtig sind, das in irgendein Auge fällt. In jedem kleinen Bereich des Raumes ist seine Gesamtheit enthalten, und wenn wir optische Instrumente, z.B. ein Teleskop, benutzen, holen wir uns nur einen größeren Teil dieses Lichts.«[6]

Ein Teleskop fokussiert das Licht und macht das holographische Bild heller und stärker.

Sprache ist holographisch

Auch die Sprache ist holographisch. Jedes Wort enthält nicht nur den Kontext des Satzes, sondern auch den tieferen Kontext unseres Lebens. Wenn Sie das erste Mal mit einem anderen Menschen interagieren, überträgt er Ihnen in seinen ersten Worten das gesamte Hologramm seines Bewusstseins. Das heißt nicht, dass die gesamte Bedeutung von Anfang an völlig klar ist; möglicherweise ist die Information nicht genügend fokussiert; wie beim Betrachten des Nachthimmels ohne Teleskop, wenn nicht genügend Licht eingefangen wird, um zu sehen, was da ist. Aber wenn man jemanden lange kennt oder eine enge Beziehung zu ihm entwickelt, verändern sich die Informationen. Ich erinnere mich genau daran, auf wie unterschiedliche Weise meine Mutter meinen Namen aussprach, als ich ein Kind war; dieses einzige Wort hatte eine Vielfalt an Bedeutungen, die von: »Tu etwas bestimmtes«, bis zu: »Jetzt gibt's Ärger«, reichen konnten. Und in der Regel wusste ich ganz genau, was gemeint war. Diese Bedeutungen waren in mir »eingefaltet« und hatten einen starken Einfluss auf unsere Interaktion.

In jedem Teil unserer Gespräche sind alle Teile unserer Person »eingefaltet«, ob uns das bewusst ist oder nicht. Allerdings können wir nicht immer erkennen, wie weit wir partizipieren. Die Informationen reichen für ein klares, kohärentes Verstehen nicht aus. Was uns fehlt, ist ein Fokussierungsprozess, d.h. ein Prozess, der das Ungeheure auf kleinem Raum umschließen kann. Der Dialog ist der Mechanismus, mit dem sich das Hologramm des Gesprächs fokussieren lässt. Er verhilft dazu, das Bewusstsein so zu erweitern, dass es die Ganzheit immer vollständiger umfassen kann. Der Dialog ist der Prozess, der uns die Partizipation an einem viel größeren Ganzen bewusster macht. Wie ein Teleskop fokussiert er das verfügbare Licht, und wir können mehr erkennen.

Die Erde hört auf uns

Die mechanistische Weltsicht, die wir übernommen haben, sieht die Welt als objektiv existenten, separaten Ort, dessen Klänge wir hören. Aber das ist eine engstirnige Auffassung. Bei der Vorbereitung auf den Dialog sollte man sich klarmachen, dass es eine Zeit gegeben hat, in der die Verbindung zwischen Mensch und Landschaft sehr viel enger war und die Sprache die Musik der Erde nachahmte. Wir hören auf die Erde, und die Erde hört auf uns.

David Abram hat die tiefe Verwurzelung der menschlichen Sprache in den physikalischen Klängen der Erde beschrieben – im Vogelgesang, im Wetter, in den Flüssen. Indigene Völker glaubten, die Erde selbst spräche zu ihnen. Kulturen mit mündlicher Überlieferung waren zutiefst auf die Nuancen ihrer physischen Umgebung eingestimmt. Für Abram brachte der Beginn der Schriftsprache den allmählichen Wechsel von einem Gefühl der Partizipation an der Erde zu einer objektiveren Einstellung.

Die Behauptung, unsere indigenen Vorfahren seien inniger mit der Erde verbunden gewesen, als wir es heute sind, klingt für moderne Ohren kurios. Die Vorstellung, die Erde habe zu den indigenen Völkern »gesprochen«, entspricht dem Bild einer früheren, animistischen Kultur, die die Natur insgesamt mit Bewusstsein ausstattete, aber wohl niemand würde darin mehr als einen von der Wissenschaft seit langem entkräfteten Aberglauben sehen.

Doch bedenken Sie: Beim Lesen dieser Worte kann es durchaus passieren, dass Sie sie gleichzeitig im Kopf hören. Die Worte der geschriebenen

Sprache *sprechen* zu uns. Wir statten sie mit einer Stimme aus. Sie werden lebendig. Wir treten über sie in einen merkwürdigen, fast traumartigen Zustand ein. Abram meint:

> »Unsere Sinne sind heute mit diesen gedruckten Zeichen synästhetisch genauso tief gepaart wie einst mit der Zeder, den Raben und dem Mond. So wie einst die Hügel und die Gräser im Wind zu unseren Vorfahren sprachen, so sprechen heute diese geschriebenen Buchstaben und Wörter zu uns.«[7]

Der Animismus ist nicht tot, *er hat nur die Form verändert*. Tatsächlich handelt es sich um eine fundamentale menschliche Fähigkeit – die Fähigkeit, die Sinne mit der Welt um uns zu verschmelzen, um so unmittelbar an ihr partizipieren zu können. Abram hat den detaillierten Prozess beschrieben, durch den diese Fähigkeit nach und nach auf die geschriebene Sprache umgelenkt wurde.

Zuhören lernen

Wer lernen will, zuzuhören, muss sich zuallererst bewusst machen, wie er zuhört. In der Regel sind wir uns dessen nicht bewusst. Es kann ein Anfang sein, auf sich selbst und die eigenen Reaktionen zu hören. Fragen Sie sich: Was fühle ich jetzt? Wie fühlt sich das an? Versuchen Sie, Ihre Gefühle sorgfältiger und unmittelbarer zu identifizieren. Die Wahrnehmung der eigenen Gefühle stellt eine Verbindung zum eigenen Herzen und zum Kern der eigenen Erfahrungen dar. Wenn wir lernen wollen, gegenwärtig zu sein, müssen wir lernen, das zur Kenntnis zu nehmen, was wir gegenwärtig fühlen.

Das Denken bewusst machen

Wenn Sie zuzuhören beginnen, beginnen Sie auch, darauf zu achten, was Sie denken. Konzentrieren Sie sich auf jemanden, der Ihnen wichtig ist. Sie werden feststellen, dass Ihnen augenblicklich eine Flut von Gedanken und Bildern zu diesem Menschen einfallen und eine breite Palette von Gefühlen in Ihnen auftaucht. Das Gedächtnis spielt eine große Rolle bei der Wahrnehmung der Menschen in Ihrer Umgebung.

Zuhören ist gleichbedeutend mit der Erkenntnis, dass ein großer Teil der eigenen Reaktionen auf andere aus dem Gedächtnis kommt. Es sind keine frischen, sondern gespeicherte Reaktionen. Diese Prädispositionen führen dazu, dass man auf der Basis eines »*Gedankennetzes*« zuhört, das man einer bestimmten Situation übergeworfen hat.⁸

Lassen Sie mich ein Beispiel geben: England ist seit Jahrhunderten bewohnt. Eine große Zahl von Menschen lebt hier auf relativ engem Raum. Das heißt, heute ist fast jeder Winkel, jedes Stückchen Land besiedelt, bebaut, besetzt. Die Erinnerungen der Menschen an diesem Ort besitzen eine gewisse Dichte, die man spüren kann, wenn man das Land bereist. Es ist kein weites, offenes Land, das erst noch erforscht werden müsste; im Gegenteil, alles ist bereits seit langer Zeit erforscht. Anders als die Steine z.B. im ländlichen Nevada erzählt in England jeder Stein in jedem Gebäude viele Geschichten.

Ähnlich ist es auch mit der Landschaft unseres Zuhörens. Bestimmte Bereiche unserer Psyche sind gründlich erforscht und wohlbekannt. Wenn man aus dieser Haltung, diesem Gedankennetz, diesem reichhaltigen Hintergrund zuhört, fühlt man sich unter Umständen sehr klug. Schließlich weiß man ja eine Menge über das, was gesagt wird, hat etwas zu sagen, kann reagieren und Meinungen formulieren. Aber diese Art des Zuhörens kann sehr eng sein, so eng wie das dicht bevölkerte England. Unser Gedankennetz mag fein gesponnen sein, beruht aber immer auf der Erinnerung. Es ist begrenzt und sogar unintelligent, weil es keine neuen Reaktionen zulässt. In diesem Zusammenhang ist das Wort *Intelligenz* erhellend. Es stammt vom lateinischen *inter* und *legere*, »zwischen etwas wählen«, d.h. Intelligenz ist die aktive, frische Fähigkeit des Denkens, der Wahl zwischen bereits vorhandenen Kategorien. Anders gesagt: Wir können entweder auf das bereits geknüpfte Netz hören oder auf die Zwischenräume.

Krishnamurti riet: »Achte auf das Denken.« Er fragte seine Schüler oft: »Warum gehst du so und nicht anders?« Wenn sie dann sagten: »Weil ich eben so gehe«, erwiderte er: »Siehst du? So denkst du auch.« Auf das Denken achten bedeutet, beobachten zu lernen, wie die Gedanken einen Großteil der persönlichen und kollektiven Erfahrung diktieren. Ein großer Teil des menschlichen Handelns beruht einfach auf der Übereinkunft, so und nicht anders zu handeln. Manche Länder z.B. driften nicht aus bestimmten Gründen nach links bzw. nach rechts, sondern allein aufgrund einer Übereinkunft. Und wie ist es bei Ihnen?

Bei den Tatsachen bleiben

Wenn jemand ein übertriebenes Selbstwertgefühl besitzt, sagt man: »Er hält sich für sein eigenes Denkmal.« Wir brauchen sehr viel mehr Bescheidenheit beim Zuhören. Das heißt, wir müssen buchstäblich wieder auf den Boden zurückkommen und das, was wir denken, wieder mit den Erfahrungen verknüpfen, die uns zu dem Gedanken geführt haben. Das mag sich banal und simpel anhören, aber in der Praxis erlebt man ständig, dass Leute voreilige Schlüsse ziehen und abstrakt sprechen, ohne es zu merken. Diszipliniert auf das hören, was wirklich gesagt wird, kann da viel verändern.

Das ist nicht immer leicht. Wir merken oft gar nicht, wie sehr wir davon ausgehen, das, was wir zu sehen glauben, sei tatsächlich das, was geschieht.

Ein Kollege hat von einem Bekannten erzählt, der seine Tochter und deren Freundin von der Schule abholen wollte. Als er ankam, lehnte seine Tochter an einem schwarzen BMW, neben sich zwei junge Männer mit Handys. Einer der beiden trug einen Pferdeschwanz. »Dealer!«, war der erste Gedanke des Vaters. Dann fiel ihm sein vorschnelles Urteil auf, und er sprach die beiden an. Er sah, dass der BMW gebraucht und sehr viel älter war, als er zunächst gedacht hatte, und erfuhr, dass die beiden jungen Männer zur freiwilligen Feuerwehr gehörten und freundlich und intelligent waren. Als er schließlich mit den beiden Mädchen wegfuhr, brach die Freundin seiner Tochter in Tränen aus. Er fragte sie, was los sei, und sie sagte: »Ich wünschte, meine Eltern würden so mit mir reden, wie Sie gerade mit den beiden geredet haben.«[9]

Die Abstraktionsleiter

Wir müssen die Schlussfolgerungen, die wir aus unseren Erfahrungen ziehen, von den Erfahrungen selbst unterscheiden. Ein Hilfsmittel dazu ist die von Harvard-Professor Chris Argyris entwickelte sogenannte Abstraktionsleiter.[10] Sie basiert auf einem Modell des Denkens, demzufolge wir blitzschnell und ohne es zu bemerken Erfahrungen verarbeiten und daraus Abstraktionen entwickeln. Dabei geht vor allem der Unterschied zwischen der direkten Erfahrung und ihrer Beurteilung verloren.

Nehmen wir an, ich setze für zwei Uhr eine Konferenz an. Einer der Teilnehmer kommt eine halbe Stunde zu spät. Ein Teilnehmer denkt: »Er hat sich verspätet.« Ein anderer glaubt, dem verspäteten Teilnehmer sei die Konferenz nicht wichtig, und ein dritter denkt: »Donnerstags kommt er immer zu spät.« Diese Einschätzungen und Reaktionen laufen im Bruchteil einer Sekunde ab, und sie erscheinen klar und unmissverständlich. Aber sind sie das auch? Und wenn ja, in welcher Weise?

Schlussfolgerungen wie diese ziehen wir ständig, nach dem Motto: »So ist das eben.« Meiner Erfahrung nach sind sie aber nie wirklich richtig.

Welche Fakten lassen sich bei unserem Beispiel unmittelbar beobachten? Viele werden jetzt sagen: Die Tatsache, dass er sich verspätet hat. Aber ist Verspätung wirklich eine beobachtbare Tatsache? Kann man »Verspätung« sehen, anfassen, riechen, hören oder fühlen? In einem Seminar meinte ein Student dazu: »Ja. Die Uhr sagt halb drei, das Treffen begann um zwei, also hat er sich verspätet! Was soll das ganze eigentlich?« Nach und nach stellten wir fest, dass »verspätet« eine Schlussfolgerung ist aus folgenden Tatsachen: die Uhr hat halb drei geschlagen, ein Fuß hat die Schwelle überschritten, es gab eine vorangegangene Aussage über die Zeit der Konferenz sowie eine Zusage, daran teilzunehmen. Eine solche Untersuchung wird gelegentlich als Zweifel an der Tatsache der Verspätung interpretiert. Die Verspätung steht fest, allerdings nur nach den Normen unserer Gesellschaft. Sie kann ein zutreffendes Urteil sein, ist aber keineswegs dasselbe wie die Behauptung, Verspätung sei eine beobachtbare Tatsache.

Warum ist das wichtig? Weil wir die Gewohnheit, alleine zu denken, unter anderem dadurch bewahren, dass wir Schlussfolgerungen ziehen, ohne sie zu überprüfen, und diese Schlussfolgerungen dann als Tatsachen betrachten. Mit anderen Worten: Wir schotten uns gegen die Wurzeln des eigenen Denkens ab. Und wenn wir uns für eine Meinung einsetzen, dann neigen wir dazu, nach Beweisen zu suchen, die uns recht geben, und alle Anzeichen des Gegenteils zu übersehen. Solche Irrtümer können verheerende Folgen haben.

Einige Wissenschaftler haben über dreißig Jahre nach der Kubakrise die damals verantwortlichen russischen, kubanischen und amerikanischen Politiker zu drei Sitzungen in Boston, Moskau und Havanna zusammengebracht, um über die Ursachen dieses fast tödlichen Konflikts nachzudenken. Auf Seiten der Russen nahmen Ex-Botschafter Dobrynin, Ex-Außenminister Gromyko, Chruschtschows Sohn und die sowjetischen Generäle teil, die für die Aufstellung der Raketen in Kuba zuständig gewesen waren; auf Seiten der Amerikaner Robert McNamara, Ted Sorenso und andere aus Kennedys innerem Kreis und auf Seiten der Kubaner Fidel Castro selbst. Allein die Tatsache, dass sich diese Politiker versammelt hatten, war ein wichtiger Schritt hin zu mehr Dialog bei internationalen Konflikten. Bei den drei Treffen kamen wichtige, bislang wenig bekannte Tatsachen ans Licht, die zeigten, wie katastrophal Schlussfolgerungen sein können.

Auslöser der Krise war die Tatsache, dass die Kubaner ohne Ankündigung neunzig Meilen vor der Küste der USA Raketen installiert hatten. Ein amerikanisches Spionageflugzeug hatte sie gesichtet. Die Besatzung wies in ihrem Bericht auf die bemerkenswerte Tatsache hin, dass diese Raketen nicht getarnt waren. Das werteten einige Berater Kennedys als Anzeichen für die aggressive Strategie der Sowjetunion: Sie machte sich nicht einmal mehr die Mühe, die Aufstellung ihrer Raketen zu tarnen.

Dreißig Jahre später zeigte sich die Geschichte von einer anderen Seite: Die russische Armee hatte ihre Raketen bis dahin nur in der Sowjetunion aufgestellt;

eine Tarnung war dort überflüssig. Als sie den Befehl erhielt, Raketen in Kuba aufzustellen, reagierte sie wie jede ordentliche Militärverwaltung, d.h. sie machte alles wie immer – ohne Tarnung. Dreißig Jahre später versicherte der zuständige russische General glaubhaft, beim Verzicht auf die Tarnung seien keinerlei Hintergedanken im Spiel gewesen. Die angeblich eindeutigen Beweise aggressiver Absichten beruhten also auf einer Fehleinschätzung.[11]

Übereilte Schlussfolgerungen sind praktisch die Regel. Viele glauben, es sei normale Geschäftspraxis, die Dinge deutlich gegeneinander abzugrenzen, eindeutige Schlüsse zu ziehen und dann die Würfel fallen zu lassen, wie sie wollen. Aber dabei übersehen sie die Möglichkeit systemischer Irrtümer. Statt im Kontakt mit unseren Erfahrungen zu bleiben, ziehen wir abstrakte Schlussfolgerungen und halten diese, wie die Berater Kennedys, für *die Realität*. Es ist aber möglich, eine Form des Zuhörens zu erlernen, die diesen Prozess in Frage stellt und uns in die Lage versetzt, zwischen den Fakten und den Geschichten zu unterscheiden, die wir uns zu den Fakten ausdenken.

Wir können den Weg verfolgen, der von Schlussfolgerungen über die daraus konstruierten Annahmen bis zur festen Meinung führt, die, wenn sie sich einmal festgesetzt hat, stabil und schwer zu verändern ist und ihrerseits wiederum bestimmt, was wir wahrnehmen. Man verstrickt sich leicht in ein Denken, das hinterher sehr schwer zu verändern ist.

Echtes Zuhören kann zu echter Problemlösung beitragen. Es macht aufmerksamer für das »Material«, das zu Schlussfolgerungen führt, und ermöglicht dadurch eine ganz andere Qualität der Erkundung.

Beispiel: *In einem mir bekannten Unternehmen stand der Übergang von einem Start-up zu einer reiferen, strukturierteren Firma an. In der ersten Phase ging es relativ informell zu, aber mittlerweile gab es einen Personalleiter, mehr Vorschriften und mehr Struktur. Schließlich löste ein Memo des Personalleiters eine Krise aus. Darin hatte er alle Mitarbeiter aufgefordert, vorschriftsmäßige Urlaubsanträge zu stellen. (Vorher hatten sie einfach ein paar Kollegen informiert und waren gegangen.) Ein Manager warf einen Blick auf das Memo, dachte: »Oh nein, bald geht's hier zu wie bei IBM«, und sah den Geist des Unternehmens in Gefahr. Ein anderer dagegen dachte: »Endlich kriegen wir hier mal Struktur rein!« Das heißt, dasselbe Ereignis oder dieselbe Information hatte für zwei verschiedene Menschen völlig unterschiedliche Bedeutung.*

Die Manager gerieten in dieser Frage aneinander; und das Memo wurde zum Symbol für die gegenwärtigen Probleme des Unternehmens. Bei näherer Betrachtung aber zeigte sich etwas Interessantes: Der erste Manager hatte gar nicht auf das Memo selbst reagiert, sondern darauf, dass es ohne jede Vorankündigung auf seinem Schreibtisch gelandet war, so als sei es bereits beschlossene Sache. Der zweite sah das Memo – das in Kopie auch an seine Mailbox geschickt worden war – und war begeistert. Diese Unterschiede zeigen, dass man dieselben Daten unterschiedlich verstehen oder ganz andere Daten darin sehen kann.

Was passiert, wenn man Ihnen kontroverse Dinge zur Kenntnis bringt? Halten Sie Ihre Reaktionen dann für absolut gerechtfertigt, obwohl sie vielleicht gar nicht auf direkt benennbaren Erfahrungen basieren? Wenn man die eigene Interpretation zwangsläufig für die richtige hält, riskiert man, andere Interpretationen abzuwehren und seinen Spielraum einzuschränken. Mit Hilfe der Abstraktionsleiter können wir den Unterschied zwischen dem erkennen, was wir denken, und dem, wie wir zu diesem Denken gekommen sind.

Der Störung nachgehen

Es ist nicht leicht, das eigene Denken zu verlangsamen und auf diese Weise zuzuhören. Das liegt auch daran, dass das Gedächtnis nicht neutral ist. Manche Erinnerungen sind schmerzhaft und überfallen uns in Windeseile. Bevor wir ihren Einfluss erkannt haben, sitzen wir schon in der Falle.

Beim Zuhören stellt man oft fest, dass man *aus der Störung heraus zuhört*, d.h. man ist nicht in der Gegenwart, sondern in einer emotionalen Erinnerung. Wenn ich etwas sage, was Ihnen nicht gefällt, kann das bei Ihnen etwas auslösen, vielleicht etwas sehr Intensives, und das prägt für eine Weile alles, was Sie hören. Nenne ich Sie einen Idioten, dann dürfte es Ihnen wohl schwer fallen, nicht darauf zu reagieren, sich nicht dagegen zu wehren. Das schlichte Wort *Idiot* beschwört oft eine Menge reaktiver Erinnerungen herauf, und viele sind so schmerzlich, dass man nichts anderes mehr hört als seine verstörten Gefühle und Gedanken.

Die Manager und Gewerkschafter aus der Stahlindustrie, mit denen ich gearbeitet habe, waren z.B. äußerst skeptisch bei der Vorstellung, ein Gespräch könne etwas bewirken. Vierzig Jahre erbitterter Auseinandersetzung kann man schließlich nicht so einfach beiseite schieben. Aber zur allgemeinen Überraschung war die erste Sitzung ausgesprochen anregend. Alle redeten offen und freimütig. Die Atmosphäre entspannte sich. Das verleitete den Unternehmensleiter dazu, offener zu sprechen, als er es sonst wohl getan hätte. Wie er mir später sagte, hatte er das Gefühl, endlich vorwärts zu kommen und die Wahrheit sagen zu können. Also sagte er, die Mannstunden pro Tonne Stahl müssten reduziert werden. Für ihn war das eine schlichte Aussage über produktions- und wettbewerbsbedingte Fakten: Die Konkurrenz produzierte effektiver.

> *Für die Gewerkschafter war diese Bemerkung schlicht Verrat. Sie sahen darin den verschlüsselten Hinweis auf anstehende Entlassungen – wenn weniger Männer arbeiten, reduzieren sich eben die Mannstunden pro Tonne! Also reagierten sie so wie immer und »schlugen los«. Einer der Mitarbeitervertreter griff mit seiner Bemerkung den Leiter direkt an:*
>
>> *»Ich fühle mich verarscht und beschissen. Bei der ersten Sitzung war ich sehr optimistisch. [Heute] habe ich nichts Neues gehört, nur eine Menge Kritik [...] Ich war wirklich optimistisch [...] aber heute habe ich nur Mist gehört.«*
>
> *In den nächsten paar Stunden nahmen sie alles, was gesagt wurde, auf dem Hintergrund dieser Störung wahr; sie waren erregt, reaktiv und nicht in der Lage, etwas Neues zu hören. Solche Störungen führen in der Regel zu einem sich selbst bestätigenden Zuhören: Man hört nur das, was die eigene Position bestätigt.*
>
> *Aber es gibt beim Zuhören auch einen anderen Weg. Man kann auf das achten, was einem entgangen ist. Man kann »der Störung nachgehen«, d.h. auf die Ursachen des Problems bei sich und anderen hören.*
>
> *Statt nach Anzeichen zu suchen, die den eigenen Standpunkt bekräftigen, kann man danach suchen, was ihn entkräftet, ihm widerspricht. Genau das ist bei dem Stahlhersteller passiert. Die Manager begriffen allmählich, dass sich die Gewerkschaftsvertreter durch die Bemerkung über die Mannstunden verraten gefühlt hatten, und die Arbeitervertreter erkannten, dass sie den Managern ihre eigene Geschichte untergeschoben hatten – sie gaben dieser Generation die Schuld für das, was die frühere Managergeneration getan hatte. Die Manager sahen, wie viel Frustration und Leid die Stahlarbeiter erfahren hatten, und fühlten sich hilflos:*
>
>> *»Wie können wir um all den Schmerz, die Muster, die Verletzungen und das Misstrauen herum kommen, das sich im Lauf der Jahre aufgestaut hat und nicht unbedingt von jemandem hier im Raum verursacht wurde? Ich weiß nicht, wie wir weiterkommen sollen, wenn wir das nicht schaffen, und mir scheint das eine ungeheure Aufgabe. Ich habe keine Ahnung, wie das gehen soll. Hier sitze ich und höre den Jungs zu, und sie sind verletzt und missbraucht worden. Da hört man die schlimmsten Worte, die man sich vorstellen kann, und ich frage mich: Wie können wir weiterkommen? Ist es überhaupt realistisch, weiterkommen zu wollen?«*

Dass man solche Fragen überhaupt stellen kann, ist ein wesentlicher Schritt zu echter Veränderung. Zuhören wird jetzt reflexiv: Man beginnt zu erkennen, wie *andere* die Welt erleben.

Und dann kommt der schwierigste Schritt: Die Verbindung von Worten und Taten. Entsprechen, so könnte man fragen, meine Worte dem, was ich tue? Wie verhalte *ich* mich? Inwieweit verhalte ich mich zu anderen in eben der Weise, in der sie sich, wie ich behaupte, nicht verhalten sollen?

Wir lernen, auf die Lücken zu hören. Niemand tut beständig das, was er sagt. Manche wissen besser als andere, wie groß und wie systematisch die Kluft ist. Erst wenn man auf das hört, was man selbst tut, kann man erkennen, was man anderen angetan hat. Bei den Stahlarbeitern war das Resultat beeindruckend. Der Leiter der Gewerkschaftsdelegation sagte am Schluss der Sitzung: »Das war das erste Treffen, bei dem niemand verdroschen wurde.«

Zuhören ohne Widerstand

Dieser Ansatz wurde von Sarita Chawla und Ken Murphy entwickelt und bezieht sich direkt auf die Herausforderung des Zuhörens jenseits des eigenen Gedankennetzes und der Störungen, die man empfindet. Wir können lernen, so zuzuhören, dass wir die Widerstände und Reaktionen auf die Aussagen anderer erkennen und dann beiseite legen können. Eine bessere Formulierung ist vielleicht »den Widerstand *im Zuhören erkennen*«. Das Problem besteht darin, sich bewusst zu machen, auf welche Weise man die eigene Meinung auf andere projiziert, Aussagen unbemerkt färbt und verzerrt. Wenn man darauf achtet, stellt man fest, dass man ein schwer abzustellendes Tonband im Kopf hat, vor allem, wenn man auf eine Reaktion auf andere spürt. Und genau dann muss man einfach nur das zur Kenntnis nehmen, was ist, und bei jeder Meinung, die man hört, den Satz beachten: »Jetzt diese Meinung, jetzt jene Meinung.«

Die Stille bewahren

Die wohl einfachste und wirkungsvollste Praktik des Zuhörens ist es, still zu sein. Wenn man still wird und den Lärm im eigenen Kopf zum Schweigen bringt, öffnet man sich der Gegenwart und einem Zuhören, das alles durchdringt. Man glättet sozusagen die Wasser der eigenen Erfahrung, bis man in die Tiefe blicken kann. Je mehr wir lernen, uns aus unserem Gedankennetz und von unseren voreiligen Schlussfolgerungen, den Verstörungen des Herzens und dem Widerstand, der aus unserem Verstand kommt, zu befreien, desto ruhiger wird das Wasser unserer Reaktionen. Wir entdecken, dass es eine andere Möglichkeiten des Zuhörens gibt: Wir können *aus der inneren Stille* zuhören.

Ein Gedicht von David Wagoner, in dem er den Rat eines amerikanischen Indianers an ein im Wald verirrtes Kind beschreibt, macht das deutlich:

Der Rat lautete, »stillzustehen«, denn die Bäume vor ihm und die Büsche neben ihm hätten sich nicht verirrt.

Stillstehen heißt, Kontakt zur alles durchdringenden, immer schon vorhandenen Ganzheit, zur Lebendigkeit des Universums aufzunehmen. »Sich verirren« heißt, den Kontakt mit dieser Ganzheit zu verlieren.

Es gibt auf der ganzen Welt Traditionen, die dieses innere Schweigen kultivieren, und manche verlangen, um eines bestimmten Zieles wegen die Welt aufzugeben. Aber die freudige Lösung vom inneren Lärm ist etwas anderes als Selbstaufgabe. Schweigen ist ein Seinszustand, in dem man loslassen kann.

Zuhören aus dem Schweigen bedeutet, auf das zu hören, was aus der Tiefe in uns aufsteigt, und seine Bedeutung zu verstehen. In jedem von uns gibt es einen solchen kreativen Pulsschlag, aber wir sind meist zu beschäftigt, um darauf zu achten. Bleiben Sie also still.

Die Kunst, gemeinsam zuzuhören

Zuhören gilt in der Regel als Einzelaktivität. Im Dialog entdeckt man aber eine weitere Dimension: die Fähigkeit, nicht nur zuzuhören, sondern *gemeinsam zuzuhören*, als Teil eines größeren Ganzen.

Das erfordert einen grundlegenden Perspektivenwechsel. Es gilt, nicht mehr nur die eigene Perspektive, sondern die Gefühle und Perspektiven des kompletten Geflechts der Beziehungen zwischen den Anwesenden zu berücksichtigen. Das erfordert mehr als Empathie, d.h. mehr als den Versuch, sich in die Situation eines anderen zu versetzen und gleichzeitig die eigene Perspektive zu bewahren. Es geht vielmehr darum, das eigene Selbstgefühl – die eigene Identität – zu erweitern und damit zum »Anwalt des Ganzen« zu werden, wie es ein Kollege einmal ausgedrückt hat.[12]

Wenn in einem Dialog gemeinsam zugehört wird, evoziert das gelegentlich ein ungewöhnliches Gemeinschaftserlebnis. Ungewöhnlich deshalb, weil die Beteiligten erkennen, dass sie die persönliche Geschichte ihrer Gesprächspartner nicht in allen Einzelheiten kennen müssen, um sich zutiefst miteinander verbunden zu fühlen. Das ist mit dem Begriff *koinonia* – »unpersönliche Gemeinschaft« – gemeint, der aus den frühchristlichen Gemeinden des ersten Jahrtausends stammt. Es ist ein Zustand, in dem man sehr engen Kontakt zu anderen aufnehmen kann, ohne sich aufzudrängen.

Gemeinsames Zuhören haben auch die Teilnehmer eines Dialogprojekts im Gesundheitswesen gelernt, das wir in Grand Junction durchführten. Sie schafften es, nicht mehr allein, als Individuen und Vertreter von Organisationen, zuzuhören, sondern als Teil eines größeren Ganzen.

Die Anfangssitzung machte sehr deutlich, dass die Mitarbeiter im Gesundheitswesen jahrelang so getan hatten, als gebe es keine grundsätzlichen Probleme zwischen ihnen, und dabei insgeheim die Belastung durch die scheinbar unpassende, intensive interne Konkurrenz beklagten. In den ersten Sitzungen begannen die Teilnehmer, sich mit diesem Widerspruch und seinen Auswirkungen auf ihre Effektivität zu beschäftigen.

Die Beschäftigung mit der Frage der vertraglichen Verpflichtung von Ärzten z.b. zeigte, dass es eine intensive Konkurrenz um gute Ärzte und eine wechselseitige Abhängigkeit der verschiedenen Krankenhäuser gab. Die Teilnehmer erkannten auch, dass das eine Gefahr für ihre Ethik des Mitgefühls und der Pflege bedeutete.

In den anschließenden Dialogsitzungen vertiefte sich das Gespräch. Was als fragmentierte Debatte über die Frage begonnen hatte, wer Schuld an der Konkurrenz und der Paranoia des Systems hatte, entwickelte sich allmählich zu einer ehrlichen Erkundung der persönlichen Ursachen des Problems. Ein Arzt z.B. erkannte, wie weit er selbst zu all dem Leid beigetragen hatte, das viele jetzt offenbarten:

»*Die letzten paar Bemerkungen haben mir gezeigt, wie schizophren ich mich verhalte, wenn es um die Versorgung eines Patienten und um meine Fürsorge Ihnen gegenüber geht. Was die Patienten angeht, so hat man uns eingebläut, dass Symptome nie mit der Diagnose verwechselt werden dürfen. Eine vorschnelle Diagnose ist eine Katastrophe. Schmerzen in der Brust können auf einen Spinnenbiss, ein Magengeschwür, eine Lungenentzündung oder einen Herzinfarkt zurückgehen. In dem Moment, wo ich sage, es ist das oder das, ignoriere ich alle anderen Möglichkeiten. Bei Patienten mache ich das also nicht, aber Ihnen gegenüber verhalte ich mich so.*«

Das ermutigte die anderen Teilnehmer, einen Schritt über die eigenen Belange hinauszugehen und das zu erkunden, was alle anging. Für das Ganze plädieren bedeutet, nicht nur auf sich selbst, sondern gemeinsam mit anderen auf die Bedeutung zu hören, die Auswirkungen auf alle hat.

Die Erkundung des Gesundheitswesens von Grand Junction, die zunächst, zumindest teilweise, auf eine Reduzierung der negativen Auswirkungen der Konkurrenz zielte, entwickelte sich zu einer Untersuchung dessen, was Gesundheit ist und welche Rolle die medizinische Community bei ihrer Erhaltung spielen könnte. Den Preis für das »nahtlose Gesundheitssystem« zahlten letztlich eine Reihe überarbeiteter, überlasteter Menschen.

So wurde z.B. nach und nach deutlich, dass die Beteiligten glaubten, auf ihren Schulter ruhe die Gesundheit der Gemeinde. Nur wenige fühlten sich dieser Verantwortung wirklich gewachsen, aber anstatt darüber zu reden, hatten sie sich nach Kräften bemüht, ihre Unzulänglichkeitsgefühle zu beschwichtigen, unter anderem durch den Kauf teurer technischer Geräte. Die Forderung nach effizienterer Zusammenarbeit war erst entstanden, als deutlich wurde, dass die explodierenden Kosten durch die Regierung oder durch eine veränderte Wettbewerbssituation drastisch eingedämmt werden würden. Am Ende traf sich die Gruppe zu regelmäßigen Gesprächen darüber, wie man die medizintechnischen Anforderungen zur Zufriedenheit aller erfüllen könnte – etwas, das vor dem Dialogprojekt nie gemeinsam hätte angegangen werden können.

Übungen für das Zuhören in Gruppen

Auf das Dilemma hören

Dass es so vielen Leuten so schwer fällt, zu sagen, was sie denken, liegt auch daran, dass sie in einem Dilemma stecken. Sie fürchten, Schwierigkeiten zu bekommen, was immer sie auch sagen. An dem folgenden Gespräch z.B. waren verschiedene Abteilungsleiter beteiligt, die eine firmenübergreifende Strategie entwickeln und dabei gleichzeitig die abteilungsübergreifenden Probleme berücksichtigen sollten. Alle Beteiligten betonten, sie wollten das beste Ergebnis für das Gesamtunternehmen, waren aber insgeheim entschlossen, die Arbeit der eigenen Abteilung nicht zu gefährden, und glaubten, alle anderen wollten die Situation ausnutzen. Der folgende Zusammenschnitt realer Gespräche und Interviews stellt die Interaktion zwischen Fred, dem Leiter der Taskforce, und Joe, einem seiner wichtigsten Gegenspieler, vor:

Freds unausgesprochene Gedanken	Was Fred und Joe sagten
Fred: Ich weiß, dass Joe nicht mitmacht. Vielleicht kann ich ihn ein bisschen aus der Reserve locken.	Fred: Sind alle bereit, sich für die Ergebnisse dieser Task Force einzusetzen?
Fred: Was immer das auch heißt.	Joe: Ich bin sehr engagiert. Ich bin bereit, mich für jede Option einzusetzen, aber nur, wenn ich glaube, dass etwas dran ist.
Fred: Der Kerl hält uns hin. Er wird auf keinen Fall irgend einem Vorschlag	Fred: Aber Sie sind nicht für den direkten Verkauf an die Kunden?

zustimmen, wenn es seinen eigenen Planungen entgegenläuft.

Joe: Wie Sie wissen, haben wir das gesamte Unternehmen auf gute Vertriebskanäle (vom Lieferanten zum Endverbraucher) aufgebaut. Ein Direktvertrieb würde das Unternehmen völlig verändern. Das geht nicht so einfach, und das tun wir auch nicht.

Fred: Das ist hoffnungslos.

Fred: Gut. Versuchen wir, etwas zu bestimmen, das allen Bedürfnissen gerecht wird.[13]

Beide, Joe und Fred, hatten am Ende dieses Gesprächsteils das Gefühl, in dieselbe alte Sackgasse geraten zu sein.

In Situationen wie dieser hören die Teilnehmer in der Regel nicht, was der andere tatsächlich meint. In der Kommunikation »rauscht« es. Joe sagt, er sei offen, vermittelt aber eine gemischte Botschaft. Was er wirklich meint, lässt sich nur raten. Fred drängt, aber ohne zu fragen, warum Joe so unklar scheint.

Man könnte aber auch das grundlegende Dilemma in Joes Denken betrachten. Sicher, seine Opposition *mag* wie bloße Politik wirken, und so hat Fred sie ja auch verstanden. Aber in der Regel nimmt man sich nicht vor, eine Situation nach Möglichkeit auszuspielen, sondern verfolgt seine eigenen Pläne. Stellt man die Frage nach Joes grundlegendem Dilemma, könnte man antworten, es bestehe darin, dass er einerseits die Integrität seiner eigenen Strategie und andererseits die Bemühungen der gesamten Gruppe wahren will. Das heißt, er kann machen, was er will, denn er bekommt in jedem Fall Ärger, entweder mit der Taskforce oder mit seinem Vorgesetzten. Also igelt er sich ein und zeigt damit, dass er in der Falle steckt, ohne es sagen zu können. Kümmert er sich nicht um seine eigenen Ziele, dann riskiert er, zu verlieren. Kümmert er sich um seine Ziele, dann verliert er unter Umständen bei Fred und den anderen. Er sitzt in der Falle, und niemand bietet ihm einen Ausweg.

Wenn man das grundlegende Dilemma hört und betont, erfährt man unter Umständen viel über eine Situation und gibt den Betreffenden die Freiheit, ihre Absichten genauso offen einzugestehen wie die tatsächlich erzielte Wirkung. So habe ich Joe z.B. gebeten, uns sein Problem zu schildern, weil ich erkannt hatte, dass er nicht einfach nur Schwierigkeiten machen oder Kritik üben wollte. Er gestand dann auch sein Dilemma und scherzte, dass er den anderen Abteilungen wohl ihr Geschäft stehlen müsse. Das brachte das Gespräch wieder in Gang.

Wenn Sie ein Gespräch in einen Dialog verwandeln wollen, kann die Sensibilität für die Dilemmata der Teilnehmer – und die Fähigkeit, sie zu benennen – neue Möglichkeiten eröffnen.

Die dunkle Seite des Zuhörens

Aber die Praktik des Zuhörens besitzt trotz all ihrer großartigen Eigenschaften und engagierter Partizipation auch eine andere Seite. Wie ich bereits gesagt habe, neigen wir zu einem Denken, das uns von der Ganzheit entfernt und zur Fragmentierung führt. Fragmentiertes Zuhören ist also *Abstraktion*, und d.h. wörtlich: »die Bedeutung aus etwas herauszuziehen«. Ich kann also mit einem Teil meiner selbst zuhören und voll partizipieren, und mit einem anderen Teil abstrahieren und nicht oder nur selektiv auf das achten, was ich höre. Nur wenn man sich der Anteile bewusst wird, die trotz aller Bemühungen um gutes Zuhören eben *nicht zuhören*, ist der Durchbruch zu einer neuen Erfahrung möglich.

Anders ausgedrückt: Ein Teil meiner selbst bleibt ganz oben auf der Abstraktionsleiter und was er wahrnimmt, gründet nicht in direkt beobachtbarer Erfahrung. Ich höre zwar zu, leiste aber Widerstand gegen das Gehörte; ich höre selektiv das, was mir passt, und überhöre, was mir nicht passt. Wenn ich mit jemandem ein Hühnchen zu rupfen haben, neige ich dazu, das Geräusch der ausgerissenen Federn zu hören, aber nicht das, was gesagt wird.

Es fällt leichter, hin und her zu springen und zu versuchen, das Gesagte zu »erfassen« oder »aufzunehmen«, als wirklich ruhig zuzuhören. Wir hören intellektuell zu. Wir sind »hier«, die anderen »dort«. Wir versuchen, »mitzubekommen«, was sie sagen. Die Deutung übernimmt das Denken. Wenn wir uns vom Sprecher separieren, regiert das »Transmissionsmodell« des Zuhörens. Nehme ich bei den Gesprächspartnern das wahr, was meiner Wahrnehmung entspricht, oder das, was sie gesagt haben? Wer so zuhört, macht den anderen zum manipulierbaren Objekt und nicht zu einem Wesen, mit dem man neue Möglichkeiten entwickeln kann.

Was aber lässt sich da tun? Wir müssen uns der Tatsache bewusst werden, dass ein Teil unserer Person gerade dann aktiv scheitert, wenn wir uns sehr bemühen, zuzuhören. Die Lösung liegt also darin, dass wir uns unser Handeln bewusst machen. Bewusstheit ist heilend. Zuhören aus der Stille kann uns in Grenzbereiche führen, von deren Existenz wir nichts wussten.

Anmerkungen

1. Jiddu Krishnamurti: *Talks and dialogues*, New York 1968.
2. Diane Ackerman: *A natural history of the senses*, New York 1990, 178.
3. Unter anderem deshalb misstraute Plato den »mimetischen«, d.h. den die Natur und damit die Bilder nachahmenden Künstlern. Er fürchtete, sie verzerrten das Realitätsgefühl der Menschen.
4. Vgl. a. Jochen Waibel: *Ich Stimme. Das Stimmhaus-Konzept für die Balance von Stimme und Persönlichkeit*, Köln 2000 (EHP-Praxis)
5. David Bohm/Basil Hiley: *The undivided universe*, London 1993, 382.
6. Henri Borftoft: *The wholeness of nature*, Hudson, NY 1996, 5.
7. David Abram: *The spell of the sensous*, New York 1996, 138.
8. David Bohm/Mark Edwards: *Changing consciousness*, San Francisco 1991.
9. Diese Geschichte verdanke ich Fred Kofmann.
10. Die Abstraktionsleiter basiert auf der Abstraktionstheorie von A. Korzybski. Vgl. *Science and sanity*, Lakeville, Conn. 1933. Weitere Informationen dazu bei Samuel Bois: *The art of awareness*, Santa Monica, Cal. 1996.
11. Vgl. James G. Blight: *On the brink*, New York 1990.
12. Der Ausdruck stammt von Mark Gerzon, der ihn in seinem Gemeindeberatungsprojekt in den USA benutzte.
13. Das Beispiel wurde anonymisiert.

5. Respektieren

Wir sehen meist nur einzelne Facetten eines Menschen. Sie treten hier und da hervor und werfen ein Licht auf Eigenschaften, die uns gefallen oder nicht gefallen. Und so geht es uns nicht nur mit anderen, sondern auch mit uns selbst: Über Jahre hinweg sehen wir immer mehr Facetten.

Um eine Person als Ganzheit zu sehen, bedarf es eines anderen zentralen Elements in der Praktik des Dialogs: Respekt. Respekt ist keine passive Angelegenheit. Jemanden zu respektieren heißt, nach den Quellen seiner Erfahrung zu suchen. Das Wort stammt vom *re-specere*, »erneut hinschauen«, die älteste Wurzel bedeutet »beobachten«. In dem Wort Respekt schwingt auch die Bedeutung »Ehrung« oder »Unterwerfung« mit. Wo wir zunächst nur einen Aspekt eines Menschen gesehen haben, zeigt der erneute Blick, wieviel wir übersehen haben. Durch diesen zweiten Blick wird deutlicher, dass wir es mit einem lebendigen, atmenden Wesen zu tun haben.

Aktiver Respekt ist im Grunde die Aufforderung, andere zu *legitimieren*. Was sie sagen oder denken, mag uns gefallen oder nicht, aber wir können nicht leugnen, dass sie als Geschöpf Legitimität besitzen.[1] Die Zulus begrüßen und verabschieden sich mit *Sawu bona* (= ich sehe dich). Gesehen werden ist in ihrer Kultur wichtiger als in der westlichen: Die Tatsache, dass eine Person gesehen wird, macht ihre Existenz realer. Die Kultur der Zulus und fast aller anderen indigenen Völker hat die Erinnerung an ein Gefühl der Partizipation an der Natur noch nicht völlig verloren. Der Ausdruck »Ich sehe dich« bedeutet, den anderen in der Welt zu halten.

Wie wichtig Respekt ist, zeigte die Krise, die nach einem Jahr im Dialog zwischen Arbeitervertretern und Managern des Stahlherstellers eintrat. Der Gewerkschaftsvorstand hatte bereits einige Erfahrung im Dialog, fürchtete aber, dadurch seine Angriffsfähigkeit verloren zu haben.

Ganz besonders deutlich wurde das in den Tarifverhandlungen zwischen Gewerkschaft und Management. In der Vergangenheit waren diese Verhandlungen auf beiden Seiten immer sehr angespannt verlaufen, aber dieses Mal waren sie besonders hart. Das Werk in Kansas City, Missouri, in dem die Dialogsitzungen stattfanden, gehörte einer Tochterfirma des Stahlkonzern Armco, der sich damals auf andere Bereiche konzentrieren und die Tochtergesellschaft verkaufen bzw., falls sich kein Käufer fände, ganz aufgeben wollte.

Wenig später fand sich eine Gruppe von Investoren, die dem Management Geld zur Verfügung stellte, um die Gesellschaft zu übernehmen. Das machte den neuen Tarifvertrag plötzlich zu einem Symbol für die Zukunft des Werkes. Ohne einen Tarifvertrag, soviel stand fest, würde der Kauf scheitern. Von der Zustimmung der Gewerkschaft hing die Zukunft des gesamten Werkes ab.

Diese Belastung hatten weder Management noch Gewerkschaft vorhergesehen. Die Verhandlungen waren nicht länger ein Test für den guten Willen, der sich im letzten Jahr zwischen diesen beiden Gruppen entwickelt hatte, sondern eine zweischneidige politische Auseinandersetzung. Die Vertreter des Managements wollten unter dem Druck der Investoren eine neue »Arbeitsdisziplin« durchsetzen, d.h. die Investitionen in das Werk sollten sich so schnell wie möglich auszahlen. Zu ihren Forderungen zählte das Einfrieren der Löhne und eine erhöhte Beteiligung der Mitarbeiter an den Kosten der Gesundheitsversorgung. Niemand machte sich Gedanken über die Auswirkungen dieser Maßnahmen auf den »Container« des Dialogprozesses zwischen Gewerkschaft und Management.

Einige Gruppierungen innerhalb der Gewerkschaft sahen sich einem ähnlichen Druck ausgesetzt und versuchten, aus der Situation Kapital zu schlagen, den eigenen Führungsanspruch hervorzuheben und zu demonstrieren, dass die Gewerkschaft bei der ersten ernsthaften Abstimmung in einem neuen Unternehmen durchaus in der Lage war, die Muskeln spielen zu lassen.

Das alles führte dazu, dass die Gewerkschaft nach einer von Ängsten bestimmten, übereilten Abstimmung das Angebot des Managements zunächst ablehnte. Jetzt verstärkte sich der Druck: Die Banken drohten damit, ihre Gelder zurückzuziehen, falls die Gewerkschaft dem Angebot nicht doch noch zustimmte. Das Management saß in der Falle, weil es der Gewerkschaft aus Angst vor dem Vorwurf der unfairen Verhandlungstaktik nicht sagen konnte, was hinter dem Vertrag stand: eine garantierte Zukunft für das Unternehmen und die Aussicht auf einen vermutlich beträchtlichen Lohnanstieg innerhalb der nächsten fünf Jahre.

In dieser Situation wurde eine Dialogsitzung angesetzt, um die Lage durchzusprechen. Obwohl viele prophezeit hatten, die Gewerkschaft würde die Sitzung boykottieren, kamen rund vierzig Teilnehmer aus Gewerkschaft und Management zusammen. Bei dieser Sitzung erwachten die im Jahr zuvor erworbenen Dialogfertigkeiten zum Leben; es wurde eins der offensten, ehrlichsten Gespräche, die ich je erlebt habe.

Manager offenbarten ihre Verzweiflung bei der Vorstellung, die Chance zum Aufbau eines neuen Unternehmens zu verspielen. Gewerkschafter gestanden, sie hätten aus reiner Wut über ihre jahrzehntelange Missachtung den Deal platzen lassen wollen. Sie sprachen auch über ihre Frustration und das Dilemma, einerseits durch ihren Dialog mit dem Management ein Tabu zu brechen, andererseits aber *auch den Mitarbeitern in der Fabrik ein neues Verständnis vermitteln zu wollen. In dieser Sitzung kam es immer wieder zu langem Schweigen, aber auch zu harten Auseinandersetzungen über die schwierigen Beziehungen und den Verrat in den vielen Jahren zuvor.*

Dennoch war das Klima, in dem diese schlimmste Polarisierung zwischen Management und Gewerkschaft stattfand, von einem verblüffenden Maß an Respekt geprägt. Niemand wollte den anderen von seiner Position überzeugen. Niemand klagte den anderen an. Alle wollten verstehen, was geschah, ohne sich in Schuldzuweisungen zu flüchten. Sie fragten sich: Woher war diese unerwartete Unzufriedenheit gekommen? Warum reagierten die Mitarbeiter im Werk so wütend? Was hielt sie davon ab, das umfassendere Bild zu sehen, die Hoffnungen auf ein neues Unternehmen und einer neuen Zukunft, die am seidenen Faden hing? Welche Handlungen hinderten beide Parteien daran, ihre wechselseitige Abhängigkeit zu erkennen?

Als die Gewerkschaftsvertreter von anderen Mitarbeitern später aufgefordert wurden, etwas zu den Differenzen mit dem Management zu sagen, antwortete einer, was ihn störe, sei die Ansicht, nur einer könne Recht haben – entweder die Gewerkschaft oder das Management: »So einfach ist es aber nicht. Es ist auffallend, wie wenige das begreifen und wie klar es denen unter uns ist, die den Prozess mitgemacht haben.«

Die Sitzung war ein Beispiel für dialogische Erkundung in Aktion, eine Erkundung, in der Polarisierungen und zutiefst unterschiedliche Positionen trotz des enormen politischen und emotionalen Drucks respektiert wurden. Die Gruppe, die probeweise versucht hatte, den Wert und die Wirkung des Dialogs zu explorieren, stellte nach nur einem Jahr fest, dass sie ihn unmittelbar auf ihr Leben und ihre Zukunft anwandten.

Diese Situation machte aber auch die Grenzen unserer Arbeit deutlich. Die heiklen Elemente bei der Schaffung einer neuen Ökologie waren zwar den Beteiligten klar, aber sie hatten es nicht geschafft, sie anderen zu vermitteln. Niemand war in der Lage, in wenigen Worten zu vermitteln, was sie selbst erst in monatelanger Arbeit begriffen hatten, vor allem nicht in einem so stark politisierten Klima. Der Container war noch nicht groß genug für die Intensität all derjenigen, die nicht an dem Prozess beteiligt waren. Diese Lektion warf Fragen für die Zukunft auf: Wie kann man neue Einsichten weitergeben, ohne dass alle eine ähnliche Erfahrung machen müssen?

Am Ende stimmte die Gewerkschaft nach vielen nächtlichen Sitzungen dem Vertrag zu, und das Unternehmen wurde unter dem neuen Namen GS Technologies unabhängig. Aber die Unterzeichnung des Vertrags und die Veränderung in den Besitzverhältnissen hinterließen bei all denen tiefe Narben, die nicht auf eine weitere Investitions- und Opferrunde eingestellt waren, sondern ein Wunder erwartet hatten.

Grenzen respektieren

Respekt bedeutet auch, die Grenzen der Mitmenschen zu akzeptieren und zu bewahren. Wer jemanden respektiert, drängt sich nicht auf, hält sich aber auch nicht zurück oder distanziert sich. Viele behaupten, sie ließen jemanden in Ruhe, weil sie ihn respektierten, obwohl sie sich in Wahrheit schlicht nicht mit ihm beschäftigen wollten und sich distanzierten.

Wenn wir jemanden respektieren, dann akzeptieren wir auch, dass wir von ihm lernen können. Dieses Gefühl war bei dem Stahlunternehmen in Kansas City sehr verbreitet, wie die folgende Bemerkung eines Gewerkschaftsvertreters zeigt:

> »Seit ich hier arbeite, habe ich jetzt zum ersten Mal erlebt, dass das Management mich wirklich als Individuum anerkannt hat, dass ich im Unternehmen gebraucht werde, dass die Gewerkschaft im Unternehmen gebraucht wird. Unser Gewerkschaftsvorsitzender wird in diesem Unternehmen gebraucht. Ich habe erlebt, dass die Gewerkschaft die Notwendigkeit einer Unternehmensleitung anerkannt hat; wir müssen dafür sorgen, dass das Management seine Arbeit macht, damit alles zusammen hält, statt zu versuchen, der anderen Seite durch Lug und Betrug möglichst viel abzuringen.«

Die Erfahrung, dass Manager und Stahlarbeiter trotz des jahrelangen politischen Aufruhrs einen so tiefen Respekt für einander empfinden können, hat alle Beteiligten wohl am nachhaltigsten verändert; sie sprechen noch heute davon.

Peter Garrett, der wöchentliche Dialoge in Gefängnissen durchführt, hat eine Kultur beschrieben, die gleichzeitig von extremer Respektlosigkeit und von extremem Respekt geprägt ist.

Die individuellen Grenzen der Gefangenen werden ständig von anderen überwacht und verwaltet: Schlafens-, Essens- und Erholungszeiten sind strengstens reglementiert. Das sogenannte Verteilungssystem, mit dem verhindert werden soll, dass Gefangene in einem bestimmten Setting zu mächtig werden, führt dazu, dass jeder jederzeit innerhalb von maximal einer Stunde in ein anderes Gefängnis verlegt werden kann und auch häufig genug verlegt wird. Dann tauchen Menschen, die seit einem Jahr regelmäßig an den Dialogsitzungen teilgenommen haben, einfach nicht mehr auf und werden nie mehr gesehen.

Dennoch hat der Prozess des Dialogs ein völlig anderes Klima evoziert. Das Niveau des gegenseitigen Respekts und der Reife, das hier erreicht wurde, beeinflusst selbst Besucher. Als z.B. ein Wärter, der der Dialogarbeit sehr skeptisch gegenüberstand, seinen Besuch anmeldete, bereiteten sich die Gefangenen in der vorhergehenden Sitzung darauf vor. Mehrere Teilnehmer wollten den Wärter mit den Gefängnisbedingungen konfrontieren – vor allem wollten sie ihn spüren lassen, wie wütend sie waren. Sie sprachen das so gründlich durch, dass sie, als er in der folgenden Woche erschien, seine Anwesenheit gar nicht mehr groß zur Kenntnis nahmen. Er konnte sich einfach am Gespräch beteiligen, wie jeder andere auch. Der beeindruckte Wärter meinte anschließend: »Für mich persönlich war das sehr therapeutisch.« Im Klima des Dialogs war eine traditionelle Autoritätsbeziehung in eine Beziehung verwandelt worden, die auf beiden Seiten von Respekt getragen war.

Scott Peck erzählt in seinem Buch A Different Drummer *von einem Kloster, das schwere Zeiten erlebte: Der sterbende Orden hatte nur noch fünf Mönche, allesamt über siebzig. Der verzweifelte Abt sprach mit einem Rabbi, der gelegentlich eine Hütte in der Nähe des Klosters besuchte, über sein Problem. Rabbi und Abt beklagten ihr Leben und die überall verbreitete Geistlosigkeit. Als der Abt sich verabschiedete, meinte der Rabbi: »Einen Rat kann ich dir nicht geben. Ich kann dir nur eins sagen: Einer von euch ist der Messias.« Das sagte der Abt seinen Mönchen. Die begannen, sich zu überlegen, wen der Rabbi wohl gemeint haben könnte. Und das stellte sie vor eine folgenreiche Entscheidung: die Worte des Rabbis zu ignorieren oder ihm zu glauben, mit anderen Worten: die Legitimität und Präsenz ihrer Mitbrüder ernst nehmen. Sie sahen einander an und dachten: Ist er es? Oder er? Oder ich? Allmählich behandelten sie sich und die anderen »mit außerordentlichem Respekt«, denn einer von ihnen konnte ja der Messias sein. Diese Veränderung spürten auch die Menschen in der Umgebung des Klosters, und die Besucherzahlen stiegen wieder an. Schon bald stand das Kloster wieder in voller Blüte.*

Außerordentlicher Respekt von den Menschen in der eigenen Umgebung heißt auch, dass man erkennt, welches Potential sie in sich tragen.

*Es gibt eine **Übung**, die den Inhalt dieser Anekdote zusammenfasst: Betrachten Sie den Menschen neben sich als Lehrer und fragen sie sich: Was kann er mich lehren, was ich noch nicht weiß?*

Wer so zuhört, kann große Überraschungen erleben. Das heißt nicht, dass man die Kluft zwischen Denken und Handeln bei anderen übersehen oder sich allzu unterwürfig verhalten sollte, wenn es darum geht, sie auf ihre Fehler aufmerksam zu machen.

Respekt bedeutet hier, auf das Beste in einem Menschen zu achten und die Mitmenschen als Geheimnis zu betrachten, das man nie wirklich ergründen kann. Sie sind Teil des Ganzen und in einem sehr speziellen Sinne auch Teil von uns.

Das Kohärenzprinzip

Das Leben besitzt bereits Ganzheit. Das Universum ist ein ungeteiltes Ganzes, ob wir es wahrnehmen oder nicht. Wendet man dieses Prinzip auf den Dialog an, achtet man weniger auf das, was verändert, als auf das, was, um mit Humberto Maturana zu sprechen, »konserviert« werden muss. Der Schwerpunkt liegt also auf der Funktion des existierenden Systems und der Aspekte, die bewahrt werden sollen. Wenn ich in problematischen Situationen, in denen ich mit Menschen zusammen bin, deren Meinung ich nicht teile, nach der Kohärenz suche, achte ich auf die grundlegenden Kräfte, die mich und die anderen an diesen Punkt gebracht haben. Ich nehme die Möglichkeit ernst, dass sich die Ereignisse aus einer gemeinsamen Quelle entfalten. Im Dialog kultiviere ich diese Praktik, indem ich meine Fähigkeit zum *Respekt* entwickle – Respekt vor mir selbst, vor anderen, vor Unterschieden und insbesondere vor all denen, die anderer Meinung sind als ich.

Die Wissenschaft hat in den vergangenen Jahrhunderten konkurrierende Thesen zur Definition des Begriffs Ordnung entwickelt. Jeder These lag so etwas wie Kohärenz zugrunde, verstanden von den einen als ein Set ineinandergreifender Teile. Für andere, die sich auf die Quantenphysik stützen, war die Basis der Kohärenz eine ganz andere Ordnung, in der die Welt nicht aus einzelnen, klar unterscheidbaren Teilen besteht, die nach universellen Gesetze interagieren, sondern ein »ungeteiltes Ganzes« ist.

Die Vorstellung, dass die Welt aus einzelnen Teilen besteht, geht auf Descartes zurück, der die Natur als so etwas wie eine gigantische Uhr verstand, eine Maschine, von Gott in Bewegung gesetzt und dann ihrem Schicksal überlassen. Die Vorstellung von der Welt als Maschine hat sich unmittelbar aus Descartes' Denken entwickelt. Sein Bild ist mit der Struktur der Industrialisierung so verwoben, dass es uns nicht mehr als Metapher, sondern als real erscheint – als Merkmal, das unsere Welt definiert.

Hundert Jahre später hat Isaac Newton eine Gruppe physikalischer Gesetze entdeckt, mit deren Hilfe sich die Bewegung der gesamten Materie vorhersagen ließ, von den Atomen bis zu den Sternen. Nach Auffassung der Newton'schen Physik besteht die Realität aus eigenständigen Teilchen, deren Kräfte sich exakt messen lassen. Diese Perspektive durchdringt, wie Danah Zohar sagt, nicht nur das naturwissenschaftliche, sondern auch das gesellschaftliche Denken und hat zu einer Konzentration auf Mechanismen, Vorhersage und Kontrolle geführt.[2]

Newtons Erkenntnisse haben gravierende Auswirkungen auf die Sozialwissenschaften gehabt. Hobbes[3], Adam Smith, Freud, ja selbst Marx behaupteten, es gebe universelle Gesetze für die Muster und Kräfte des menschlichen und gesellschaftlichen Verhaltens. Im Unternehmensbereich hat dieses Denken seinen Höhepunkt in den Theorien Frederick Taylors erreicht, des Vaters des wissenschaftlichen Managements. Taylor leitete seine Gedanken direkt von Newtons Mechanik ab. Er teilte Arbeiten in Einzelschritte ein, maß mit mikroskopischer Exaktheit jeden einzelnen Schritt und jede Bewegung und revolutionierte damit die Organisation der Arbeit. Das gipfelte im Bild des Unternehmens als Maschine. Die funktionale, hierarchische Organisation ist bis heute vorherrschend geblieben, trotz aller Beteuerungen des Gegenteils. Obwohl dem Bild der Maschine eine Art Kohärenz innewohnt, bleibt es fragmentiert: Es unterteilt die Dinge, um sie zu verstehen.

Heute geht die Physik von ganz anderen Konzepten aus. Sie behauptet, man könne den Beobachter *nicht* vom Beobachteten trennen. Sie sieht den Menschen als Bestandteil der generellen Struktur des Lebens. Objektiv sind für sie nicht länger die unveränderlichen und allgemeingültigen Gesetze, sondern die Gesamtheit *einer Situation*.

Das berühmte Experiment mit dem Elektronenstrahl und der Schlitzblende, das beweist, dass das Licht sowohl Teilchen- als auch Wellennatur hat, demonstriert diesen neuen Begriff der Kohärenz: Die Elektronen ändern ihr Verhalten je nach den Feldbedingungen, denn mal bilden sie Wellen, mal verhalten sie sich wie Teilchen. Nach den Regeln der klassischen mechanischen Physik dürften sie das nicht. Die Quantentheorie hat gezeigt, dass der Dualismus von Welle und Teilchen diese zueinander als komplementäre Aspekte realer Vorgänge darstellt.

Über die Bedeutung dieses Experiments ist viel diskutiert worden. Heute jedenfalls gelten Elektronen nicht mehr als getrennt existierende Teilchen (»diskrete« Teilchen), sondern als wie auch immer gearteter Teil eines größeren Ganzen. Die Teilchen- und die Wellennatur eines mikrophysikalischen Phänomens sind verschiedene Projektionen dieses Phänomens in die unmittelbar wahrgenommene makrophysikalische Wirklichkeit. Eine einheitliche und widerspruchsfreie mathematische Erfassung der Phänomene wird nur mit Hilfe der jeweiligen Quantentheorie möglich, wie die Unschärferelation nach Heisenberg zeigt.

Der Architekt Christopher Alexander glaubt, die Elektronen verhielten sich in dem berühmten Experiment je nach der »Struktur der Ganzheit«, in der sie sich bewegen. Für ihn ist das Konzept der Ganzheit keineswegs vage, sondern sehr präzise. Er sieht in den beiden Aspekten des Experiments verschiedene »ganzheitliche« Kräfte am Werk, die den Raum unterschiedlich eingrenzen und damit unterschiedliche Wirkungen erzielen.

Das macht er anhand eines einfachen Beispiels deutlich: eine leere Seite und eine Seite mit einem Punkt (s. Abb. 3).

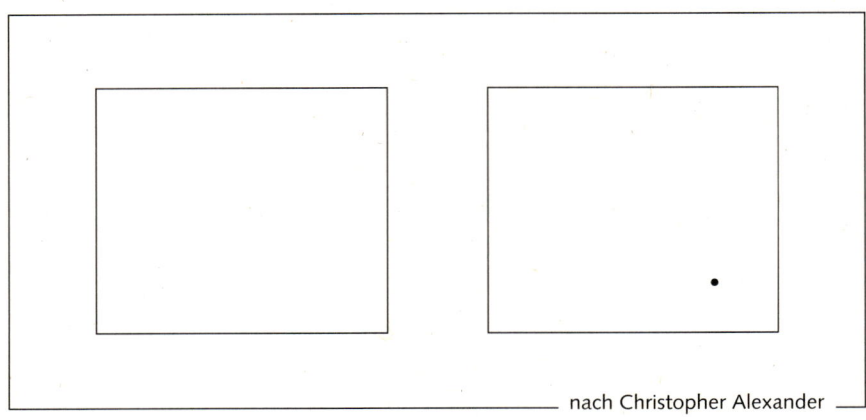

nach Christopher Alexander

Abb. 3: Kohärenz als die Beziehung zwischen Teilen

Der Punkt beschränkt den Raum der Seite. Die leere Seite ist ein »Ganzes«, besteht aber tatsächliche aus vielen, miteinander verschmolzenen »untergeordneten Ganzen«. Einige davon werden auf der Seite mit dem Punkt plötzlich erkennbar: So entstehen z.B. durch den Punkt Rechtecke usw. Das Ganze der Seite hat sich verändert.[4]

Laut Alexander ist Kohärenz die Beziehung zwischen Teilen. Wir haben gelernt, nur die Teile zu sehen, und glauben, daraus setze sich das Ganze zusammen. Aber in der holistischen Sichtweise geht das Ganze den Teilen voraus. Was Alexander seinen Architekturstudenten beibringen will, ist die Erkenntnis, dass jede Struktur eine relative Ganzheit besitzt. Das Kohärenzprinzip im Dialog lehrt uns, die Ganzheit oder ihr Fehlen im Gespräch zu erfahren.

Um die Kohärenz im Dialog wahrzunehmen, muss man die relativen Ebenen der Ganzheit im Gespräch wahrnehmen. Wir sind selten in der Lage, dem gesamten Fluss eines Gespräches zuzuhören. In der Regel wählen wir Teile aus, Aspekte, die uns wichtig sind oder uns irritieren. Aber es ist durchaus möglich, auf das Ganze zu hören und daran zu partizipieren. Dazu muss man Abstand zu den Einzelheiten gewinnen, den eigenen Fokus verschwimmen lassen und auf das hören, was sich im gesamten Gesprächsraum abspielt. Einer der Gewerkschaftsvertreter der Stahlarbeiter hat das sehr gut beschrieben. Er meinte, Zuhören beim Dialog sei so, »als hätte ich einen Trichter im Ohr, durch den alles eingeschleust wird, was die Einzelnen sagen, bis es irgendwann – vielleicht erst in ein paar Tagen – einen Schlag tut und ich das Ganze begreife.«

Peter Garrett, der mit David Bohm den Dialog-Ansatz in England entwickelt hat, illustriert, wie man die Kohärenz im Dialog findet. Er arbeitet bei seinen Dialogen in englischen Hochsicherheitsgefängnissen mit Schwerverbrechern – Serienmördern, Serienvergewaltigern und anderen Straftätern. Als ich ihn nach dem Wichtigsten fragte, was er bei seiner Arbeit gelernt hatte, sagte er schlicht: »Es gibt keine Koexistenz von Erkundung und Gewalt.« Das meint mehr als nur Gesprächstechniken zur Erkundung, nämlich eine von tiefem Respekt und Inklusion geprägte Haltung, ohne die Erkundung keine echte Wirkung hat. Und hinter dieser Haltung steht noch etwas anders: die Würdigung des Kohärenzprinzips. Exploriert man das, was tatsächlich hinter den manchmal fürchterlichen Gewaltverbrechen steht, stößt man auf eine kohärente Geschichte – ein Set von Faktoren, das fast unvermeidlich zu dem Problem führt, das man beobachtet. Diese Faktoren liegen unter der Oberfläche und sind oft nicht leicht zu erkennen, aber man kann sie finden. Garrett meint:

> »Der Impuls hinter den Intentionen ist rein, auch wenn die Intention verzerrt ist und nicht die beabsichtigte Wirkung erzielt hat. Wenn die Erkundung tiefreichend genug ist, um den ursprünglichen Impuls zu findet, stößt man immer auf das Gesunde. Daraus entsteht das Zutrauen, sich in die lärmendste Konfrontation und das dunkelste Gebiet zu begeben, ohne befürchten zu müssen, alles werde noch schlimmer.«[5]

Übungen zum Respekt

Respekt lässt sich *lernen*, wenn wir uns die folgenden zentralen Fragen stellen: Wie passt das, was ich hier sehe und höre, in ein größeres Ganzes? In welcher Weise gehört es dazu? Was muss hier gestärkt werden, weil andere es nicht mitbekommen? Was geschieht hier gerade? Mit Hilfe der folgenden Übungen können Sie diese Fragen explorieren.

Auf die Nabe achten

Um jemanden zu respektieren, müssen wir zunächst die Aufmerksamkeit von all den Aktivitäten um uns herum abziehen, d.h. wir müssen still werden. Das gibt uns den nötigen Raum, um jemanden so zu akzeptieren, wie er ist.

Stellen Sie sich ein Rad vor. Wenn es sich dreht, sieht es so aus, als bewege sich die Nabe langsamer als der äußere Rand, ihr Zentrum scheint stillzustehen. In dem Maße, in dem wir uns auf den »äußeren Rand« konzentrieren, d.h. auf den pausenlosen Fluss der alltäglichen Aktivitäten, Aktionen und Ereignisse, wirkt alles zu schnell. Schaffen wir es aber, uns auf die »Nabe« – also die Essenz – zu konzentrieren, stellen wir oft genug fest, dass wir tatsächlich mehr Zeit als angenommen haben. Anders ausgedrückt: Die Fähigkeit zur *Wahrnehmung* ist an die Gegenwart gebunden. Sie verschwindet, sobald wir an die Vergangenheit denken oder uns Sorgen um die Zukunft machen.

Zentrieren

Ich arbeite seit einigen Jahren mit einer ganzen Reihe von Übungen zur Exploration der physischen Dimensionen des Lernens, die überwiegend aus den Kampfsportarten stammen. Effektivität ist hier stets gleichbedeutend mit Zentrierung – nicht rigide und starr, sondern fließend, verwurzelt und doch flexibel, wie ein Ast am Baum.

Zentrierung bedeutet, den Schwerpunkt zu finden, den Punkt, an dem man im Gleichgewicht ist, in sich selbst ruht. Das ist kein selbstgefälliger, sondern ein fokussierter Zustand.

> *Die folgende* **Übung** *hilft dabei, bedarf aber einer gewissen Vorbereitung. Nehmen Sie sich eine Minute Zeit, in der Sie sich bereit machen.*
>
> *Denken Sie über den Wechsel nach, den Sie bei der Lektüre des vorigen Absatzes vollzogen haben. Was haben Sie getan, um sich vorzubereiten? Auf diese Art und Weise* **zentriert** *man sich.*[6]

Bereiten Sie sich auf eine wichtige Konferenz, den Abschlussball, die Prüfung, die entscheidende Präsentation vor? Was immer Sie tun, es repräsentiert Ihre intuitive Art und Weise, einen gegründeten und zentrierten Zustand zu erreichen.

Die Aikido-Meister Richard Moon und Chris Thorsen haben zwei einfache Übungen entwickelt, die Sie mit einem Partner ausprobieren können.

> *Übung*
>
> *1. Stellen Sie sich hin. Ihr Partner stößt Sie sehr leicht an der Schulter. Wie reagieren Sie? Widerstehen Sie dem Druck oder geben Sie nach wie ein verschrecktes Huhn? Konzentrieren Sie sich auf den Impuls Ihrer Reaktion. Nehmen Sie dann eine zentriertere Position ein und versuchen Sie, Ihren Schwerpunkt so weit nach unten zu verlagern, dass Sie glauben, buchstäblich Wurzeln zu schlagen. Jetzt soll Ihr Partner sie wieder anstoßen. Leisten Sie keinen Widerstand und geben Sie auch nicht nach. Absorbieren Sie die Energie der Hand und bleiben Sie intakt. Wenn Sie das noch ein wenig üben, können Sie sich immer besser zentrieren.*
>
> *2. Setzen Sie sich ruhig hin und stellen Sie die Füße flach auf den Boden. Halten Sie nichts auf dem Schoß. Atmen Sie jetzt tief ein und aus. Sie werden ruhig, atmen ruhig und lassen alle Spannungen und Gedanken los. Dieser Zustand ist Ebene eins. Entspannen Sie sich weiter und lassen Sie sich einige Stufen tiefer in sich selbst sinken, sozusagen auf Ebene drei. Achten Sie auf Ihren Atem. Geben Sie sich eine weitere Minute Zeit. Fallen Sie jetzt auf Ebene fünf, versinken Sie noch tiefer in sich, werden noch ruhiger. Nehmen Sie sich Zeit zum Nachdenken. Was haben Sie entdeckt? Was hat Ihnen dabei gefallen? Bei dieser Übung stellen viele fest, dass sie ruhiger, wacher, sensibler werden. Das sind zusätzliche Ausgangspunkte für die Zentrierung.*[7]

Der Kampfsport Aikido scheint deshalb so geeignet für den Dialog, weil er lehrt, sich der Energien des »Angreifers« bewusst zu werden und mit ihnen zu verschmelzen. Dabei spielt es keine Rolle, ob es sich um körperliche Feinde oder um provozierende Umstände handelt. In beiden Fällen agiert man aus dieser Zentrierung heraus, erkundet ständig die Umstände und ist immer darauf bedacht, das eigene Zentrum zu bewahren. Das gilt für alle Aikido-Sportler. Richard Moon sagt, Zentrierung sei eine kontinuierliche Praxis. Es ist keineswegs so, dass die großen Aikido-Meister nie ihr Zentrum verlieren, aber sie merken es schneller und finden schneller wieder zurück als die Anfänger.

Was ich höre, ist auch in mir

Zum Respekt gehört auch die Tatsache, dass wir ebenfalls zur Kohärenz unserer Welt gehören. Wir sind keine Beobachter, wir sind Teilnehmer. Wenn wir das akzeptieren, übernehmen wir die Verantwortung für uns. Wir können dann nicht mehr anderen die Schuld am Geschehen zuweisen;

unsere Fingerabdrücke sind überall. Wie Walt Kelly in einem Comic sagte: »Wir sind dem Feind begegnet, und das waren wir selbst.«

Cliff Barry hat mir beigebracht, dass man die Kohärenz der eigenen Welt entdecken kann, in dem man beim Zuhören bewusst bestimmte »Filter« einsetzt. Ein solcher Filter, der die Versuchung, Schuld zuzuweisen, verringert und den Respekt stärkt, besteht darin, beim Zuhören eine Perspektive einzunehmen, aus der man sagen kann: »Das ist auch *in mir*.« Egal, wie sich andere verhalten und worum sie kämpfen, immer können wir darauf achten, wie dieselbe Dynamik *in uns* funktioniert. Sicher, manchmal ist man versucht zu sagen, so könnten sich »nur die« verhalten – man selber habe das nicht »in sich«. Wenn man den Mut aufbringt, es nicht nur als Verhalten »der anderen«, sondern als ein Verhalten zu akzeptieren, dass man selbst auch »in sich« hat, kann man sich ganz anders mit der Welt auseinandersetzen. Was wir wahrnehmen können, ist auch in uns. Wir bringen es hervor, ob wir das wissen oder nicht. Die Behauptung, etwas existiere unabhängig von einem selbst, führt zu pathologischem Denken: der Vorstellung, es gäbe eine Welt, die vom eigenen Denken und der eigenen Partizipation unabhängig ist. Die Kunst, gemeinsam zu denken, hebt uns auf eine andere Ebene: zu der Erkenntnis, dass wir nur das wahrnehmen können, was wir bereits in uns tragen, denn sonst fehlte jegliche Verbindung dazu. Selbst die Wahrnehmung eines Feindes ist nur dann möglich, wenn es bereits ein *inneres* Bild oder eine *innere* Wahrnehmung davon gibt.

Wirkungsvoll, aber schwierig ist die Praktik, die Störungen, die man im Dialog wahrnimmt, dazu zu benutzen, die Störungsfaktoren zu integrieren und ihnen den Raum zu geben, den sie brauchen. Es handelt sich um eine Art innerer Magie, bei der es nicht darum geht, andere zu verändern. Sie bedarf nur der Bereitschaft, dem Problem, das von außen kommt, im *Innern* zu begegnen.

Bei einer Dialogsitzung, die ich kürzlich durchführte, formulierte ein sehr intelligenter, hochgebildeter Malaie seine Sorge über den völligen Mangel an kultureller Bewusstheit in den von US-Amerikanern geleiteten Managementtrainings. Er gerierte sich nicht als Teilnehmer, sondern als Experte. Seine Bemerkungen zeigten, dass er die Haltung eines Beobachters einnahm: »Das ist ja alles gut und schön, aber Sie müssen berücksichtigen, wie praktische Menschen auf das reagieren, was Sie hier sagen. Vor allem müssen Sie ernst nehmen, wie das, was Sie hier sagen, in anderen Teilen der Welt ankommt. Haben Sie daran überhaupt gedacht?« Seine Argumente waren einleuchtend, und ich bestätigte sie, bemerkte aber auch, dass er sich von dem Prozess distanzierte.

Als sich der Dialog vertiefte, sprachen andere Teilnehmer offener über die Probleme, die sie beschäftigten. Die Gesprächspausen wurden länger und tiefer. Eine Teilnehmerin sagte, wie sehr sie das Schweigen schätze und wie sehr es sie erleichtere, dass sie nicht ständig etwas sagen musste. Sie sprach langsam und ließ sich Zeit; ihr Verhalten deckte sich mit dem Gefühl, das sie ausdrückte.

Sofort danach ergriff der Malaie wieder das Wort und begann, hektisch über die historischen Unterschiede zwischen den asiatischen Tigerstaaten zu sprechen. Ich konnte dabei keine Verbindung zu den Worten seiner Vorrednerin herstellen. Es wirkte, als hielte er eine Vorlesung über kulturelle Unterschiede: »Die Ursachen dafür liegen in der Geschichte«, begann er. »Diese kulturellen Differenzen sind wirklich wichtig.« Dann führte er Beispiele an. Er meinte, manche Kulturen seien von Erfahrungen, wie sie die Teilnehmer hier äußerten, ausgeschlossen; solche Gespräche seien dort unmöglich. Er sprach als Experte, distanzierte sich von allen, stellte sich als der Einzige dar, der verstand, worum es ging, und implizierte damit, die anderen könnten es nicht begreifen.

Der Ärger der Teilnehmer war fast greifbar. Die Spannung in der Gruppe wuchs. Er unterstellte unterschwellig allen irgendwelche bösen Absichten, ohne zu sehen, dass er dasselbe tat. Der Kontrast (in den Bemerkungen?) war krass.

Dann begriff ich plötzlich, was los war: Er sprach von sich und seinem Gefühl der Isolierung in der Gruppe. Er hielt uns keinen Vortrag über andere, sondern wollte verstanden werden. Statt das vor der Gruppe zu sagen, hörte ich zu und versuchte, diese Gefühle in mir zu finden, mich an Zeiten zu erinnern, in denen ich mich isoliert und ausgeschlossen gefühlt hatte. Plötzlich rastete etwas in mir, und ich empfand das, was er sagte, in mir selbst. Jetzt ergriff ich das Wort, sprach über dieses Gefühl und meinen Respekt dafür, dass er das Thema in der Gruppe angeschnitten hatte. Ich forderte die anderen auf, über ähnliche Erfahrungen des Ausgeschlossenseins nachzudenken. Ich schilderte, wie ich seine Aussage wahrgenommen hatte, und bat ihn, in der ersten Person zu sprechen, aus eigener Erfahrung. Und zum ersten Mal in dieser Woche tat er das auch. Die Spannung im Raum ließ nach. Die Teilnehmer bedankten sich bei ihm.

Diese Art des Zuhörens bedeutet, die Tatsache ernst zu nehmen, dass das, was um uns herum vorgeht, nicht nur in anderen existiert, sondern auch in uns selbst, auch wenn das schwer fällt. Den direktesten Anstoß dazu bietet unser Ärger, denn wir können immer davon ausgehen, dass das, was uns unter die Haut geht, in gewisser Weise bereits in uns ist, andernfalls würden wir die Störung ja nicht spüren. Die Schwierigkeit ist nur, das auch zuzugeben.

Anders ausgedrückt: Eins der Geheimnisse des dialogischen Lebens ist die Bereitschaft, das zu verzeihen, was wir in anderen sehen, und zu akzeptieren, dass es auch in uns ist. Dazu müssen wir einen Ort erreichen, an dem wir andere und uns selbst respektieren können.

Verfremdung

Eine andere Praktik, mit der sich Respekt entwickeln lässt, besteht darin, das Fremde oder Unverständliche hervorzuheben. Wir fühlen uns oft verpflichtet, anderen zu zeigen, dass wir sie verstehen.

> *Ich schlage hier eine **Übung** vor, die das Gegenteil tut. Gehen Sie einmal nicht davon aus, dass Sie jemanden verstehen, und machen Sie ihn zum Fremden. Betrachten Sie ihn so, als sei er Ihnen völlig fremd, unbegreiflich, einzigartig und ganz anders als Sie selbst. Ordnen Sie ihn nicht in eine bereits fertige Kategorie ein.»Verfremden« heißt, den anderen als anderen zu sehen, als jemanden, der nicht so ist wie Sie. Das zeigt Ihnen den Weg zu einem ganz neuen Verständnis.*
>
> *Edgar Schein arbeitet in seinen Seminaren am MIT mit einer Übung, die er als »Empathiereise« bezeichnet, und ich empfehle sie Ihnen ebenfalls. Dazu sollten Sie sich einen Menschen suchen, der sich möglichst umfassend von Ihnen unterscheidet, zwei Stunden in seiner Gesellschaft verbringen und anschließend aufschreiben, was Sie erlebt haben. Unsere Studenten haben sich dazu eine ausgesprochen breite Vielfalt unterschiedlichster Menschen ausgesucht, von Obdachlosen, Prostituierten und Dealern über Klassenkameraden bis zu Menschen anderer Rassen- oder Religionszugehörigkeit. Dabei stellten sie – meist zu ihrer eigenen Verblüffung – fest, dass sie mit diesen Menschen vieles gemeinsam hatten, und blieben oft länger als die zwei Stunden mit ihnen zusammen. Sie suchten nach dem Fremden und Anderen und fanden die Gemeinsamkeit.*

Respekt in Gruppen

Differenzen in einem Gespräch führen oft zu Imponiergehabe und zu Störungen, die gelegentlich so weit gehen, dass sich die Teilnehmer nicht mehr vormachen können, einer Meinung zu sein. Oft werden große Anstrengungen unternommen, um den Schein und die Höflichkeit zu wahren. Um einen Dialog führen zu können, muss eine Gruppe aber etwas anderes lernen: Respekt vor den auftretenden Polarisierungen, ohne sich darum zu bemühen, sie »wieder in Ordnung zu bringen«.

In einer von mir und einigen Kollegen in Montana durchgeführten Dialogsitzung sprach eine Frau über ihren Zorn auf ihren Mann, der sie vor kurzem verlassen hatte. Am meisten erboste sie, dass er sie wegen eines Mannes verlassen hatte. Er hatte seine Homosexualität viele Jahre vor ihr verborgen. Sie sagte: »Ich weiß, ich sollte tolerant sein, aber es ist einfach nicht richtig. Irgend etwas stimmt einfach nicht mit diesen Leuten.« Als sie fertig war, blickte ich in die Runde und sah, wie zwei Frauen sich ansahen, die sich offensichtlich nur mühsam beherrschen konnten. Sie hatten bislang noch nicht viel gesagt. Sichtlich bemüht, die Fassung zu bewahren, sagte die eine: »Es tut mir leid, aber meine Partnerin und ich können nicht einfach hinnehmen, dass Sie so etwas sagen. Erklären Sie mir bitte, warum Sie so sicher sind, dass Sie Recht haben.« Die beiden lesbischen Frauen waren durch die Unterstellung, irgend etwas stimme mit ihnen nicht, zutiefst verletzt.

Danach sagten alle drei Frauen, was sie fühlten und dachten, sowohl in Hinblick auf die ursprüngliche Bemerkung als auch auf das jetzige Gespräch. Keiner aus dem Kreis versuchte, sie zu korrigieren oder ihnen zu »helfen«. Die Gruppe bot einfach einen Raum der Ruhe zum Nachdenken. Nach und nach wurde klar, dass es zwei sehr verschiedene Auffassungen gab, es aber nicht nötig war, sie wechselseitig zu ändern. Am überraschendsten für alle war die Tatsache, dass beide Ansichten offen geäußert wurden, aber niemand vorgeprescht war und die der anderen negiert hatte. Nach der Sitzung redeten die drei Frauen angeregt weiter. Später sagten sie der Gruppe, die Erfahrung sei sehr wichtig für sie gewesen – keine hatte ihre Ansicht verändert, aber sie respektierten und verstanden sich. Der Inhalt des Gesprächs war hier nicht so wichtig wie das Gefühl, dass es hervorgerufen hatte.

Praktiken zur Förderung des Respekts in Gruppen

Unterstützung für Provokateure

Um die Gemeinsamkeit des Dialogs zu erreichen, muss man bewusst Raum für diejenigen schaffen, die einen anderen Standpunkt einnehmen. Eine respektvolle Förderung der offenen Rede kann die Ökologie des Gesprächs in ein Gleichgewicht bringen, das anders kaum zu erreichen ist. Das erfordert die Bereitschaft, den Erkundungsraum offen zu halten, sobald sich neue Perspektiven zeigen.

Bei zornigen Teilnehmern, die auf dem Kriegspfad sind, mag das unklug erscheinen. Aber wenn man keinen Weg findet, diese Stimmen zu integrieren, werden sie die Sitzung zwangsläufig stören und zerstören.

Spannung aushalten

Zu den schwierigsten Dingen, die eine Gruppe im Dialog lernen kann, gehört es, auftretende Spannungen auszuhalten, *ohne darauf zu reagieren*. Bei Gegenströmungen in der Gesprächsökologie beginnen in der Regel einige Teilnehmer, darüber »abzustimmen«, wer oder was »Recht hat«. Damit verringern sie die Spannung für sich selbst, intensivieren sie aber ironischerweise für den Rest der Gruppe, weil der Raum für ein neues Verständnis kleiner wird. Es zählt zu den Gruppenfähigkeiten im Dialog, alle auftretenden Perspektiven lange genug zu respektieren, um sie zu erkunden.

Damit verbunden ist die Akzeptanz der vielfältigen Stimmen, die wir in uns selbst finden und die andere artikulieren. Ein Dialog mit einer Gruppe kann zum Spiegel all dessen werden, was sich in den Beteiligten vollzieht. Wir können solche Stimmen entweder ablehnen oder aber erkennen, dass sie eine gewisse Relevanz und einen gewissen Ort »in unserem Innern« haben. Auch wenn wir es oft nicht gerne zugeben, es gibt in jedem von uns verschiedene Stimmen, zum Teil aus Situationen, an die wir uns nicht mehr erinnern, übernommen und zum Teil selbst geschaffen.

Ein Freund von mir, der einen kleinen ökologischen Bauernhof bewirtschaftet, pflanzt immer genug für die Menschen *und* die Insekten. So ähnlich können wir auch mit den Spannungen in uns umgehen, d.h. wir können allen Perspektiven und Stimmen Raum geben, ohne eine davon loswerden zu wollen.

Die Spannung aushalten bedeutet, die tiefen Spaltungen, die wir in uns spüren, zu akzeptieren, ohne sie zu intensivieren.

Die dunkle Seite des Respekts

Wenn wir andere nicht respektieren, drängen wir uns ihnen auf.

So sprach zum **Beispiel** *ein Teilnehmer in einer Sitzung lang und breit über den Buddhismus und dessen Verbindung zum Dialog. Eine andere Teilnehmerin, eine hauptberufliche Trainerin, empfand das als unangemessen und begann, ihn zu »coachen«. Sie hielt seinen Vortrag vor der Gruppe für falsch und griff ein, um ihn zu stoppen. Ironischerweise tat sie damit aber dasselbe, was sie ihm zum Vorwurf machte – sie hielt ihm und der Gruppe einen Vortrag über angemessenes Verhalten. Sie wechselte aus der Teilnehmer- in die Expertenrolle, ohne dass ihr jemand die Erlaubnis dazu gegeben hätte. Das brachte die Gruppe aus dem Gleichgewicht, auch wenn sie in dem Moment noch nicht wusste, was zu tun war. Die Teilnehmerin hatte sich aus dem Prozess zurückgezogen, und ihre Worte klangen unmissverständlich zornig. Das verärgerte andere, die sagten, sie hätte kein Recht zu solchem Verhalten.*

Wie ein Lauffeuer verbreiteten sich Urteile in der Gruppe. Die Teilnehmer machten spontane Bemerkungen und warfen sich gegenseitig Fehlverhalten vor, ohne über Gründe und Wirkung nachzudenken. Der Kreis des Respekts war durchbrochen, und so gerieten die tatsächlichen Ereignisse in Konflikt mit den inneren Modellen dessen, was in einem »Dialog« hätte geschehen sollen.

Einzelne begannen, für den eigenen Standpunkt zu plädieren. Manche waren der Meinung, der »offizielle« Coach sollte eingreifen und die Interaktion stoppen, andere waren dagegen. Der Teilnehmer, der »gecoached« worden war, war verwirrt; die Frau, die den inoffiziellen »Coach« gespielt hatte, war sauer über die ihrer Meinung nach fehlende Richtung; wie sie später sagte, hatte sie zum Teil auch deshalb eingegriffen, um den anderen zu zeigen, wie man so etwas macht.

Die gleichzeitige Projektion vieler unterschiedlicher Meinungen und Standpunkt führt oft zum Gegenteil des Respekts: zur Erfahrung verbaler Gewalt. Sie ist sein Schatten, seine dunkle Seite. In solchen Momenten kommt es zum Zusammenbruch der angestrebten wechselseitigen Achtung. Verlust der Achtung manifestiert sich schlicht in der Einschätzung, was ein anderer tue, hätte nicht getan werden sollen. Die Ursache liegt in der eigenen Überzeugung, die unmittelbar dazu führt, den anderen verändern und zur Einsicht seines Irrtums bewegen zu wollen. Dadurch gerät das eigene Verhalten und der mögliche eigene Beitrag aus dem Blick. Der Andere erfährt das als Gewalt – als verständnisloses Aufzwingen eines Standpunkts.

Der wohl lehrreichste Weg, die Fähigkeit zum Respekt zu vertiefen, liegt darin, sich die eigenen Anteile bewusst zu machen, die andere *nicht* respektieren. Auch hier kann es hilfreich sein, auf Zeiten zu achten, in denen Sie das Gegenteil dessen tun, was Sie in den oben beschriebenen Übungen gelernt haben. Achten Sie z.B. auf Gelegenheiten, bei denen Sie nicht um die Nabe, sondern um die Peripherie kreisen und sich davon mitreißen lassen. In diesen Augenblicken sind sie wohl kaum in der Lage, die Worte und Taten anderer zu respektieren. Wenn Sie nicht zentriert sind und nicht respektieren, wer Sie sind und wo Sie stehen, können Sie auch andere nicht respektieren. Achten Sie auch darauf, wann Sie jemandem zuhören und denken: Das hat mit mir gar nichts zu tun. Solche Momente können auch ein Anstoß sein, intensiver über die eigene Abwehr nachzudenken. Und achten Sie schließlich auch darauf, in welchen Augenblicken Sie einen anderen so gut zu verstehen glauben, dass Sie nichts mehr von ihm lernen können. Je stärker dieses Gefühl ist, desto weniger können Sie das, was anders oder neu ist, begreifen und respektieren.

Anmerkungen

[1] Humberto Maturana sieht in diesem Akt der Legitimierung eine Verbindung zur Liebe: »Liebe ist der Bereich des Beziehungsverhaltens, durch den ein Anderer als legitimer Anderer in Koexistenz mit einem selbst entsteht« (Vortrag Konferenz der Society for Organizational Learning, 24. Juni 1998).

[2] Danah Zohar: *Rewiring the corporate brain*, San Francisco 1997, 12.

[3] Einen umfassenderen Überblick über Hobbes und seinen Einfluss auf die westlichen liberalen Demokratien bietet Leo Strauss: *The political philosophy of Hobbes: its basis and genesis*, Chicago 1963; vgl. a.: *The quantum society*, New York 1994.

[4] Christopher Alexander: *The nature of order* (unveröffentlichtes Manuskript).

[5] Persönliche Mitteilung von Peter Garrett, 19.2.1999.

[6] Diese Übung verdanke ich einer Anregung der beiden Aikido-Meister Chris Thorsen und Richard Moon.

[7] Weitere Übungen finden sich in Dawna Markova/Andy Bryner: *The unused intelligence*, Berkeley, Cal. 1996; vgl. a. den Überblick über die Kunst des Zentrierens bei Richard Moon: *Aikido in three easy lessons*, New York 1996.

6. Suspendieren

Wenn man sich beim Zuhören eine Meinung bildet, steht man vor einer wichtigen Entscheidung. Zum einen kann man diese Meinung verteidigen und die Meinung der anderen ablehnen. Man versucht zunächst, den anderen die »richtige« (also die eigene) Meinung zu erklären und sie dazu zu bringen, sie zu akzeptieren. Man sucht nach Argumenten, die zeigen, dass die anderen unrecht haben, und ignoriert alles, was Zweifel an der eigenen Meinung wecken könnte. Daraus entsteht ein »Monolog in Serie«, wie es ein Autor der *New York Times* einmal gesagt hat, aber kein Dialog.

Zum anderen kann man die eigene Meinung mitsamt der sie stützenden Gewissheit vorerst *suspendieren*. Suspendieren bedeutet, die eigene Meinung weder zu unterdrücken noch stur dafür zu plädieren, sondern auf eine Weise vorzutragen, die es einem selbst und anderen ermöglicht, sie wahrzunehmen und zu begreifen. Suspendieren heißt, auftauchende Gedanken und Gefühle zur Kenntnis zu nehmen und zu beobachten, ohne zwangsläufig danach handeln zu müssen. Dadurch wird eine ungeheure Menge an kreativer Energie freigesetzt.

Definition des Suspendierens

Suspendieren bedeutet, die Richtung zu wechseln, inne zu halten, einen Schritt zurückzutreten und die Dinge aus einer neuen Perspektive zu betrachten. Das ist eine der größten Herausforderungen überhaupt – vor allem dann, wenn man sich schon auf eine Position festgelegt hat. Die Schwierigkeit liegt zum Teil darin, dass wir dazu neigen, das, was wir sagen, sehr schnell mit dem zu identifizieren, wer wir sind. Greift jemand unsere Gedanken an, fühlen wir uns selbst angegriffen. Deshalb wirkt es fast wie eine Art Selbstmord, bestimmte Vorstellungen aufzugeben. Aber nicht verhandelbare Positionen sind wie Felsen im Strom des Dialogs: Sie stauen ihn. Zu den zentralsten Prozessen des Dialogs zählt deshalb die Praktik des Suspendierens, mit anderen Worten, die Kunst, Abstand zu gewinnen und zu einer anderen Perspektive zu finden.

Bei den Dialogen in der Stahlindustrie sagte einer der Gewerkschaftsvertreter einmal: »Wir müssen das Wort Gewerkschaft suspendieren, denn wenn Sie es hören, sagen Sie ›Pfui‹, und wenn wir es hören, sagen wir ›Aah‹! Wie kommt das eigentlich?« Dieser Mann hatte die Tradition der unbedingten Verteidigung der Gewerkschaft und der rücksichtslosen Opposition gegen das Management durchbrochen. Er wollte sich gründlicher mit den dahinterstehenden Annahmen beschäftigen. Seine so unschuldige wie unmissverständliche Frage löste ein lebhaftes Gespräch aus.

Suspendieren kommt vom lateinischen *suspendere*, »herabhängen«, eine andere, ältere Wurzel ist das Indogermanische (s)penn, »ziehen, strecken oder spinnen« (davon leitet sich auch das Wort »Spinne« ab). Suspendieren heißt also auch, etwas so auszuspinnen, dass es sichtbar wird, so wie ein Spinnennetz zwischen den Balken einer Scheune.

Gewissheit meint, wie schon gesagt, die Abwesenheit des Suspendierens. Das englische Wort für Gewissheit, *certainty*, meint, »etwas wird festgelegt« oder »unterschieden«. Gewissheit ist starr. Manche Begriffe oder Gedanken sind mit absoluter Gewissheit oder Notwendigkeit verbunden – sie sind nicht verhandelbar. Solche »edlen Gewissheiten« kennt jeder, und sie bilden die Grenzen des Dialogs. Was sind Ihre »edlen Gewissheiten«? Woher wissen Sie so genau, dass Sie im Recht sind? Solche Fragen sind die einzige Möglichkeit, Suspendieren zu lernen.

Die eigene Ignoranz nutzen

Eine andere Dimension des Suspendierens wird in der Aufforderung meines Kollegen Edgar Schein erkennbar: *Nutzen Sie Ihre Ignoranz*. Gespräche werden meist von Menschen geführt, die genau wissen, was sie denken und warum sie so denken. Solche Menschen können nicht in einen Dialog eintreten. Der Dialog braucht Menschen, die sich von dem überraschen lassen können, was sie sagen, ihre Gedanken nicht schon geordnet haben und die Bereitschaft besitzen, sich durch das Gespräch beeinflussen zu lassen. Sie haben Fragen, ohne die Antwort schon zu kennen, und fordern die Antwort auch nicht von anderen.

Ein CEO bat mich einmal um eine »Diagnose« seines Unternehmens. Nach vielen Interviews mit Mitarbeitern aus allen Unternehmensbereichen ging ich zu ihm und sagte, ich hätte das Problem des Unternehmens diagnostiziert. Begeistert fragte er: »Und? Was ist es?«

Ich holte tief Luft und sagte: »Das Problem sind Sie.« Dann erklärte ich ihm, dass die Mitarbeiter von seiner Führung viel erhofft hätten, nur um dann feststellen zu müssen, dass er nicht authentisch sei und dazu neige, sich für alles

übermäßig zu begeistern. Er ließe anderen keinen Raum für andere Meinungen und Gegenpositionen.
Nach einem kurzen, schockierten Schweigen bat er mich zu gehen. Aber offensichtlich dachte er über meine Worte nach. Später beschrieb er seinen inneren Wandel so: »Es hat eine Weile gedauert, bis ich begriffen habe, dass es tatsächlich eine hilfreiche Kritik war. Als Sie mein Verhalten beschrieben, haben Sie im Grunde meine Gewissheiten gemeint. Ich bekam vieles nicht mit, weil ich mir allzu sicher war. Sie können sich denken, dass ich das nicht gerade gerne gehört habe, aber es hat mir geholfen, eine neue Perspektive zu finden.«

Der Zugriff auf die eigene Ignoranz bedeutet, etwas zu begreifen und anzunehmen, was man nicht schon seit langem kennt. Dadurch tun sich ungeahnte Möglichkeiten auf, die zunächst vielleicht beängstigend wirken. Aber Angst ist dem Suspendieren eher zu- als abträglich. Auch wenn man über einen hohen Felsen in die Weite vor sich schaut, empfindet man Furcht, ist aber zugleich auch begeistert über die neue Perspektive. Wer dazu bereit ist, kann sein Leben verändern.

Eingefrorene Auffassungen suspendieren

Auch wenn nicht jeder mit lebensbedrohlichen Situationen konfrontiert ist, die Abstand und neue Perspektiven erzwingen, ergeben sich doch jeden Tag Gelegenheiten, eigene Gewissheiten zu suspendieren und flexibel zu bleiben.

Wenn wir uns auf einen einzigen Gesichtspunkt beschränken, erstarren wir und können uns nicht mehr bewegen. Der erste Schritt beim Suspendieren besteht darin, Abstand zu gewinnen. Der irische Dichter Seamus Heaney benutzt das biblische Gleichnis von Jesus, der in den Sand schreibt, um das zu verdeutlichen. In diesem Gleichnis will Jesus die Menschen ablenken, Zeit gewinnen, um Wahrnehmungen klarer und neue Optionen erkennbar zu machen:

> »Debatten verändern im Grunde nichts, sondern verwirren im Grunde nur. Man muss eine neue Perspektive für das Thema finden, es aus einer anderen Ecke betrachten. In Nordirland z.B. könnte eine neue Metapher, eine neue Sprache für die Situation auch neue Möglichkeiten eröffnen, davon bin ich überzeugt. Wenn ich mich also auf Jesus berufe, der in den Sand geschrieben hat, dann ist das ein Beispiel für etwas Neues, etwas, das ablenkt. Er lenkt die Augen von dem ab, womit man gegenwärtig beschäftigt ist. Es ist ein bisschen wie Zauberei. Die Leute sehen plötzlich etwas ganz anderes und halten einen Moment inne.«[1]

Gerade wenn viel auf dem Spiel steht, ist eine Pause oder ein neuer Blickwinkel oft das Letzte, was man sich wünscht. Die eigenen Obsessionen machen blind. Die Kunst des Suspendierens besteht darin, über die Möglichkeiten, die man wahrnimmt, hinauszublicken.

Den Blitzstrahl packen

Das Suspendieren der eigenen Annahmen zwingt einen gelegentlich dazu, mit viel intensiver Energie umzugehen.

David Bohm hat einmal erzählt, wie ihm bei einem Dialog in Schweden eine Kritik an einem anderen Teilnehmer in den Kopf kam. Er wollte sie stoppen, ohne sie ungeprüft zu verdrängen, weil er ihren Charakter und ihre Struktur erkennen wollte. Wie er sagte, empfand er bei der Beobachtung der eigenen Reaktionen plötzlich so etwas wie einen Blitzstrahl im Körper: Durch das Festhalten und die Reflexion der Kritik hatte sich eine ungeheure Energie in ihm angestaut.

Suspendieren von Kritik bedeutet, ihre Bewegung zu beobachten, die Kraft in sich zu bewahren, die man ansonsten auf andere richtet. Wenn man diese Energie nicht verdrängt, leugnet (»Kritisieren? Wer, ich? Niemals!«) oder nach außen trägt (»Diese Idioten verdienen ja nichts anderes!«), muss man sie in sich bewahren und ihre Bedeutung und Dimensionen erkunden. Das kann ziemlich unangenehm sein, und vermutlich kommt es deshalb auch so selten vor. Aber es kann zu sehr wichtigen Einsichten etwa über die hartnäckigen Urteile führen, die wir anderen aufzwingen. Eine solche Erkundung der eigenen Reaktionen kann schon an sich zu Veränderungen führen, denn wenn wir die eigenen Gedanken und Gefühle beobachten, betrachten wir sie aus einem anderen Blickwinkel und schenken ihnen die Aufmerksamkeit, durch die sie sich verwandeln können.

»Reflexion in Aktion«

Die Art des Nachdenkens, die hier gemeint ist, ist ein Nachdenken *beim* Handeln. Donald Schön hat das in seiner bekannten Buchreihe über berufliche Effektivität als »Reflexion in Aktion« bezeichnet: die Fähigkeit, Ereignisse in dem Augenblick wahrzunehmen, in dem sie geschehen. Schön hat in seiner Laufbahn immer wieder darauf hingewiesen, dass diese Fähigkeit nicht nur fester Bestandteil der Spontaneität, sondern ihre notwendige Voraussetzung ist. Durch diese Art des Denkens befreien wir uns von altgewohnten Reaktionen und bleiben flexibel und lebendig.[2]

Wenn man das eigene Denken so betrachtet, ist es, als öffne man die Tür zur Denkfabrik und betrachte die darin ablaufenden Prozesse. Normalerweise kennen wir nur die Produkte dieser Fabrik, d.h. unsere Gedanken. Aber wie diese Gedanken produziert werden, ist uns nicht klar. Suspendieren heißt, die Verfertigung der Gedanken aktiv zu beobachten.

Die Formen des Suspendierens

Im Dialog gibt es zwei Formen des Suspendierens, wobei eine die Voraussetzung der anderen ist. Die erste Form besteht darin, den Bewusstseinsinhalt zu enthüllen, ihn sich selbst und anderen verfügbar zu machen, damit man erkennt, was vorgeht. Es gibt zahlreiche psychotherapeutische Methoden, vor allem das Psychodrama, die den Klienten helfen, die Gedanken und »Stimmen« in ihrem Kopf nach außen zu bringen, damit sie sich selbst klarer sehen. Das geschieht, indem man das, was man spürt, lokalisiert, benennt und dann anderen mitteilt, so wie Bohm die oben erwähnte Erfahrung seinen Kollegen mitteilte.[3]

Im Dialog bei dem Stahlhersteller ergab sich bei einer schwierigen Sitzung die Gelegenheit zu dieser Art des Suspendierens. Der Unternehmensbereich, in dem die Beteiligten arbeiteten, sollte verkauft werden, und im Zuge der Übernahmeverhandlungen war der Tarifvertrag zwischen Gewerkschaft und Management zu einer wichtigen Größe geworden. Normalerweise handelte die internationale Sektion der Gewerkschaft die Tarife aus und versuchte, in allen Ländern möglichst dieselben Bedingungen durchzusetzen. Und in der Regel versuchte auch die Konzernführung, den Leitern der einzelnen Unternehmensbereiche und Fabriken die Bedingungen zu diktieren.
In diesem einen Fall aber fürchteten Unternehmens- wie Gewerkschaftsleitung gleichermaßen, zum Spielball der Politik zu werden, denn weder der Mutterkonzern noch die internationale Gewerkschaft würden die Fortschritte berücksichtigen, die sie im Dialog erreicht hatten. Der Gewerkschaftsvorsitzende sagte dem Management: »Ich persönlich will einen Vertrag mit den hier Anwesenden schließen und mit niemandem sonst. Wir wissen, was wir brauchen.« Und der Leiter des Unternehmensbereichs stimmte zu:
»Wenn wir von idealen Verhandlungen reden, dann sind es im Idealfall auch die hier Anwesenden, die wirklich wissen, was das beste ist. Die Gewerkschafter wissen, was für die hiesigen Mitglieder das beste ist, und wir glauben zu wissen, was für das hiesige Werk das beste ist.«
Bei den Gewerkschaftsmitgliedern löste das Besorgnis aus. Sie fürchteten, die internationale Gewerkschaft könne ganz ausgeschlossen werden. Aber diesmal wurde nicht polemisiert, Management und Gewerkschaft machten keine bloß

oppositionellen Vorschläge. Die Gewerkschafter gaben offen zu, dass die neugefundene Übereinstimmung mit dem Management zu Fehldeutungen führen konnte. Einer von ihnen meinte:

»*Genau davor haben sie draußen im Werk Angst. Sie haben Angst, hier würde lokal entschieden, ohne internationale Hilfe. Wir sitzen hier und reden, und das wird irgend jemand falsch verstehen und glauben, ihr wolltet den Vertrag ohne die Internationale Gewerkschaft verhandeln. So sieht das eben aus. Und wenn das im Werk bekannt wird, dann können wir euch eine Weile decken, aber lange können wir sie nicht zurückhalten. (Gelächter).*«

Hier fand ein Gewerkschaftsmitglied sowohl für das gegenwärtige Gespräch als auch für dessen wahrscheinliche Wirkung außerhalb der Gruppe eine Perspektive. Dadurch waren alle gezwungen, sich damit zu beschäftigen. Sie suspendierten den Gedanken, ohne den Druck der internationalen Gewerkschaft zu verhandeln – ein ausgesprochen brisantes Thema –, und erwogen das Für und Wider.

So etwas war vorher nicht möglich gewesen. In einer der ersten Sitzungen hatte ich Gewerkschafter und Manager gefragt, ob sie die Liste der von der jeweils anderen Seite vorgeschlagenen Teilnehmer noch einmal überprüfen wollten. Das hätte fast zu Handgreiflichkeiten geführt: »*Wir schreiben denen nichts vor, und wir lassen uns von denen auch nichts sagen.*« *Zur* »*Solidarität*« *der Gewerkschafter gehörte zudem, dass sie bei den meisten Problemen eine geschlossene Haltung einnahmen und kontroverse Fragen stets außer Hörweite des Managements besprechen wollten. Und jetzt konnten Gewerkschafter über mögliche Interpretationen ihres Handelns sprechen, und zwar in Anwesenheit des Managements!*

Bei der zweiten Form der Suspendierung macht man sich die Prozesse bewusst, die ein solches Denken erzeugen.

Das ist wie ein Schwimmen gegen den Strom – man macht sich bewusst, dass das eigene Denken nicht einfach aus dem Nichts auftaucht, sondern einen sehr spezifischen und deterministischen Ursprung hat.

Ich kann mir z.B. bewusst machen, dass ich mich über jemanden ärgere. Ich spüre, dass ich Ärger »denke« – d.h. dass mir Sätze durch den Kopf gehen: Die haben kein Recht, mich so zu behandeln. Wie kann er es wagen? Für wen hält die sich eigentlich? usw. Wenn ich das betrachte, erkenne ich, dass es sich im Grunde um einen Strom von Gedanken handelt, der durch bestimmte Impulse in mir ausgelöst wird. Tatsächlich bin ich es also, der diese Gedanken zum Fließen bringt. »Sie« tun gar nichts. Der Ärger steigt ausschließlich aus meinem Inneren auf, vor allem aus meiner inneren Ökologie und meinen Erinnerungen an ähnliche Erfahrungen.

Die Beobachtung der eigenen Denkprozesse führt zu ihrer Transformierung. Diese Erkenntnis ist eins der wichtigsten Vehikel zur Transformierung des Dialogs.

Das Prinzip der Bewusstheit

Der Praktik der Suspendierung liegt das Prinzip der Bewusstheit zugrunde. Bewusst zu sein heißt, die Aufmerksamkeit so zu erweitern, dass sie die unmittelbare Erfahrung immer umfassender aufnehmen kann. Das geht auf den Gedanken zurück, dass wir alles, was geschieht, im Augenblick des Geschehens begreifen können. In der mechanistischen Weltsicht, die nicht davon ausgeht, dass der Mensch am Ganzen partizipiert, hat ein Wissen, dass bewusst von einem individuellen Beobachter beobachtet wird, keinen Platz. Anders dagegen ist es in der Weltsicht, die heute in Kognitions- und Geisteswissenschaften entwickelt wird. Hier besitzen alle Aspekte der Erfahrung ein »Deutungselement«, d.h. Menschen erfahren die Welt nicht unmittelbar, sondern durch ihre Bewusstseinsstrukturen.

Biologie und das bewusste Universum

Die beiden südamerikanischen Biologen Humberto Maturana und Francisco Varela z.B. haben einen Frontalangriff gegen die kognitive »Repräsentationstheorie« gestartet, an die wir fast alle noch glauben und die davon ausgeht, dass das Gehirn Bilder der »Außen«-Welt entwickelt. Daraus hat sich die »Übertragungs«-Theorie der Kommunikation entwickelt, die nach dem Motto vorgeht: »Wenn ich laut genug rede, werde ich schon verstanden.« Zuhören ist in dieser Weltsicht nichts anderes als das Aufdrehen der Lautstärke.

Maturana und Varela dagegen behaupten, die biologische Kognition sei anders aufgebaut, komplexer und zunächst auch etwas befremdlich: »Basierend auf dem Gehörten und den Funktionen meiner persönlichen Biologie und Geschichte entscheide ich mich jetzt dafür, in dieser Erfahrungswelt zu leben.« Ihrer Meinung nach beobachten wir nicht einfach »die Welt«, sondern schaffen unsere Welterfahrung aktiv durch die Strukturen des Nervensystems und des Bewusstseins in Verbindung mit Umweltreizen. Die Welt ist bereits in uns, in dem Sinne, dass die Funktionen unseres Nervensystems in einer Jahrtausende währenden Evolution bestimmt worden sind. Dazu kommt dann noch die gesamte Sozialgeschichte, die wir ebenfalls in uns tragen und die unsere Wahrnehmung zutiefst beeinflusst. Die Welt partizipiert an uns, und wir partizipieren an der Welt.

Diese Gedanken sind vor allem für die Kultivierung der Bewusstheit im Dialog relevant, zeigen sie uns doch, dass wir Veränderungen nicht einfach »durchführen« können, so als seien wir getrennt von dem, was wir verändern wollen. Vielleicht entdecken wir ja nur durch eine dialogische Beziehung zu der Situation, die wir verändern wollen, wie uns die existierenden Strukturen beeinflussen und in welche Richtung sie sich entwickeln können. Konkret gesehen, geht es dann nicht mehr darum, ein Unternehmen zu »managen«, sondern um die Kultivierung der Bedingungen, unter denen es sich entwickeln und verändern könnte. Statt nach »Hebeln« zur Veränderung oder nach »Werkzeugen« zu ihrer Beschleunigung zu suchen – Metaphern, die der mechanistischen Weltsicht entspringen – wird untersucht, wie das System funktioniert, welche Prinzipien es leiten und was seine Kohärenz ist.

Propriozeption

Im Dialog lassen sich diese Einsichten insbesondere dazu einsetzen, ein Bewusstsein über das Wesen der Ökologie unseres Denkens zu entwickeln. Wenn Sie Ihren Arm heben und ihn mit geschlossenen Augen bewegen, wissen sie immer, wo er sich befindet. Das liegt an der Fähigkeit zur Propriozeption, d.h. zur Selbstwahrnehmung auf physischer Ebene.

David Bohm hat von einer Frau berichtet, die diese Eigenschaft verloren hatte. Eines Nachts war sie wach geworden, weil jemand sie angriff. Je mehr sie sich wehrte, desto stärker wurde der Angriff. Als es ihr schließlich gelang, das Licht anzumachen, sah sie, dass sie sich mit einer Hand geschlagen und mit der anderen den Angriff abgewehrt hatte. Sie hatte das bewusste Gespür für ihren Arm verloren.

Bohm glaubt, wir hätten unsere Propriozeption auf der Ebene des *Denkens* verloren. Seiner Meinung nach besitzen wir nicht nur einen Impuls zur Bewegung der Glieder, sondern auch zur Bewegung des Geistes. Wir sind uns der physischen Impulse bewusst, kennen aber kaum die Impulse, die den mentalen Prozessen zugrunde liegen. Wir haben das Gefühl, unsere Gedanken »kämen« uns einfach. Aber das ist nicht so. Mit Hilfe des Suspendierens können wir die Impulse wahrnehmen und zugänglich machen, die hinter dem alltäglichen Denken stehen.

Übung

Um ein Gefühl dafür zu bekommen, denken Sie an eine Situation, in der Sie etwas wirklich wollten, egal, was es war. Fragen Sie sich, was es Ihnen gegeben hat, als der Wunsch tatsächlich erfüllt wurde, und zwar über die

> *ursprünglich gewünschte Erfüllung hinaus. Fragen Sie sich, was dadurch noch erfüllt wurde. Ist Ihr Wunsch nicht erfüllt worden, fragen Sie sich, was dadurch in Ihnen leer geblieben ist. Fragen Sie sich dann, warum Sie diesen Wunsch hatten. Diese Fragen sind nicht leicht zu beantworten, aber Sie können darüber mit dem grundlegenden Impuls in Kontakt kommen, und der muss nicht unbedingt eindeutig mit dem Objekt Ihres Begehrens verbunden sein.*

Übungen für das Suspendieren

Suspendieren steht im Mittelpunkt des Dialogs, aber es zu erlernen, ist eine eigene Angelegenheit. Es gibt einige Übungen dazu, und alle beginnen mit der Aufforderung, innezuhalten und zu fragen: Wie funktioniert das? Was geschieht hier? Wie funktioniert das Problem? Suspendieren erfordert es, der Versuchung, alles in Ordnung zu bringen, zu korrigieren oder zu lösen, nicht nachzugeben, sondern es zunächst *zu erkunden*. Keine leichte Aufgabe für Problemlösungsfanatiker!

Die folgenden Übungen und Prinzipien können dabei helfen.

Gewissheiten suspendieren

Suspendieren heißt, sich von Gewissheiten zu lösen. Wenn wir begreifen, dass unser Denken nur ein Medium ist, durch das wir die Welt verstehen, erkennen wir, dass Gedanken in sehr realem Sinne »Dinge« sind, die eine bestimmte Form, Größe, Tiefe und Dichte haben. In der Regel empfinden wir Gedanken als innere Landkarten äußerer Erfahrungen. Aber sie sind auch zutiefst Teil dessen, was wir sehen und wie wir sehen. Es gibt sehr viele Sichtweisen der Realität, das hat Kurosawa in seinem berühmtem Film *Rashomon* gezeigt, in dem die Geschichte eines Raubüberfalls aus der Perspektive der verschiedenen Charaktere immer wieder neu erzählt wird. Aber wie kann man eine Überzeugung aufgeben?

> ### *Übung*
>
> *Beginnen Sie damit, sich zu fragen: Warum bin ich mir so verdammt sicher? Was lässt mich so intensiv daran festhalten? Was gewinne ich dabei? Was passiert, wenn ich loslasse? Was steht dabei auf dem Spiel? Was könnte ich verlieren? Was fürchte ich zu verlieren?*

Nach den Fragen suchen

Wir leben fast alle in einer Welt, in der das Eingeständnis: »Ich weiß es nicht«, gefährlich ist. Im Beruf und in der Familie wird erwartet, dass wir Lösungen für Probleme anbieten können. Ich kenne viele Firmen, die es ihre Ingenieure büßen lassen, wenn sie ein Problem schildern oder eine Frage stellen, ohne die Lösung oder die Antwort zu kennen. Die Ingenieure sprechen so etwas dann natürlich nicht mehr an, und die Folgen sind Verzögerungen und Mangel an Koordination. Ein solches Klima erschwert die echte Erkundung.

Wir brauchen gute Fragen dringender als gute Antworten. Die Kraft des Dialogs liegt in den offenen Fragen, die er ermöglicht. Eine einzige gute Frage kann oft wichtiger sein als viele Teillösungen.

Übung

Zur Kultivierung einer dialogischen Haltung ermutige ich die Teilnehmer, nach Fragen zu suchen. Damit sind die wirklich wichtigen, harten Fragen gemeint, die einen nachts nicht schlafen lassen und ins Herz des Problems zielen. Jeder Mensch hat solche Fragen, die im Zentrum seines Lebens stehen. Denken Sie einmal über die Fragen nach, die Sie in sich tragen.

Gute Fragen sind nicht immer leicht zu finden. Oft genug ist das, was einem als erstes einfällt, nicht besonders relevant. Wenn ich jemandem helfen soll, Probleme zu lösen, achte ich als erstes auf die Qualität seiner Fragen und vor allem auf das Ausmaß an Selbstreflexion, das sich in den Fragen zeigt. Bis zu welchem Punkt erkennen sie ihren eigenen Anteil an dem, was sie beschäftigt? Inwieweit führen sie ihr Problemen auf äußere Ursachen zurück?

Das setzt voraus, dass wir wissen, was überhaupt eine Frage ist. Etwa vierzig Prozent aller Fragen sind in Wirklichkeit verdeckte Aussagen. Weitere vierzig Prozent sind verdeckte Urteile: »Glauben Sie wirklich, dass Sie eine Gehaltserhöhung verdient haben?« Nur ein sehr kleiner Prozentsatz sind echte Fragen. Echte Fragen erkennt man oft an dem Schweigen, das ihnen folgt. Die Leute wissen keine Antwort darauf! Diese Fragen zeigen auch, dass eine schnelle Antwort nicht unbedingt ein kluges Ziel ist.

In seinem einjährigen Programm eines Dialogs der Rassen fragte Präsident Clinton einmal einen Teilnehmer, ob er eine »affirmative action« befürworte, die einen Colin Powell hervorgebracht habe. Im Grunde hat er ihn damit gefragt, wo er steht. Gleichzeitig hat er ihn aber auch in eine sehr verzwickte Lage gebracht. Sollte er verneinen – und das Risiko eingehen, sich lächerlich zu machen? Sollte er ja sagen und damit andeuten, Powells Erfolg sei ohne »affirmative action« nicht möglich gewesen? Sollte er die Frage des Präsidenten zurückweisen? Weder Clinton noch der Teilnehmer schienen die Problematik der Situation erkennen oder artikulieren zu können. Das führte dazu, dass das Gespräch einfror.

Allgemeiner gesagt, sollten wir fragen: Was trägt eine *wie auch immer geartete* Antwort zum Gesprächsverlauf bei? In einem Austausch wie dem obigen distanziert sich der Fragende vom Gespräch, er verbirgt seine eigenen Ansichten und verhindert damit einen Zugang. Solche Fragen implizieren auch, dass es eine richtige Antwort gibt, die der Fragende bereits kennt.

Hat man eine Frage gefunden, muss man die Spannung aushalten, die ihre Formulierung mit sich bringt. Die Fähigkeit, sich einer unbeantwortbaren Frage nicht zu entziehen, sondern abzuwarten, was daraus entsteht, ist entscheidend:

> »Geduld zu haben gegen alles Ungelöste in Ihrem Herzen und zu versuchen, die Fragen selbst liebzuhaben wie verschlossene Stuben und wie Bücher, die in einer sehr fremden Sprache geschrieben sind. Forschen Sie jetzt nicht nach den Antworten, die Ihnen nicht gegeben werden können, weil Sie sie nicht leben könnten. Und es handelt sich darum, alles zu leben. Leben Sie jetzt die Fragen. Vielleicht leben Sie dann allmählich, ohne es zu merken, eines fernen Tages in die Antwort hinein.«[4]

Nach den Fragen suchen heißt, die Antwort zu suspendieren und den Weg zum dialogischen Leben zu öffnen.

Auf die »Ordnung dazwischen« achten

Die Vorstellung, die Vermittlung der eigenen Meinung bedürfe einer festen Position, ist in unserer Kultur fest verankert. Sie ist das Wesen einer »guten Debatte«. Das mag populär sein, schränkt aber die potentiellen Erkundungs- und Einsichtsmöglichkeiten in einem Gespräch stark ein – vor allem, wenn es um schwierige Fragen geht. Eine Form des Suspendierens zu entwickeln, ist die Suche nach der »Ordnung zwischen« den Extremen, wie David Bohm es ausdrückt. Dabei geht es nicht um die Suche nach Kompromissen, sondern um die Suche nach den ungelösten Fragen, um die sich die Teilnehmer polarisieren.

Das ist nicht leicht, weil artikulierte Positionen immer nur Teile sind; sie sind begrenzt und rufen fast immer den gegenteiligen Standpunkt hervor. Ein Denken in Positionen polarisiert. Wir geraten dadurch tendenziell in eine Situation, in der etwas nur so oder so sein kann. Wenn wir die Ordnung dazwischen finden wollen, müssen wir begreifen, dass in diesem Sinne alle Positionen falsch sind, denn sie sind nur Teile eines Ganzen. Dafür gibt es zahllose Beispiele. Die Paarung »Herz und Verstand« etwa impliziert, es handele sich um getrennte, unterschiedliche Dinge. Aber Herz und Verstand unterscheiden sich nur in Gedanken, auch wenn unsere Sprache zu der Annahme verleitet, man könne sie eindeutig differenzieren. Eine authentischere Untersuchung erfordert es, die Polarisierung von Differenzen zu suspendieren und sich auf das zu konzentrieren, was zwischen diesen Extremen liegt. Es gibt immer eine Reihe von Fragen, die sich nicht aus einer Position heraus stellen oder beantworten lassen. Bei Clintons Dialog der Rassen z.B. hätte Amerikas unverarbeitete Geschichte der Sklaverei und der Umgang mit den Schwarzen in den Jahrzehnten danach thematisiert werden können. In welchem Verhältnis steht »affirmative action« zu »fehlender affirmative action«? Daraus hätte sich die Frage ergeben können, warum diese Gespräche sinnvoll sein könnten. Suspendieren ist die Kunst, die »Ordnung zwischen« den Positionen der Gesprächspartner zu finden.

»Frame-Experimente«

Suspendieren ist auch die Kunst, Menschen in einem anderen Licht zu sehen. Die von Don Schön entwickelten Frame-Experimente können dazu beitragen, eine Situation aus einer anderen Perspektive zu sehen und so vielleicht neues darüber zu lernen.

Eine hochrangige Führungskraft zum **Beispiel** *stand im Ruf, ein Tyrann zu sein. Bei Leitungskonferenzen, in denen es um wichtige strategische Probleme ging, führte er das große Wort, machte seine Überlegenheit deutlich und schüchterte die anderen Teilnehmer ein. Selbst sein CEO fühlte sich ihm nicht gewachsen, denn er war ausgesprochen sachkundig, mehr als jeder andere in der Runde. Aber sein Vorgehen machte den Teamgeist kaputt und behinderte die Führungsfähigkeit des Gremiums. Vor allem ein Kollege hatte Probleme damit; er war bereits entschlossen, das Thema direkt anzusprechen oder aber das Unternehmen zu verlassen.*

Dieser Manager wurde von einer meiner Kolleginnen gecoacht. Sie schlug ihm vor, den Mann einmal nicht als Tyrannen, sondern als Beschützer der Unternehmenskultur zu sehen. Nach anfänglicher Ablehnung probierte er es aus. Er reiste sogar mit ihm im Firmenflugzeug, trotz des beengten Raums. Anschließend sagte er: »*Wissen Sie, eigentlich ist er gar nicht so schlimm. Wir haben uns sehr gut unterhalten.*«

Manchmal kommt es nur deshalb zu Veränderungen, weil man selbst eine neue Brille aufgesetzt hat, ohne dass sich die Außenwelt tatsächlich geändert hätte. Man kann lernen, etwas zu sehen, was man bislang übersehen hatte, obwohl es die ganze Zeit da war.

Das Denken externalisieren

Eine weitere gute Übung ist das Externalisieren des Denkens.

> *In unseren Workshops arbeiten wir mit einer* **Übung**, *bei der Teilnehmer, die sich noch nicht kennen, ein Problem vortragen sollen, für das sie noch keine Lösung haben. Anschließend* »*leihen*« *sie sich zwei andere Teilnehmer, die die beiden Seiten dieses Problems so darstellen sollen, wie sie sie wahrgenommen haben. Sie stellen sich einander gegenüber und spielen die Gedanken nach, die im Kopf des Dritten vorgehen. Eine Teilnehmerin z.B. sagte:* »*Mein Problem ist: Sollen wir Weihnachten bei seinen oder bei meinen Eltern feiern?*« *Die Gruppe brach in Gelächter aus; offensichtlich war das Problem bekannt. Sie fuhr fort:* »*Wann immer das Thema aufkommt, gibt es Krach. Gehen wir zu seinen Eltern, dann sind meine Eltern enttäuscht und ich habe das Gefühl, klein beigegeben zu haben. Gehen wir zu meinen Eltern, fühle ich mich schuldig, weil ich ihm meine Eltern aufgezwungen habe. Ich kann machen, was ich will, es ist immer falsch.*«
>
> *Die Frau suchte sich zwei andere Teilnehmer, die sich auch rasch auf die Situation einstellten. Einer schlüpfte in ihre Rolle:* »*Ich will, dass meine Eltern ihre Enkel sehen. Wir besuchen sie sowieso nur selten. Und mein Mann setzt sich die meiste Zeit durch.*« *Der andere übernahm die andere Seite:* »*Bin ich wirklich fair? Zwinge ich meinem Mann etwas auf? Vielleicht sollten wir Weihnachten ja zu Hause feiern und beide Eltern einladen! Aber dann wird's noch verrückter.*« *Das Gespräch war hitzig und, nach Meinung der Frau, auch realistisch.*
>
> *Alle Teilnehmer stellten auf diese Weise ein Problem vor. Eine z.B. war sich unsicher, ob sie einen jüngeren Angestellten befördern sollte. Einerseits hatte sie den jungen Mann gefördert und war mit ihm befreundet, andererseits war sie sich nicht sicher, ob er die nötigen Fähigkeiten besaß, und traute sich in dieser Frage kein unvoreingenommenes Urteil zu. Viele der Teilnehmer waren verblüfft darüber, wie genau andere zu wissen schienen, was in ihrem Kopf vorging; sie sagten, es sei, als hätten die anderen ihr ganz persönliches*

> Tagebuch gelesen. Immer wieder hieß es: »Sie wussten genau, was sie sagen sollten!« »Ich habe mich sehr genau wiedererkannt, obwohl ich gar nicht in die Einzelheiten gegangen bin.« Sie können das auch selbst ausprobieren, indem Sie sich ebenfalls zwei Personen suchen, die die Stimmen in Ihrem Kopf darstellen, oder indem Sie die beiden Perspektiven aufschreiben, sie mit einem gewissen Abstand betrachten und auf ihre Gefühle bei jeder der beiden Perspektiven achten.

Dialogische Prozesse verhelfen zu der Erkenntnis, dass in jedem Menschen Aspekte anderer Menschen stecken: Ich bin in der Welt, und die Welt ist in mir. Ich bin davon überzeugt, dass wir heute nicht an erster Stelle die Transformation des Individuums brauchen, sondern einen Dialogprozess, mit dessen Hilfe wir alle aus erster Hand erfahren können, dass die Welt in uns ist und wir für unsere Erfahrung *selbst* verantwortlich sind. In Unternehmen z.B. sind wir weniger mit persönlichen als mit systemischen Problemen konfrontiert – sie sind sozusagen überall und nirgends. In diesem Sinne stecken sie in jedem von uns. Und wir haben weit mehr gemeinsam, als wir wissen oder zugeben können, nämlich ein Netzwerk bzw. eine Ökologie des Denkens.

Nach dem fragen, was einem entgeht

Eine der sinnvollsten Möglichkeiten, eigene Meinungen zu suspendieren, sind Fragen wie: Was lasse ich oder lassen wir bei diesem Gespräch systematisch aus? Was ignorieren wir? Worauf achten wir nicht ausreichend? Da manche Menschen so etwas besser erkennen als andere, eignet sich diese Praktik am besten für Gruppen. Wenn man über ein Thema so nachdenkt, das diese Fragen möglich werden, steigt die Chance auf Lernen und Wachstum.

Man kann das sehr unterschiedlich einsetzen.

> **Übung**
>
> *Fragen Sie sich z.B. am Ende des Tages oder einer Konferenz, was Sie nicht getan und auf irgendeine Weise ausgelassen haben. Denken Sie darüber nach, welches Ergebnis Sie erreicht (oder nicht erreicht) haben, und fragen Sie sich dann, wie es zustande gekommen ist und was sie unbewusst dazu beigetragen haben.*[5]

Wie funktioniert das Problem?

Viele Menschen sind versucht, alles zu »reparieren« oder zu korrigieren, was ihrer Meinung nach mit ihnen, mit anderen und mit der Welt nicht stimmt. Besonders verbreitet ist diese Versuchung, wenn man es mit jemandem zu tun hat, der einen die Wände hochtreibt. Dann sehen wir genau, wie viel besser es wäre – vor allem für uns –, wenn sich diese Person nur anders verhielte.

Aber Ratschläge zur Verbesserung anderer sind nicht unbedingt willkommen. Viele verstehen Veränderung mechanistisch: Die Maschine ist »kaputt«, also muss sie jemand reparieren. Die zentrale Frage ist dann das Wie. Dieses Denken verstärkt die Fragmentierung. Wer mit der Einstellung auftritt: »Hallo, ich will Sie verändern« (oder etwas feiner: »Ich will Ihnen helfen, sich zu verändern«), muss sich nicht wundern, dass die Leute nichts mit ihm zu tun haben wollen.

Die Frage, die beim Suspendieren gestellt wird, ist eine ganz andere: Wie funktioniert dieses Problem oder diese Situation? Anders gesagt: Welche Kräfte haben dieses Problem so überhaupt produziert? Diese Frage steht im Rahmen der Erkenntnis, dass die persönliche Veränderung, zu der Sie jemandem verholfen haben, um das heutige Problem zu lösen, in der Regel nicht geeignet ist, das Problem von morgen zu lösen. Vielleicht hat Ihre Hilfe ja die Fähigkeit des Betreffenden beeinträchtigt, das Problem selbst anzugehen.

Die Frage: »Wie funktioniert das Problem?« ermöglicht es, das Problem selbst zu untersuchen. Man fragt damit im Grunde: Wie ist die Situation entstanden? Warum hat sie sich so und nicht anders entwickelt? Welche Auswirkungen hat sie? Wie fühlen sich die Beteiligten dabei?

Suspendieren in Gruppen

Kollektives Suspendieren bedeutet, Themen, die sich auf alle auswirken, so an die Oberfläche zu bringen, dass alle darüber nachdenken können. Auch beim Suspendieren in der Gruppe geht es darum, die habituellen Funktionen des Gedächtnisses zu durchbrechen und eine von Erinnerungen unabhängige Reaktion zu ermöglichen.

Gruppenerinnerungen haben enormen Einfluss und sind sehr hartnäckig.

*In einem Hightech-Unternehmen zum **Beispiel** empfand man den Vorschlag eines alternativen Strategieansatzes als sehr bedrohlich. Das Unternehmen war* *ausgesprochen erfolgreich und deshalb nicht bereit, von seinem vertrauten Wege abzuweichen. »So machen wir das hier nicht«, beklagte sich ein Teilnehmer bei seinem Team, nachdem ich den alternativen Ansatz erklärt hatte. »Das macht mich echt nervös.« Ich erwiderte: »Das Problem, vor dem Sie jetzt stehen, ist sehr viel größer als alles, womit Sie es bisher zu tun hatten. Das haben Sie selbst gesagt. Was genau macht Sie so nervös bei diesem Ansatz?« »Wir haben noch nicht damit gearbeitet«, erwiderte er.*

Die meisten Gruppen haben eine Reihe heikler Themen, die ihre Effektivität einschränken, weil sie sie aus irgendeinem Grund nicht deutlich erkennen können. Die Ökologie einer Gruppe verhindert meist die aktive Reflexion. Alles geschieht viel zu schnell. Der Druck, Resultate zu erzielen, ist zu groß, die Angst, die die Vorstellung, den Prozess zu verlangsamen, auslöst, zu überwältigend.

Es kann sehr wirkungsvoll sein, solche habituellen Muster zu durchbrechen. Als die Gewerkschafts- und Managementvertreter vor der bereits erwähnten Leitungskonferenz ihre Dialogerfahrungen präsentierten, sagte einer der Gewerkschafter: »Wir haben gelernt, die fundamentalen Kategorien und Etiketten, die wir uns wechselseitig angehängt hatten, zu hinterfragen.« Ein Manager im Publikum fragte: »Können Sie uns dafür ein Beispiel geben?« »Ja«, sagte der Gewerkschafter: »Etiketten wie Management und Gewerkschaft.« Darauf fiel dem Fragenden der Unterkiefer herunter. Er hatte noch nie erlebt, dass ein Gewerkschafter seine Gewerkschaft objektiv betrachtete, statt sie bedingungslos zu verteidigen.

Kollektives Suspendieren heißt, die Ökologie einer Gruppe so zu verändern, dass die Gruppe erkennt, dass es Alternativen gibt, und versteht, dass sie sich nicht länger auf einen einzigen Standpunkt beschränken muss. Diese Fähigkeit kann eine Gruppe durch das gemeinsame Gespräch mit der Zeit selbst entwickeln, sie lässt sich aber auch durch einen Facilitator fördern.

Praktiken zur Entwicklung des Suspendierens in Gruppen

Das Klärungskomitee

Bei diesem vor vielen Jahren von den Quäkern entwickelten Verfahren wird eine Untergruppe gebildet, die der Gruppe Fragen über ein allgemein als wichtig erkanntes Thema stellt. Die Gruppe der Fragenden hat nicht die Aufgabe, Antworten zu finden. Eine ein- bis zweistündige Befragung durch eine solche Gruppe kann ungeheuer erhellend sein; oft erkennen die Teilnehmer, dass vieles, was sie für essentiell gehalten haben, in Wirklichkeit nebensächlich ist, und umgekehrt.

Das System wahrnehmen

Viele empfinden Gruppengespräche – vor allem in Gruppen mit mehr als acht Personen – als beängstigend und oft auch als überwältigend. Es lohnt sich, die Teilnehmer einer Konferenz als Aspekte eines einzigen Ganzen zu sehen.[6] Nähern Sie sich dieser Gruppe mit Neugier auf ihr kollektives Verhalten: Wie verhält sich die Gruppe als ganze? Wie beeinflusst das, was gerade geschieht, die schwächste, die stillste, die stärkste Person in der Gruppe?

Lernen Sie, die Emotionen nicht zu personalisieren, sondern achten Sie darauf, was mit anderen geschieht. Fragen Sie sich: Was will diese Gruppe »konservieren«, beibehalten? Maturana hat diese Frage mit Blick auf die Evolution gesellschaftlicher Systeme gestellt. Seiner Meinung nach sollten wir nicht nur das betrachten, was sich verändert, sondern auch das, was gleich bleibt oder »konserviert« wird. Das lässt sich auch in einem Gruppendialog erreichen.

Die dunkle Seite des Suspendierens

So sehr wir auch bereit sein mögen, offen zu sein, andere Perspektiven zu erkunden und uns in andere hinein zu versetzen, gibt es doch immer auch einen Anteil in uns, der daran überhaupt nicht interessiert ist. Er sagt: Ich finde meine Meinung gut, und oft genug habe ich auch Recht. Wenn wir uns eingestehen, dass wir an unserer Meinung festhalten wollen, erkennen wir, wo wir stehen, wie flexibel wir sind, und welche Entscheidungen wir treffen müssen, wenn wir unsere Reaktionen suspendieren. Wer das, was er denkt, nicht distanziert betrachten kann, hält an seinen Gewissheiten fest – und macht eventuelle Verhandlungen unmöglich.

Der Schatten des Suspendierens ist der Wunsch nach Gewissheit. Dieser Teil des Selbst neigt auch dazu, die Gewissheiten *anderer* zu sehen: »Sie sind *so* dogmatisch!« Aber diese Behauptung ist ein Widerspruch in sich: Man selbst behauptet dogmatisch den Dogmatismus *anderer*. In diesem Sinne tun wir, oft ohne es zu merken, anderen das an, was wir bei uns verabscheuen. Wenn sich zwei Menschen oder Gruppen begegnen, die solche Gewissheiten hegen, ist der Konflikt vorprogrammiert. Der absolut unangreifbare Status von Jerusalem für die Israelis z.B. hat dazu geführt, dass sie die Stadt für unteilbar erklärten. Das war das Gegenteil dessen, was die Palästinenser als absolut unangreifbar betrachteten, nämlich die Anerkennung Jerusalems als Teil ihres historischen Erbes. Die Unfähigkeit, sich von diesen Perspektiven zu distanzieren, verhindert Suspendieren und echte Lösung.

Wann setzen sich bei Ihnen absolute Gewissheiten durch? Wann suchen Sie nicht nach Fragen, sondern ausschließlich nach Antworten? Können Sie sich an eine Situation erinnern, in der Sie nicht in der Lage waren, etwas aus einer anderen Perspektive zu sehen? Oder einsahen, dass Sie nie gefragt haben: Was entgeht mir? Mit solchen Fragen erkennen Sie, wann Sie Ihre Meinung nicht suspendiert haben, und aktivieren ihre Fähigkeit zum Suspendieren.

Anmerkungen

1 *The art of poetry. Interview mit Seamus Heaney.* In: The Paris Review, Nr. 144, Herbst 1997, 114f.

2 Vgl. Donald Schön: *The reflective practioner*, New Nork 1983.

3 Hal und Sidra Stone haben eine Methode entwickelt, die sie als »Dialog der Stimmen« bezeichnen. Dabei lassen sich die verschiedenen Teile des Selbst, die nicht immer gut zusammenwirken, externalisieren. Vgl. dies.: *Embracing our selves. The voice dialogue manual*, Novato, Cal. 1989.

4 Rainer Maria Rilke: *Briefe an einen jungen Dichter*. Zürich 1987, 44.

5 Vgl. den Archetyp »Problemverschiebung« in: Peter M. Senge u.a.: *Das Fieldbook zur Fünften Disziplin*. Aus d. Amerikan. v. Maren Klostermann, Stuttgart 1996, 157.

6 Diese Praktik stammt aus der systemischen Familientherapie und der Gestalttherapie.

7. Artikulieren

Einer der schwierigsten Aspekte eines echten Dialogs besteht darin, die eigene Stimme zu finden, d.h. unabhängig von anderen Einflüssen die eigene Wahrheit auszusprechen. Der Dichter David Whythe sagt: »Mutige Sprache ruft Ehrfurcht hervor«, denn sie legt das Innerste offen.

Um im Dialog zur eigenen Stimme zu finden, muss man lernen, sich zu fragen, was jetzt gerade ausgedrückt werden sollte. Aber dazu muss man im Stande sein, auf sich selbst zu hören und emotionale Reaktionen und Impulse genauso zu ignorieren wie die vielen Bilder, die vorschreiben, wie man sich zu verhalten hat.

Das fällt den meisten nicht leicht. Wir können uns gar nicht retten vor all den Vorschriften über das richtige Verhalten und das richtige Wort in sämtlichen Lebenslagen. Festzustellen, was wir unabhängig von diesen Vorschriften *wirklich* denken und fühlen, erfordert Mut.

Das liegt auch daran, dass unsere authentische Stimme nicht einfach ein Neuaufguss der Worte anderer ist. Deswegen sagt auch nur höchst selten jemand das, was man selbst zu sagen hat. Manchmal hört man etwas, was auf der eigenen Wellenlänge liegt. Wenn Sie an jemanden denken, den Sie wirklich bewundern, werden Sie feststellen, dass das, was Sie an dieser Person so anzieht, etwas mit deren authentischem, einmaligem Ausdruck zu tun hat. Diese Person zeigt sich. Gleichzeitig sagt Ihnen das auch etwas über sich, denn in der Regel bewundert man keine Eigenschaften, die man nicht irgendwie auch in sich trägt. Der Mensch, den Sie bewundern, bewahrt einen Aspekt Ihrer Stimme, den Sie sich zurückholen können.

Echter, vollständiger Ausdruck verleiht der Stimme einen Zauber. Nehmen Sie das Zauberwort an sich: *Abrakadabra*. Es kommt aus dem antiken Aramäisch, das etwa vom 7. Jahrhundert v. Chr. bis zum 7. Jahrhundert n. Chr. gesprochen wurde. Man nimmt an, dass das Wort aus der kabbalistischen Tradition stammt, einer Form der jüdischen Mystik. Die Formel »Abrakadabra« führte den Kabbalisten die Macht der Sprache vor Augen. *Abra*, vom aramäischen *bra*, bedeutet schaffen, *Ka* wird mit »während« übersetzt, und *Dabra* ist die erste Person des Verbs *daber*, »sprechen«. Abrakadabra heißt also: »Ich schaffe, während ich spreche.« Das ist Magie![1]

Die eigene Sprache hat verändernde Kraft.

Das wurde bei einem Jahrestreffen des MIT Center for Organizational Learning deutlich, bei dem fünf Manager und fünf Gewerkschafter aus der Stahlbranche vor rund 125 Managern aus führenden Unternehmen der Vereinigten Staaten über ihre Erfahrungen nach sechs Monaten des Dialogs sprachen. Zu hören, wie Manager und Gewerkschaftsvertreter aus der Stahlindustrie offen und voll gegenseitigem Respekt über ihre Leistungen sprachen, war sehr eindrucksvoll. Jeder kannte das jahrzehntelange Misstrauen, das zwischen den beiden Gruppen herrschte. Jetzt aber konnten sie gemeinsam nachdenken und frei und ohne festes Konzept vor anderen sprechen. Mehr als einer der Zuhörer sagte später, ihm seien die Tränen gekommen.

Am Ende der Präsentation äußerte der Manager eines High-Tech-Unternehmens seine Zweifel an dem Erfolgsbericht: »Ihr Team hat ja hier ganz gut funktioniert. Aber was passiert, wenn es Erschütterungen von außen gibt? Die Stahlpreise, die Preise für Altmetall, die Umwelt? Welche Pläne haben Sie für diesen Fall?« Lange Zeit blieb es still. Dann sagte der stellvertretende Gewerkschaftsvorsitzende: »Eigentlich haben wir keinen Plan. Wir gehen die Sache Schritt für Schritt an.«

Er fuhr fort: »Wissen Sie, es ist für uns nicht angenehm, hier oben zu sitzen. Wir haben normalerweise mit solchen Präsentationen nichts zu tun, und wussten nicht genau, worauf wir uns einlassen. Aber ich sehe jetzt, dass unser Container groß genug für Sie alle ist.« In seinen Worten schwangen weder Angabe noch Abwehr mit; er hatte einfach den Kreis erweitert. Die authentische Stimme kann eine neue Ordnung begründen, neue Möglichkeiten eröffnen. Sie äußert sich noch klarer im Dialog, in dem es darum geht, das neue Wort zu finden, hier und jetzt. Der Gewerkschaftsvertreter trug den »äußeren Schock« dieser kritischen Bemerkung in die Gruppe zurück, so wie alle anderen Probleme auch.

Was die eigene Stimme angeht, vermitteln heutige Unternehmen gemischte Botschaften. Auf der einen Seite ist in großen wie kleinen Unternehmen unaufhörlich von Programmen zu »empowerment«, Veränderungsinitiativen und Entwicklungsplänen die Rede, auf der anderen Seite fordern die Vorgesetzten Linientreue und Unterwerfung. In vieler Hinsicht sind Unternehmen die letzte Bastion des Feudalismus.

Obwohl sich die meisten modernen Großunternehmen in einem demokratischen Klima entwickelt haben, steht die Arbeit in ihnen in diametralem Widerspruch zu den Freiheiten, die ihr Überleben sichern. Eine Kollegin, die als 23-jährige Ingenieurin aus dem damals kommunistischen Jugoslawien floh und später bis zum CEO aufstieg, beschreibt das Paradox:

»Damals, unter Tito, konnte ich meinem Vorgesetzten bei der Arbeit sagen, was ich wollte. Ich hatte schließlich eine Lebensstellung, und daran konnte er nichts ändern. Aber über den Präsidenten des Landes durfte man nie, unter gar keinen Umständen, etwas Negatives sagen. Das brachte nicht nur Nachteile bei der Arbeit, sondern konnte einen ins Gefängnis bringen. Und das passierte auch dauernd. Eine negative Äußerung wurde so aufgefasst, als hätte man den Präsidenten mit der Pistole bedroht. Dann kam ich nach Amerika, ins Land der freien Rede und der Demokratie, auf der Suche nach einer neuen Chance. Und was habe ich festgestellt? Man konnte über den Präsidenten des Landes sagen, was man wollte, durfte aber um Himmels willen kein negatives Wort über den Chef sagen. Ist das Redefreiheit? Ist das Demokratie?«

Selbstvertrauen und Sprache

Die eigene, authentische Sprache zu sprechen verlangt Entschlossenheit. Oft scheint der Druck des Unternehmens, den man verinnerlicht, nur dazu bestimmt, die eigene Energie zu schwächen. Das Gegenmittel ist Selbstvertrauen. Nur wenn man die Möglichkeit ernst nimmt, das, was man denkt, könne auch für andere gültig sein, hat man das Rückgrat und das nötige Zutrauen, es mitzuteilen. Ralph Waldo Emerson meint dazu:

> »Der Mensch sollte lernen, jenes Lichterglimmen aufzufinden und zu beobachten, das seinen Geist von innen her überstrahlt, statt den Glanz am Firmament von Sängern und Weisen. Doch geht der Mensch über sein Denken ohne Aufmerksamkeit hinweg, weil es sein eigenes ist. In jedem Werk des Genius erkennen wir unsere eigenen zurückgestoßenen Gedanken wieder: sie kommen zurück zu uns mit einer gewissen, entfremdeten Majestät.«

Um die eigene Sprache zu finden und zu artikulieren, braucht man das Vertrauen in die Gültigkeit des eigenen Denkens. Emerson fährt fort:

> »Große Kunstwerke enthalten keine ergreifendere Lehre als eben diese. Sie lehren uns, gerade dann mit gutgelaunter Unbeugsamkeit bei unserem spontanen Eindruck zu verweilen, wenn das ganze Geschrei der Stimmen für die andere Seite ist. Sonst wird morgen ein Fremder mit meisterhaft gutem Verständnis genau das aussprechen, was wir die ganze Zeit gedacht und gefühlt haben, und wir werden gezwungen sein, mit Scham unsere eigene Meinung von jemand anderem entgegenzunehmen.«[2]

Die eigene Sprache zu finden und zu artikulieren bedarf als erstes der Bereitschaft, still zu sein. Das Wagnis des Schweigens scheint in einer Welt, die das Reden schätzt, sehr groß. Aber um sich wirklich artikulieren zu können, muss man auch lernen, still zu sein und zuzuhören. Wir müssen nicht jedes Wort, das uns in den Sinn kommt, unbedingt auch aussprechen. Wer sich bewusst entscheiden kann, was er sagt oder nicht sagt, kontrolliert und stabilisiert sein Leben.

Viele Menschen fühlen sich zum Sprechen »genötigt«. Aber erst wenn man diesem Druck nicht nachgibt und ihn aushält, kann sich im Inneren etwas entwickeln, Form annehmen, wie bei der Entwicklung eines Fotos. Ein vollständiges Bild braucht seine Zeit.

Artikulieren erfordert auch die Bereitschaft, der Leere zu vertrauen, dem zunächst entstehenden Gefühl, nicht zu wissen, was man tun und sagen soll. Die Menschen reden unter anderem deshalb so viel, weil sie einsam sind. Sie fürchten das Schweigen, sie haben Angst, statt eines kreativen Raumes nur eine große Leere in sich zu haben. Aber es gibt Pausen in der Kreativität, Räume, die noch nicht mit neuer Energie erfüllt sind. Hier lohnt sich ein wenig Geduld. Was uns vor allem fehlt, ist das Zutrauen, dass das, was in uns auftaucht, Wert hat – dass wir es wert sind, dass man uns zuhört.

Artikulieren erfordert den Sprung ins Leere. Die Voraussetzungen dafür sind Mut und die Bereitschaft, sich in die Dunkelheit des eigenen Unverständnisses zu begeben. Unsere wahre Stimme ist oft nicht gut entwickelt: Wir sind Meister in der Kunst der Nachahmung, können uns aber nicht selbst artikulieren. Im Dialog zeigt sich das als Bereitschaft zum Sprechen, ohne zu wissen, was man sagen will. Das ist mehr als ein Trick, es ist ein Schritt zur Freisetzung bislang versperrter Energien. Meist regiert die Furcht. Es ist eine beängstigende Angelegenheit, das Schweigen mit einem Gedanken zu brechen, der nicht wohlgeformt oder der potentiell kontrovers ist und dessen Äußerung Beziehungen verändern kann. In solchen Augenblicken neigen wir dazu, Zuflucht zu vorbereiteten Reden zu nehmen. Wir haben die Möglichkeit, unsere Spuren routinemäßig zu verwischen. Wir können aber auch lernen, etwas zu sagen, von dem wir nicht von vornherein schon wissen, was es sein wird.

Die eigene Stimme zu finden und zu artikulieren bedeutet auch, die richtigen Worte zu finden. Aber unsere Worte dienen meist dazu, die Vereinzelung zu bewahren. Wenn die Worte aus der Ganzheit kommen und diese Ganzheit artikulieren, hat man oft das Gefühl, es seien nicht ganz die eigenen Worte. Das liegt auch daran, dass dann ein Anteil von uns spricht, den wir nicht gut kennen, der größer ist, als uns bewusst war – verbunden mit einem weit größeren Feld an Bewusstheit und Aufmerksamkeit. Bei solchem Sprechen kommt es vor, dass andere Teile des Selbst nervös und besorgt reagieren. Im Prozess des Dialogs lassen sich aber all die verschiedenen Aspekte der eigenen Person integrieren.

Eine der häufigsten Erfahrungen im Dialog ist die Entdeckung, dass das Ganze größer ist als seine Teile. Das ist etwas, was wir in der Regel nicht erwarten oder verstehen, weil wir es nicht gelernt haben. Trotz des ganzen Geredes über Synergie haben wir kaum Erfahrung damit und wissen nicht, wie man eine Ökologie bewahrt, in der sie sich weiterentwickeln kann.

Paradoxerweise wird die eigene Stimme im Dialog mit einer Gruppe für uns am deutlichsten. Die tiefe gemeinschaftliche Dimension von Gruppengesprächen entgeht uns meist. Beim Sprechen geht es häufig darum, die eigene Meinung durchzusetzen, die eigene Überlegenheit klar zu machen, das eigene Terrain zu behaupten. Konferenzteilnehmer lauern auf den ersten Augenblick des Schweigens, wie der Jäger auf seine Beute, das mit bereits festgelegten Gedanken geladene Gewehr in der Hand, und feuern dann los, ohne Rücksicht auf den Kontext. Das einzige, was zählt, ist die Kugel, die sie abfeuern.

Der Dialog bietet eine andere Möglichkeit: die Entdeckung, dass man durch Reden etwas erschaffen kann. Die eigene Stimme ist nicht einfach ein Mittel, mit dem man seine Gedanken oder bestimmte Aspekte der eigenen Person offen legt. Sie kann im Wortsinn eine Welt erschaffen, ein Bild beschwören. Dazu muss man aber lernen, auf das entfernte Donnergrollen zu hören, mit dem sich die eigene Stimme ankündigt. Manchmal manifestiert sich das in dem Gefühl, das Schicksal klopfe einem auf die Schulter. Man spürt, dass alle auf einen warten, dass man »dran« ist, das man etwas besitzt, das nach außen drängt. Ich habe oft festgestellt, dass sich Menschen, die diese Erfahrung machen, ängstlich nach jemandem umsehen, der ihren Platz einnehmen, die Aufgabe für sie übernehmen könnte. »Sie können nicht mich gemeint haben.« Und doch lässt sich dieser innere Ruf nur selbst beantworten, und in der Antwort findet man die eigene Stimme und Autorität. Alles andere wird unwichtig.

Das Prinzip der Entfaltung

Hinter der Praktik des Artikulierens steht ein weiteres Prinzip des Dialogs: das Prinzip der Entfaltung *des ständigen Potentials, das in uns und um uns ist*. Wenn wir uns das bewusst machen, nehmen wir die Möglichkeit ernst, dass etwas da ist, auf das man hören kann.

Bohms Begriff der impliziten Ordnung korreliert mit diesem Prinzip. Der Begriff der impliziten Ordnung stützt sich auf die Prämisse der »Einfaltung und Entfaltung«, in der sich die Wirklichkeit aus einer gestalteten unsichtbaren Ebene zur sichtbaren Welt entfaltet und sich dann wieder in die Unsichtbarkeit »einfaltet«. Die Wirklichkeit besteht demnach aus einer tiefen »impliziten Ordnung« und aus einer »expliziten Ordnung« auf der Oberflächenebene, die eine ähnliche Unabhängigkeit besitzt wie die einzelnen Noten im Verhältnis zu einem Musikstück und aus der impliziten Ordnung hervorgeht. Bohms Biograph David Peat meint, für Bohm sei die Realität, die wir um uns sehen (die explizite Ordnung) nicht mehr als die Oberflächenmanifestation einer tieferen Ebene (der impliziten Ordnung). Grundlage des Kosmos seien nicht die Elementarteilchen, sondern der Prozess an sich, eine fließende Bewegung des Ganzen.

Das Implizite entfaltet sich, sowohl in der Außenwelt als auch im Denken, und bringt so die explizite Welt hervor, die wir erleben. Bohm hatte sich früher mit dem Plasma beschäftigt. Plasma funktioniert kollektiv, als Ganzes, besteht aber aus einzelnen Teilchen, die sich frei und individuell bewegen. Unter dem Mikroskop erscheint es als zufällige Bewegung unabhängiger Teilchen. Bohm entwickelte nun zwei Gleichungen, eine für das kollektive Verhalten und eine für die individuelle Bewegung, und wies dann nach, dass beide Teil eines einzigen Ganzen und in das jeweils andere eingefaltet sind. Daraus entwickelte er dann den Begriff einer »impliziten Ordnung«, geprägt von grundlegender Ganzheit bei relativer Unabhängigkeit der einzelnen Teile.

Ich habe im zweiten Kapitel bereits auf Bohms beeindruckende Metapher verwiesen, mit der er die implizite Ordnung in der Natur verdeutlicht: Der Same ist nicht bloß die Quelle des Baumes, sondern eher so etwas wie die Öffnung, durch die sich die Realität entfaltet. Diese Perspektive verstößt gegen unsere normale Wahrnehmung und lässt uns die Welt mit neuen Augen sehen. Daraus entwickelte er dann die These, dass die Natur selbst sich ständig ein- und entfaltet:

> »Wenn man das in langen Zeiträumen von fünfzig oder hundert Jahren betrachtet, kommt es zu Veränderungen; man sieht z.B., dass die Bäume nicht mehr an derselben Stelle stehen. Nun könnte man annehmen, ein Baum habe sich in diesem Zeitraum von einem Ort zum anderen bewegt. Tatsächlich aber hat sich ein Baum in den Boden eingefaltet und ein anderer seinen Platz eingenommen. Dasselbe Bild möchte ich auf die fundamentalen Teilchen beziehen, die Elektronen, Protonen usw. bis zu den Quarks, aus denen nach dem heutigen Wissensstand alle Materie besteht. Die Erkenntnisse aus der Quantenmechanik lassen annehmen, dass diese Teilchen keine kleinen, dauerhaften Kugeln sind, die wie Billardkugeln durch den Raum schießen, sondern sich ständig entfalten und wieder zusammenfalten und erneut in einer etwas anderen Position entfalten [...] Das geschieht so schnell, dass es im großen Maßstab kontinuierlich und konstant erscheint.«[3]

Die implizite Ordnung entfaltet sich zur expliziten, relativ differenzierten, aber von der impliziten nicht unabhängigen Ordnung. Es handelt sich um Trennung ohne Getrenntheit. Bohm hat die explizite Ordnung mit den Strömungsmustern eines Flusses verglichen. Sie haben eine distinkte Form und sind in manchen Fällen sehr stabil. Aber sie entstehen aus der Gesamtheit des Wassersystems und sind ein integraler Teil davon.

Denken und die implizite Ordnung

Besonders wichtig für den Dialog ist die Verbindung, die Bohm zwischen der impliziten Ordnung und dem Prozess des Denkens hergestellt hat. Demnach sind die Vorstellungen und Wahrnehmungen, die uns als distinkt erscheinen, möglicherweise die explizite Version einer impliziteren Ordnung. Das deckt sich mit meiner subjektiven Erfahrung: Ein relativ abstraktes Konzept, z.B. das Konzept der Schönheit, ist, wenn man es zu fassen versucht, zu subtil und besteht aus einer großen Bandbreite unausgesprochener Wahrnehmungen, die man kennt, ohne sie genau definieren zu können.

Der zentrale Punkt hier ist der, dass alles, was entsteht, aus einer gemeinsamen Quelle entsteht. Hinter der Vielfalt der expliziten, externen Welt steht ein Prozess der Entfaltung, der überall derselbe ist. Beim Dialog z.B. habe ich oft festgestellt, dass ein und derselbe Gesprächsfaden plötzlich mehrere Personen zugleich erfasst.

In jedem von uns entfaltet sich ständig ein größerer Zyklus, ob wir uns dessen bewusst sind oder nicht. Wir können ihn wahrnehmen und ihn verbal artikulieren, wenn wir die Verantwortung für uns selbst und für unsere Verbindung zu dieser größeren impliziten Ordnung akzeptieren. So gesehen lässt sich der im Geschäftsleben und in Unternehmen so überstrapazierte Begriff der »Vision« als die Fähigkeit verstehen, diesen größeren kreativen Zyklus zu erkennen. Die Anwendung dieses Prinzips im Dialog beginnt mit der Praktik des Artikulierens, d.h. mit der Wahrnehmung und Formulierung der authentischen eigenen Sprache, die letztlich aus dieser impliziten Ordnung entspringt.

Die eigene Stimme finden

Es gibt spezifische Übungen zur Entwicklung der Fähigkeit, die eigene Sprache zu artikulieren:

Was ist meine Musik – und wer spielt sie?

Mein Kollege Michael Jones, heute ein erfolgreicher Pianist mit über 1,5 Mio. verkaufter CDs, war früher als Berater in Toronto tätig. Aber Musik war ihm auch damals sehr wichtig, und er spielte in den Pausen seiner Seminare oft Klavier. Viele Seminarteilnehmer sagten ihm, sie könnten sich an die Musik besser erinnern als an den Inhalt der Seminare! In einer dieser Pausen kam ein älterer Mann zu ihm ans Klavier, fragte ihn nach seiner Arbeit und nach dem Stück, das er gerade gespielt hatte. »Das war ein Arrangement von ›Moon River‹«, antwortete Michael. »Nein, das Stück davor«, sagte der Mann. »Das war von mir«, meinte Michael. Darauf sagte der Mann: »Mit ›Moon River‹ verschwenden Sie Ihre Zeit.« Und dann stellte er ihm eine sehr wichtige Frage: »Wer soll Ihre Musik spielen, wenn Sie es nicht tun?«

Diese Frage könnte sich jeder von uns stellen: Wer soll meine Musik spielen, wenn ich es nicht tue? Viele sagen, es sei schwer, die eigene Musik zu finden und vor allem den Mut aufzubringen, sie anderen anzubieten. Manchmal wissen wir, was wir ausdrücken wollen, aber es fehlt uns an Mut. Die innere Entschlossenheit, herauszufinden, was die eigene Musik ist, und sich dann zu gestatten, sie zu spielen, ist der Energiekern, aus der die eigene Stimme entsteht.

Die Selbstzensur überwinden

Ein erster Schritt auf diesem Weg besteht darin, sich vorzustellen, was man tun könnte. Jeder von uns neigt dazu, sich selbst zu zensieren, seine Gedanken für sich zu behalten, aus Furcht, andere aufzuregen oder die gegebene Ordnung zu stören. Aber wenn man zur eigenen Musik finden will, muss man sehr genau auf das hören, was man nicht auszusprechen wagt. Eine Hilfe ist die ständige Bereitschaft, sich zu fragen: Was will ich in der Welt schaffen? Wonach sehne ich mich am meisten? Und warum sehne ich mich danach? Es gehört zu diesem Prozess, die Gegenkräfte beiseite zu schieben, die solche Fragen als unpraktisch oder irrelevant abtun wollen. Behalten Sie die Frage, die Michael Jones gestellt wurde, im Hinterkopf. Sie kann Ihnen die erste von vielen Türen zu unerwarteten Möglichkeiten aufschließen. Die letzte Frage schließlich lautet: Was riskiere ich, wenn ich mich artikuliere, und was, wenn ich mich nicht artikuliere? Wie weit will ich mich *jetzt* artikulieren? [4]

Ins Leere springen

Ein Gefühl für diese Erfahrung bekommt man z.B. dann, wenn man im Gespräch zu improvisieren beginnt. In unseren Workshops fordern wir die Teilnehmer dazu auf. Michael Jones spielt ein Stück aus dem Gedächtnis und wechselt dann zur Improvisation. Die Teilnehmer sollen versuchen herauszufinden, wann der Wechsel erfolgt, und danach die Improvisation verbal fortsetzen. Viele stellen überrascht fest, dass sie zunächst gar nicht viel zu sagen haben.

Das liegt, wie ich glaube, an der Tatsache, dass wir zwar gut aus dem Gedächtnis heraus sprechen können, aber wenig Erfahrung damit haben, in der Gegenwart zu denken, ohne vorher festgelegt zu haben, was wir sagen sollten. Wir entwickeln ein Repertoire, eine Arbeitsweise zum Umgang mit bestimmten Situationen. Suspendieren wir das, müssen wir neu nachdenken. Um spontan improvisieren zu können, müssen wir bereit sein zu sprechen, ohne vorher zu wissen, was wir sagen wollen. Auf diese Weise ins Leere zu springen, ist unheimlich, aber gleichzeitig ein sehr wirkungsvolles Training für die Artikulation der eigenen Stimme. Wenn nicht schon alles vorgeplant ist, können sich Anteile des Selbst artikulieren, die einem nicht sehr vertraut sind, und was sie sagen, ist oft ganz und gar nicht das, was man erwartet hat.

Manchmal entsteht im Dialog ein Gefühl, sprechen zu müssen, aber gleichzeitig ist der Kopf leer. Ich habe gelernt, dieses Gefühl als Vorläufer des kreativen Ausdrucks (statt als Auslöser blanken Schreckens) zu erkennen; der Druck steigt, bis er sich schließlich in Worten entlädt.

Solche Momente der Leere sind wie eine Aufforderung zur Partizipation. Wenn ich dann etwas artikuliere, stelle ich fest, dass meine Worte zu den Ereignissen passen, ohne völlig vordefiniert zu sein. Ich höre mich etwas sagen, das meinem Gefühl nach in anderen präsent ist.

Womit wollen Sie bekannt werden?

Einer der Gutachter für meine Doktorarbeit, Chris Argyris, hat mir einmal eine Frage gestellt, die der Frage an Michael Jones ähnelte. Argyris begann das Gespräch nicht mit Bemerkungen zu meinem Entwurf oder zur Literatur, die ich seiner Meinung nach lesen sollte, sondern mit der Frage: »Womit wollen Sie bekannt werden?« Mit anderen Worten, er fragte nach meiner Musik. Das wischte alle Unklarheiten fort und erlaubte mir, über das zu reden, was ich zum Tabu erklärt hatte – das, was mir wirklich wichtig war. Mir wurde in diesem Augenblick klar, dass man nicht nur seine »dunklen« und unangenehmen Aspekte verdrängt, sondern auch die strahlenden Seiten, die edlen Bestrebungen. Ich antwortete, ich wolle herausfinden, warum Menschen ihre guten Absichten unterlaufen, warum wir trotz so vieler guter Absichten immer noch in einer Welt leben, die nicht so ist, wie sie sein könnte, und wie sich diese Denk- und Interaktionsmuster überwinden lassen.

Artikulation in der Gruppe

Die Stimme einer Gruppe ist anders als die des Individuums. In jeder Gruppe lässt sich die Frage stellen: Was wollen die hier Versammelten gemeinsam sagen? Damit ist *nicht* gemeint, dass alle dasselbe sagen oder die Teilnehmer in kritischen Fragen auch nur einer Meinung sein müssten. Es geht darum, auf die sich entwickelnde Geschichte oder Stimme zu hören, die mehr ist als das, was jeder Einzelne artikulieren kann.

Die Stimme einer Gruppe ist eine Funktion der sich in ihr entwickelnden Geschichte. Die narrative Stimme, die Stimme der Geschichtenerzähler, unterscheidet sich von der Stimme des rationalen, analytischen Geistes. Sie hebt nichts auf und kategorisiert auch nichts. Sie unterscheidet, sieht aber diese Unterscheidungen immer als Teil eines größeren Ganzen.

Die Geschichte der Gewerkschaftsvertreter in der Stahlindustrie z.B. erzählte von vierzig Jahren Missbrauch und Ärger durch das Management. Die Geschichte des Managements erzählte von kindlichen, unzuverlässigen Stahlarbeitern, die nicht einsahen, dass das Management nur das Beste für sie wollte. Nach einem Jahr des Dialogs konnte der Leiter der Gewerkschaftsdelegation feststellen: »Sehen Sie? Wir reden nicht mehr so viel über die Vergangenheit. Es hat sich etwas verändert.« Das fasst den Wechsel der kollektiven Stimme, die Veränderung der zugrundeliegenden Geschichte zusammen, in der er und seine Kollegen gefangen waren.

Das zweite große Charakteristikum bei der Entwicklung einer kollektiven Stimme ist denn auch die Erkenntnis, dass sich die gemeinsamen Bilder auflösen müssen.

Die Ärzte in Grand Junction gaben zu, dass ihnen ihre ständig gespielte Gelassenheit angesichts von Krankheit und Tod unangenehm war. Sie gestanden ein, dass die Kosten des Gesundheitswesens zum Teil durch ihre Ängste verursacht wurden, die sie durch stetige Investitionen in eine im Grunde keineswegs immer nötige Technologie beschwichtigten, die nur marginal zur Effektivität, aber gravierend zu den Kosten beitrug. Verwaltungsleiter gaben zu, sie wüssten nicht genau, was die beste Organisationsform sei, stünden aber unter dem Druck, stets so zu handeln, als wüssten sie genau, was sie täten. Die medizinische Community insgesamt konfrontierte sich mit der Einsicht, ihr Geschäft nicht mit der Gesundheit, sondern mit der Krankheit zu machen, auch wenn diese Einsicht noch keine Lösung brachte.

Übungen für die Entwicklung der kollektiven Stimme

Klangkaskaden

In jedem Gespräch spielt der Klang eine wichtige Rolle für das, was intendiert und gesagt wird.

> *Bei einer von Risa Kaparo entwickelten **Übung** redet ein Einzelner, während die anderen darauf hören, wie der Klang seiner Stimme in die Stille fällt. In der Regel stellen die Teilnehmer fest, dass sich die Bedeutung des Gehörten beträchtlich verändert, wenn sie einen Augenblick warten und Raum für ihre Entfaltung schaffen. Bei Gesprächen ist oft ein sehr schneller Redewechsel die Regel, abwarten gilt als unangenehm oder gar als unhöflich. Mit dieser Übung kann eine Gruppe dahin kommen, dass sie es zur Regel macht, den Beiträgen einzelner Raum zu geben.*
>
> *Es geht dabei darum, letztlich dem Raum zu geben, was sich artikulieren will.*

Davon sprach Rilke, als er sagte, er glaube an all das, was noch nie gesagt wurde, und wolle das befreien, was in ihm warte, damit das, was nie jemand zu wünschen wagte, einmal ohne sein Zutun frei fließen könne.

Zur Mitte und aus der Mitte sprechen

In ungestört fließenden Dialogen erkennen die Teilnehmer allmählich, dass sie zu dem gemeinsamen Pool der Bedeutung sprechen, den alle gemeinsam geschaffen haben. Sie versuchen, gemeinsam eine neue Bedeutungsqualität und ein neues Verständnis zu entwickeln. Im Dialog interagieren die Teilnehmer nicht nur, sie schaffen etwas.

Wenn eine Gruppe bewusst zur Mitte spricht, kann sich ihre kollektive Stimme rascher artikulieren. Allerdings sollte man das nicht als mechanische Strategie einsetzen. Es hilft, sich die »Mitte« als Mitte jedes Einzelnen vorzustellen, als Bedeutungszentrum, das in und durch jeden Einzelnen entsteht. Die Mitte des Gesprächskreises kann als Bild für diese sich entwickelnde unsichtbare Tatsache dienen.

In Gruppen konzentrieren sich die Teilnehmer oft auf die Peripherie des Kreises. Daran orientieren sich auch die meisten gruppendynamischen Ansätze – sie untersuchen den Charakter der gemeinsamen interpersonalen Annahmen und Beziehungsmuster. Aber dennoch ist die Mitte das Wichtigste.[5] Indem man im Wortsinne ins Zentrum schaut, durchbricht man den gewohnten Fokus auf interpersonale Beziehungen. Das Ziel besteht darin, uneingeschränkt auf das Zentrum jedes einzelnen Teilnehmers zu hören.

Die dunkle Seite des Artikulierens

Gleich in einer unserer ersten Dialogsitzungen habe ich die für mich schwierigste Situation erlebt.

In einem Kreis von etwa 40 Personen wollten wir über das gerade erschienene Buch von Pete Senge, Die fünfte Disziplin, nachdenken. Während des Dialogs begann eine Frau über das Unrecht der Welt zu sprechen. Sie sprach sehr eindrucksvoll, sehr beredt – und sehr lang. Nachdem sie zehn Minuten monologisiert hatte, wurde ich unruhig. Meiner Meinung nach dominierte sie das Gespräch, schien das aber nicht zu merken. Einige andere machten ärgerliche Gesichter.

Ich hörte zu, nickte, bedankte mich stumm für ihre Worte und hoffte, sie würde das Signal erkennen und aufhören. Das tat sie aber nicht. Im Gegenteil, sie redete noch weitere 25 Minuten, insgesamt also fast 40 Minuten. Die anderen Teilnehmer wurden ungeduldig, sie stellten Fragen und versuchten, sie in ein Gespräch zu verwickeln. Sie bedankte sich, sagte, das brächte sie zu einem anderen Punkt, und redete weiter. Es war äußerst ärgerlich und zutiefst provozierend. Was sie inhaltlich sagte, war, dass niemand je wirklich einen Raum zum Zuhören schaffe, für sie nicht und auch nicht für andere. Ein Versuch, sie zu stoppen, wäre also genau das gewesen, was man ihrer Meinung nach der Welt nicht antun durfte. Andererseits hatte sie die anderen Teilnehmer so verärgert, dass ich schon einen Aufstand befürchtete.

Warum macht diese Situation so viele Leute so böse?

Warum bestand die Reaktion in der Gruppe darin, dass die Teilnehmer wütend waren, ohne es zu sagen? Meiner Meinung nach lag das daran, dass diese Frau und auch die Gruppe der Schattenseite des Artikulierens begegnet war, und zwar auf eine Weise, die jeden betraf. Sie repräsentierte einerseits den Teil unseres Selbst, der sich zum Schweigen gebracht, nicht gehört und oft unfähig zum Sprechen fühlt, und andererseits den Anteil, der nicht weiß, wann es genug ist, der gehört werden *muss*, bis zu dem Punkt, wo er alles um sich herum dominiert. Der Dialog schien offen und einladend, und sie hatte einfach die Gelegenheit ergriffen. Jetzt stand die Gruppe vor dem Problem, wie sie mit ihren Bemühungen, sich zu artikulieren, umgehen sollte, und reagierte mit der Einstellung, das, was geschah, sei falsch und müsse gestoppt werden.

Es gibt zwei Aspekte bei den dunkleren Seiten unserer Stimme. Ist die Stimme ungenügend entwickelt, sprechen wir zu wenig, können das, was wir denken, nicht so artikulieren, dass wir erschaffen, was wir erschaffen wollen. Ist sie allzu sehr entwickelt, können wir nichts anderes tun als reden, beanspruchen damit ungeheuer viel Raum und verdrängen andere. Keiner der beiden Aspekte repräsentiert das Gleichgewicht, in dem sich die wahre Stimme zeigt. Wer die eigene Stimme vernehmbar machen will, muss die Aspekte in sich anerkennen, die an den Extremen beteiligt sind.

Einer der Gründe, aus denen wir uns in diese Extreme verstricken, liegt darin, dass unser Leben sich auf Bilder stützt, die bestimmen, wie wir zu sein glauben und wie wir sein sollten. Ich traf kürzlich einen angesehenen Rechtsanwalt. Sein Beruf stand ihm praktisch auf der Stirn geschrieben. Er stellte sich als Anwalt vor und sprach über seine wichtige Tätigkeit und die bekannten Personen, mit denen er zusammenarbeitete. Ich kam mir immer unbedeutender vor! Dann begriff ich, dass ich nicht mit einer Person interagierte, sondern mit einer Rolle. Dieser Mann war so damit beschäftigt, seine Persona zu bewahren, dass es fast unmöglich war, sein Zentrum zu finden.

Wenn wir Bilder von uns und unserer Welt schaffen und daran festhalten, ohne es zu bemerken, entsteht Idolatrie. Wir werden von einem bestimmten Bild von uns abhängig. Überwinden lässt sich das nur, wenn wir es bemerken. Ein Anfang kann die Frage sein: Welche Stimme spricht jetzt? Ist es meine oder ist es eine, die ich von anderen ererbt oder übernommen habe?

Anmerkungen

[1] Ich bedanke mich bei Marilyn Paul für dieses Beispiel und die Ethymologie.

[2] Ralph Waldo Emerson: *Selbstvertrauen*. In: Essays. 1. Reihe. Ins Dt. übertr. u. hrsg. v. Harald Kczka, Zürich 1982, 41.

[3] Mitschrift eines Vortrags bei der Human Unity Conference. Warwickshire, UK, 1983.

4 Die Frage: »Was riskiere ich?«, ist Teil einer Reihe von Fragen und Prozessen, die Cliff Barry und Mary Ellen Blandford entwickelt haben, die Begründer von ShadowWork Seminars, Inc.

5 Den Gedanken, dass der Fokus des Dialogs die Mitte und nicht die Peripherie des Kreises ist, verdanke ich Michael Jones.

III. Teil

Prognostische Intuition

Im Nachhinein schien die Katastrophe vorprogrammiert, aber die amerikanische Außenministerin Madeleine Albright konnte nicht wissen, was auf sie zukam, als sie im Herbst 1997 im Rathaus von Columbus, Ohio, an einem Bürgerforum teilnahm, um die Gründe der Clinton-Adminstration für die Bombardierung Iraks zu erläutern. Aber die amerikanische Außenministerin fand sich vor einem Publikum wieder, das jedes ihrer Worte angriff.

Später sagten die Veranstalter, das Weiße Haus hätte sich mehr Gedanken über die Geschichte, die Proteste gegen den Krieg und die Anti-Vietnamkriegs-Demonstration an der Kent State University machen müssen. Andere führten das Desaster auf Organisationsmängel zurück oder glaubten, Präsident Clinton wäre besser selbst gekommen. Er hätte den Professor, der sich angegriffen gefühlt hatte, nicht beleidigt, sondern in die Arme geschlossen, die johlenden Studenten beruhigt, die Zwischenrufer angehört, ohne ihnen Zugeständnisse zu machen. Aber der Zeitpunkt für öffentliche Auftritte Clintons war wegen der Levinsky-Affaire ungünstig, und im Nachhinein spricht einiges dafür, dass die Feindseligkeit des Publikums auch ihn getroffen hätte.

Ein Auftritt Clintons in Columbus wäre selbst dann kontraproduktiv gewesen, wenn es ihm gelungen wäre, das Publikum »unter Kontrolle zu bringen«, denn ein Mann mit seinen Fähigkeiten kann trotz aller guten Absichten und ohne es zu wollen auch verdecken, dass die Menschen im Grunde eben nicht zusammen kommen, sondern nur der Autorität oder dem Charisma gehorchen. Das kann zum Ersatz für die Bewusstheit und die harte Arbeit des gemeinsamen Denkens werden, bei der man die eigenen Positionen suspendieren und dem zuhören muss, was die anderen zu sagen haben.

Dass Madeleine Albright niedergebrüllt wurde, als sie die Notwendigkeit weiterer Bombardierungen des Iraks zu erklären versuchte, kam für alle unerwartet. Noch überraschender aber war die Tatsache, dass die Behörde ein »Bürgerforum« als geeignete Bühne akzeptiert hatte, um ihre Botschaft zu erklären und zu »verkaufen«. Dass das Bürgerforum ein Ort des freien Gedankenaustausches ist, an dem man einander zuhört und gemeinsam nachdenkt, wurde anscheinend übersehen.

In New England gibt es diese relativ seltene Form der Demokratie bis heute. In den Kleinstädten, in denen die jährliche Bürgerversammlung immer noch stattfindet, nimmt buchstäblich jeder teil, auch wenn nur die Bürger der Stadt abstimmen können. In Hanover, New Hampshire, wo ich das College besuchte, waren die Bürgerversammlungen für uns faszinierend und erheiternd zugleich; sie erschienen uns so altmodisch. Natürlich waren auch diese Versammlungen sehr gut vorbereitet und die Ergebnisse abgesprochen, aber trotzdem wurden hier Dinge öffentlich gesagt und offen debattiert, die normalerweise unter den Teppich gekehrt worden wären. Die Grundstruktur wahrer demokratischer Partizipation war immer noch vorhanden, auch wenn die Durchführung nicht immer optimal war.

Im Großen und Ganzen aber haben wir den Respekt vor solchen öffentlichen Foren verloren – gerade weil sie fast immer einseitig sind oder dazu führen, dass man sich gegenseitig niederbrüllt. Nach Meinung vieler ist das aber nicht unbedingt negativ, denn, so sagen sie, wäre Madeleine Albright nicht niedergeschrieen worden, hätten wir von der Stimmung im Land nichts erfahren. Außerdem seien Konflikte spannend und dazu oft auch unvermeidlich und notwendig. Gegen Unsinn müsse man sich eben wehren. So gesehen, hatte das Bürgerforum seine Aufgabe erfüllt: Die Differenzen traten klar zu Tage, alle hatten etwas gelernt und man hatte die Politik beeinflusst.

Andererseits scheint das menschliche Gesprächsrepertoire aber auch geradezu schockierend begrenzt. Wenn der Druck zu groß ist, haben wir häufig *kein anderes* Mittel als den Streit zur Verfügung. Der öffentliche Diskurs beschränkt sich fast immer auf Diskussion statt Dialog, und die generelle Haltung ist die des Vorwurfs, nicht des Nachdenkens oder der Verantwortung. Das Ergebnis ist meist, dass die Beteiligten solche Foren ablehnen. Sie lernen nichts über das, was sie hätten anders machen können, was ihr Anteil an den Ergebnissen war oder was sie beim nächsten Mal ändern könnten, sondern werden nur in ihrer Fragmentierung und Getrenntheit bestärkt.

Kurz gesagt, besteht das Problem darin, dass solche Foren ausschließlich dazu benutzt werden, die eigenen Vorstellungen so deutlich wie möglich zu machen und alle anderen auf die eigene Seite zu ziehen. Das ist dasselbe, als wenn man bei einem Musikstück alle Noten auf einmal spielt, ohne Raum zwischen den Tönen zu lassen. Aber wo kein Raum ist, gibt es auch keine Musik. Man könnte jetzt einwenden, es gehe nicht um

Musik, sondern ums Gewinnen. Auch wenn das stimmen mag, ist dieser Gesichtspunkt doch sehr beschränkt und kann nur dazu führen, dass alle anderen dasselbe versuchen und damit die alte, die Polarisierung fördernde Gewohnheit wiederholen, allein zu denken.

In Columbus gab es mehrere Kräfte, die einem freien und offenen Gesprächsfluss im Wege standen. So nahmen die Teilnehmer eine Oppositionshaltung ein; sie lehnten die formale Struktur des Forums ab und waren nicht bereit, sich den von den Organisatoren festgelegten »Vorgaben« zu beugen. Durch die Reaktionen Albrights und ihrer Mitarbeiter auf diese Kräfte wurde das Bürgerforum gleichzeitig zu einer oppositionellen Debatte. Sie schufen kein Setting, das die aufkommende Intensität hätte halten können. Statt dessen opponierten sie gegen die Opposition, versuchten abzulenken und plädierten für ihre Auffassung, ohne das Wesen der untergründigen Besorgnis des Publikums zu erkunden. Dadurch entstanden Störungen, die Albright und ihre Mitarbeiter nicht als Chance begriffen, etwas zu lernen, sondern nur als Zeichen für die Brisanz des Themas.

Albright und ihr Team verstärkten durch ihre Reaktionen eben die Dynamik, die sie angeblich entschärfen wollten, denn es ging bei dem Bürgerforum erklärtermaßen darum, einen Weg zu finden, die Maßnahmen der Behörde zu erklären und mehr Verständnis und Akzeptanz zu erreichen.

Strukturen erkennen

In diesem Teil will ich die Gründe für die Probleme untersuchen und fragen, was Albright und ihr Team hätten sagen oder tun können, um diese Dynamik zu verändern. Hätten sie eine Intuition entwickeln können, die es ihnen erlaubt hätte, die Reaktionen in der unmittelbaren Dynamik des Gesprächs vorwegzunehmen und Schritte einzuleiten, um sie anzugehen? Und wenn ja, wie?

Dazu muss man die Fähigkeit entwickeln, strategisch über allgemeine menschliche Differenzen nachzudenken, über die häufigen, vorhersehbaren Missverständnisse, die so oft entstehen, und über die Art, in der sie die negativen Muster, die sie angeblich verändern wollen, wechselseitig verstärken. Wichtig ist insbesondere die Fähigkeit zur »prognostischen Intuition« – die Wahrnehmung der unmittelbaren »Strukturen« der Interaktion, der Kräfte, die in jedem Setting wirksam sind und das Verhalten steuern. Der Ehrgeiz, einen Dialog zustande zu bringen, ist löblich, scheitert aber vor allem an der Unfähigkeit, die Grenzen der Beteiligten korrekt zu prognostizieren und wahrzunehmen. Eine Atmosphäre, die dem Dialog – der dialogischen Seinsweise – förderlich ist, ist zwar notwendig, aber nicht hinreichend.

Den nötigen Hebel liefert die Fähigkeit zur prognostischen Intuition. Es gibt eine Reaktion auf diese Strukturen, die den Dialog fördern; Kräfte, die dem Lernen entgegenstehen, lassen sich durch die eigene Reaktion verändern. Dazu muss man aber Art und Gründe der Interaktion besser verstehen, weil man so kreativer reagieren und den Dialog katalysieren kann.

Es gibt viele verschiedene Lehrgebäude, die auf die Entwicklung der prognostischen Intuition zielen. In den folgenden Kapiteln stelle ich einige Aspekte dieser Systeme vor. Gleichzeitig will ich aber auch von Anfang an keinen Zweifel daran lassen, dass es mir nicht um ein bestimmtes System geht, sondern ausschließlich um das mögliche Ergebnis: die Fähigkeit, das, was geschieht, in dem Augenblick wahrzunehmen und zu benennen, in dem es geschieht. Die Systeme selber sind nur die Gerüste, mit deren Hilfe man die prognostische Intuition entwickeln kann. Nicht die allzu starke Einbindung in die Systeme, sondern die Entwicklung der eigenen Intuition steht im Vordergrund. Das erlaubt es, mit dem so gewonnenen Wissen die verschiedensten Ergebnisse zu erzielen.

Wenn ich mir die Mühe gemacht hätte, in langen Jahre lang die Kampfkunst Aikido zu erlernen, hätte ich vielleicht ein »Körperbewusstsein« entwickelt: die Fähigkeit, Verantwortung für mich zu übernehmen und mich trotz aller Belastung rasch wieder zu zentrieren. Möglicherweise könnte ich Stress besser bewältigen. Ich könnte mich gegen Überfälle wehren. Und ich könnte die daraus entstandene Bewusstheit und das Verständnis möglicherweise sogar auf berufliche Probleme übertragen. Das Körperbewusstsein könnte mich befähigen, in ganz unterschiedlichen Bereichen Resultate zu erzielen. Dasselbe gilt für die prognostische Intuition. Je besser ich sie beherrsche, desto klarer kann ich in komplexen Settings mit hohen Einsätzen die Probleme vorhersehen und Wege zu ihrer Lösung finden.

Und wie beim Aikido könnte ich zunächst dem Irrtum aufsitzen, mehr zu wissen, als ich tatsächlich weiß, und mir einbilden, ein hoch intensives Gespräch leiten zu können, nur weil ich ein paar Techniken gelernt habe. Oder ich könnte aufhören zu lernen, mich auf die paar Techniken verlassen, die erfahrungsgemäß funktionieren, und darauf hoffen, dass sie für alle Umstände geeignet sind und ich meine Intuition nie wirklich entwickeln muss. Das zu einer Methode verfestigte geliehene Verständnis würde mir reichen. In diesem Fall wäre meine Arbeit starr, gespickt mit Fachjargon, aber ohne Authentizität.

Die Entwicklung prognostischer Intuition birgt Gefahren, aber sie ist auch ungeheuer nötig. Settings wie das des Bürgerforums, mit dem Madeleine Albright konfrontiert war, sind die Regel. Es ist sehr wichtig zu wissen, wie man ihnen begegnet und einen Dialog in ihnen entwickelt.

In den folgenden Kapiteln beschäftige ich mich mit zwei verschiedenen Dimensionen der prognostischen Intuition. Zunächst zeige ich, wie man lernen kann, die Lücken zwischen Worten und Taten aufzuspüren und die problematischen »Handlungsmuster« sowie ihre Wirkung auf den Dialog zu verstehen. Im zweiten Teil dieses Buches habe ich die vier Praktiken und die neuen Verhaltensfähigkeiten vorgestellt, die man im Dialog braucht. Im Folgenden geht es darum zu antizipieren, ob diese vier Praktiken tatsächlich präsent sind, wie sie zusammenpassen und was zu tun ist, wenn das nicht der Fall ist. Die zweite Dimension der prognostischen Intuition hat mit den verborgenen, aber wirkungsmächtigen Interaktionsstrukturen zu tun, die den Dialog neutralisieren können. Hier zeige ich, wie man sie antizipieren und überwinden kann.

In diesem Teil beschreibe ich auch, was man braucht, um die Kunst des gemeinsamen Nachdenkens in kleinen und großen Gruppen zu praktizieren – in Familien, in beruflichen Teams, in »mittleren« (bis zu vierzig Teilnehmer) und sogar in sehr großen Gruppen mit dreihundert Teilnehmern und mehr. Viele Menschen fühlen sich in Gruppen eingeschüchtert – selbst in kleinen Gruppen mit weniger als 15 Teilnehmern. Die meisten sind an Gruppen gewöhnt, die »Familiengröße« haben, d.h. aus weniger als acht Personen bestehen. In Gruppen dieser Größe haben Menschen seit Jahrtausenden gelebt und gearbeitet.

8. Handlungsmuster

Anwendung der vier Praktiken: Auf der Suche nach der Lücke

Ein Ausgangspunkt für die Entwicklung der prognostischen Intuition ist die gründlichere Beschäftigung mit der Kluft zwischen Wort und Tat. Dieses Thema steht seit Jahren im Mittelpunkt der Arbeit von Chris Argyris und Donald Schön und der von ihnen entwickelten *Aktionswissenschaft* – ein Instrument, das erklärt, warum das, was wir tun, nicht immer das ist, was wir wollten oder auch nur wussten, und das Wege aufzeigt, um diese Kluft zu überbrücken. Man wiederholt die oben beschriebenen Fehler so lange, wie man sich der Regeln nicht bewusst ist, die das eigene Verhalten steuern. Laut Argyris und Schön sind wir uns *vor allem* dessen bewusst, was wir glauben und beabsichtigen. So großartig Ihre Theorien z.B. über effektive Führung oder die Formulierung von Strategien auch sein mögen, sobald Sie sie umsetzen, wird mit großer Wahrscheinlichkeit die Kluft erkennbar.

Das geht über die bloße Feststellung, dass »Worte« und »Taten« auseinander klaffen, hinaus. Argyris und Schön sagen, dass wir nach zwei Sets von Regeln funktionieren. Das eine bestimmt, was wir für wahr halten, das andere, was wir tun. Die meisten Menschen sind sich dieser Kluft nicht bewusst und sehen deshalb keinen Grund, hier etwas zu verändern.

Diese Fehlwahrnehmung hat schwerwiegende Folgen, bedeutet sie doch, dass fast allen Veränderungs- und Führungsbestrebungen eine Reihe innerer Widersprüche innewohnt, die in der Regel nicht benannt und deshalb auch nicht angesprochen werden. Dafür gibt es zahllose Beispiele.[1]

Ein Beispiel ist das Re-Engineering in Unternehmen. Thomas Davenport, der zu seinen Begründern zählt, hat darauf hingewiesen, dass Re-Engineering »ursprünglich keineswegs das Codewort für unbekümmertes Abschlachten war. Es war nicht als letzter Rettungsanker des Managements im Industriezeitalter gedacht.«[2] Und doch sagten in einer neueren Untersuchung 73 Prozent der befragten Unternehmen, Re-Engineering diene ihnen zur Stellenstreichung, während 67 Prozent der Meinung waren, die Ergebnisse des Re-Engineerings seien »mittelmäßig, marginal oder verfehlt«.³ Zu Beginn der Bewegung dagegen galt Re-Engineering als ideale Antwort auf die Frage nach der Verbindung der durch neue Technologien und Computer bedingten Veränderungen der Arbeit in modernen Unternehmen mit den Erkenntnissen des Qualitätsmanagements.

Daraus ist ein neuer Veränderungsprozess entstanden, der allerdings nicht die beabsichtigte Wirkung hatte. Re-Engineering hat sich zu einem Unternehmen mit 51 Mrd. US$ Umsatz entwickelt, aber sie hat »die Menschen ignoriert«, d.h. die systemischen Konsequenzen menschlicher Interaktionen im Unternehmen. Re-Engineering löste Angst und Widerstand aus. Kaum jemand wollte »re-engineered« werden oder in einem Unternehmen arbeiten, das Re-Engineering einsetzte. Das Verfahren ging eben nicht von der Frage aus, welcher Teil der *ursprünglichen* Arbeitsweise das Bedürfnis nach »Re-Engineering« ausgelöst hatte. Woran lag es, dass man das nicht früher gesehen oder, falls doch, nicht danach gehandelt hat? Und woher nehmen wir jetzt die Sicherheit, dass wir mit unserem Handeln nicht einfach die Vergangenheit wiederholen?

Noch verwirrender ist die Tatsache, dass Bemühungen um Veränderung die Sache oft nur noch schlimmer machen. Argyris hat vor kurzem darauf hingewiesen, dass all die »Empowerment«-Programme selten mehr als »äußerliches« Engagement erreicht und eben nicht zu dem echten, inneren Engagement geführt haben, das ihre Entwickler anstreben.⁴

Die inneren Widersprüche
bei der Veränderung von Unternehmen

Ich habe einmal das Programm eines Großunternehmens zur Verbesserung der Zusammenarbeit von Mitarbeitern und Management untersucht. Die Absicht des Unternehmens war vernünftig und schwer zu widerlegen, aber die »Umsetzung« wies zahlreiche innere Widersprüche auf. Jeder Mitarbeiter sollte regelmäßig Gespräche mit dem für ihn zuständigen Manager führen. »Regelmäßig« bedeutete in diesem Kontext ein vierteljährliches Pflichtgespräch, bei dem anhand eines festgelegten Fragebogens Ziele und Maßstäbe abgehakt wurden. Aus dem ursprünglichen Bemühen um die Verbesserung des Kontakts war ein starrer, routinemäßiger Prozess geworden. Alle Beteiligten machten nur mit, weil sie mussten, und hielten sich an die in Großunternehmen allzu häufig anzutreffende Devise: »Auch das geht vorbei.« In diesem Unternehmen widersprachen also die Taten den Absichten. Trotzdem war es äußerst schwierig, die Beteiligten dazu zu bringen, diesen Widerspruch nicht nur zu sehen, sondern etwas dagegen zu tun. Die Führungsebene nahm die Analyse des Problems zur Kenntnis, war aber erst in jüngster Zeit zögernd bereit, etwas zu ändern.

Was aber lässt sich gegen dieses inkonsistente und problematische Handeln tun? Eine Möglichkeit, die Dynamik dieser Handlungsbeschränkungen zu überwinden, ist: Das Problem benennen. Bewusstheit ist heilend.[5] Wenn man sich die Wege bewusst macht, auf denen man die eigenen Absichten durch sein Handeln unterläuft, kann man die Probleme effektiver angehen.

Es ist mittlerweile bekannt, dass es auch ein anderes Set von Fertigkeiten zur Bewältigung solcher Situationen gibt. Angeregt von Argyris und anderen lehrt mittlerweile eine ganze Generation von Praktikern weltweit diese Fertigkeiten.[6]

Das Aufspüren von Plädoyer- und Erkundungsmustern

Im Zentrum der Entwicklung eines Sets von Aktionen, die wirklich zu Veränderung führen, steht das, was Argyris als »Gleichgewicht von Plädieren und Erkundung« bezeichnet. *Plädieren* heißt: sagen, was man denkt, einen Standpunkt vertreten. *Erkunden* bedeutet, sich mit dem zu beschäftigen, was man noch nicht weiß und noch nicht versteht. Es bedeutet auch, sich in die Sichtweise und das Verständnis anderer zu vertiefen, ihren Standpunkt nachzuvollziehen. Es ist die Kunst, echte Fragen zu stellen, Fragen, die nicht nur bestimmte Verhaltensweisen hinterfragen, sondern den Gründen des eigenen und des fremden Verhaltens auf die Spur kommen wollen. Wie schon gesagt, handelt es sich bei Sätzen, die mit einem Fragezeichen enden, selten um echte Fragen.

Ein Gleichgewicht von Plädieren und Erkunden herzustellen, hört sich leichter an, als es ist. Man muss dazu klar und selbstbewusst formulieren, was man denkt und warum man so denkt, und gleichzeitig die Möglichkeit zulassen, Unrecht zu haben. Man muss andere ermutigen, seine Auffassungen in Frage zu stellen, und untersuchen, was sie davon abhalten könnte. Plädieren ist normalerweise häufiger als Erkunden – Manager sagen ihren Mitarbeitern, was sie tun und wie sie es tun sollen. Auch bei Ihren Gesprächen dürfte es sich überwiegend um Plädoyers handeln. Das kann ich nach vielen tausend von mir untersuchten Fällen, die sich mit den Ergebnissen der langjährigen Forschungstätigkeit von Argyris decken, getrost behaupten. Die Ergebnisse unserer Untersuchungen sind bemerkenswert konsistent: Vor allem unter Druck neigen wir dazu, für die eigenen Positionen zu plädieren. Echte Erkundung ist selten.

Allerdings *gibt* es auch Settings, in denen Erkunden vorherrscht. Überspitzt gesagt, zählt dazu der aggressive Anwalt, der seinen Zeugen führt, d.h. ihm Fragen stellt, deren Antwort er bereits kennt (oder zu kennen hofft), oder der liebevolle und besorgte Fragende, der niemandem wehtut, aber keinerlei Zweifel daran lässt, wer das Sagen hat.

Ein Spitzenmanager eines Großunternehmens lehnte bei einem Beratungsprojekt, einen Vorschlag meines Kollegen heftig ab und fragte mich anschließend: »Meinen Sie, er hat diese Lösung ernsthaft vorschlagen wollen?« Die implizite Botschaft war eindeutig: Mein Kollege hatte den falschen Vorschlag gemacht.

Wenn man Plädieren und Erkunden vereinbaren will, muss man die Gedanken offen legen, die einen dazu gebracht haben, das zu sagen, was man gesagt hat. Das steht im Gegensatz zu unseren erlernten sozialen Fertigkeiten. Wir haben fast alle gelernt, solche Gedanken zu verbergen, weil wir fürchten, andere in Verlegenheit zu bringen.

Ein Kollege hat mir die folgende Geschichte über sein Ausscheiden aus seiner alten Firma erzählt. Er hatte seit längerem darüber nachgedacht, das Unternehmen zu verlassen, sich aber zum Bleiben entschlossen, weil er vertraglich verpflichtet war, sein in das Unternehmen investiertes Geld bei einer Kündigung vor dem Verkauf des Unternehmens nicht abzuziehen. Als er eines Tages im Büro des CEO war, sagte dieser zu seiner Überraschung: »Ich brauche dringend jemanden für die Xyz-Aufgabe, aber Sie sind nicht die Person dazu. Sie sind nicht geeignet, und deshalb weiß ich nicht weiter.« Mein Kollege sagte: »Moment. Das heißt mit anderen Worten, Sie glauben, der Job kann nur erledigt werden, wenn ich meinen Job nicht mehr mache, weil sich die beiden Jobs widersprechen. Tatsache ist, dass ich nicht genau weiß, was ich dazu sagen soll. Leider sind die Bedingungen für mein Ausscheiden aus der Firma gerade nicht besonders günstig.« Der CEO erwiderte: »Und wie können wir das ändern?« Dann sprachen sie ganz offen über die Sache, und das Ergebnis war, dass mein Kollege die Firma verlassen konnte, ohne seine Investition zu verlieren. Hinterher war der CEO ein wenig geschockt und fragte: »Haben wir wirklich gesagt, was wir denken? Das war ja gar nicht so schlimm, wie ich erwartet hatte.«
  Schlimm wird so etwas durch das Vertuschen und das Vertuschen des Vertuschens. Sicher, hier war der Fall relativ unkompliziert, weil mein Kollege bereit war, zu den richtigen Bedingungen zu gehen. Trotzdem hätten die beiden auch leicht aneinander vorbeireden können, wenn sie nicht genau das gesagt hätten, was sie auch meinten.

Das Bindeglied zwischen Plädieren und Erkunden

Die im zweiten Teil des Buches beschriebenen Dialogpraktiken geben einen Eindruck, wie sich diese Verbindung herstellen lässt. Es gibt eine direkte

Beziehung zwischen Stimme und Respekt. Das ist die »Aktionslinie« oder das *Plädieren*. Produktiv wird Plädieren dann, wenn wir uns respektvoll artikulieren, statt das zu sagen, was wir angeblich sagen sollten. Es gibt keine bessere Form, anderen die eigene Meinung so deutlich wie möglich klar zu machen.

Man muss nicht nur auf die Worte der anderen hören, sondern auch auf die eigenen Reaktionen und die Impulse, die diese Reaktionen auslösen. Gleichzeitig muss man die eigenen Reaktionen und Annahmen suspendieren. Anders ausgedrückt: Wenn man Plädieren und Erkunden ins Gleichgewicht bringen will, muss man die bereits beschriebenen vier Eigenschaften in die Praxis umsetzen.

Diese vier Praktiken sind die Schlüsselelemente der Haltung, die effektives Plädieren und Erkunden ermöglicht. Sobald eine dieser Praktiken fehlt, entsteht ein Ungleichgewicht.

Denken Sie zum Beispiel an den Leiter des Stahlunternehmens, der in seinem Stahlwerk »direkt« und »offen« über die sich verändernde ökonomische Lage sprach und damit die Gewerkschafter erboste, die seine Worte als Angriff empfanden. Er hatte sich nach besten Kräften artikuliert. Gleichzeitig war aber jenseits der Worte sein mangelnder Respekt für die Arbeiter unübersehbar. Er hielt sie für unfähig, Verantwortung für sich zu übernehmen; sie waren für ihn Kinder, keine Erwachsenen. Auch wenn er das nie öffentlich gesagt hätte, vermittelte sein Handeln diese Botschaft unmissverständlich. So beschwerte er sich z.B. im selben Gespräch über die langen Telefongespräche der Arbeiter im Werk, ihre allzu langen Pausen und was sonst alles »in der Fabrik, die er früher geleitet hatte, nicht möglich gewesen wäre«. Das erboste die Stahlarbeiter, die ihm vorwarfen, Dinge aus dem Zusammenhang zu reißen und sie ungerecht zu beurteilen.

Argyris hätte nach seinem Modell der »Erkundung in Aktion« diesen Manager aufgefordert, direkter zu sagen, was er über die Stahlarbeiter denkt und warum er es denkt – wie war er zu dem Schluss gekommen, man könne ihnen nicht vertrauen? Das wäre für die Stahlarbeiter zwar schwierig, aber hilfreich gewesen; sie hatten bewiesen, dass sie auf einen solch fairen Austausch reagieren konnten. Es wäre auch für den Manager selbst hilfreich gewesen, denn es hätte ihm die Möglichkeit gegeben, seine Meinung zu ändern. Durch seinen fundamentalen Mangel an Respekt hatte er gezeigt, dass er sie nicht als Personen wahrnahm. Dadurch konnte er auch nicht mehr wahrnehmen, dass auch er Dinge übersah. Er war z.B. blind für die Wirkung seines Verhaltens auf die Stahlarbeiter, die auf Distanz zu ihm gingen, ihm nicht alles sagten, was sie wussten, und ihn bei jeder Gelegenheit reizten.

Sein Problem war die fehlende Veränderungsbereitschaft und die Sicherheit, im Recht zu sein, und daran kann keine Gesprächstechnik etwas ändern.

Effektivere Erkundung verlangt sowohl Zuhören als auch Suspendieren. In diesem Beispiel hörte der Manager nur das, was ihm recht gab, und verharrte in seiner Gewissheit, recht zu haben. Das war das Ende des Erkundungsprozesses.

Kantors System der vier Akteure

Ein Gespräch wirkt in der Regel wie eine Gemisch aus Perspektiven und Gefühlen. Eine Stimme nach der anderen erhebt sich. Manchmal fallen sich die Akteure ins Wort und sind verschiedener Meinung, manchmal schweigen sie, und manchmal stimmen sie dem Sprecher zu, unterstützen und verteidigen ihn. Man kann aber in einem Gruppengespräch auch mehr sehen.

David Kantor hat aus seiner Arbeit als systemischer Familientherapeut eine wirkungsvolle Theorie entwickelt. Seiner Meinung nach spiegeln Gespräche angeborene Strukturen, die nur zum Teil aus den Bedürfnissen des Einzelnen stammen und ein Reflex der unausgesprochenen Bedürfnisse der Gruppe und der Situation sind. Kantor geht davon aus, dass die Beteiligten ihre Haltungen nicht willkürlich einnehmen, vielmehr ist es das Gespräch selbst, das bestimmte Rollen erfordert. Dieses und andere Modelle ermöglichen es, sich auf die verborgenen Anforderungen einzustellen und eine intuitive Fähigkeit zu entwickeln, mit der man prognostizieren kann, wie sich ein Gespräch entwickeln »will«. Das gibt uns auch das Werkzeug zur Veränderung dieser Dynamik an die Hand. Auch wenn es auf den ersten Blick so aussehen mag, als gebe es kein durchgängiges Muster, da jeder Gesprächsteilnehmer seine eigene Agenda hat, bietet dieses Modell die Möglichkeit, die Struktur des Gesprächs zu erkennen und damit vorauszusagen, was als nächstes geschehen wird. Kantors Modell zeigt, dass es in einer Gruppe vier grundlegend verschiedene Aktionsformen gibt, die sich relativ leicht unterscheiden und in sehr verschiedenen Settings anwenden lassen.

Wenn jemand initiativ wird, übernimmt er die Rolle der *treibenden Kraft* oder des Initiators. Zumindest für den Augenblick liegt der Fokus des Gesprächs bei ihm. Jemand anderer stimmt ihm zu und unterstützt ihn. Dadurch rückt er symbolisch in die Nähe des ersten Sprechers, er wird zu seinem *Anhänger* oder Gefolgsmann. Jetzt denkt ein Dritter angesichts der Einigkeit zwischen den ersten beiden: Hier stimmt etwas nicht. Also mischt er sich ein und stellt den Vorschlag in Frage: Er wird zum *Widersacher*. Sein symbolischer Standort wäre zwischen der treibenden Kraft und dem Anhänger. Ein Vierter schließlich, der die gesamte Situation mitbekommt und den Vorteil hat, einen Fuß in beiden Lagern zu haben, übernimmt die Rolle des *Beobachters* und beschreibt aus seiner Sicht, was er gesehen oder gehört hat. Er kann neue Perspektiven vorschlagen, die für alle bereichernd sind, und dem Gespräch eine wichtige neue Dimension verleihen. *Beobachter* heißt hier nicht unbedingt Passivität und Schweigen. Ein Beobachter kann durchaus das Wort ergreifen, aber er bezieht keinen Standpunkt, sondern liefert eine Perspektive.

In einem guten Gespräch, so Kantor, sind alle vier Aktionshaltungen präsent und im Gleichgewicht. Alle Beteiligten haben die Freiheit, nach Belieben zwischen den Haltungen zu wechseln. Sie sind nicht durch informelle und unausgesprochene eigene oder systemische Regeln gebunden. In den meisten Gesprächen mischen sich die verschiedenen Haltungen: Ein Teilnehmer beobachtet und wird anschließend initiativ oder übernimmt zunächst die Rolle des Anhängers und wird anschließend zum Widersacher: »Ich finde es gut, was Sie sagen, aber ich habe noch ein Problem damit ...«

*Im folgenden **Beispiel** lässt sich das gut erkennen. In dem Film: »Der mit dem Wolf tanzt«, spielt Kevin Costner einen Soldaten der Südstaatenarmee, der im Indianergebiet ein abgelegenes Fort besetzt.*

Costner entzündet ein großes Feuer, aus dessen Rauch die Indianer die Anwesenheit eines Weißen schließen, nur ein Weißer würde so ungeschickt auf sich aufmerksam machen. Etwas später treffen sich ca. zwanzig Stammesführer in einem Tipi und sprechen über Costners Ankunft und ihre potentiellen Konsequenzen. Ein solches Treffen steht für eine sehr schwere kulturelle Krise – Land und Existenz können auf dem Spiel stehen. Aber anders als das typische westliche Management in einer vergleichbaren Krise, geraten die Indianer nicht in Panik und machen sich auch nicht gegenseitig fertig. Vielmehr erkunden sie die Lage stetig und nachdenklich, mit Leidenschaft und Intelligenz. Es gibt keine Flipcharts und auch keine Tagesordnungen, sondern nur den Rauch des glimmenden Feuers in der Mitte. Manche erheben sich, wenn sie sprechen, andere bleiben sitzen, aber die Atmosphäre insgesamt ist von Respekt und aufmerksamem Zuhören geprägt. In der folgenden Szene redet ein junger Krieger namens »Wind-in-his-hair« mit »Kicking-bird«, der schon Erfahrung im Kampf mit den Weißen hat:

Wind-in-his-hair: *Was soll das Gerede über den Weißen Mann? Wer er auch sein mag, er ist kein Sioux, und das macht ihn klein. Ich lache, wenn ich höre, dass mehr Weiße kommen.*

Kicking-bird *(hebt die Hände, um die Gruppe zu beruhigen):* *Wind-in-his-hair hat starke Worte, und ich habe sie gehört. Es ist wahr, dass die Weißen armselig und schwer zu verstehen sind. Aber vertut euch nicht – die Weißen sind unterwegs.*

Wind-in-his-hair *(stehend)*: *Kicking-bird schaut immer voraus, und das ist gut. Aber dieser Mann ist nichts gegen uns. Ich nehme ein paar Männer mit. Wir werden ein paar Pfeile auf den Mann abschießen. Hat er eine Medizin, wird er nicht verletzt. Hat er keine, ist er tot.*

Medizinmann *(sitzt ruhig da, wartet ab und spricht)*: *Kein Mann sagt einem anderen, was zu tun ist. Aber es ist eine heikle Angelegenheit, einen weißen Mann zu töten. Wenn man einen tötet, kommen mehr, das ist sicher.*

Chief *(ebenfalls sitzend, hebt die Hand und spricht sehr langsam, ruhig)*: *Es ist leicht, sich von solchen Fragen verwirren zu lassen. Es ist schwer zu sagen, was zu tun ist. Wir sollten ausführlicher darüber reden.*

Hier werden sehr unterschiedliche Ansichten geäußert, ohne dass jemand das Bedürfnis hätte, die anderen Standpunkte zu verändern. Diese Situation ist für uns selten: In der Regel ertragen wir es nicht lange, dass zwei Standpunkte nebeneinander stehen bleiben.

Wind-in-his-hair ist die treibende Kraft. Die Gruppe insgesamt fungiert als Anhänger, nickt zustimmend und hört intensiv zu. Auch Kicking-bird zählt zunächst zu den Anhängern, wird aber dann zum Widersacher, stellt die Richtung, in die das Gespräch geht, in Frage und wird schließlich selbst zur treibenden Kraft: »*Ich halte ihn für eine Person, mit der man einen Vertrag schließen könnte.*« *Jetzt ist er derjenige, dem die Gruppe folgt.*

Auch Wind-in-his-hair wird zum Anhänger, verwandelt sich aber dann in den Widersacher des weißen Mannes, wodurch die Situation eskaliert. Der Medizinmann widersetzt sich Wind-in-his-hair: »*Kein Mann sagt einem anderen, was zu tun ist.*« *Dann verwandelt er sich in den Zuschauer, der darauf hinweist, was passiert, wenn man einen Weißen erschießt. Und schließlich redet der Chief, zunächst als Zuschauer und dann als treibende Kraft: Er schlägt vor, die Sichtweise des Problems zu suspendieren.*

Die Aktionsfolge ist fast perfekt ausbalanciert. Alle vier Haltungen sind präsent. Keine überwiegt, und jede gleicht die anderen aus. Die beiden dominanten Akteure spielen eine Sequenz von Initiator und Widersacher durch, während andere in der Gruppe die Rollen des Widersachers und Anhängers, aber auch des Beobachters übernehmen und das Gespräch damit auf eine neue Ebene heben. Genau das geschieht in der Regel nicht: Wenn sich zwei Personen in die Rollen der treibenden Kraft und des Widersachers verstricken und sich das Gespräch in die Richtung von: »Er hat gesagt/ Sie hat gesagt« entwickelt, stecken die anderen meist den Kopf in den Sand und schweigen. Das war in diesem Beispiel anders. Hier kam es zu ausgleichenden Initiativen der anderen, die respektiert und allgemein befolgt wurden. Daraus entstand ein Gefühl von Ausgeglichenheit und Zuhören.

Meist beobachten wir »gemischte Initiativen«: Jemand initiiert und transportiert gleichzeitig eine andere Botschaft. Wenn jemand z.B. sagt: »Lass uns heute an den Strand gehen«, kann darin die Botschaft mitschwingen: »Und *nicht* das tun, was du willst.« Er ist dann gleichzeitig Initiator und Widersacher, alles in einem Atemzug. Solche untergründigen Absichten werden sehr gut verstanden. Ein entscheidender Schritt im Dialog besteht darin, sich den Ton bewusst zu machen, in dem man agiert. Der »Klang« löst Reaktionen aus und kann verhindern, dass man eine tiefere Ebene der Erkundung erreicht.

Normalerweise stellt man fest, dass in einem Gespräch eine oder mehrere Haltungen zum Schweigen gebracht oder, wie Kantor sagt, ausgeschaltet werden. Ein ausgeschalteter Beobachter sieht, was in der Gruppe geschieht, greift aber nicht ein. Ein ausgeschalteter Widersacher kann das, was geschieht, weder korrigieren noch hinterfragen. Nach dieser Theorie kommt jedes System, das Beobachter und Widersacher zum Schweigen bringt, unvermeidlich in Schwierigkeiten. Lebenswichtige Informationen werden nicht ausgetauscht, und man geht mit seinen Ansichten in den Untergrund.

Jeder Mensch agiert in manchen Bereichen besser als in anderen. Das habe ich selbst festgestellt, als ich bei einer verbalen Auseinandersetzung zweier Kollegen die Rolle einnehmen wollte, die meiner Meinung nach gebraucht wurde: die Rolle des Beobachters, der Fragen stellt und eine andere Perspektive bietet. Aber statt dessen stürzte ich mich selbst ins Getümmel. Die Aussagen des einen machten mich so wütend, dass ich nicht anders konnte, als zum Gefolgsmann des anderen zu werden, nach dem Motto: »Der Feind meines Feindes ist mein Freund.« Ich war also in diesem Fall ein sehr schlechter Beobachter.

Schließlich kann man sich auch in eine der vier Rollen »verstricken«, d.h. Schritte wiederholen, statt sie zu verändern. Ich spreche z.B. gern vor Gruppen. Das gibt mir ein Gefühl von Energie und Spannkraft, und ich stelle fest, dass ich zur treibenden Kraft werde, neue Gedanken initiiere. Ich trage eine Idee nach der anderen vor, bis keinerlei Raum mehr bleibt. Wenn man sich so wie ich in die Rolle der treibenden Kraft verstrickt, braucht man Kollegen, die einen dazu bringen, abzubremsen und Raum zu schaffen.

Was sind Ihre Stärken und Schwächen? Beherrschen Sie eine dieser Rollen gut, vor allem in Situationen, in denen viel auf dem Spiel steht? Welche Haltungen müssen Sie dämpfen oder stärken? Mit welcher haben Sie Probleme?

Wenn man diese vier Aktionshaltungen mit den vier Praktiken verbindet, verwandeln sie sich in sehr gute Leitlinien zum Verständnis der Aktion im Dialog. Jeder Haltung entspricht eine Praktik des Dialogs: Der Haltung der treibenden Kraft entspricht aufrichtiges Artikulieren, der des Anhängers das Zuhören, der des Widersachers der Respekt und der des Beobachters das Suspendieren. Die Qualität der Aktion ist stark von der Präsenz dieser vier Praktiken abhängig.

Am Ende einer Dialogsitzung, die wir vor kurzem durchgeführt haben, ließ sich ein Teilnehmer – nennen wir ihn Frank – von seiner Erfahrung mitreißen. Er sagte, in den Tagen, die die dreißig Teilnehmer der Gruppe gemeinsam verbracht hatten, sei etwas sehr Eindrucksvolles mit ihm geschehen:
»Wir konnten uns nicht wirklich losreißen. Wir wollten einander nicht verlassen; hier passierte etwas, das wir wie ein gemeinsames Nachdenken empfanden ... Und ich vergleiche das mit der Situation, in der mich mein Chef anruft und sagt: ›Sie müssen einen Vortrag über ein Thema halten, das mindestens zwei Personen so stark interessiert, dass sie bereit sind, zwanzig Minuten zuzuhören.‹ Und ich dachte, vielleicht sollte ich ja mehr vergleichen, und dann wäre es nicht mehr so kohärent und authentisch, wie ich es gestern Abend empfunden habe.
In dieser Art Gruppen habe ich das Gefühl von Gleichklang, das Gefühl, wir können miteinander tanzen, ohne uns dauernd auf die Füße zu treten ...«
Aber dieses Gefühl der Verbundenheit machte ihm auch Angst. Vor allem fürchtete er sich davor, zu seiner Arbeit zurückzukehren:
»Kann ich das, was ich hier gefunden habe, auch später noch nutzen? Das macht mir ein wenig Sorge. Ich meine, die erste Person, mit der ich spreche, wenn ich wieder zurück bin, ist wahrscheinlich meine Frau. Und ich bin ein bisschen beunruhigt wegen dieses Gesprächs. Dieser erste Satz macht mir einfach Sorgen.«
Darauf reagierte eine andere Teilnehmerin, Mary Jo:
»Ich will hier nicht (allzu sehr) den Widersacher spielen, aber mir kommt das doch ein wenig zu sehr wie das Idyll vom ländlichen Glück vor. Ich bin jetzt vielleicht ein bisschen spröde, aber dieses: ›Wir sind alle so glücklich miteinander und so ...‹ – ich empfinde das einfach nicht so, Frank. Für mich ist das hier kein so wunderbarer Ort, dass ich mich völlig verändert fühlen müsste, wenn ich ihn verlasse.«
Diese Sequenz, in der eine tiefempfundene, liebevolle Aussage sofort in Frage gestellt wurde, hätte zu Problemen führen können, wenn das Klima des Dialogs die Dynamik nicht verändert hätte. Mary Jos Äußerung war von Respekt getragen; sie hatte Frank nicht verurteilt, sondern einfach einen anderen Gesichtspunkt formuliert, eine klare Gegenposition, mit der das, was geschah, überprüft und vertieft werden sollte.
Das eröffnete die Möglichkeit für weitere Interaktionen. Ein Teilnehmer folgte Mary Jo und meinte, auch ihm wäre bei Franks Worten etwas unbehaglich zu Mute gewesen. Und ein anderer sagte:
»Ich bin wirklich froh über das, was Frank und Mary Jo gesagt haben. Ich fühle mich nicht verpflichtet, die beiden Positionen zu versöhnen oder mich für eine

zu entscheiden. In dieser Umgebung jedenfalls kann ich beides nachvollziehen. Und das ist einfach gut.«

Danach schwiegen alle einen Moment und schienen nach Worten zu suchen. Hier hatten verschiedene Standpunkte einmal nicht wie gewohnt zu Polarisierung, sondern zu allgemeiner Bereicherung geführt. Anscheinend brauchten alle einen Moment, um diese Erfahrung zu verarbeiten. Danach wurde das Gespräch sehr bedachtsam und bewusst.

Diese Gruppe hatte nach mehreren Tagen ein Klima geschaffen, in dem es möglich war, scheinbar entgegengesetzte Standpunkte vorzutragen und eine Perspektive zu entwickeln, in der für beides Raum war und alle durch Zuhören etwas lernen konnten. Niemand hatte das Bedürfnis, den einen oder anderen Standpunkt zu korrigieren, die offensichtlichen Unterschiede zu verdecken oder einen der beiden Sprecher »fertig zu machen«. Und dadurch waren ihnen alle vier Formen des dialogischen Verhaltens möglich: Suspendieren, Artikulieren, Zuhören und Respektieren.

Im Dialog besteht ausgeglichene Aktion in der Art, in der die Gesprächspartner ihren Standpunkt deutlich machen, kombiniert mit Charakter und Gegenwärtigkeit. Sind diese Elemente im Gleichgewicht und präsent, dann ist ein Dialog möglich.

Auf die zugrundeliegende Absicht hören

Ein erster Schritt dazu ist es, darauf zu achten, welche der vier Aktionshaltungen benutzt werden und welche Absicht dahinter steht. Kantor hat gezeigt, dass hinter jeder Haltung generische »Intentionen« stehen, und einige typische Fehldeutungen beschrieben.

In einem Kurs, den ich leitete, konnte eine Teilnehmerin bei einem Gespräch über musikalische Improvisation und Dialog ihre Ungeduld kaum noch zügeln und meinte schließlich bissig: »Ich kann einfach nicht erkennen, was daran wichtig sein soll.« Sie war in ihrer Gruppe schon öfter mit solchen Bemerkungen hervorgetreten und »opponierte« häufig gegen das, was im Gespräch gesagt wurde. Und ihre Botschaften waren immer gemischt: Einerseits vermittelten sie ihre Unfähigkeit, die Verbindung zu erkennen, andererseits ihre Meinung, dass es im Grunde gar keine Verbindung gebe – dass sowohl die Ideen als auch die Leute, die sie vertraten, fehlerhaft waren.

Wenn Menschen auf diese Weise opponieren, wirken sie kritisch, nörgelnd, spaltend und schwierig – und sind es oft genug auch! Und doch entspricht das kaum ihren Absichten. Unterstellt man ihnen all die hässlichen Motive, überhört man unter Umständen wertvolle Informationen, die sie einzubringen versuchen. Da ich das wusste, bat ich sie, ihre Reaktion und deren Ursachen zu erläutern. Dabei stellte sich heraus, dass sie sich auf musikalischem Gebiet keine Kompetenzen zutraute und von ihrer musikalischen Schwester so lange gequält worden war, bis sie schließlich die Musik und alles, wofür sie stand, hasste. Das heißt, die Absicht hinter ihrer Reaktion war der Selbstschutz, denn sie konnte beim Zuhören nur mit Mühe ihre Integrität bewahren.

Jeder vier Aktionshaltungen liegen solche generischen »Absichten« zugrunde. Wenn wir sie verstehen, können wir lernen, die »Verzerrungen« in der Kommunikation anderer nicht zu beachten, und statt dessen auf das hören, was sie wirklich zu sagen versuchen. Abbildung 4 listet auf, welche Absichten hinter der Haltung des Widersachers stehen und wie sie bei anderen aufgenommen werden können.

Absichten der »**treibenden Kraft**«	Richtung Disziplin Engagement Perfektion Klarheit	**kommt bei anderen an als**	Omnipotenz Ungeduld Unentschlossenheit Konfusion Autoritäres Verhalten
Absichten des »**Anhängers**«	Ergänzung Mitgefühl Loyalität Diensteifer Kontinuität	**kommt bei anderen an als**	Beschwichtigung Unentschlossenheit Beeinflussbarkeit Wischiwaschi übertriebene Anpassung
Absichten des Widersachers	Mut Integrität Korrektur Schutz Überleben	**kommt bei anderen an als**	Kritik Nörgeln Vorwurf Angriff Eigensinn
Absichten des Beobachters	Perspektive Geduld Bewahren Mäßigung Selbstreflexion	**kommt bei anderen an als**	Distanz Urteil Desertion Zurückgezogenheit Schweigen

nach David Kantor; unveröffentlichtes MS

Abb. 4: Die vier Aktionshaltungen

Wenn andere unsere Auffassung korrigieren, empfinden wird das leicht als Kritik. Dadurch nehmen wir sie aber vielleicht nicht ernst, gehen über ihre Bemerkungen hinweg – und lernen nichts von ihnen.

Genauso kann jemand, der stets die treibende Kraft verkörpert, diktatorisch wirken – oder auch konfus, wenn er nichts weiter tut als Vorschläge zu machen, ohne bei einem zu bleiben. Jemand, der nur die Haltung des Anhängers beherrscht, erscheint schwach und abhängig, während ein guter Beobachter distanziert wirken kann.

Die Herausforderung des Dialogs besteht darin, jenseits des Anscheins und des mit einer bestimmten Haltung verbundenen Ballasts nach der Intention zu suchen. Was wollte der Gesprächspartner wirklich? Was wollte *ich* wirklich? Oder umgekehrt: Wie wirke ich auf andere? Warum haben die anderen meine Absicht, die mir so klar war, missverstanden? Abbildung 4 zeigt, was mit den einzelnen Haltungen beabsichtigt wird und wie andere diese Absichten missverstehen können:

Im Mittelpunkt der Kunst des gemeinsamen Denkens steht die Erkundung der wahren Motive und Absichten der Beteiligten im Geist der *Vergebung* – unabhängig von den Wirkungen, die das Handeln der Einzelnen haben mag. Das bedeutet nicht, dass wir das Handeln gar nicht berücksichtigen sollten. Aber mit diesem Ansatz lässt sich das Handeln weit besser verstehen.

Anmerkungen

[1] Vgl. z.B. Edward Tenner: *Die Tücken der Technik: Wenn Fortschritt sich rächt*. Aus d. Amerikan. v. Michael Bischoff; Frankfurt a.M. 1999; Dietrich Dornbusch: *The logic of failure*, New York 1996.

[2] Thomas Davenport: *Why reengineering failed. The fad that forgot people*. 1995 (Fast Company, 1), 70-74.

[3] CSC Index: State of reengineering report. In: ebenda, 71.

[4] Chris Argyris: *Empowerment: the emperor's new clothes*. In: Harvard Business Review, May-June 1988.

[5] Tim Galway: *The inner game of tennis*, New York 1974.

[6] Hier ist insbesondere die Arbeit von Diana McLain Smith und ihrer Kollegen Phil McArthur und Robert Putnam von Action Design Associates, Weston, Mass., zu erwähnen, auf die ich mich in diesem Teil stütze; Vgl. a. Peter Senge u.a.: *Das Fieldbook zur Fünften Disziplin*. Aus d. Amerikan. v. Maren Klostermann, Stuttgart 1996; Peter Schwartz: *The skilled facilitator*, San Francisco 1994.

9. Überwindung struktureller Fallen

Eine weitergehende Beschäftigung mit der prognostischen Intuition erfordert die Entwicklung einer anderen Bewusstseinsebene. Dazu müssen wir begreifen, auf welche Weise die Kräfte in einem Setting bestimmte Ergebnisse produzieren. Mein Lieblingsbild dazu stammt aus einem Cartoon, der zwei Fische in einem Mixer zeigt, der jeden Moment angestellt werden kann. Einer der Fische sagt zum anderen: »Und die erwarten, dass wir uns entspannen!«

Der Mixer ist ein gutes Beispiel dafür, wie eine Struktur das Verhalten (und das Angstniveau) dieser Fische bestimmt.[1] Gibt es auch in Ihrem Dialogsetting solche Faktoren? Die Erwartung, dass man bei der Etataufstellung mehr Geld fordert, als man braucht, ist ein Beispiel für die generische Struktur der Aufstellung und Verabschiedung von Etats.

Definition der Struktur

Unter »Struktur« stellen sich viele so etwas wie einen Organisationsplan oder eine Bauzeichnung vor. In der Regel bezieht sich der Begriff auf den physischen Aufbau. Die Biologen gehen von einer grundlegenden Struktur aller Körper aus, d.h. von einem bestimmten Aufbau der physischen Komponenten der Materie. Aber wenn es um die Interaktionen der Beteiligten an einem Dialog geht – also im sozialen Bereich – bedeutet Struktur etwas anderes. Ich definiere Struktur in menschlichen Gesprächen und Interaktionen als Set aus Systemen, Gewohnheiten und Bedingungen, das Menschen dazu zwingt, so zu handeln, wie sie es tun.[2] Strukturen regeln das Denken und Handeln und sind relativ stabil: Wenn wir die Strukturen kennen, die den Einzelnen oder eine Gruppe leiten, lassen sich Verhaltenstendenzen vorhersagen. Strukturen setzen sich aus Qualität, Inhalt und Aktualität der weitergegebenen Information zusammen, einschließlich der Ziele, Anreize, Kosten und Rückmeldungen, die das Verhalten motivieren oder einschränken.[3]

*So führte zum **Beispiel** der CEO eines Unternehmens, das ich einige Jahre untersucht habe, eine neue Art der Interaktion mit seinen unmittelbaren Mitarbeitern ein. Es schien ihm zu aufwendig und unergiebig, an jeder Entscheidung alle acht Mitarbeiter zu beteiligen. Deshalb beschloss er, seine Besprechungen in Zukunft in kleineren Untergruppen zu führen. Die Mitarbeiter sahen darin ein Zeichen des Misstrauens, hatten aber nicht den Mut, das anzusprechen, weil sie glaubten, sein Vertrauen zu ihnen sei schon so weit gesunken, dass er ihre Mitarbeit nicht mehr schätzte. Beim nächsten Meeting des gesamten Teams fragte der CEO, ob alle mit dem neuen Verfahren einverstanden seien oder jemand Probleme damit habe. Aufgrund des vermuteten Vertrauensverlusts wichen die Mitarbeiter aus und äußerten sich nicht negativ dazu. Der CEO wertete das als Zustimmung und führte das neue Verfahren fort. Er war schockiert, als die Gruppe schließlich auseinanderbrach, während seine Mitarbeiter meinten: »Wir haben versucht, es Ihnen zu sagen.«*

Dieses Team hatte sich in eine Interaktionsstruktur verstrickt, die sich wechselseitig selbst verstärkte und selbst bestätigte. Die Aktionen des CEO führten zu einem vorsichtigen Verhalten der Mitarbeiter, das wiederum ihn bestätigte. Diesen Feedback-Prozess kann man häufig in Teams antreffen. Niemand wollte eine Sackgasse und eine Explosion schaffen, auch der CEO nicht, aber gleichzeitig hätte es auch niemand verhindern können. Dieses Beispiel illustriert das, was Kantor als »Strukturfalle« bezeichnet.

Diagnose von Strukturfallen

Wir haben es dann mit einer Strukturfalle zu tun, wenn ein Teil des Systems ein bestimmtes Verhalten und ein anderer das Gegenteil verlangt. Es kommt häufig vor, dass verschiedene Subsysteme in einem Unternehmen unterschiedlicher Meinung über Probleme und Lösungen sind und tendenziell auch nicht gut miteinander kommunizieren. Dadurch bekommen die Mitarbeiter das Gefühl, ihre Bemühungen um Veränderung würden ständig unterlaufen und neutralisiert, ungeachtet aller gutgemeinten Anstrengungen, den Abstieg aufzuhalten.

*Ein **Beispiel**: Die Manager eines Unternehmens, das zu einem bekannten Konzern gehörte, der im Bereich Industrieanlagen tätig war, waren zutiefst frustriert, weil sie keine Fortschritte mehr machten. Sie hatten ihren Geschäftszweig, den sie seit Jahren leiteten, praktisch erfunden und besaßen mehrere sehr erfolgreiche Tochterfirmen in der ganzen Welt.*

Aber mittlerweile waren neue Wettbewerber hinzugekommen, der globale Marktanteil war signifikant geschrumpft, die Rentabilität gesunken und ihre einst unbestrittene Vorherrschaft verloren. Und alle Bemühungen, sich wieder an die

Spitze zu setzen, waren gescheitert. Sie hatten über die nötigen Schritte nachgedacht, klare Vorstellungen über die erforderlichen Aktionen entwickelt, sich auf eine Veränderung geeinigt – und nach einigen Monaten festgestellt, dass alles beim Alten geblieben war.

Der Grund lag darin, dass es sich um eine sehr individualistische Führungsgruppe handelte, in der jeder sich für Veränderungen verantwortlich fühlte und gleichzeitig besessen daran arbeitete, seinen eigenen Bereich zum Erfolg zu führen. Ihre zahlreichen Veränderungsbemühungen waren unkoordiniert und überlappten sich in weiten Teilen. Wichtiger war aber, dass es darin tief verwurzelte innere Widersprüche gab. Man war sich z.B. einig, dass man den zentralisierten Herstellungsprozess gründlich überprüfen musste und ein Lean-Production-System mit stark reduziertem Inventar und sehr schnellen Umschlagszeiten brauchte. Das bedeutete, dass die lokalen Zweigwerke einen Teil der Kontrolle abgeben und ihre Arbeit an einem zentralen Planungssystem ausrichten mussten.

Wie sich herausstellte, gab es in allen Zweigwerken neben den »offiziellen« auch noch inoffizielle Planungen, an denen alle Entscheidungen ausgerichtet waren. Die Leiter der Zweigwerke glaubten, untereinander um die Fertigungsressourcen konkurrieren zu müssen. Die Offenlegung ihres tatsächlichen Bedarfs durch die Bekanntgabe ihrer Planungsdaten bedeutete für sie, den Anforderungen ihrer Kunden nicht mehr gerecht werden zu können und damit ihrer lokalen Rentabilität zu schaden. Die Manager vor Ort wurden nicht nach ihrer Leistung für das Gesamtunternehmen, sondern nach ihrer Leistung für das Zweigwerk beurteilt und bezahlt, und die Kontrolle darüber hatte wiederum ein anderer Unternehmensbereich. Damit steckten die Manager vor Ort in einem Dilemma: Was dem Gesamtunternehmen nutzte, schadete ihnen selbst. Gleichzeitig wussten sie, dass diese Vorrangstellung der lokalen Interessen auf lange Sicht nicht haltbar war, denn die Wettbewerber gewannen zunehmend an Boden und setzten eben die Veränderungen um, die sie selbst in ihrem Unternehmen verhinderten. Alle waren sich einig, dass man ein neues System brauchte, aber in der Praxis war niemand wirklich bereit, aktiv zu werden.

Diese Art von Fallen werden häufig nicht thematisiert oder diskutiert. In diesem Beispiel wurden die Probleme zwar endlos analysiert und anscheinend auch erkannt, aber es gelang nicht, alle Beteiligten in einem Raum zusammenbringen und gemeinsam über die unterschiedlichen Annahmen und Probleme zu sprechen. In solchen Fällen halten die Probleme an – und das oft jahrelang.

Strukturfallen können ein Unternehmen ernsthaft schwächen. Der Ausweg liegt, wie ich glaube, im Dialog. Aber dazu braucht man eine Sprache, mit der man diese Fallen und die sie stützenden Kräfte darstellen und verstehen kann.

David Kantor hat eine Möglichkeit zur Diagnose solcher Fallen entwickelt. Seine Theorie, die sogenannte »strukturelle Dynamik«, entstand aus dem Versuch, zwei divergente Strömungen in der systemischen Familientherapie zu integrieren: das Konzept der »Systemkomponenten«, d.h. die Frage nach den verschiedenen Elementen eines Systems, und das Konzept der Psychodynamik, d.h. nach der Psyche und den Zielen, den Neurosen und der Entwicklung des Menschen.

Kantors System benutzt Begriffe, die seit langem bekannt sind. Ihr Wert besteht erstens darin, dass es ein sehr versöhnliches Modell ist, das kein Gut und kein Böse kennt; alles hat einen Nutzen, bringt Positives und Negatives ein. Man muss nur verstehen, wie es in der Praxis funktioniert.[4] Zweitens ist die Sprache, die Kantor entwickelt hat, ausgesprochen *brauchbar*. Sie verhilft zu einem Verständnis der eigenen Kommunikationsprobleme und ermöglicht es, zu begreifen, warum die eigenen Bemühungen bei anderen auf Ratlosigkeit stoßen können. Und drittens benennt Kantors System, was für den Dialog besonders wichtig ist, die zentralen Formen, in denen sich Menschen fragmentieren.

Er erreicht das durch die Beschreibung einer Vielzahl verschiedener Interaktionsebenen, die alle einen starken Einfluss haben, sich miteinander verbinden und von einem Augenblick zum anderen wechseln. Für den Dialog sind zwei Ebenen besonders wichtig:

- Die Menschen haben drei Sprachen zur Verfügung: Die Sprache des Affekts (oder Gefühls), die Sprache des Sinns und die Sprache der Macht. Wenn das übersehen wird, entstehen Verwirrung und Fehler in der Kommunikation, vergleichbar den Fehlern bei der Übersetzung von Fremdsprachen. Angesichts solcher »Sprachstörungen« machen viele den Fehler, lauter zu sprechen oder anzunehmen, der Partner »begreife es nicht«.

- Davon zu unterscheiden sind die drei verschiedenen »Perspektiven«, aus denen sich unterschiedlichen Präferenzen bei der Organisation von Macht und Beziehungen in allen Systemen ergeben: offene, geschlossene und randomisierte »Systemparadigmen«. Diese Präferenzen bestimmen unser Denken und Fühlen, ob wir uns dessen bewusst sind oder nicht. Wenn wir uns der eigenen und fremden Präferenzen bewusst werden, wachsen Verständnis und Kommunikationsfähigkeiten.

Das Verständnis dieser Ebenen ermöglicht es, die Fragmentierung zu suspendieren. Nur wenn alle Elemente des Ganzen berücksichtigt werden, läßt sich Ganzheit erfahren.

Die Sprache des Affekts, des Sinns und der Macht

Der Tod der englischen Prinzessin Diana hat Menschen in aller Welt berührt. Manche sprachen über Gefühle wie Schock, Trauer, Zorn und Mitleid. Englands Premierminister sorgte sich öffentlich um Dianas Kinder. Andere redeten darüber, dass man handeln müsse: Es müsse Schluss sein mit dem Fahren unter Alkoholeinfluss und der rücksichtslosen Jagd der Fotografen nach einem einträglichen Bild der Reichen und Berühmten. Wieder andere reagierten nachdenklicher und fragten: Was bedeutet Prinzessin Dianas Tod für England und die Beziehungen zwischen der Presse und der Bevölkerung? Welche Konsequenzen hat dieser enorme öffentliche Ausbruch von Gefühlen in einem Land und einem Volk, das in der Regel zur Distanz neigt? Was sind die Folgen für den Status der englischen Königsfamilie?

Dasselbe Ereignis hat also ganz verschiedene Reaktionen ausgelöst: Erstens die Sprache des Herzens und der Affekte. Zweitens die Sprache des Handelns und der Veränderung, die ich als Sprache der Aktion und der Macht bezeichne und die danach fragt, was zu tun ist. Und drittens die Sprache des Sinns, d.h. die Frage nach den breiteren Folgen des Ereignisses: Was bedeutet das für England?

Wer die Sprache der Affekte spricht, fragt an erster Stelle nach den Menschen und ihren Gefühlen. Solche Menschen sehen die Welt tendenziell als ein Geflecht von Beziehungen und achten auf den Ton des Gesagten genauso wie auf den Inhalt. Sie beschreiben häufig ihre Gefühle, erkundigen sich nach denen der anderen und erwarten, dass man diese Ebene der Erfahrung ernst nimmt.

Ich kenne eine Gruppe leitender Beamter im Erziehungsbereich, die sich ausführlich mit den Fehlfunktionen des staatlichen Schulsystems beschäftigen, in dem sie arbeiten. Sie wollen unbedingt Veränderungen erreichen. Hört man ihnen genau zu, stellt man fest, dass sie nicht nur über Aktionen reden. Sie beziehen sich ständig auf die Kinder und deren Bedürfnisse sowie auf die eigenen Gefühle angesichts der Blindheit der Wähler, die sich von ihren rassistischen Vorurteilen davon abhalten lassen, für mehr Geld zur Verbesserung der innerstädtischen Schulen zu stimmen. Ihnen geht es vor allem um die Gefühle der Lehrer und Kinder in einem unterfinanzierten System sowie um die Frage, wie sie den Bedürfnissen einer Wählerschaft gerecht werden können, für die sie sich verantwortlich fühlen.

Die Sprache des Sinns drückt das Interesse an den Gedanken, Werten, Theorien und Philosophien aus, die hinter den Ereignissen stehen. Solche Menschen beschäftigen sich leidenschaftlich mit Ideen, besitzen klare

Prinzipien, die sie verbreiten und für deren Einhaltung sie sorgen wollen, oder untersuchen bestimmte Vorstellungen so ausschließlich, dass Fragen des Handelns und des Gefühls ausgeklammert bleiben.

Der Sozialwissenschafter und Philosoph Donald Schön ist ein gutes Beispiel für jemanden, der die Sprache der Bedeutung spricht. Er ist der personifizierte Forschergeist. Die Erfahrung, bei ihm eine Doktorarbeit zu schreiben, war so wunderbar wie schrecklich. Meine Kommilitonen und ich schämten uns entsetzlich, wenn er uns zeigte, wie viele Fragen wir nicht gestellt hatten, wie fehlerhaft unsere Argumentation und wie faszinierend der neue Bereich war, den wir noch nicht betreten hatten. Don Schön hörte uns mit geschlossenen Augen ganz still zu und fasste dann das Gehörte zusammen. Immer verstand er es auf eine Weise, die weit über das hinausging, was wir gesagt hatten, und wies auf den hohen Standard des Denkens hin, den wir erreichen könnten, aber in der Regel noch nicht erreicht hatten. Er war ein unbestechlicher Spiegel, der enthüllte, welche Tiefen noch zu untersuchen blieben, und zeigte uns dadurch, warum Stillstand und Oberflächlichkeit einfach nicht reichten.

Und schließlich gibt es Menschen, die sich nicht für Gefühle und Sinn interessieren, sondern wissen wollen, was zu *tun* ist. Sie sprechen die Sprache der *Macht*. Unter *Macht* versteht Kantor nicht Autorität, sondern den Drang zu handeln.

Ein Manager aus meinem Bekanntenkreis, der früher Offizier bei der Marine war, ist ein Musterbeispiel für die Sprache der Macht. Sein Fokus liegt ausschließlich auf Aktion und Führung – er ist stets bereit, dafür zu sorgen, dass etwas getan wird. Wenn man ihm etwas beschreibt, erwartet man stets ein achselzuckendes: Na und? Das ist nicht herabsetzend gemeint, sondern zeigt sein Bedürfnis, Sprache und Aktion zu koppeln. Seine Verantwortung nimmt er sehr ernst. Verantwortung heißt für ihn, alle, die seiner Meinung nach ihre Aufgaben nicht erfüllen, damit zu konfrontieren. In einem Leitungsteam z.B. kommt es oft vor, dass die Manager privat über die Probleme sprechen, die sie mit ihrem Chef haben. Aber dieser Mann spricht den Chef selbst darauf an und fragt: Wissen Sie das? Was wollen Sie tun? Auf seine freundliche, aber feste Art macht er unmissverständlich klar, dass er die Vermeidung solcher Themen nicht toleriert. Berater riskieren oft ihre Zukunft, wenn sie ihren Klienten konfrontieren. Dieser Mann dagegen hält das schlicht für seine Aufgabe und geht davon aus, dass ihn andere genauso direkt mit allem konfrontieren, was ihnen nicht gefällt.

Diese »sprachlichen Bereiche« benutzen wir alle ständig, je nach den Umständen, den Anwesenden und ihrem Charakter. Dabei werden die verschiedenen Sprachen nicht immer in »Reinform« gesprochen, sondern gemischt, abhängig von der Situation. Sie sollten nicht als universelles Etikettierungssystem verstanden werden, sondern als Mittel, mit dem sich die Sprachschwierigkeiten im direkten Dialog transzendieren lassen.

Es sind tatsächlich unterschiedliche Sprachen, die bei der Kommunikation zu denselben Schwierigkeiten führen, wie sie bei Übersetzungen von Fremdsprachen auftreten. Wer die Affektsprache spricht, wird von Menschen, die die Sprache von Aktion und Macht benutzen, oft nicht ernst genommen. Fordert man letztere zu einem Gespräch über den Sinn einer Sache auf, werfen sie einem oft vor, man sei zu »intellektuell«. Und auf Menschen, die in der Sprache der Affekte oder des Sinns kommunizieren, wirken Fragen nach Handlungsmöglichkeiten oft verfrüht.

Welche Sprache sprechen Sie?

Wer einen echten Dialog führen will, muss begreifen, welche Sprache er selbst spricht und welche die anderen sprechen. Die Fragmentierung der Sprache zählt zu den Faktoren, die jeden Dialog zum Scheitern bringen können. Wer für »Dialog« plädiert, neigt in der Regel zur Sprache des Sinns, eventuell auch zur Sprache der Affekte und des Herzens; das kann bei anderen, für die Gespräche ein Luxus oder ein Vorspiel zur Aktion sind, aber sie nicht ersetzen können, sehr negative Reaktionen hervorrufen.

In einem Gespräch zwischen Managern und Beratern, das ich vor kurzem mithörte, ging es darum, was das gegenwärtig dringendste Thema sei. Einer der Teilnehmer drängte den anderen seine Prioritäten auf: Man müsse darüber nachdenken, welche Aktionen man durchführen wolle, welche Hindernisse dem entgegenstünden und was die eigene Rolle in diesem Prozess sei. Dann begann eine Teilnehmerin, sich dagegen zu wehren: Man könne die Sache schließlich auch ganz anders sehen und müsse die Gefühle und Geschichten der Beteiligten berücksichtigen, die persönliche Bedeutung und die Wirkung. Hier hatte der Mann die Sprache der Macht und Effizienz gesprochen, während die Frau aus der Perspektive des Gefühls zugehört und in dieser Sprache reagiert hatte.

Solche Unterschiede können Gespräche ernsthaft stören. Wenn zwei Menschen verschiedene Sprachen sprechen, neigen sie zu der Ansicht, der jeweils andere übersehe das Wesentliche. Das führt dann meist zu einer »Plädoyer-Runde«, bei der jeder den anderen von seiner Perspektive überzeugen will. Aber wenn man jemanden erreichen will, muss man lernen, die Sprache zu sprechen, die er versteht, und in der Sprache zuzuhören, die er spricht.

Vergleichbare Sprachschwierigkeiten gibt es auch auf der Organisationsebene. Im Personalbereich z.B. herrscht oft die Sprache der Affekte oder des Sinns vor; hier geht es vor allem um den Menschen. Aber die Abteilungen, mit denen die Mitarbeiter aus dem Personalbereich zusammenarbeiten, sind überwiegend von der Sprache der Macht geprägt. Die Verantwortung eines Produktionsmanagers z.B. beschränkt sich letztlich auf »Zahlenspiele« – hier geht es um finanzielle Ergebnisse, die den Erwartungen der Shareholder gerecht werden. Entsprechend konzentriert sich ein Produktionsmanager zwangsläufig auf Aktion und Macht. Aus seiner Sicht hat jemand, der ihn in der Affektsprache anspricht, einfach »nicht begriffen, worum es geht«. Personalmanager kompensieren das dann häufig dadurch, dass sie ihrerseits die Machtsprache übernehmen, beherrschen sie aber im Grunde nicht und verlieren dadurch an Glaubwürdigkeit..

Solche Störungen gibt es viele. Wissenschaftler und Forscher z.B. sprechen oft die Sinnsprache: Es geht ihnen um das Verständnis der grundlegenden Ursachen. Manager sprechen die Machtsprache: Sie wollen, dass etwas erledigt wird. Solche Differenzen lassen sich überbrücken, wenn die Manager erkennen, dass der Sinn den ihnen unterstellten Forschern wichtig ist.

Bei dem früheren Produktionsmanager bei Ford, Fred Simon, konnte man diesen Wechsel besonders klar erkennen. Als er auf seine Erfahrung mit dem MIT Center for Organizational Learning zurückblickte, meinte er, er sei bei der Vorstellung, dass da »ein Haufen Akademiker daherkommt und sich in meine Angelegenheiten einmischt«, sehr skeptisch gewesen, habe aber gleichzeitig auch erkannt, dass das Verhalten der Mitarbeiter dringend einer Veränderung bedurfte. Er war damals für die Entwicklung des neuen Ford Lincoln Continental verantwortlich. Zu diesem Projekt gehörte auch ein neues Modell, das dreieinhalb Jahre später auf den Markt kommen sollte. Bei Ford herrschte eine solche Angst, Fehler zu machen, dass die Ingenieure, die für die Entwicklung des neuen Modells verantwortlich waren, sich hüteten, über Probleme zu sprechen, für die sie selbst noch keine Lösung hatten. Dadurch ergaben sich Verzögerungen, die andere Bereiche betrafen und den gesamten Entwicklungsprozess verlangsamten. Alle Gespräche darüber wurden in der Sprache der Macht geführt – einer Sprache also, die auf möglichst rasche Erledigung drängt.

Simon bot seinen Teamleitern Methoden und eine Atmosphäre, in der es möglich war, ohne Sanktionen über den Sinn zu sprechen – gemeinsam darüber nachzudenken, was funktionierte und was nicht. Dadurch nahm der Konkurrenzdruck zwischen den Teams ab. Sie lernten. Und sie fanden einen Weg, Fehler schneller als früher zu entdecken und zu beheben. Das führte dazu, dass sie bei der Entwicklung und Produktion des neuen Wagens zahlreiche Rekorde brachen. Weil sie gemeinsam lernten, konnten sie die neuen Prototypen termingerecht produzieren und hatten genügend Zeit, sie zu testen und den Ingenieuren ein Feedback für das endgültige Design zu geben. Das hatte vor ihnen noch niemand geschafft.

Auf die sprachlichen Unterschiede hören

Wenn man auf Kantors drei Sprachen achtet, kann man die Ökologie des Gesprächs verändern. In den meisten Gesprächen herrscht eine Sprache vor. Intensive Verhandlungen z.b. werden in der Regel in der Sprache der Macht geführt. Es geht es um Aktionen, Resultate und das Verhalten der anderen Seite. Durch Erkundung der beiden anderen Bereiche kann man hier Einfluss gewinnen und neue Optionen aufzeigen. Wie fühlen sich die Beteiligten? Hat jemand sie danach gefragt? Bei Konflikten zwischen Gewerkschaft und Management z.b. gibt es auf Gewerkschaftsseite häufig die Angst, ein Opfer der Launen des Managements zu werden. Das führt dann leicht zu Oppositionsverhalten, unabhängig davon, was man denkt oder was die andere Seite sagt. Die Gewerkschaftsvertreter gehen von der Annahme aus, die Situation sei unfair und unausgeglichen, und fragen sich, ob sich das überhaupt verändern kann. Wenn eine der beiden Parteien das erkennt und darauf reagiert, eröffnen sich neue Möglichkeiten. Man kann z.B. fragen: Welchen Sinn hat diese Situation für mich? Für andere? Welche Bedeutung hat dieses Gespräch für Sie?

Unterschiede überwinden: Systemparadigmen

Im Juni 1997 reiste Robert McNamara, der Verteidigungsminister Lyndon B. Johnsons, nach Vietnam. James Blight von der Brown Universität hatte die Reise organisiert. McNamara wollte offen über die Fehler im Vietnamkrieg sprechen, um so zu lernen, wie man ähnliche Konflikte in Zukunft vermeiden konnte. Wie er unumwunden einräumte, hatte er immer stärker das Gefühl, der Krieg – und der dadurch bedingte Tod so vieler Menschen – sei nicht nötig gewesen. In einem Interview sagte er: »Menschen müssen ihre Fehler untersuchen. Wir müssen den Leuten klar machen, wie gefährlich es ist, wenn sich die politische Führung so verhält, wie wir uns damals verhalten haben.«[5]

Neben McNamara nahmen führende Generäle, Diplomaten und Politiker aus Vietnam und den USA, die am Krieg beteiligt gewesen waren, sowie eine Gruppe amerikanischer Historiker am Gespräch teil. Sie wollten die sogenannten »verpassten Chancen« in diesem Krieg verstehen. McNamara hatte bereits gesagt, dass seiner Meinung nach falsche Annahmen und Maßnahmen die Tragödie verursacht hatten. Das unterstrich er während der Konferenz noch einmal. Er hoffte auf ein ähnliches »Geständnis« der vietnamesischen Seite.

Aber dazu kam es nicht. Die Amerikaner nahmen bei der Abreise den Eindruck mit, bereitwilliger über ihre Irrtümer gesprochen zu haben als ihre vietnamesischen Gesprächspartner, die auf präzise Fragen nach Fehlern gar nicht reagiert hatten. Auf der abschließenden Pressekonferenz sagte der Leiter der vietnamesischen Delegation: »Es war die amerikanische und nicht die vietnamesische Seite, die die Gelegenheiten (im Krieg) nicht genutzt hat.« Rückblickend wird deutlich, dass beide Seiten die Chancen der Konferenz nicht wirklich nutzen konnten.

Betrachtet man die Konferenz aus der Perspektive, die David Kantor entwickelt hat, wird erkennbar, dass die beiden Gruppen nach völlig verschiedenen Systemparadigmen agierten. Dies war zumindest eine der Ursachen für die Störung, heute nicht anders als in den Zeiten des Kriegs. Die Amerikaner wollten einen »offenen« Austausch, der individuelle Verantwortung und Schuld ernst nahm und ein gemeinsames Nachdenken über die Ereignisse ermöglichte. Die Vietnamesen vertraten einen »geschlossenen« Ansatz; sie wollten nicht über individuelle Handlungen, sondern über historische Entwicklungen und über den Kontext, die traditionellen Entscheidungsgrundlagen, Ereignismuster und Herrschaftsstrukturen sprechen, die zu spezifischen Entscheidungen und Ereignissen geführt hatten.

Diese beiden Systemparadigmen – das offene und das geschlossene – lassen sich in vielen verschiedenen Settings finden. Wenn zwei Menschen von verschiedenen Paradigmen ausgehen, können sie oft nicht gut miteinander sprechen. Es kann sehr erhellend sein, diese Paradigmen zu berücksichtigen.

Die Amerikaner hatten ursprünglich vorgehabt, das Gespräch auf den Zeitraum von 1961 bis 1968 zu beschränken, d.h. auf die Amtszeit McNamaras. Sie wollten über die damaligen Ereignisse und Entscheidungen sprechen, zu denen es Alternativen gegeben hatte – Entscheidungen also, die von individuellen Politikern getroffen worden waren. Damit waren die Vietnamesen nicht einverstanden. Sie wollten Ereignisse aus dem Jahr 1945 und früher aufgreifen und deutlich machen, dass sie fünfhundert Jahre um ihre Unabhängigkeit gekämpft hatten und dann in diesem Bemühen von eben dem Land nicht unterstützt worden waren, von dem sie Unterstützung erwartet hatten – von Amerika also. Sie wollten damals und, wie ich glaube, auch heute noch den Amerikanern begreiflich machen, wie tiefgehend sie sich von einem Land verraten fühlten, auf dessen Unterstützung sie gezählt hatten, das sie aber stattdessen angegriffen und in einen schrecklichen Krieg verwickelt hatte. Die Amerikaner dagegen wollten Absolution und die Chance, etwas zu lernen.

Dazu kamen weitere Differenzen. Die Amerikaner waren zu einem relativ offenen Informationsaustausch bereit. Die Öffnung der geheimen Archive in der ehemaligen Sowjetunion hatte in ihnen die Hoffnung auf eine vergleichbare Öffnung in Vietnam geweckt. Sie selbst brachten ganze Bände voll Material mit. Aber die Vietnamesen spielten auf Zeit und hielten sich schließlich nicht an die Abkommen über die Öffnung der Archive. Sie verweigerten CNN auch die Übertragung des Ereignisses. Sie zweifelten am Wert einer so weit gehenden Medienöffentlichkeit, wie sie die Amerikaner wünschten.

Die Beteiligten agierten entsprechend ihrer Paradigmen. Die Vietnamesen reagierten auf die Forderungen der Amerikaner mit Rückzug, sie wurden zu »Statuen aus Stein«, wie ein amerikanischer Teilnehmer sagte. Die Amerikaner zweifelten zunehmend an der Bereitschaft der Vietnamesen zu einer Offenheit, wie sie sie verstanden, und sie machten zunehmend Druck. Dieser sich selbst verstärkende Kreislauf ging zum Teil auf ein unterschiedliches Verständnis des Begriffs Offenheit zurück. Für die Amerikaner bedeutete Offenheit Ehrlichkeit, Geständnis und Lernen, für die Vietnamesen dagegen den Schritt zur Konsolidierung und Klärung des Bildes, das die Öffentlichkeit von ihnen, ihren Absichten und den Vergehen der Vergangenheit hatte – sowie die Schaffung einer neuen Plattform für zukünftige Interaktionen.

Offene, geschlossene und randomisierte Paradigmen

Diese gegensätzlichen Ansätze repräsentieren zwei der drei »Systemparadigmen« Kantors, die es in Familien genauso gibt wie in größeren gesellschaftlichen Organisationen.[6] Im Grunde handelt es sich dabei nur um unterschiedliche Formen, Grenzen zu ziehen, zu herrschen und Macht und Entscheidungsgewalt zu strukturieren. Dabei muss betont werden, dass in diesem Modell *jedes* Paradigma wichtig und »gut«, aber auch nur begrenzt effektiv ist.

Die Amerikaner erwarteten in Vietnam ein offenes System und eine entsprechend wertfreie Kommunikation. In einem offenen System erreicht man seine Ziele durch ungehinderte Überlegung und Erkundung der Bedürfnisse aller Beteiligten; das Verhältnis zwischen dem Wohl des Einzelnen und dem Wohl des Ganzen soll ausgeglichen sein. Ein solcher Ansatz erfordert den Respekt vor den Beteiligten und den Anforderungen, die an sie gestellt werden. Aus dieser Partizipation entwickelt sich dann ein Gefühl der Verantwortung. Der bewusste Respekt vor dem Individuum wird zum Nährboden für Gemeinschaft.

In der Theorie (seltener in der Praxis) ist ein beratendes Gremium wie der Senat der Vereinigten Staaten ein offenes System: Ein offener Austauschprozess soll Differenzen lösen. Heutzutage ist das beste Beispiel für ein offenes System das Internet, denn es kann, zumindest gegenwärtig, nicht von einem einzigen Ort oder einer einzigen Perspektive kontrolliert werden.

In offenen Systemen haben Lernen und Anpassung durch Partizipation einen hohen Stellenwert. Die von Peter Senge und anderen entwickelten

Theorien zur lernenden Organisation sind dafür beispielhaft. Auch die Vertreter des »Neuen Denkens« im Management befürworten mehrheitlich den offenen Ansatz, tun aber tatsächlich oft das Gegenteil. Es kommt nicht selten vor, dass ihre Mitarbeiter bestürzt die rigide »geschlossene« Kehrseite solcher Ansätze erleben, was ihre oft verächtlichen Bemerkungen über das »Programm des Monats« und die passive Haltung erklärt, mit der sie Innovationen des Managements nach dem Muster des »offenen Systems« aufnehmen, nach der Devise: »Das überstehen wir auch noch.«

Die Vietnamesen dagegen folgten bei der erwähnten Konferenz dem völlig anderen kulturellen Paradigma des »geschlossenen Systems«. Geschlossene Systeme legen Wert auf Tradition. Gemeinschaft und Geschichte rangieren an erster Stelle, noch vor dem Individuum. Ein geschlossenes System regelt das Leben seiner Mitglieder, vor allem in den Bereichen Arbeitszeit und Arbeitsräume. Es schätzt und respektiert das Netz oder die Struktur der Beziehungen, in deren Rahmen die Menschen operieren. Der entscheidende Maßstab im geschlossenen System ist nicht das einzelne Ereignis, sondern der komplette Zeitraum.

Entsprechend dieses Paradigmas standen die Vietnamesen loyal zu ihrem Erbe und ihrer Geschichte und wünschten sich von den amerikanischen Gesprächspartnern Verständnis und die Offenheit, auf dieses Bedürfnis einzugehen. Die Geschichte Vietnams ist äußerst komplex. Sie ist geprägt von einer Reihe sehr unterschiedlicher Einflüsse, unter denen etwa die traditionell gemeinschaftsorientierte Einstellung der asiatischen Kultur, der Druck des hierarchischen kommunistischen Systems und der Kampf um die Freiheit gegen eine lange Reihe von Invasoren und Unterdrückern zu nennen wären. »Wir sind es gewöhnt, zum eigenen Schutz Geheimnisse zu bewahren«, sagte Nguyen Co Thatch, der vietnamesische Organisator der Konferenz.

Das geschlossene Systemparadigma kultiviert und verteidigt das historische Erbe, während die amerikanische Form der Offenheit beim Handeln einzelner Personen oder Institutionen ansetzt. Die Vietnamesen empfanden das als Missachtung des breiteren Kontextes. Dazu kommt, dass in der asiatischen Kultur, die persönliche Beziehungen sehr strikt regelt und Familie und traditionelle Beziehungsgruppen über das Individuum stellt, die direkte Konfrontation eines Einzelnen als beleidigend aufgefasst werden kann. Es wäre falsch, das als mangelnde Gesprächsbereitschaft zu werten; es heißt nur, dass sie ihren Ansatz nicht aufgeben können. Als sie bei der Konferenz spürten, dass die Amerikaner das nicht verstanden, war das wahrscheinlich nur ein Beweis mehr für die Kluft, die für den ursprünglichen Konflikt verantwortlich war.

Ein geschlossenes System respektiert Position und Stellung und erwartet dasselbe von anderen. An dieser Vorstellung orientiert sich vor allem das

Militär, obwohl in den letzten Jahren manche Einheiten des US-Militärs auch mit anderen Ansätzen experimentieren. In gewissem Maße ist jede Organisation ein geschlossenes System. Geschlossene Systeme weisen etwas auf, was man als »positive« Auffassung von Freiheit bezeichnen könnte. Sie geben eine »richtige« und gültige Weltsicht vor und leiten daraus die Erwartung ab, dass jeder konstruktiv als Teil einer einzigen Anstrengung des Ganzen fungiert. In »geschlossenen« Familiensystemen findet man häufig verschlossene Türen, sorgfältige Überwachung fremder Personen in der Nachbarschaft, Kontrolle der Eltern über die Medien, beaufsichtigte Ausflüge und Telefonnummern, die nicht im Telefonbuch stehen.

Ähnliches trifft man auch in vielen Unternehmen an. In einer Stiftung, die ich kenne, erhalten z.B. alle dreihundert Angestellten jede Woche eine Liste mit den Terminen und Reisen der Führungskräfte. Die Organisation strebt danach, stets zu wissen, wer wann wo ist. Hier handelt es sich um einen geschlossenen Systemansatz, weil dadurch jeder Einzelne in einen bestimmten Kontext von Zeit und Raum und damit implizit in den Kontext der Arbeit der Stiftung eingepasst wird. Raum, Zeit und Energie sind sämtlich reguliert.

Das dritte Paradigma bezeichnet Kantor als *randomisiert*. Er versteht darunter Exploration durch Improvisation. Der Jazz ist dafür ein hervorragendes Beispiel.

Einer meiner Kollegen hält sich häufig an dieses Paradigma, und es ist wohl dieses Element seines Charakters – Ausdruck seiner kreativen Energien – das seine Kollegen so oft sprachlos macht. Er ist stets bereit, jede sich bietende Gelegenheit zu ergreifen. Er trifft Vereinbarungen, stellt dann fest, dass unerwartete neue Faktoren aufgetreten sind, und ändert die Vereinbarungen wieder. Manchmal operiert er sehr kontrolliert und präzise in der Haltung des geschlossenen Paradigmas, dann wieder ist er sehr offen und kooperativ, bereit, Differenzen und Konflikte auszutragen und daraus zu lernen. Man kann nie sagen, wie er sich am nächsten Tag verhalten wird.
    Einer meiner Freunde, der so bekannt wie kreativ ist, wohnt in einem Haus, das wirkt, als sei ein Tornado hindurchgefegt. Darüber hinaus ist es ein Spiegel für seinen inneren Zustand – ein verblüffendes Gewirr überall aufgehäufter Gegenstände. Das macht ihm anscheinend nichts aus, er genießt das Chaos sogar. Sein Haus ist vollgestopft mit Artefakten seiner Reisen, halbfertigen Büchern, Geschenken, Gegenständen aller Art. Es gibt keinerlei erkennbares Ordnungsprinzip, aber es ist klar, dass dieser kreativer Raum es ihm ermöglicht, sich zu entfalten und zu arbeiten, ohne sich durch formale und konventionelle Vorschriften eingeengt zu fühlen.

Im randomisierten Paradigma definiert jeder Raum und Zeit selbst. Hier darf und soll man, wie Kantor sagt, »seine eigenen Sachen machen«. Wer nach dem randomisierten Paradigma operiert, handelt kreativ aus dem gegenwärtigen Augenblick heraus.

Der Begriff »randomisiert« hat einen abwertenden Beigeschmack. Manche schließen daraus auf Unordnung, Chaos, ja sogar auf Unfreundlichkeit, je nachdem, welches Paradigma sie bevorzugen. Aber der Begriff des »randomisierten Systems« bedeutet keineswegs das *Fehlen* von Ordnung, vor allem, wenn man ihn auf soziale Systeme anwendet. Nach Meinung von David Bohm und David Peat ist eine »randomisierte Ordnung«, wie chaotisch auch immer, in Wirklichkeit eine besondere Art der Ordnung, die sich auf einen größeren Kontext bezieht. Sie nennen es »grenzenlose« Ordnungen:

> »Dies mag einem als ein sonderbarer Schritt erscheinen, da Zufälligkeit in der Regel für gleichbedeutend mit völliger *Unordnung* (die Abwesenheit jeglicher Ordnung« gehalten wird. […] Aber hier wird die These aufgestellt, daß alles, was geschieht, in *irgendeiner* Ordnung stattfinden muß, so daß die Vorstellung eines »völligen Fehlens« von Ordnung keinen wirklichen Sinn hat.«[7]

In einem randomisierten Systemparadigma ist man in der einen oder anderen Form auf die »unendliche Ordnung« eingestimmt: Man hört auf Möglichkeiten, die über endliche Systeme hinausgehen, und kommt mit Dingen zurück, die andere bereichern.

Randomisierte Systeme charakterisieren alle betont individualistischen Kulturen. Deshalb sind akademische Institutionen und im Grunde auch alle Standesorganisationen auch so notorisch schwer zu verwalten. Geschlossene Verwaltungssysteme werden von denjenigen, die nach dem randomisierten oder offenen Paradigma fungieren, in der Regel vehement abgelehnt. Schließlich entscheiden sich viele Menschen auch deshalb für akademische Berufe, weil sie Individualisten und in diesen Positionen unabhängig von hierarchischen Organisationen sind.

Alle drei Paradigmen sind wirkungsvoll und nützlich, haben aber auch ihre Schattenseiten. Personen und Organisationen neigen dazu, eins dieser Paradigmen in jeder Situation zu benutzen. Die Herausforderung für den Dialog besteht darin, ein Setting zu schaffen, in denen *alle drei miteinander kommunizieren* können, und zwar auf eine von wechselseitigem Respekt getragene Weise, die die Grenzen des jeweils anderen Ansatzes erkennt, ohne ihn dafür zu verdammen. Dialog sucht nach einer Sprache der Erkundung, die die Unterschiede, die ich hier untersuche, gleichzeitig aufnimmt und transzendiert. Aber wenn wir einander auf gleicher Ebene begegnen wollen, müssen wir nicht nur die Vorteile, sondern auch die Schattenseiten der drei Paradigmen kennen.

Mängel und Grenzen offener, geschlossener und randomisierter Systeme

Geschlossene Systeme

Geschlossene Systeme können Fehler produzieren, sich in Sackgassen manövrieren und eine bestimmte Form von Tyrannei annehmen. Es ist typisch für ein geschlossenes System, dass es sich gegen die Außenwelt abschottet – eine »»insulare Reinheit« anstrebt.[8] Das führt im Extremfall zu einem Verbot jeglicher Veränderung und zur Isolation. In solchen Settings entsteht leicht das Gefühl, unterdrückt zu werden. Die tyrannische Form des geschlossenen Systems ist die Repression. Es beschränkt die Differenzierung der Mitglieder und verleiht Autoritätspersonen eine unangreifbare Macht.

Beispiel: Ich habe vor kurzem ein Großunternehmen untersucht, in dem die Grenzen dieses Ansatzes unübersehbar waren. Der Leiter dieses Unternehmens war hochintelligent und autokratisch. Sämtliche größeren Entscheidungen liefen über seinen Schreibtisch. Nichts, was irgendwie wichtig gewesen wäre, durfte ohne sein Wissen geschehen. Er allein entschied über Forschung und Entwicklung, Zuteilung von Ressourcen, Belohnung und Entschädigung und viele andere Fragen mehr.
    So etwas kann in einer kleinen Firma funktionieren, nicht aber in einem Unternehmen mit mehr als 20.000 Mitarbeitern und einem Jahresumsatz von über 8 Milliarden Dollar. Dieser Mann hatte in seinem Unternehmen in allen Fällen Recht. Die Mehrheit der Führungskräfte hielt neue Ideen und Vorschläge, denen er nicht zustimmte, für falsch, und diese Auffassung zog sich durch das gesamte Unternehmen. Nach den Gründen befragt, meinte ein Manager: »Er brüllt Sie an«, und ein anderer sagte: »Man wäre erledigt.« Aus dieser Haltung hatte sich so etwas wie eine strukturelle Mentalität entwickelt, die so weit ging, dass das Produktentwicklungsteam ständig fragte: »Habt ihr ihm das schon gezeigt?« Das führte dazu, dass er systematisch alles erst in letzter Minute zu sehen bekam. Die Wirkung, die dieser CEO auf die anderen Führungskräfte hatte, war schlicht und ergreifend verheerend. Dieses geschlossene System hatte sich völlig falsch entwickelt.

Solche und ähnliche Beispiele führen dazu, dass viele geschlossene Systeme rigoros ablehnen. Die wichtigsten Grenzen geschlossener Systeme bestehen darin, dass sie für neue Möglichkeiten blind werden und sie nicht mehr wahrnehmen können. Die Werte sind eingebettet in etablierte Traditionen, und das Unternehmen bleibt ihnen auch in Krisenzeiten treu und ist nicht in der Lage, neue Optionen zu prüfen.

Offene Systeme

Die grundlegende Schwäche offener Systeme ist die Unklarheit über die Grenzen: Wenn jemand von außen in interne Prozesse eingeweiht wird, kommt es zur Auflösung von Verbindungen und zur Spaltung. Die Menschen werden zu Extremen gezwungen. Der wichtigste Nachteil offener Systeme ist die »Tyrannei des Prozesses«: endlose Konferenzen, bei denen niemand in der Lage ist, eine Entscheidung zu treffen, aus Angst, jemanden auszuschließen.

Beispiel: Eine Umweltorganisation, mit der ich gearbeitet habe, wollte Entscheidungen grundsätzlich nur in offener Weise treffen. Die zahlreichen Differenzen unter den Mitarbeitern aber führten zu endlosen Gesprächen über alle Probleme, die eingebracht wurden. Es fehlte die Fähigkeit, zwischen verschiedenen Typen oder Strategien von Offenheit zu unterscheiden.
Diese Gruppe hatte sich sehr stark auf ein »faires«, d.h. offenes Entscheidungsmodell festgelegt. Ursprünglich war die Organisation so strukturiert, dass alle bei allen Entscheidungen das gleiche Mitspracherecht hatten, unabhängig von der Funktion. Das erwies sich aber bald als unhaltbar, schon allein deshalb, weil einigen das Ziel der Organisation nicht richtig klar war. Dann wurde ein repräsentatives System entwickelt: Die Mitarbeiter wählten ein Gremium, das die Organisation leitete. Zusätzlich stellten sie einen Verwaltungsleiter ein, der in dem (in ihren Worten) widerspenstigen System für Ordnung sorgen sollte. Sie suchen als Gruppe bis heute nach der optimalen Leitungsform, bemühen sich aber darum, ein offenes System zum Funktionieren zu bringen.

Ironischerweise kann ein offenes System ein ausgesprochen schlechtes Klima für Ideen entwickeln. Im schlimmsten Fall schließt es zuviel ein, d.h. Optionen, die nicht auf Fakten gegründet oder genügend durchdacht sind, werden weder ausgeschlossen noch ernsthaft untersucht. Anders ausgedrückt: Offene Systeme tolerieren alle Gesichtspunkte. Das wird im Extremfall inkohärent, denn es toleriert dann auch Menschen, die intolerant sind oder es zerstören wollen.

Randomisierte Systeme

Randomisierte Systeme können in Anarchie ausarten. In solchen Systemen darf nichts konstant bleiben, der primäre Fokus liegt beim Individuum. Das kann zu Fragmentierung führen. Kantor meint dazu:

> »Das Leben wird nachlässig, konfus und unvollständig. Die Mitglieder erzielen keine befriedigenden Beziehungen. Die Menschen und ihr Handeln kommen nicht zusammen, haben sich aber auch nichts entgegenzusetzen. Vielmehr werden andere Mitglieder als völlig unabhängige Entitäten erlebt, die keine Verbindung zueinander aufnehmen können und sich gegenseitig im Weg stehen.«[9]

*Diese Merkmale konnte man zum **Beispiel** bei der Firma Apple Computer sehen. Bei Apple arbeiteten enorm kreative Mitarbeiter, die aktiv ihre jeweilige Agenda verfolgten. Es gab kaum einen Fokus und deshalb auch nur wenig Kapazitäten für Entscheidungen und damit für Wettbewerbsfähigkeit. Aber dieselben Merkmale führten auch zu spektakulären Erfolgen: Ein anfänglich enormes Wachstum, die Führungsrolle in Technologie und Design sowie viele phantastische neue Wege der Unternehmensführung und Produktvermarktung. Andererseits machten dieselben Merkmale aber auch viele Menschen unglücklich, von den Kunden über die Entwickler bis zu den Lieferanten, die ständig das Gefühl hatten, auf schwankendem Boden zu stehen.*

Ein weiterer interessanter Mangel von randomisierten Systemen ist die Tendenz des Wechsels zum geschlossenen Paradigma. Viele scheinbar zufallsorientierte, kreative Menschen neigen heimlich sehr stark zu geschlossenen Systemen.

In mancher Hinsicht funktionierte auch Apple nach dem geschlossenen Paradigma. Das zeigte sich vor allem in der jahrelangen Weigerung der Firma, ihr Eigentumsrecht am Betriebssystem aufzugeben, das niemand anders kopieren oder benutzen durfte. Viele sehen in diesem geschlossenen Ansatz den Grund für die mangelnde Fähigkeit zur Expansion und letztlich auch dafür, dass Apple, verglichen mit Microsoft, nur eine Nischenexistenz führt.

Veränderung der Strukturen im Dialog

*Am **Beispiel** der bereits erwähnten Dialoge zwischen Gewerkschaftsvertretern und Management in der Stahlindustrie lässt sich gut zeigen, wie komplex diese*

Systemparadigmen interagieren und wie ihre Berücksichtigung zu Handlungsalternativen führt.

Das Management erklärte seine Bereitschaft zum Dialog – darunter verstanden seine Vertreter ein offenes Gespräch über die Differenzen, die Kultur und die Probleme, die es zu lösen galt. Gleichzeitig ging man davon aus, dass die Gewerkschaft diese Offenheit nicht besitze; man glaubte, die Gewerkschaftskultur sei weniger offen für Einflüsse von außen und setze auf Tradition und Hierarchie – in anderen Worten: sie sei ein geschlossenes System. Obwohl die Gewerkschaftsseite erklärte, demokratische Prinzipien zu vertreten, hielt das Management sie für nicht bereit oder fähig, offen über die wirtschaftlichen Probleme der Stahlindustrie zu sprechen. Man fürchtete, die Gewerkschaft würde Gespräche dieser Art ausschließlich als Vorwand begreifen, um ihr größere Zugeständnisse abzufordern. Und bei der Gewerkschaft war es im Grunde nicht anders: In ihren Augen war das Management ein geschlossenes, hierarchisches System, dem die Bereitschaft zu einem offenen Gespräch über seine Grundannahmen, sein Kontrollbedürfnis und seine Vorstellungen von »Stahlarbeitern« fehlte. Ihrer Meinung nach bestanden die größten Kommunikationsprobleme nicht zwischen Management und Gewerkschaft, sondern zwischen der Führungsebene und dem mittlerem Management, da hier durch die direkte hierarchische Autorität der einen Gruppe über die andere viel Misstrauen entstanden sei.

Management und Gewerkschaft hielten sich gleichermaßen für offen und gesprächsbereit und stimmten einem Dialog zu, der scheinbar Offenheit versprach. Beide Gruppen neigten aber vor allem am Anfang unter Stress dazu, sich abzuschotten, und waren nicht bereit, nachzudenken oder ihre Überzeugungen zu suspendieren. In diesem Setting ging es zum Teil darum, beiden Seiten verständlich zu machen, wie sie auf die jeweils andere wirkten und wie groß der Unterschied zwischen Selbstbild und Selbstdarstellung war. Die Kluft zwischen der Offenheit, die sie im Munde führten, und der Abschottung, die sie praktizierten, führt zu einer Reihe von Dilemmata, die sich allmählich lösten, als man darüber sprechen konnte.

Der Dialog ist nicht nur ein offenes System

Auf den ersten Blick scheint der Dialog einen überwiegend offenen Systemansatz zu verlangen. Dialog schließt in der Regel irgendeine Form des offenen Austauschs ein. Viele Autoren und Praktiker bezeichnen den Dialog als Form des offenen Gesprächs. Dieser Rahmen kann all diejenigen abschrecken, die zu geschlossenen oder randomisierten Ansätzen neigen. Viele Manager z.B. arbeiten mit einem geschlossenen Ansatz und empfinden den Dialog als »zu weich« und für praktische Menschen ungeeignet. Aber meiner Meinung nach ist es das Potential und das Ziel des Dialogs, ein Klima für die Erkundung all dieser Elemente zu schaffen. Als Ideale und Wünsche sind sie in den meisten Systemen präsent. Wenn man einen

Weg findet, Menschen, die nach verschiedenen Systemen funktionieren, zu einer gemeinsamen Erkundung zu verhelfen, entsteht eine neue Interaktionsform, die sich nicht auf ein System beschränkt und auch nicht durch ein System eingeschränkt wird.

Die Verbindung der verschiedenen Sprachen der Kommunikations- und Systemparadigmen liefert ein sehr viel reichhaltigeres Bild menschlicher Interaktion.

Beispiel: Die Vietnamesen verhielten sich in Bezug auf den Sinn nach dem geschlossenen Paradigma; sie hatten ein Geschichtsbild, dessen Anerkennung ihnen wichtig war. Das Verhalten der Amerikaner folgte in diesem Bereich dem offenen Paradigma; sie wollten über Verantwortung und Verantwortlichkeiten sprechen, konnten vielfältige Perspektiven tolerieren und waren daran interessiert, die Unterschiede herauszuarbeiten. Im Affektbereich waren die Amerikaner offen – das galt besonders für McNamara, der seine Reue und seine Gefühle über den Krieg sehr direkt artikulierte. Die Vietnamesen folgten im Affektbereich dem geschlossenen Paradigma, sie erstarrten zu »Statuen«. Die Amerikaner waren im Machtbereich offen, sie wollten die Verantwortung für die Organisation und das Zustandekommen der Konferenz mit den Vietnamesen teilen. Die Vietnamesen dagegen folgten auch hier dem geschlossenen Paradigma, sie lehnten jeden Input ab und beharrten auf einer bestimmten Arbeitsweise.

Hätte man diese Schwierigkeiten verstanden und, was sehr wichtig ist, nicht versucht, die Strukturen des anderen zu verändern, wäre ein anderes Denken möglich gewesen. Die Amerikaner hätten z.B. zu den Vietnamesen sagen können: »Erzählen Sie uns von Ihrer Geschichte und deren Konsequenzen für Sie. Sagen Sie uns, wie wir nach Ihrer Meinung die Signifikanz dieser Geschichte missverstehen könnten.«

Richtig ist aber auch, dass dadurch nicht zwangsläufig eine Öffnung entstanden wäre. Es kommt vor, dass sich jemand gegen die Partizipation entscheidet, vor allem dann, wenn es ein tiefes Misstrauen gegen den anderen gibt. Aber zumindest kann man die Ursachen des Misstrauens und das Ausmaß ihrer strukturellen Determiniertheit begreifen. Es bringt nicht viel, wenn man einen Manager, der nach dem geschlossenen Paradigma arbeitet, dazu drängt, einen offenen Systemansatz zu übernehmen. Auf ihn wirkt ein solcher Ansatz in der Regel allzu offen, und er wird das Fehlen von Kontrolle und klaren Verantwortlichkeiten bemängeln. Wohl aber kann man das jeweilige Paradigma des anderen respektieren und verstehen. Daraus ergibt sich die Möglichkeit, auf ganz neue Weise miteinander zu denken.

Der Wert dieser strukturellen Sprache liegt darin, dass wir mit ihrer Hilfe erkennen können, nach welchem Paradigma jemand funktioniert, und die daraus abgeleitete Weltsicht schätzen lernen, anstatt zu versuchen, ihn zu unserer Art des Denkens zu zwingen. Fragen Sie sich, wenn Sie in einer Sackgasse stecken: Bin ich offen für den Sinn? Ist mein Gesprächspartner dafür offen oder nicht? Auf welche Weise verzahnt sich mein Paradigma im Bereich der Macht mit seinem? Wie wichtig ist Affekt für uns?

Jeder Ansatz hat seine Stärken und seine blinden Flecken. Letztlich kann der Dialog den Weg zu einer seltenen Form der Erkundung eröffnen, bei der alle drei Paradigmen präsent sind und voneinander lernen. Durch die Benennung der anderen Ansätze lässt sich die Neigung zu Ignoranz oder Diskreditierung transzendieren. Dann muss man sich nicht mehr nur missverstanden fühlen, wenn der Einsatz erhöht wird.

Anwendung der prognostischen Intuition

Erfassungssysteme

Prognostische Intuition bedeutet, Möglichkeiten zu schaffen, um die Situation und die Reaktion der Beteiligten zu begreifen und zu antizipieren. Um einen Dialog in Gang zu bringen, muss man Ort und Ursache der Störungen erkennen, die einen Dialog verhindern. Diese Störungen entstehen oft aus den unterschiedlichen Sprachen der Teilnehmer, ihren bevorzugten Systemparadigmen und der unbeabsichtigten Wirkungen ihres Handelns. Diese Störungen treten meist an wichtigen Schnittstellen des Systems auf, d.h. dann, wenn Menschen miteinander interagieren müssen, die aufeinander angewiesen, aber nicht unbedingt einer Meinung sind.

Einer der wohl wirkungsvollsten Wege zur Verbesserung der prognostischen Intuition besteht in der Erfassung des Systems, das man vor sich sieht. Unter »Erfassung« verstehe ich hier die externe Repräsentation der Fragen, vor denen die Teilnehmer stehen, in Worten und/oder Bildern. Das Skizzieren eines Systems dient dazu, die Gedächtnisstrukturen bewusster zu machen, die das Verhalten einer Gruppe oder eines Systems steuern, genauso wie die kontraproduktiven Handlungen, die aus diesen Strukturen entstehen. Solche Skizzen können sehr verschiedene Formen haben und vorgefertigt sein oder aus dem Augenblick heraus entwickelt werden.

Beispiel: *In den Dialogen in Grand Junction bestand einer unserer ersten Schritte darin, den Beteiligten bei der Reflexion über die Ereignisse der letzten Jahre zu* *helfen. Das geschah mit Hilfe einer Skizze ihres Systems, die wir gemeinsam entwickelten, angefangen mit der Darstellung einiger Dilemmata, in denen sie sich befanden, z.B. der Wunsch nach alternativen Formen medizinischer Behandlung und die Angst, deshalb verachtet zu werden und Vertrauen zu verspielen. Weiter zeichneten sich ernste wirtschaftliche Probleme ab; einerseits mussten die Krankenhäuser die Kosten niedrig halten, andererseits medizinisch alle versorgen, die es brauchten. Nach und nach brachte die Gruppe weitere Gesichtspunkte ein, darunter auch Strategien zur Bewältigung dieser Probleme und Annahmen, die ihrem Handeln zugrunde lagen. Das alles thematisierten und erfassten sie mit bemerkenswerter Gelassenheit. Die Bewältigungsstrategien, die sie aufführten, waren ausgesprochen vielfältig: von rationalisierenden Bemerkungen, dass das System doch eigentlich gar nicht so schlecht sei, bis hin zum Vorschlag, die Arbeitsbezeichnungen zu ändern (und damit Probleme zu vermeiden) oder zu Vorwürfen gegen die jeweiligen Vorgesetzten.*

Diese Skizze stellte ein schlichtes Feedback-System dar: Sie zeigte den Teilnehmern, auf welche Weise ihr Verhalten die Ergebnisse produziert hatte, die sie nicht wollten. Und sie zeigte gleichzeitig, dass sie diejenigen waren, die handelten: Es gab niemanden, dem sie die Schuld zuschieben konnten. Daraufhin suspendierten sie die Tendenz zu Schuldzuweisungen und übernahmen selbst die Verantwortung für ihr Handeln.

Nach Parallelen suchen

Eine zweite Form der Erfassung und Anwendung der prognostischen Intuition besteht darin, unmittelbar und im aktuellen Augenblick über das zu reflektieren, was in einem Gespräch geschieht. Das ist vor allem beim Dialog wichtig, denn eine Dialoggruppe ist ein Spiegel ihrer Teilnehmer. Unabhängig vom Inhalt spiegeln sich alle Beteiligten in ihrer Art des Redens. Man muss lernen, das, was geschieht, zu suspendieren, damit man diese Spiegelstruktur in Aktion sehen kann.

In einem unserer Dialoge thematisierte eine Gruppe von Managern die »schlechte« Unternehmenskultur: Sie sei hierarchisch, ausschließend, fokussiere auf Macht und schreibe vor, was »richtig« und was »falsch« sei. All ihre Schwierigkeiten hingen mit Personen zusammen, die in der Dialogsitzung nicht anwesend waren. Gleichzeitig verurteilten sie, ohne es zu merken, andere auf dieselbe Art, in der sie sich von der Unternehmenskultur verurteilt fühlten, die ihnen das Leben schwer machte. Die hierarchische Unternehmenskultur, die vorschrieb, was richtig und falsch war, wurde in diesem Raum durchgespielt, obwohl alle Beteiligten über andere Situationen an einem anderen Ort sprachen.

Bei der Skizzierung und Untersuchung dieses Widerspruchs im Dialog waren die Teilnehmer schockiert, als sie ihr Verhalten wiedererkannten. Sie hatten das Gefühl, eine wichtige, aber sehr schwierige Hürde überwinden zu müssen, bis sie verstehen konnten, wie das funktionierte.

Durch die Entwicklung der prognostischen Intuition können wir nach und nach erkennen, wie die Strukturen unserer Interaktion das Verhalten steuern. Die Wahrnehmung dieser Strukturen erleichtert es, einen Dialog in Gang zu bringen, und erhöht seine Qualität maßgeblich.

Anmerkungen

[1] Auf diese Dimension des Systemdenkens hat sich vor allem Jay Forrester am MIT konzentriert. Vgl. Peter Senge u.a.: *Das Fieldbook zur fünften Disziplin.* Dt. von Maren Klostermann. Stuttgart 1996.

[2] Der Begriff »Struktur« wird von verschiedenen Autoren sehr unterschiedlich benutzt. In der Biologie z.B. bezieht er sich meist auf die äußere Struktur eines Organismus. In diesem Buch verstehe ich unter Struktur Organisations-, Denk- und Handlungsmuster, die die direkten Interaktionen von Menschen kausal beeinflussen.

[3] Diese Definition verdanke ich D. Meadows: *Die neuen Grenzen des Wachstums.* Stuttgart 1992. Sie stützt sich auch auf die Definition der Struktur, die im Rahmen der systemischen Familientherapie entwickelt wurde. Sie unterscheidet sich z.B. vom Strukturbegriff der Biologie, die Struktur als physische Komposition einer bestimmten Form versteht. Für die Biologen heißt Struktur äußere Form. In der systemischen Familientherapie bedeutet Struktur sowohl innere Arrangements als auch ihre äußeren Manifestationen. Die Verbindung dieser Definitionen im sozialen Bereich ist sinnvoll, weil sie impliziert, dass soziale Arrangements eine Art Stabilität besitzen, die sich im ganzen System »verbreitet« – das ist die ursprüngliche Bedeutung des Wortes Struktur. In einem sozialen System kann man mit der Zeit Verhaltensmuster entdecken, sich wiederholende Ereignisse. Sie unterscheiden sich von den strukturierenden »Mustern«, auf die sich Biologen beziehen, wenn sie über die Verbindung von Beziehungen sprechen, die sich physisch auf bestimmte Weise manifestieren. Vgl. Fritjof Capra: *Lebensnetz. Ein neues Verständnis der lebendigen Welt.* Aus d. Engl. v. Michael Schmidt, München 1999.

[4] Vgl. David Kantor/William Lehr: *In the family*, San Francisco 1975.

[5] Das Material für diesen Abschnitt stammt zum Teil aus dem Artikel von David Shipler: *Robert McNamara and the ghosts of Vietnam.* In: The New York Times Magazine, 10.8.1997; sowie aus Gesprächen mit Blight, Leiter des Watson Institute for International Studies, der das Treffen für die amerikanische Seite organisiert hat.

[6] David Kantor/William Lehr: *In the family*, San Francisco 1975, 152.

7 David Bohm/David Peat: *Das neue Weltbild. Naturwissenschaft, Ordnung und Kreativität.* Dt. v. Ulrich Möhring, München 1990, 138f.
8 David Kantor (unveröffentlichte Texte).
9 David Kantor/William Lehr: *In the family*, San Francisco 1975, 155.

IV. Teil

Die Architektur des Unsichtbaren

Wenn man die Kathedrale von Chartres betritt, ist man beeindruckt von ihrer Ruhe und Schönheit. In dem ungeheuer großen lebendigen, heiligen Raum fühlt man sich klein. Chartres gibt einem das Gefühl der Ganzheit, ohne dass man genau zu sagen wüsste, warum. Zum Teil liegt es daran, dass das Bauwerk nicht ein, sondern mehrere Zentren hat, die die Aufmerksamkeit auf sich lenken und das angenehme Gefühl vermittelt, daheim zu sein, Boden unter den Füßen zu spüren. Aber trotz der verschiedenen Zentren wirkt die Kathedrale einheitlich und in sich geschlossen.

Dasselbe Gefühl kann entstehen, wenn Sie mit einem engen, wirklich unterstützenden Freund über etwas reden, das Ihnen beiden wichtig ist. Sie holen tief Atem, entspannen sich, empfinden Dankbarkeit. Sie gewinnen Perspektive, einen neuen Blickwinkel, einen neuen Anfang. In einem solchen Austausch werden die Dinge klarer, weil es jetzt ein zentrales Element des Gesprächs gibt: Ihre gemeinsamen Interessen und Sorgen.

Und jetzt denken Sie daran, wie es ist, in einen Konferenzraum zu kommen, in dem die Teilnehmer gerade einen Streit vom Zaun gebrochen haben. Sie spüren die Spannung im Raum. Die meisten Anwesenden zucken unwillkürlich zusammen, ziehen sich zurück, schützen sich. Statt des Gefühls der Einheit entsteht das Gefühl der Fragmentierung. Es ist ein Gespräch ohne Zentrum.

In jedem Fall vermitteln Ihnen die Gefühle eine distinktive »Atmosphäre« – eine Eigenschaft, die spürbar, wenn auch nicht unbedingt sichtbar ist. Es ist der Unterschied zwischen einem verliebten Gespräch beim Essen und dem Geplauder in der U-Bahn-Station, wenn kreischend der Zug einfährt. Er beruht zum Teil auf der physischen Umgebung, einschließlich des Lärmpegels, der Gerüche und des Raumgefühls.

Das grundlegende Gefühl, dass Sie erleben, bezieht sich aber nicht nur auf die physische Umgebung, ja nicht einmal nur auf die Assoziationen, die Sie in die einzelnen Settings einbringen. Es hängt von der Qualität der Energie, Erfahrung und Lebendigkeit ab, die ein Setting hervorruft. Das ist nichts Abstraktes, sondern diese Gefühle sind real und treten ständig bei sehr vielen Menschen auf. Anders ausgedrückt: Das instinktive Raumgefühl mag individuell sein, aber es lässt sich an den Wahrnehmungen anderer validieren.

Jedes Setting verleiht dem, was ich als »Gesprächsfeld« bezeichne, eine eigene Qualität. Die Physik definiert ein Feld als »jedes System von Variablen, die systematisch im Raum variieren«.[1] Eisenspäne z.B. verteilen sich in einem magnetischen Feld systematisch um die Magnetpole. Das allgemeine räumliche Muster konzentrierter Energie ermöglicht die Bildung verschiedener Arten von Mustern.

Gesprächsfelder

Auch Gespräche haben Felder. Ein Gesprächsfeld besteht aus der Atmosphäre, der Energie und den Erinnerungen der Menschen, die miteinander sprechen. Wenn Sie mit anderen reden und interagieren, färben die Erinnerungen an andere Gespräche, an andere Menschen, an andere Umstände und Gefühle die Erfahrung. Sie bilden eine Erfahrungsbasis, auf der das Denken und Sprechen aufbaut. Energie und Gefühle sind in diesen Erinnerungen genauso eingebettet wie Vorurteile und blinde Flecken.

Stellen Sie sich jemanden vor, mit dem Sie gerade Schwierigkeiten haben. Wenn Sie ihm unerwartet begegnen, werden Sie sich zweifellos sehr schnell daran erinnern, was sie von ihm halten und welche negativen Gefühle Sie ihm gegenüber hegen. Die Begegnung verläuft wahrscheinlich angespannt. Das »Feld« oder der Raum zwischen Ihnen ist erfüllt von der Geschichte Ihrer Reaktionen. Aus dieser Atmosphäre kommen die ersten Worte, die Sie beide sagen. Solche Felder sind deshalb so stark, weil die Erinnerungen emotional besetzt sind und tendenziell rasch, nahtlos und automatisch funktionieren. Sie schaffen eine Atmosphäre, die sich schwer verändern lässt.

Aber das Wissen um die Gesprächsfelder gibt uns Einflussmöglichkeiten, die wir sonst nicht hätten. Wir können sehr bewusst Settings schaffen, die das »Feld« verändern, in dem die Gespräche stattfinden. Ein Anfang besteht darin, uns das »Feld« in uns bewusst zu machen – die Eigenschaften unseres Charakters und unserer Energie. Dann können wir neue Eigenschaften in anderen evozieren, etwa so, wie es der Facilitator in Tatarstan tat, als er von seiner Mutter sprach. Vielleicht erkennen wir nach und nach auch, dass diese Felder mit der Zeit ihren Charakter verändern und die Erfassung ihrer Eigenschaften unsere Praxis verbessern kann.

Der Physiker David Bohm hat Gespräche einmal mit dem Verhaltensfeld von Supraleitern verglichen. In Supraleitern werden Elektronen auf sehr niedrige Temperaturen gekühlt, bis sie nicht länger zusammenstoßen und auch keine Hitze durch Widerstand mehr erzeugen. Wenn die Temperatur niedrig genug ist, agieren sie wie Teile eines kohärenten Ganzen und strömen um Hindernisse herum wie Ballettänzer auf der Bühne. Unter solchen Bedingen fließen die Elektronen buchstäblich ohne Reibung. Sie weisen sowohl hohe Dichte als auch hohe »Intelligenz« auf, wenn sie sich auf natürliche Weise nach einem unsichtbaren Muster aufreihen. Ein Dialog, in dem wir koordiniert gemeinsam denken, ähnelt der kalten Intensität dieser Elektronenfelder. Wir müssen Gespräche nicht mit dem Aufeinanderprallen und Auseinanderdriften von Billardkugeln vergleichen, sondern können sie als *Felder* sehen und empfinden, in denen ein Gefühl der Ganzheit entsteht, das sich intensivieren und wieder abschwächen kann.[2]

Die Vorstellung, soziale »Felder« könnten die Qualität unseres Denkens, unseres Handelns und unserer Gespräche bestimmen, ist ein wichtiger Schritt im Verständnis von Gesellschaft und Organisationen. Es ist ein genauso wichtiger Paradigmenwechsel wie der Wechsel von der linearen zur systemischen Weltsicht in den vierziger Jahren des 20. Jahrhunderts. Der Einbruch systemischen Denkens in fast alle Bereiche menschlichen Bemühens hat sehr große Wirkungen.[3]

Meine Kollegen und ich arbeiten seit 15 Jahren mit dem Dialog in sozialen und unternehmerischen Settings. Unsere Ergebnisse verweisen darauf, dass ein weiterer wichtiger Wechsel ansteht: *Der Wechsel vom systemischen zum feldorientierten Denken.* In gewisser Hinsicht lässt sich das auch als Rückkehr zu der von Kurt Lewin begründeten älteren Tradition in der Sozialwissenschaft sehen. Der Psychologe Lewin verstand ein »Feld« als eine Art Lebensraum, bestehend aus den Kräften, die auf einen Menschen wirken. Seine Analysen, die sich auf eine sehr komplexe Form der Mathematik stützten, fanden zu seiner Zeit wenig Beachtung.[4]

Der Begriff des Feldes im Dialog unterscheidet sich ein wenig von Lewins Konzept. Ihm ging es um das Feld von Ereignissen, Gefühlen und Gedanken, das man im Leben für sich aufbaut. Im Dialog geht es um die dynamischen Felder, die in Gruppen und in großen Organisationen ständig neu entstehen und sich ständig verändern. Ein System ist ein Set verwandter und wechselseitig voneinander abhängiger Elemente, während ein Gesprächsfeld sich aus den Vorstellungen, den Gedanken und der Aufmerksamkeitsqualität der hier und jetzt beteiligten Personen zusammensetzt und nicht nur die interpersonalen Kräfte, sondern auch die Wirkungskraft von Ideen einschließt. Ideen und die Gedächtnismuster, die sie hervorrufen, haben ihre eigene Energie und Atmosphäre und können sogar komplizierte neuropsychologische Reaktionen auslösen. Ein Gespräch zwischen zwei Baseballfans z.B. ruft potential eine Unmenge von Erinnerungen, Assoziationen, physischen Empfindungen, emotionalen Reaktionen und Zugehörigkeitsgefühlen hervor und bezieht Körper, Geist und Emotionen ein. Das »Feld«, das sich durch das Gespräch über die Erinnerungen aufbaut, bestimmt, wie sich die Sprechenden wahrnehmen. Auch in Unternehmen oder Organisationen kann der Aufbau kreativer, evokativer Felder wichtige Ansatzpunkte für Veränderungen bieten.

*Ich habe zum **Beispiel** mit einer Gruppe gearbeitet, die die Gesundheits- und Sicherheitserziehung für Kinder in Kalifornien verändern wollte. Sie beklagten die starke Konkurrenz zwischen staatlichen Einrichtungen und gemeinnützigen Organisationen. Wie sie sagten, behaupteten alle, es ginge ihnen um die Kinder, obwohl sie gleichzeitig erbittert um Geld und Anerkennung konkurrierten. Alle Versuche, diese anhaltende und sich selbst perpetuierende Situation mit traditionellen Methoden zu verändern, waren gescheitert.*

Im Gespräch zeigte sich, dass hier ein Set grundlegender, aber verdeckter Faktoren im Spiel war. Die Protagonisten erkannten allmählich, dass es bei ihnen, den staatlichen Institutionen und den Sozialarbeitern der gemeinnützigen Organisationen eine Atmosphäre von Isolation gab. Isolation führte zu Misstrauen, was das strukturelle Bemühen um Unabhängigkeit und damit die Konkurrenz verstärkte. Die von Isolation und Einsamkeit geprägte Atmosphäre beeinflusste das Denken und Handeln. Sobald die Gruppe das begriff, erkannte sie auch, dass sie die Probleme zwischen den verschiedenen Einrichtungen auf ganz neue Weise ansprechen konnte, vorausgesetzt, es gelang, den gegenwärtigen Diskurs zu verändern und ein Gespür für die eigenen Isolationstendenzen zu bewahren.

Meine Kollegen und ich haben den Charakter dieser Felder untersucht, die sich in Individuen, Gruppen und größeren sozialen Settings wie Unternehmen und Communities herausbilden, und sind meiner Meinung nach in unserer Forschung an einem entscheidenden Punkt angekommen. Wir haben festgestellt, dass alle, die an Innovation und neuem Wissen interessiert sind oder sich um effektive Strategien zur Entscheidungsfindung und um lernende Organisation bemühen, einsehen müssen, dass ihre Arbeit nicht nur von individuellem Handeln oder von Willenskraft abhängt, sondern auch von den Eigenschaften dieser Felder. Nach unseren Erkenntnissen rufen solche Bemühungen *ohne* die Kenntnis der Felder und ihrer Eigenschaften ungewollt Widerstand hervor und können unbeabsichtigte Folgen haben, die schwerwiegender sind als das ursprüngliche Problem.

Im folgenden Teil beschreibe ich unsere bisherigen Erkenntnisse über die grundlegende Architektur dieser Felder: wie sie entstehen, sich differenzieren, kollabieren und sich wieder neu bilden. Dazu geht es um die Prinzipien, nach denen sie funktionieren, und die Methoden, in denen man sie nutzbar machen kann. Wir haben Praktiken zur Entwicklung eines Feldes erarbeitet, das einen Dialog ermöglicht und gleichzeitig bewusst macht, was den Dialog verhindert oder zerstört. Darüber hinaus stelle ich einen Veränderungsansatz vor, der das Individuum, die Gruppe oder das Team mit dem größeren System verbindet und Wege zur Entwicklung eines kohärenten Lernverfahrens aufzeigt, das alle Ebenen durchdringt. Dadurch eröffnet sich ein ganz neues Verständnis von Führung, das sich auf die Fähigkeit stützt, solche Felder zu evozieren, zu bewahren und zu verkörpern. Dazu müssen wir genau wissen, wie diese Felder Verhalten evozieren, im Alltag genauso wie in den hochemotionalen und stressreichen Episoden, die von Zeit zu Zeit in jedem Unternehmen vorkommen.

Anmerkungen

1 So jedenfalls hat es Christopher Alexander in *The nature of order* definiert. Der bekannte Architekturwissenschaftler hat sich sehr intensiv mit Feldern und ihrer Beziehung zum sozialen und physischem Raum beschäftigt. Vgl. ders.: *A timeless way of building*, New York 1979. Er weist nach, dass bestimmte Gebäude eine spezielle Feldeigenschaft besitzen, die er als »Zentrum« bezeichnet. Ein Zentrum ist eine strukturierte Feldkraft. Eine Rose in den Glasfenstern einer Kathedrale enthält viele Zentren, die so angeordnet sind, dass sie ein starkes Gefühl für Räumlichkeit vermitteln.

2 Der Begriff des »Feldes« spielte früher in der Sozialwissenschaft eine große Rolle, verlor aber an Bedeutung, als man versuchte, ihn zu technisch zu definieren. Durch die »New Science«, vor allem die Quantentheorie, können wir jetzt neue Bedeutungen dafür finden.

3 Nach Fritjof Capra kann das neue Paradigma als holistische Weltsicht bezeichnet werden, da es die Welt nicht als Sammlung einzelner Teile, sondern als integriertes Ganzes versteht. Vgl. ders.: *Lebensnetz: Ein neues Verständnis der lebendigen Welt*. Aus d. Engl. v. Michael Schmidt, München 1999.

4 Vgl. Art Kleiner: *The age of heretics*, New York 1996, sowie zur Diskussion des Feldbegriffs Margaret Wheatley: *Quantensprung der Führungskunst*. Dt. v. Roswitha Enright, Reinbek 1997.

10. Installation des Containers

Im Sommer 1993 trafen sich in Chicago 5.000 Angehörige fast aller Religionen der Welt zum Parlament der Weltreligionen. Man sah Turbane, Kreuze und Federn, fließende Gewänder, nackte Oberkörper, konservative Anzüge und Jeans nebeneinander. Im Mittelpunkt stand die Versammlung der 250 Repräsentanten verschiedenster Religionen. Sie saßen in tiefem Schweigen versunken und wirkten, wie ein Kollege sagte, unendlich würdevoll. Der Respekt, den sie sich gegenseitig zollten, entsprach den Zielen der Versammlung und dem Verhalten, das man von religiösen Führern erwartet. Mein Kollege bemerkte: »Sie konnten großartig schweigen.«

Besonders deutlich wurde das bei einer kurzen rituellen Begegnung eines indianischen Stammesältesten mit dem Dalai Lama. Der Indianer, der im Rollstuhl saß, wurde gleich zu Beginn der Konferenz leise neben den Stuhl des Dalai Lama geschoben. Das erregte ein gewisses Aufsehen, denn es war ungeplant und störte den Fluss dieses sorgfältig orchestrierten Ereignisses. Der Indianer holte mit ruhiger Bewegung eine lange Friedenspfeife aus seinem Mantel, zündete sie an, nahm einen Zug und reichte sie dann dem Dalai Lama weiter – ungeachtet der überall unübersehbar angebrachten Rauchverbotstafeln. Einige Anwesende sagten später, sie hätten ein Strahlen um die beiden Männer wahrgenommen. Alle Augen im Saal waren auf sie gerichtet. Der Dalai Lama zog an der Pfeife und gab sie dem Indianer zurück. Allen war bewusst, dass es sich hier um einen zwar »inoffiziellen«, aber signifikanten Augenblick handelte: Sie begriffen plötzlich, dass die Indianer ihre wahren Gastgeber waren. Sie hatten einst dort gelebt, wo heute das Konferenzzentrum steht. Die majestätische Stille der Zeremonie erinnerte die Anwesenden an ihre Größe, ihr Verständnis und ihre Fähigkeit, durch wenige schlichte Gesten eine Energie und Intensität zu vermitteln. Was an diesem Vorfall besonders auffiel, war seine Echtheit. Hier wurde nichts vorgespielt, hier begegneten sich ruhig und respektvoll zwei verehrungswürdige religiöse Führer.

Diese Authentizität ist das Herzstück des Dialogs und gleichzeitig seine größte Herausforderung, denn sie lässt sich nicht vortäuschen. Ein solcher Austausch muss echt sein. Man kann ihn ausprobieren, damit experimentieren, aber letztlich muss man sich ihn erarbeiten. Alexis de Toqueville, der große Chronist Amerikas, hat das beschrieben:

> »Ein großer Mann hat gesagt, *an beiden Enden der Wissenschaft sei die Unwissenheit.* Vielleicht ließe sich treffender sagen, die tiefen Überzeugungen

seien nur an den beiden Enden anzutreffen, und in der Mitte befinde sich der Zweifel. In der Tat sind beim menschlichen Geist drei deutlich unterschiedene und oft aufeinanderfolgende Zustände zu erkennen. Der Mensch hat einen festen Glauben, weil er, ohne in die Tiefe zu dringen, etwas übernimmt. Er zweifelt, sobald Einwände auftauchen. Oft gelingt ihm die Überwindung aller seiner Zweifel und er beginnt wieder zu glauben. Diesmal ergreift er die Wahrheit nicht mehr zufällig und im Dunkeln tappend, sondern er blickt ihr ins Angesicht und geht ohne Umwege auf ihr Licht zu. […] Man kann gewiss sein, dass die Mehrheit der Menschen immer in einer dieser Haltungen stecken bleibt; sie glaubt, ohne zu wissen warum, oder sie weiß nicht genau, was man glauben soll. Was die andere Art Überzeugung angeht, die klar und bewusst der Wissenschaft entspringt, und die gerade aus der Unruhe des Zweifels hervorgeht, so gelangt nur das Bemühen einer sehr kleinen Zahl von Menschen soweit.«[1]

Zweifel und Verwirrung sind die Engel mit den Flammenschwertern, die das Tor zum wahren Verstehen bewachen. Es wäre viel leichter, wenn es einen weniger harten Weg gäbe! Aber meines Wissens existiert er nicht. Doch sollten wir uns davon nicht entmutigen lassen, sondern im Gegenteil die Gelegenheit wahrnehmen und ihm vertrauen. Ich bin nicht so optimistisch wie de Toqueville, wenn es um die Fähigkeit zu echtem Wissen geht. Meiner Meinung nach erleichtert es die Bereitschaft, den Schritt ins Unbekannte zu tun, wenn man begreift, dass es sich um nichts anderes als Selbstvertrauen handelt. Emerson riet dazu, sich selbst zu vertrauen; er hielt Selbstvertrauen für den entscheidenden Orientierungspunkt jedes Menschen.

Eine mechanistische Perspektive führt hier in die Irre. Sie könnte aus den »Praktiken« für den Dialog leicht eine Reihe einfacher Regeln machen. Aber es gilt, dieses Denken *selbst* zu überprüfen.

Vier Praktiken und der Aufbau des Containers

Wie bereits gesagt, ist eine der wichtigsten Dimensionen des Dialogs die Atmosphäre oder das »Feld«, in dem er stattfindet. Ein Feld ist die Qualität der gemeinsamen Bedeutung oder Energie in einer Gruppe.

Man kann ein »Feld« nicht produzieren, wohl aber Bedingungen schaffen, durch die ein reichhaltiges Interaktionsfeld wahrscheinlicher wird. Solche Bedingungen bilden das, was ich als *Container* des Dialogs bezeichne, in dem ein tiefes, transformierendes Zuhören möglich wird. Man kann nicht »an« einem Feld arbeiten, aber man kann einen »Container« schaffen.

Ein »Container« ist ein Gefäß, ein Setting, in dem die Intensität menschlicher Aktivität gefahrlos ausgedrückt werden kann. Die aktive Erfahrung, dass Menschen zuhören, einander respektieren, ihre Urteile suspendieren und sich artikulieren, ist der Schlüsselaspekt des Containers beim Dialog. Wenn man feststellt, dass man einander trotz allen guten Willens nicht zuhören kann, ist das, wie ich im ersten Kapitel erläutert habe, nicht der Fehler des Einzelnen; es fehlt vielmehr an einem Setting, das Zuhören und gefahrloses Sprechen erlaubt.

Das Bild des Containers oder Behälters ist sehr alt. Es findet sich bereits in der jüdischen Kabbala und zieht sich durch die Schriften der Alchimisten bis zur heutigen Psychologie, die einen »haltenden Raum« für die emotionale Intensität einer Familie fordert.[2]

Der Container ist der Kreis, der alles umschließt, er symbolisiert Ganzheit und bietet ein Setting für kreative Verwandlung.[3]

Hinter dem Begriff des Containers steht die Vorstellung, dass Menschen ein Setting brauchen, das die Intensität ihres Lebens halten kann. Solche Settings sind in der Regel selten. Die Umwelt reagiert auf uns, kann uns aber nicht halten, genauso wenig wie wir sie halten können. Die Umstände scheinen oft stärker als wir.

Container gibt es in vielfältigen Formen. Der Körper z.B. ist ein Container, der uns hält. Auch enge Beziehungen, Settings, in denen man Dinge sagen und tun kann, die sonst nicht möglich wären, sind Container, genau wie Teams und Unternehmen. In der Regel sind Container inkohärent – sie halten innere Widersprüche und Inkonsistenzen, sind aber in ihrer Haltekapazität begrenzt. Ist der Container »voll«, können wir nichts mehr aufnehmen.

Der Dialog soll den Container für das Gespräch klären und erweitern. Ich arbeite nach der Devise: Kein Container, genauer: kein bewusster Container, kein Dialog. Wie ich zeigen werde, entwickelt und vertieft sich der Container mit der Zeit. Container für Gespräche können einen bestimmten Druck aushalten. Je stabiler und bewusster sie werden, desto größer der Druck, den sie aushalten können. Gemeinsames Denken scheint nur unter einem gewissen Druck möglich zu sein, und dieser Druck steigt, wenn sich Menschen zusammensetzen und ihre Differenzen artikulieren. Dann stellt sich die Frage, ob es einen Container gibt, der diesem Druck standhalten kann. Wenn nicht, werden heikle Themen in der Regel vermieden, es kommt zu gegenseitigen Vorwürfen und Abwehr. Man kann aber durchaus Container aufbauen, die dem Feuer der Kreativität gewachsen sind. Dann muss niemand fürchten, sich zu »verbrennen«, weil es »zu heiß« wird. Man fühlt sich gefordert, aber auch einbezogen und sicher.

Das Konzept des Containers bietet ein gewisses Maß an psychologischer Sicherheit. Beim Dialog aber geht es um mehr als nur um Sicherheit. Wie Joseph Chilton Pearce festgestellt hat, besteht die Matrix einer gelungenen Entwicklung – die Gebärmutter und anschließend die Arme der Eltern – aus drei Elementen: Energie, Möglichkeit und Sicherheit. Alle drei müssen vorhanden sein, wenn es Entwicklung geben soll. Dieser Matrixbegriff deckt sich mit dem Begriff des Containers, der ebenfalls diese drei Elemente benötigt.[4] Man muss in jedem Setting, vor allem in solchen, in denen man ein wichtiges Gespräch führen soll, danach fragen, ob es Energie, Möglichkeit und Sicherheit bietet. Ist das nicht der Fall, kann man, noch bevor das erste Wort gefallen ist, getrost davon ausgehen, dass die Ergebnisse begrenzt sind.

Es war das Konzept und vor allem die Erfahrung des Containers, das Gewerkschafts- und Managementvertreter in der Stahlindustrie in die Lage versetzte, auf ganz neue Weise miteinander zu reden. Bereits in der allerersten Sitzung, bei der ich die beiden Gruppen zusammenbrachte, wurde ein Container geschmiedet. Der Gewerkschaftsvorsitzende meinte:
»Der Container wurde an diesem Tag bis zum Äußersten belastet, er war verbogen, verbeult und rissig. Als alles vorbei war, war ich so erschöpft, dass ich nur noch in mein Zimmer gehen und ins Bett fallen konnte. Als wir uns am nächsten Morgen wieder trafen, hatte sich der Container gestärkt. Wir waren in diesem Raum auf eine Weise miteinander verbunden, die wir vorher nicht realisiert hatten.«
Und weiter:
»Als alles vorbei war und ich mit ein paar anderen in die Stadt zurückfuhr, sprachen wir noch einmal darüber: ›Ist das nicht unglaublich? Keiner ist durchgedreht und gegangen.‹ Kein Manager und kein Gewerkschafter hatte gebrüllt. Wir waren Menschen und hatten darüber gesprochen.«
Der Container hatte hier Gespräche ermöglicht, wie sie nie zuvor stattgefunden hatten. Aber das Ziel bestand nicht darin, sich miteinander wohl zu fühlen. Das Setting machte es möglich, nach der Wahrheit zu suchen.
Einen »Container« zu haben, bedeutete in diesen Dialogen, dass die Beteiligten kontinuierlich an seiner Schaffung und Erhaltung arbeiteten. Das wurde besonders deutlich, als mehrere Vertreter der Stahlarbeiter vor der bereits erwähnten Managementkonferenz ihre Erfahrungen präsentierten. Für sie war das so amüsant wie verwirrend. Sie stellten überrascht fest, dass sie das Konzept des Dialogs besser verstanden als die bei der Konferenz anwesenden Manager, und einiges von dem, was sie sagten, stieß bei den Beratern und Führungskräften auf tiefe Resonanz:
»Der Unterschied zwischen den Programmen, mit denen wir zu tun hatten – und das waren viele –, und dem Dialog bestand darin, dass wir das nicht einfach

»vorgesetzt bekamen«, sondern von ganz unten angefangen und das, was wir als ›Container‹ bezeichnen, von Anfang an mit aufgebaut haben.«
Hier lag für sie der entscheidende Unterschied. Sie hatten durch Erfahrung gelernt, dass sie unmittelbar verantwortlich für alles waren, was im Dialog geschah, dass sie niemand dazu gezwungen hatte und dass er sich durch sie und aus ihnen selbst entwickelt.

Die Akustik des Dialogs

Ich war in letzter Zeit in einigen Konferenzräumen, die eine fürchterliche Akustik hatten. Sie waren für große Gruppen gedacht, aber ich konnte die Leute nur dann verstehen, wenn sie aufstanden und fast schon schrien. Andererseits kenne ich Konzertsäle, in denen man die sprichwörtliche Stecknadel fallen hört. Manche Settings sind dazu gemacht, einander zuzuhören und miteinander zu reden, andere nicht. Die Kunst, Räume oder Settings zu entwerfen, in denen es sich angenehm reden lässt, scheint heute in Vergessenheit geraten zu sein. Aber das war nicht immer so.

Im Jahre 1780 gaben Benjamin Franklin und weitere Politiker den Bau der Kongresshalle in Philadelphia in Auftrag, in der sich das erste Parlament der Vereinigten Staaten versammeln sollte[5]: ein großer, lichtdurchfluteter Raum mit hohen Decken und sehr hoch angebrachten Fenstern, die Ablenkungen von außen verhindern. Die Sitze sind im Halbkreis aufgestellt, so dass jeder alle anderen sehen kann. Besonders auffallend ist die außerordentlich gute Akustik. Alles, was mit normaler Stimme oder leiser gesagt wird, ist im ganzen Raum zu verstehen. Dieser Raum wurde dazu gebaut, über die Regierung des Landes zu sprechen. Die Planung der Kongresshalle stellte das Gespräch in den Mittelpunkt des Regierens.

Die Kongresshalle ist ein greifbarer Container, der den Klang deutlich wiedergibt und es den Anwesenden ermöglicht zu hören, was gesagt wird. Aber sie ist darüber hinaus auch ein Symbol, und ihre Funktion beschränkt sich nicht auf die äußere Struktur. Als symbolischer Container erinnerte sie die Volksvertreter auch daran, dass es einen Sinn gibt, für den sie verantwortlich sind.

Jedes Gespräch hat seine eigene Akustik. Jedes Gespräch findet in einer Umgebung mit greifbaren äußeren und inneren, mentalen bzw. emotionalen Dimensionen statt. Anders ausgedrückt: Ein Container besitzt eine unsichtbare Architektur. Die meisten Strukturen sind für Diskussionen, für das Denken des Einzelnen, gemacht. Es gibt nur sehr wenige, die für das gemeinsame Denken, den Dialog bestimmt sind.

Die innere Akustik

Entsprechend gibt es eine körperliche Akustik, die sich aus der Struktur des Schädels und des Innenohrs ergibt, aber auch die innere Dimension des Zuhörens. Was ist Ihre innere Akustik? Welche Geräusche nehmen Sie in sich wahr? Wie leise sind Sie? Wie laut? Können Sie hören, was gesagt wird, ohne es allzu sehr zu verzerren oder zu dämpfen?

Es wird viel darüber debattiert, ob Menschen in der Lage sind, objektiv zu sehen oder zu hören. Viele Kognitionswissenschaftler gehen davon aus, dass wir alles filtern, was wir hören und sehen. Die einen führen das auf die Struktur des Nervensystems zurück, die anderen gehen von inneren Modellen aus, an denen wir uns orientieren, wenn wir neue Informationen aufnehmen.

Unabhängig davon scheint festzustehen, dass wir Geräusche manipulieren. Aber anders als das äußere Gehör verzerren oder dämpfen wir das innere nicht mit Teppichen und Fliesen, die den Klang resorbieren, sondern durch die Bereitschaft zum Zuhören. Die Form des inneren Containers lenkt die Fähigkeit, das zu hören, was gesagt wird. Genauso legt auch die Form des kollektiven Containers fest, was gesagt und gehört werden kann.

***Beispiel**: Die Disputation meiner Dissertation an der Universität Oxford fand in einem Container statt, der für Diskussionen entworfen war. Es handelte sich um einen rite de passage, ein Übergangsritual, das darauf zielte, den Unterschied zwischen Studenten und Professoren sichtbar zu machen, Ordnung und Hierarchie zu bewahren, Bedeutungen zu klären und eine Entscheidung zu treffen.*

Die äußere Struktur des Raums, in dem meine Disputation stattfand, spiegelte unübersehbar das Machtgefälle zwischen Prüfern und Kandidaten und wirkte sich stark auf den Charakter der Interaktion aus. Wir waren zu dritt, zwei Prüfer und ich, alle in der traditionellen akademischen Tracht, d.h. in Talar und Barett. Die Prüfer saßen nebeneinander an zwei rechteckigen Tische, ich an einem dritten Tisch ihnen gegenüber, im Abstand von etwa drei Metern. Ich befand mich am Eckpunkt des Dreiecks ihrer Erkundung.

Einer der Professoren hatte die Ränder meiner Dissertation mit etwa 50 gelben Zetteln versehen. Daran sah ich, dass es ein langer Tag werden würde. Allmählich kam das Gespräch in Gang; die Professoren fragten mich abwechselnd, warum ich dies oder jenes geschrieben, anderes ausgelassen hatte usw. Ich spürte den Wunsch in mir aufsteigen, nach besten Kräften zu erklären, warum es richtig war, was ich geschrieben hatte.

Es war wie beim Degenfechten: Die Professoren machten Ausfälle, ich wich aus oder parierte. Mit der Zeit machte sich der Einsatz bezahlt. Sie begannen, über das zu diskutieren, was ich geschrieben hatte, hinterfragten ihr eigenes Verständnis. Das zeigte mir, dass ich es geschafft hatte. Der ritualisierte Charakter

des Austausches spiegelte sich in unseren Rollen und ihrer Transformation. Nach zweistündiger harter Befragung war ich ihnen ebenbürtig geworden.
Und danach war alles anders. Die beiden Professoren berieten sich, verkündeten ihr Urteil – ich hatte bestanden – und luden mich zu einem Glas Wein in die College-Bar ein, um zu feiern und den Prozess zu reflektieren. Sie räumten lachend ein, sie hätte sich über meine Arbeit gefreut (was sie bei der Disputation nicht gesagt hatten), wären aber todernst geblieben, um »ein bisschen Druck« zu machen.

An einem Austausch wie diesem gibt es nichts zu bemängeln. In vieler Hinsicht bewahrt er eine rituelle Dimension, die wir weitgehend aufgegeben haben. Aber er ist für viele Probleme, vor denen wir heute stehen, nicht geeignet.

Dialog erfordert einen ganz anderen Container, physisch genauso wie auf der Ebene der Interaktion. Im Dialog arbeiten wir z.B. mit dem Kreis und nicht mit Stuhlreihen oder Dreiecken. Der Kreis ist ein altes Symbol des Dialogs. Er ist ökonomisch und effizient, weil er es allen ermöglicht, alles zu sehen und zu hören, und er ist ein »Gleichmacher«: alle sind auf gleicher Ebene. Interessanterweise stammt das englische Wort *truth* (Wahrheit) unter anderem von *alathea*, d.h. »auf einer Ebene«. Im Kreis sind wir auf einer Ebene, und d.h. wir können die Wahrheit sagen. Aber der Kreis ist auch eine Linse: ein Mittel zur Fokussierung. Im Kreis intensivieren sich die Dinge. Man kann nicht vorhersagen, was darin geschieht.

Versuchen Sie einmal, Ihre nächste Konferenz im Kreis abzuhalten, ohne erkennbare Hierarchie. Ich versichere Ihnen, dass das eine tiefe Wirkung auf Ihre Worte, Ihre Gedanken und Ihre Taten haben wird. Natürlich kann man immer gegen die Struktur ankämpfen und sich ihr widersetzen.

Ein Manager, der als Coach und Facilitator mit der Führungsspitze eines großen amerikanischen Konzerns arbeitete, erzählte einmal, wie er sie dazu gebracht hatte, den traditionellen Tisch aufzugeben. Als sie im Kreis saßen, kam ein sehr hochgewachsener Teilnehmer herein, sah sich um und fragte: »Wo soll ich jetzt meinen Kaffee hinstellen?« Und mit einem Blick auf den Facilitator: »Wenn ich ihn mir über den Anzug kippe, zahlen Sie die Reinigung!« Er hatte das durchaus nicht scherzhaft gemeint! Hinterher waren sich alle einig, dass diese Sitzung die beste seit langer Zeit gewesen war.

Die Grenzen des Containers schützen

Ein bewusster Umgang mit den Grenzen ist in Gruppensettings wesentlich für den Schutz und die Stärkung des Sicherheitsgefühls der Teilnehmer, ganz besonders dann, wenn viel auf dem Spiel steht. Konkret bedeutet das die Entscheidung für ein offenes, ein geschlossenes oder ein randomisiertes System. Können die Teilnehmer kommen und gehen, wie sie wollen? Dann handelte es sich um ein offenes System. Ist der Zugang zum Gespräch nur auf Einladung möglich? Das wäre ein geschlossenes System. Oder überlassen wir die Entscheidung darüber den Einzelnen und entscheiden uns damit für ein randomisiertes System?

Solche Grenzen beziehen sich auch auf die Interaktionsformen. Häufig sagt z.B. jemand (gewollt oder ungewollt) in einer Gruppe etwas, das andere stört oder aufregt. Jemand sagt: »Georges Bemerkung scheint mir wirklich daneben. Jetzt sage ich mal, was ich dazu denke.« Jetzt steckt George in einem Dilemma. Er kann die Bemerkung und die implizite Beleidigung ignorieren oder sich dagegen wehren. Beides ist nicht unbedingt leicht.

Angenommen, George bekommt keine Gelegenheit, auf die Bemerkung zu reagieren – man hat ihn zum Objekt der Argumente anderer gemacht und damit entpersönlicht. Ist das ein Tabuthema? Oder haben die Teilnehmer die Freiheit, das Thema anzusprechen, zu erkunden und nach Erläuterungen, nach den Gründen für die Gedanken und Gefühle zu fragen? Der Dialog erfordert die Bereitschaft, solche Fragen anzuschneiden, um sie zu überprüfen. Eine effektive Architektur bedeutet, dass genügend Raum für die Frage existiert: »Hat man das, was Sie gesagt haben, so verstanden, wie Sie es meinten?«

Es ist ein wesentlicher Bestandteil beim Aufbau des Containers, nach und nach Regeln für den Umgang mit solchen Interaktionen zu entwickeln.

Anmerkungen

1 Alexis de Toqueville: *Über die Demokratie in Amerika* (1835). Dt. v. Hans Zbinden, München 1984, 214f.; Hervorhebung im Original.

2 Vgl. z.B. Ronald Heifetz: *Leadership without easy answers*, Cambridge, Mass. 1994.

3 Diese Vorstellung verdanke ich Cliff Barry und Mary Ellen Blandford, die das bislang beste Programm zur Integrierung der »Schatten«, der verdrängten oder abgelehnten Persönlichkeitsanteile, entwickelt haben.
Vgl. www.shadowwork.com.

4 Joseph Chilton Pearce: *Magical child*, New York 1980.

5 In diesem Gebäude tagten fünf Kongresse, bevor die Hauptstadt 1803 nach Washington verlegt wurde.

11. Gesprächsfelder

Es waren anstrengende, spannende Tage gewesen. Viele Menschen waren zur Konferenz gekommen, um zu reden und Gedanken auszutauschen. Und geredet hatten sie, angeregt und begeistert, wenn auch überwiegend nach den Sitzungen. Die vielen Vorträge hatten wenig Gelegenheit zum Gespräch der gesamten Gruppe gelassen. Aber dann, am letzten Morgen, war es soweit. Es war eine große Gruppe – mehr als 75 Teilnehmer. Der Moderator eröffnete die Diskussion und setzte sich. Die Stille des Sommertags drang durch die Fenster des Konferenzraums, der in ein sanftes Licht getaucht war. Die Teilnehmer blickten um sich. Zur allgemeinen Überraschung sagte nach den vergangenen, intensiven Tagen niemand etwas.

Die Teilnehmer saßen wartend da. Allmählich wurde erkennbar, dass es, zumindest für den Augenblick, noch nichts zu sagen gab. Der Raum und die Menschen waren von Stille erfüllt, nicht von Stimmen. Es war eine Stille ohne Spannung, quasi rhythmisch, wie ein Ausatmen. Alle waren außergewöhnlich geduldig, wie Angler, die auf den Sonnenuntergang warten. Der Glanz dieses Augenblicks, seine ungeplante Eleganz und fruchtbare Präsenz, waren unerwartet wie entspannend.

»Ich wollte das Schweigen gar nicht brechen, aber die Worte schienen aus mir heraus und in den Raum einzuströmen, und da wusste ich, dass ich sprechen musste«, begann ein Teilnehmer.

Was atmosphärisch bei diesem Austausch geschah, zählt zu den vier essentiellen »Gesprächsfeldern«, die beim Dialog entstehen können. Viele sehen in dieser Erfahrung einen Höhepunkt, ein Ziel, das es zu erreichen gilt, ja sogar einen Zweck an und für sich. Dennoch besagt eine der von uns in den letzten Jahren entwickelten Thesen, dass der *Prozess der Bewegung* durch verschiedene Gesprächsfelder oder -räume sehr viel wichtiger ist als der Versuch, ein bestimmtes Ergebnis zu produzieren. Ich assoziiere mit dem Dialog mittlerweile vor allem die kreative Bewegung an sich und weniger ein einzelnes Gefühl oder eine einzelne Erkenntnis.

Entwicklung und Sackgassen

Die »Fortschritte« unserer Gespräche sind häufig enttäuschend. Das liegt daran, dass man selbst oder die Gruppe, in der man ist, in einer bestimmten Art von Gesprächen verstrickt ist und keinen Ausweg daraus findet.

Häufig ist z.B. die Sackgasse durch polarisierte Positionskämpfe. Solche Positionskämpfe, wenn z.B. einer für einen Mietspiegel und ein anderer für das freie Spiel des Marktes zur Regulierung der Mieten plädiert, enden aber schnell an einem Punkt, an dem nichts mehr geht. Und trotzdem ist diese Form der Interaktion sehr beliebt. Viele halten sie für die beste und vielleicht sogar einzige Form, die Wahrheit zu finden. Dann wirkt eine Verweigerung des Streits am Ende repressiv und falsch: kein Streit, keine Realität. Dieser Auffassung war anscheinend auch die Rezensentin der *New York Times* bei ihrer Besprechung von Deborah Tannens Buch *Lass uns richtig streiten*.[1] Tannen beschäftigt sich dort mit den Konflikten im öffentlichen Diskurs, die sich zu den gegenwärtig so verbreiteten hässlichen Streitereien entwickeln: Angriffe der Medien auf Politiker, bösartige juristische Auseinandersetzungen, der Kampf der Geschlechter. Die Rezensentin nun kritisierte Tannens Behauptung, diese Streitereien und der Konkurrenzgeist, auf dem sie beruhen, täten uns nicht gut. Sie meint: »Wir streiten gerne.« Sie scheint zu glauben, einen Streit auslassen hieße, sich passiv einer kulturellen Programmierung oder dem politischen Unsinn auszusetzen. Aber diese Annahme ist nur dann berechtigt, wenn wir glauben, es dürfe grundsätzlich keinen Streit geben oder, umgekehrt, Streit sei Zweck und Ziel eines echten Diskurses. Beides ist falsch.

Man kann sich aber auch in das verstricken, was ein Manager aus meinem Bekanntenkreis einmal als »tödliche Freundlichkeit« bezeichnet hat. In seinem Unternehmen war es unmöglich, den Status quo in Frage zu stellen. Dafür war man einfach zu höflich. Natürlich wurde hinter der Fassade intensiv gekämpft – aber eben nur im Verborgenen.

Ein Verständnis des Dialogs als *Gespräch in Bewegung* kann unsere Vorstellungen über das, was zur Führung eines Dialogs nötig ist, sehr viel flexibler machen. Es gibt Zeiten, in denen man streitet, und Zeiten, in denen man höflich oder freundlich ist, aber beides ist nicht statisch, sondern entwickelt sich. Die Bewegung des Dialogs ist keine lineare Abfolge, sondern eine Evolution. Wie ich in diesem Kapitel zeigen werde, verläuft der Fortschritt nicht immer in gerader Line. Und vor allem endet der Dialog nicht notwendig dann, wenn die Gruppe, die miteinander redet, aufsteht und geht. Oft wird das Gespräch auf andere Weise fortgesetzt und da aufgegriffen, wo es unterbrochen wurde.

Das Potential des Containers

Solche sich entwickelnden Gespräche nehmen je nach Qualität und Charakter des Containers verschiedene Formen an. Container für Gespräche können Druck, Energie und Wissen in unterschiedlicher Qualität enthalten. Solche Räume entwickeln sich durch spezielle Wendepunkte oder Krisen. Führung definiere ich hier als Fähigkeit, bei der Entfaltung der verschiedenen Krisen den Container so zu erweitern, dass er zunehmend größere Sets von Ideen, Belastungen und Menschen enthalten kann. So gesehen, ist Führung an sich ein Container, in dem erstaunliche Veränderungen möglich sind.

Ein Beispiel für einen politischen Führer, der große Belastungen aushalten kann, ohne verbittert zu sein, ist Südafrikas früherer Präsident Nelson Mandela. Er hat in der Zeit der Apartheid 27 Jahre im Gefängnis verbracht, scheint aber erstaunlicherweise denjenigen, die dafür verantwortlich waren, nicht zu grollen. Mandela scheint ein Mann zu sein, dem es gelungen ist, die Belastungen, denen er ausgesetzt war, zu transzendieren.

Für Jackson Burnside, den hochbegabten Architekten von den Bahamas, war das erste Treffen mit Mandela eine bemerkenswerte Konfrontation mit der Demut. Burnside traf Mandela, den er schon seit Jahren schätzte, anlässlich von dessen Staatsbesuch auf den Bahamas in Anwesenheit des Premierministers und anderer hochrangiger Politiker. Dennoch gab Mandela ihm das Gefühl, die wichtigste Person unter den Anwesenden zu sein: Mandela begrüßte ihn mit den Worten: »Ich habe mich seit langem darauf gefreut, Sie kennen zu lernen. Ich habe große Hochachtung vor ihrer Arbeit.« Burnside war zutiefst davon berührt, dass Mandela, der ihm sowohl körperlich als auch in seiner historischen Bedeutung weit überlegen war, sich vor ihm verneigte. Mandelas Demut und Stärke wurden zum symbolischen Container für die Veränderungen in Südafrika, zum Bezugspunkt für ritterliche Ergebung und ritterlichen Kampf.

Jede Gruppe besitzt einen Container, welcher Art auch immer. Es fragt sich nur, wozu er da ist. Die einen sagen, beim Dialog gehe es letztlich um emotionale Nähe; Ziel sei es, Menschen zu befähigen, sich gut aufeinander zu beziehen. Andere glauben, ein Dialog ohne gemeinsame Bedeutungen sei nicht möglich. Sie bemühen sich sehr, die verschiedenen Voraussetzungen und Annahmen der Beteiligten offen zu legen. Wieder andere stellen die inneren Widersprüche des Handelns in den Mittelpunkt, die sie benennen und untersuchen wollen. Aber der Container benötigt all diese Elemente. Wenn eins fehlt, gerät die Gesamtökologie aus dem Gleichgewicht.

Dialog ist ein Prozess, mit dessen Hilfe sich Container schaffen lassen, die Erfahrungen umfassender und komplexer halten können und viele Ansätze und Stile legitimieren. Stellen Sie sich ein Paar vor, das ständig streitet und nicht genügend Raum hat, um die Spannungen zu verstehen, die beide empfinden. Wie groß wäre die Veränderung, wenn sie einem weisen, verständnisvollen Freund in die Arme liefen, der sie beruhigt und ihnen zeigt, dass er ihre jeweiligen Probleme versteht. Er könnte ihnen die Hoffnung geben, die sie dazu motiviert, um die eigene Identität genauso zu kämpfen wie umeinander.

Dadurch entstünde ein Raum, in dem sich beide entspannen und entdecken könnten, dass es Gedanken und Gefühle gab, deren sie sich nicht bewusst und mit denen sie nicht in Kontakt waren, weil der Streit im Vordergrund stand. Sie könnten einsehen, dass die Ursache des seelischen Leidens, zu dem ihre Interaktionen geführt hatten, ursprünglich nicht beim anderen lag. Man könnte auch sagen, der größere psychologische und emotionale Raum für Entspannung und Interaktion könnte sie in die Lage versetzen, »stromaufwärts« auf die Ursache ihrer Probleme zuzugehen. Damit hätte sich ihr Container vergrößert.

Bohm meint, bei einer Verschmutzung des Stroms unseres Denkens blieben im wesentlichen zwei Möglichkeiten: Wir können versuchen, den Schmutz stromabwärts zu entfernen oder aber Veränderungen stromaufwärts, an der Quelle, vorzunehmen. Die Erweiterung des Containers, die ich hier beschreibe, versucht, das Denken und Gefühl näher an der Quelle zu verändern. Es zeigt, wie wir zu größerer Klarheit finden können, nicht nur in unserer eigenen Ökologie, sondern in der Ökologie des Teams, des Unternehmens und – zumindest potentiell – der Gesellschaft selbst.

Dahinter steht die Absicht, Reflexion und Transformation »stromaufwärts« zu verbessern und uns so zu verändern und zu heilen.

Felder und Container

Der Begriff des *Containers* gibt uns also die Möglichkeit, den flüchtigen Begriff des »Gesprächsfeldes« zu fassen. Wie schon gesagt (s.o. *Das Potential des Containers*), sind Felder Räume, die eine bestimmte Qualität der Energie und des Austausches enthalten. Container sind die relativ beobachtbaren Merkmale dieser Felder. Wie ich auf den nächsten Seiten zeigen werde, hat jedes Gesprächsfeld distinktive Merkmale, Muster und Belastungen. Jedes Feld verwandelt sich ausschließlich durch Krisen, durch signifikante Veränderungen, die durch die am Dialog beteiligten Menschen entstehen.² Diese Krisen sind die Schwellen, die wir überschreiten müssen, um den Dialog erleben zu können.

Feld I:
Instabilität des Feldes / Höflichkeit im Container

Wenn eine Gruppe zum ersten Mal zusammenkommt, ob sich die Beteiligten bereits kennen oder nicht, gibt es in der Regel keinen Container, der viel Intensität und Druck aufnehmen oder halten könnte. Die meisten Settings für Gespräche scheinen sogar dazu bestimmt, *keinen* großen Raum für Neues zu lassen. Arbeitsplätze z.B. sind meist so entworfen, dass bestimmte Anteile der eigenen Person draußen bleiben.

Beim ersten Zusammentreffen bringen die Teilnehmer eine Reihe überkommener Vorstellungen über die Art der Interaktion mit. Mitarbeiter haben ein mentales Modell von dem, was bei einer Arbeitsbesprechung geschehen »sollte«. Bei einem Vortrag weiß man, dass man sich hinsetzt und zuhört. Und auch eine Aufsichtsratssitzung hat ihr formales Protokoll.

Von außen betrachtet, können all diese Settings ganz unterschiedlich wirken. Der Anfang einer Aufsichtsratssitzung unterscheidet sich durch seine Intensität deutlich vom Geplauder einer Gruppe von Arbeitern einer Autofabrik zu Beginn ihrer morgendlichen Einsatzbesprechung. Aber in einem entscheidenden Punkt sind sie gleich: In allen Fällen gibt es akzeptierte und erlernte Interaktions- und Verhaltensweisen. Die Beteiligten haben den gesellschaftlichen Container akzeptiert, in dem sie leben. Sie denken, jedenfalls im Augenblick, nicht über das nach, was unter der Oberfläche ist – über die unausgesprochenen Erwartungen, Spannungen und Differenzen. Manche dieser Spannungen und Erwartungen sind den Beteiligten bekannt, andere nicht – sie gehören zu den Assoziationen, die sie in sich tragen. Mit anderen Worten: Alle bringen eine Reihe von Annahmen über die Situation und Regeln für das Denken und Handeln in dieser Situation mit, die für sie selbstverständlich sind.

Der Einfluss dieser Assoziationen geht tief. Für einen erfahrenen Manager ist z.B. das Tempo, die Energie und die quasireligiöse Begeisterung in einem Start-up-Unternehmen eine Chance, während Menschen mit weniger Erfahrung dieselbe Firma als »Katastrophe« erleben.

Als 1988 der Yellowstone Nationalpark von einem Brand verheert wurde, war das für viele ein trauriges, katastrophales Ereignis, das lautstarke Forderungen nach einer Veränderung in der Verwaltung der Wälder auslöste. Diese Menschen machten sich große Sorgen und sahen im Verlust eines so großen Teils des Parks die Anzeichen eines Versagens. Für erfahrene Waldpfleger dagegen war der Brand natürliche Folge eines drei- bis vierhundertjährigen Kreislaufs von Regen und Dürre. Der Wald von Yellowstone reguliert sich in aller Regel selbst, und die meisten Brände zerstören sehr wenig, denn es gibt viele hohe Bäume und wenig Unterholz – also wenig Brennstoff für ein Feuer am Boden. Vom menschlichen Standpunkt aus war der Brand eine Katastrophe, aber seine Ökologie funktionierte noch im selben Jahr genauso, wie sie sollte.

Die sehr zahlreichen unterschiedlichen Erwartungen, die die Menschen beim Dialog mitbringen, sind zunächst nicht wirklich erkennbar. Diskussionen über die Differenzen sind selten. Die Mitarbeiter im Gesundheitswesen von Grand Junction verbanden sehr verschiedene Hoffnungen mit dem Dialog. Manche wollten sich mit Gesundheit beschäftigen, andere das System reparieren, und wieder andere sicherstellen, dass sich die Konkurrenten nicht auf Kosten des eigenen Marktanteils verbündeten. Aber das alles kam erst sehr viel später zur Sprache. Zunächst waren wir mit dem Muster »Höflichkeit, Kooperation und Freundlichkeit« konfrontiert. Die Teilnehmer taten, was sie immer taten, wenn sie sich trafen: sie erzählten berufliche Anekdoten, entspannten sich und beklagten sich über die Veränderungen in ihrem Arbeitsfeld.

Bei unseren ersten Forschungen habe ich diesen Raum als »Instabilität des Containers« beschrieben – zumindest soweit es um die Fähigkeit ging, ein intensiveres Gespräch auszuhalten. Mein Kollege Claus Otto Scharmer, von dem die Abbildung 5 stammt, fand dann aber dafür die Formulierung: »Einhalten der Regeln.« Die Sprache, die in diesen Settings gesprochen wird, entspricht den sozialen Normen, mit denen die Teilnehmer aufgewachsen sind und mit denen sie umgehen können. Das kann eine höfliche Interaktion sein, aber manchmal, z.B. in einem mir bekannten High-Tech-Unternehmen, fangen die Teilnehmer gleich mit Hinweisen auf das an, was falsch ist und nicht funktionieren kann. Sie haben sich ungeheuer hohe Ziele gesteckt – weit höher als alles, was in ihrem Bereich je unternommen wurde. Sie geben auch zu, dass sie glauben, sie könnten daran nichts ändern. In ihrer Kultur verhält man sich bei der ersten Begegnung eben so – man führt ein aggressives Wortgefecht über Fehler und nötige Schritte.

In diesem Gesprächsfeld verbergen die Beteiligten das, was sie »wirklich« denken und fühlen. Scharmer meint, die vorherrschende Norm in diesem ersten Raum besage, dass die (noch ungeprüften) Regeln elementar und den Wünschen des Einzelnen übergeordnet seien.

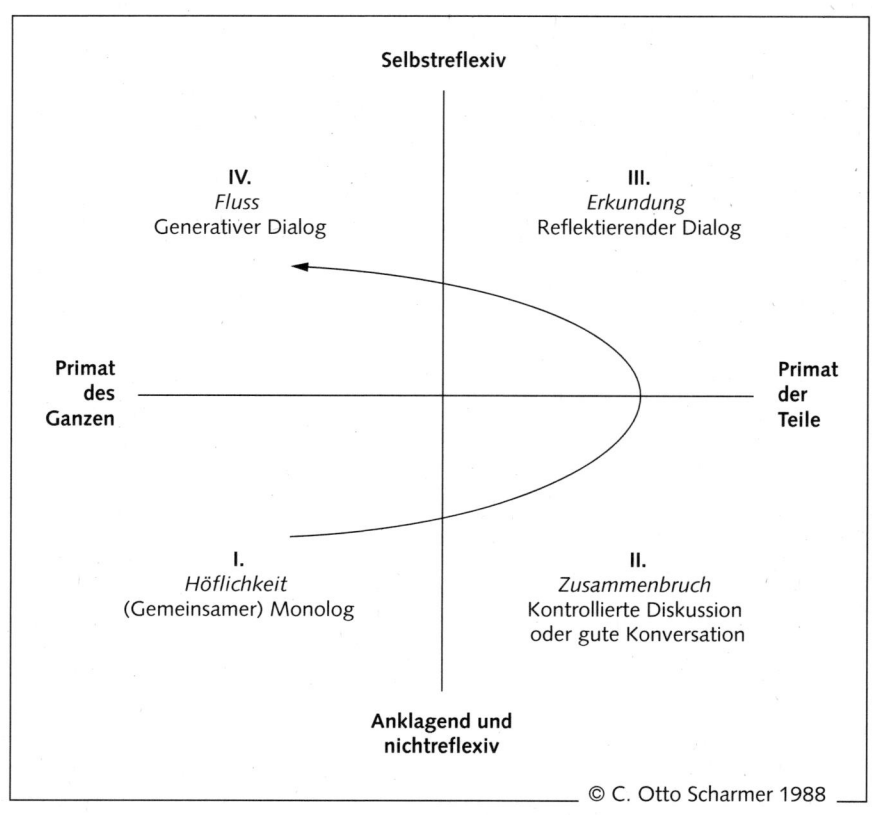

Abb. 5: Bewegung durch die Felder I. - IV.

*Ein **Beispiel**: Beim führenden Management eines Unternehmens lagen zwei Paradigmen ständig miteinander in Konflikt. Für die einen war eine Zufalls-, für die anderen eine geschlossene Struktur wichtig. Die sozialen Normen bestanden darin, diese Dynamik auszuagieren, ohne je die Aufmerksamkeit darauf zu lenken. Man war frustriert, wollte sich aber auch nicht öffentlich mit den Problemen beschäftigen. Viele waren frustriert, ohne zu wissen, warum – sie wussten nur, dass bestimmte Leute ihnen auf die Nerven gingen.*

Das ist typisch für das erste Gesprächsfeld: Es gibt eine ganze Reihe von gesellschaftlich produzierten Normen, die als selbstverständlich gelten, aber die Beteiligten erkennen sie entweder nicht oder wissen nicht, was sie dagegen machen sollen, und halten sich, so gut es geht, an die vorherrschenden Regeln.

Für Scharmer ist ein Schlüsselmerkmal des ersten Feldes der Mangel an Reflexion.

*In einer Sitzung zum **Beispiel**, an der ich als Faciliator teilnahm, wollten die Leiter der zwei Bereiche eines Konzerns einen einheitlichen Strategieansatz finden, konnten sich aber nicht einigen. Die Norm ihrer Kultur gebot Höflichkeit und verbot das öffentliche Austragen von Differenzen. Ich kannte ihre Probleme aus Einzelgesprächen: Privat konnten sie sagen, was sie öffentlich nicht zu sagen wagten.*

Schließlich versuchten die Teilnehmer einige ihrer Differenzen, ihre unterschiedliche Sichtweise des Marktes und ihre Theorien über nötige Maßnahmen zu skizzieren. Für mich war das Schwerarbeit. Sie konnten es nicht über sich bringen, ungeschminkt zu sagen, dass sie dem anderen die Vertretung der eigenen Interessen einfach nicht zutrauten. Sie trauten niemandem, hielten es aber für geradezu ketzerisch, das zu sagen. Dann sagte einer der Berater, den sie für die Marktanalyse eingestellt hatten: »Mir scheint, Sie graben hier nach etwas, das gar nicht da ist. Im Grunde stimmen alle Anwesenden überein. Ich glaube, wir sind jetzt bereit, weiter zu gehen.« Der Manager, der für Strategie zuständig war, machte ein langes Gesicht, formulierte doch dieser Berater, den er selbst eingestellt hatte, genau das, was er hinterfragen wollte. Die Äußerung verstärkte die Furcht vor der Reflexion und suchte dem wachsenden Druck zu entkommen.

In den Begriffen von Kantors System der vier Akteure sind »Initiator/Anhänger«-Sequenzen typisch für das erste Gesprächsfeld: Manche werden initiativ, andere folgen, es gibt keine Widersacher oder Beobachter.

Die emotionale Komponente dieser Sequenz ist häufig Furcht. Sich einer Gruppe anzuschließen, selbst einer, die man gut kennt, flößt beträchtliche Angst ein, und das wiederum verstärkt das normgerechte Verhalten.

Eine ähnliche Situation entwickelte sich in den Dialogen von Grand Junction. Zu Anfang des Projekts waren die Beteiligten vor allem mit sich und mit der Frage beschäftigt, inwieweit Gespräche auf der Führungsebene des städtischen Gesundheitswesens ihren Interessen nutzten oder schadeten. Ein CEO, dessen mangelnde Begeisterung bei der ersten Sitzung deutlich spürbar war, gab das bereitwillig zu.

Ich sagte: »Sie sehen nicht so aus, als ob Sie gerne hier wären.«
Er antwortete: »Bin ich auch nicht. Ich bin hier, aber ich werde mich nicht beteiligen.«
»Und warum sind Sie dann gekommen?«
»Weil ich dafür sorgen muss, dass hier nichts passiert, was meinem Krankenhaus schaden könnte.«
»Sind Sie bereit, wenigsten das zu sagen?«
»Nein.«

Der bekannte Soziologe Erving Goffman hat die Verhaltensmuster im ersten Gesprächsfeld beschrieben und die ungeheuer komplexen und vielfältigen Wege beobachtet, auf denen man lernt, »sein Gesicht zu wahren«, um sein Selbstbild und im Gegenzug auch das der anderen zu schützen. In der »Initiator/Anhänger«-Sequenz ist das die wohl grundlegendste Regel.[3] Das erste Gesprächsfeld ist im allgemeinen ein Raum der »Höflichkeit«, und zwar einer Höflichkeit, die um des Gemeinwohls willen den freien Ausdruck des Einzelnen beschränkt: Wir sagen dem Chef in der Regel nicht, dass er ein Trottel ist, auch wenn wir es denken, und wir lachen über die Witze anderer, auch wenn wir sie nicht komisch finden.

Wenn sich der eigene Horizont auf dieses Feld beschränkt, kann es wie ein Gefängnis wirken. Aber dasselbe lässt sich von *allen* Räumen sagen. Es kann verheißungsvoll scheinen, dass jeder neue Raum aufgeklärter, attraktiver wirkt als der vorige, auch wenn das in Wirklichkeit nicht stimmt. Jeder Raum ist essentiell. Wie ich bereits gesagt habe, ist die Bewegung durch die Räume hier das Wichtigste.

Die Krise der Leere: »Dialog lässt sich nicht erzwingen«

Den Teilnehmern eines Dialogs demonstriert diese erste Phase der Erfahrung, dass sich die Ebene gemeinsamer Bedeutung nicht so problemlos erreichen lässt, wie sie hofften. Besonders für handlungsorientierte Menschen ist die Erfahrung frustrierend, dass sich Dialog nicht *erzwingen* lässt. Daraus entsteht dann oft die erste Reihe von Krisen, die nötig ist, um einen tieferen Raum für den Dialog zu entwickeln.

Das Wort *Krise* stammt vom indogermanischen *krei*: »unterscheiden, trennen«. Das ist auch die Wurzel des Wortes *Kriterium* und interessanterweise auch des englischen *riddle* (dt. Rätsel). Eine Krise ist ein Wendepunkt, der das, was war, von dem unterscheidet, was danach kommt. Meiner Meinung nach ist eine Krise im Dialog das Tor zu tieferem Schweigen und tieferem Zuhören. Eine Krise lässt sich nur lösen, indem man sie durchlebt, und nicht, indem man sie »durchdenkt«. Man kann auch versuchen, sie zu vermeiden, aber dann kann keine wahre Veränderung stattfinden. So gesehen, bedarf Dialog einer neuen Art der Sensibilität und Bewusstheit, die man nicht verordnen kann – sie entsteht gerade dann, wenn man begriffen hat, dass sie sich nicht verordnen lässt.

Meiner Erfahrung nach gibt es im Dialog ganze Reihen von Krisen – Wendepunkte, die zwar nicht immer als solche erlebt werden, aber der Navigation und des Verständnisses bedürfen. Diese Krisen stellen eine Herausforderung dar, und das trägt dazu bei, dass Menschen in Sackgassen geraten und nicht immer das erleben, was sie sich unter dem Dialog vorstellen. Insbesondere bedrohen sie unsere Identität. Sie zwingen stets aufs Neue dazu zu überprüfen, wer wir zu sein glauben, wenn wir ein ernsthaftes Gespräch führen.

Ich bezeichne diese Krise als Krise der *Leere*, denn man muss sich rasch aller Erwartungen entledigen, »leer« werden, wenn etwas Neues geschehen soll. Man muss auf das warten, was noch nicht eingetreten ist, auf das Unerwartete, Andere. Scott Peck benutzt bei seiner Theorie der Gemeinschaftsentwicklung ein Stufenmodell, bei dem er die *Leere* ans Ende stellt. *Leere* bedeutet für Peck, sich des Falschen zu entledigen und damit Raum für das Authentische, Echte zu schaffen. Ich verstehe unter Leere hier die anfängliche Verwerfung, die entsteht, wenn unsere Erwartungen nicht erfüllt werden und wir das gewünschte Ergebnis nicht mehr kontrollieren können.

Ausgelöst wird diese Krise unter anderem dadurch, dass jemand Abstand gewinnt und den Gesamtprozess des Gesprächs und die Gefühle, die er auslöst, reflektiert. Solche Kommentare über den Prozess eines aktuellen Gespräches gelten in der Regel als unhöflich! Sie könnten den fröhlichen Halbschlaf einer Gruppe beenden und damit zu einem der im Folgenden beschriebenen Zusammenbrüche führen. Das Aussprechen des Verbotenen oder Unsagbaren erzwingt Veränderung.

Natürlich versuchen manche Gruppen, Bemerkungen über den Prozess zu entschärfen, indem sie sie zum Bestandteil der Struktur machen. Konferenzberatung (Facilitation) z.B. ist mittlerweile ein blühendes Geschäft. Das ist insofern problematisch, als es zu einer Art Krücke geworden ist, einem Mittel, die Krise zu umgehen, durch die die Teilnehmer sich der Tatsache stellen müssen, dass sie nicht in der Lage sind, inneres Engagement und kollektive Intelligenz durch Manipulation zu verstärken. Auch wenn es nicht in allen Fällen gilt, kann der Einsatz von Faciliatoren eine Art Arbeitsvermeidung sein, ein Mittel, um der Krise der Leere zu entgehen in der irrigen Hoffnung, es gebe eine Methode, einen Experten oder eine Technik, die von hier nach dort führt.

In dieser ersten Krise stellen die Teilnehmer fest, dass ihre Erwartungen nicht erfüllbar sind. Zu den kulturellen Annahmen über die Generierung von Wissen zählt unter anderem, dass eine Person die Informationen oder das Wissen besitzt, das die andere braucht. Dieses hierarchische Verständnis schiebt dem Einzelnen oder der Gruppe, die angeblich die Macht hat, alle Verantwortung zu. Im Dialog erkennen die Teilnehmer, dass Wissen durch die gemeinsame Erfahrung eines Kollektivs entsteht. Das kann kein Einzelner erzwingen, und jeder entsprechende Versuch stört nur. Die Krise hier besteht in der Erkenntnis, dass wir alle gemeinsam verantwortlich sind und gemeinsam entdecken müssen, was zu tun ist. Für diejenigen, die erwarten, ein Experte könne ihnen sagen, was zu tun sei, ist das eine signifikante Veränderung. Aber hier kann nun mal kein Experte helfen; neues Wissen entwickelt sich nur durch gemeinschaftliche Aktivität, die alle einbezieht. Das Team muss sein eigenes Schicksal bestimmen, der Aufsichtsrat seine eigenen Schlüsse ziehen. Das kann ihnen kein Experte abnehmen.

Feld II:
Instabilität im Feld / Zusammenbruch im Container

Wenn man über die anfängliche Konversation und Beratung im Kontext der akzeptierten Normen des sozialen Gefüges hinaus geht, erreicht man den Punkt, an dem die Teilnehmer sagen, was sie denken. Dieses zweite Feld oder dieser Gesprächsraum wird als *Zusammenbruch* bezeichnet. Wie Scharmer festgestellt hat, sagen die Teilnehmer jetzt, was sie denken. Jetzt wird ein Verhalten zur Norm, das die Regeln sichtbar macht. Die untergründige Fragmentierung kommt an die Oberfläche. Aber jetzt kann der Container die Intensität und den Druck nach und nach aushalten. Die Teilnehmer erleben die Instabilität im Gespräch, aber sie wird gehalten. Ich habe diesen Raum ursprünglich als *Instabilität im Container* bezeichnet, weil es jetzt beides gibt: die Instabilität der Assoziation *und* einen Container, der ausreicht, ihre Funktion zu erkennen.

Im zweiten Gesprächsfeld ist das soziale Gesamtgefüge nicht mehr dominant. Wie Scharmer gezeigt hat, stehen jetzt die Teile an erster Stelle – vor allem der teilchenähnliche Charakter des Einzelnen. In diesem Raum ist das Billardkugel-Modell sehr passend: Die Teilnehmer kollidieren miteinander. In der Praxis bedeutet das: Sie kämpfen darum, wessen Bedeutung die stärkere ist. In den von Kantor entwickelten Begriffen ist für das zweite Feld die »Initiator/Widersacher«-Sequenz charakteristisch; Anhänger und Zuschauer schweigen und fühlen sich machtlos. Der Umgang der Teilnehmer mit den Energien und der Intensität dieses Raumes ist eine entscheidende Frage der Führung, die ich noch ausführlicher erläutern werde. In jedem Fall ist es eine Zeit, in der es entweder zu kreativer Veränderung oder zur Wiederbelebung alter Erinnerungen und Standpunkte kommt.

Die Herausforderung in diesem Raum liegt in der Veränderung der Bedeutung des entstehenden Traumas, auf individueller wie auf kollektiver Ebene. In diesem Raum kann Leid aufsteigen, das in und zwischen den Teilnehmern existiert. Das ruft die sogenannte *Krise des Suspendierens* hervor: Hier geht es darum, wie in dem Beispiel vom Supraleiter den Austausch soweit herunterzukühlen, dass die gesamte Gruppe zu fließenderer Erkundung und Reflexion findet.

Leider kommen viele Gruppe nie über diesen Punkt hinaus. Die Teilnehmer werden hitzig, probieren es mit Verhandlung, Kompromissen oder unilateraler Kontrolle, schaffen es aber nicht, kollektiv in den Raum der Reflexion einzutreten, und fallen wieder zurück in die Höflichkeit, weil das die einzige Alternative ist, die sie kennen. Die Lust am Dialog ist oft deshalb so begrenzt, weil die Erfahrungen nie über diesen Punkt hinausgehen – und die Aussicht auf Wiederholung nicht besonders reizvoll ist.

Normalerweise wird dieser Bereich in der Entwicklung des Containers als Zeit der Probleme erlebt. Man fängt an, das Geschehen unter dem Aspekt persönlichen Unbehagens zu interpretieren, zensiert seine Worte weniger stark und neigt dazu, sich an die eigene Perspektive zu klammern.

Bei der ersten Sitzung der Gewerkschafts- und Managementvertreter aus der Stahlindustrie z.B. waren die Teilnehmer von ihren Fortschritten begeistert und sprachen schon davon, einen »einzigen Container« für alle zu schmieden. Das führte dazu, dass sie sich entspannten und allmählich zeigten, was sie wirklich dachten und fühlten. Einer der Manager sagte, die Mannstunden pro Tonne müssten reduziert werden. Die Gewerkschafter sprangen sofort darauf an; für sie war das Verrat, weil es Arbeitsplätze kosten würde. Jetzt waren sie nicht mehr höflich – jetzt machten sie sich Luft.

Der anschließende Zusammenbruch war ein notwendiger Schritt im Prozess, in dem deutlich wird, wie schwierig die Lösung langjähriger Probleme sein kann, und er wurde zum Antrieb für den Prozess, der diese Lösung schließlich ermöglichte. Die Beteiligten lernten, dass sie über die Strukturen und Kräfte nachdenken konnten, die zu diesem Zusammenbruch geführt hatten, dass sie ihre Schwierigkeiten gemeinsam suspendieren konnten. Dadurch erreichten sie schließlich das nächste Gesprächsfeld.

In dieser Phase geht es vor allem darum, ein neues Set von Regeln oder Funktionsweisen zu suchen, die eine andere Form des gemeinsamen Denkens, Redens und Arbeitens ermöglichen. Aber statt dessen kommt es zum Zusammenbruch. Deshalb ist Zorn die dominante Emotion in diesem Feld. Wenn die Teilnehmer entdecken, dass sie den Dialog nicht nur nicht *erzwingen*, sondern nicht einmal alle dazu bringen können, einer Meinung mit ihnen zu sein, werden sie zornig.

Für Patrick de Maré sind Zorn und Hass die Antriebskräfte des Dialogs. Er bezog sich auf Freuds theoretische Überlegungen in *Das Unbehagen in der Kultur*. Demnach haben Menschen verdrängten Hass und Gewalttätigkeit in sich, die zum größten Teil Ergebnis der Kulturentwicklung ist. So wichtig es für die Gesellschaft auch war, dass diese Kräfte verdrängt wurden, so konnten sie doch auch nie verarbeitet oder bewusst werden. Sie blieben im Unbewussten der Menschheit und brachen immer wieder aus. De Maré sieht im Dialog einen Weg zu der notwendigen kulturellen Heilung und Veränderung – nach dem Trauma eines Krieges z.B. kann der Dialog einen gesellschaftlichen Raum bieten, in dem diese Intensität ans Licht kommt und die *Bedeutung* des Zorns und der Frustration verändert. Ich kann dem nur zustimmen. Das zweite Feld ist ein notwendiger Raum, und wir müssen lernen, ihn zu durchqueren. Er bietet den Antrieb zur Veränderung.

Als die Gewerkschafter und Manager merkten, dass sie immer wieder nur so aufeinander reagierten, wie es ihren weit zurückreichenden kollektiven Erinnerungen entsprach, waren sie versucht zu glauben, es sei ein Fehler gewesen, sich zusammenzusetzen. In den Pausen kamen denn auch einzelne Teilnehmer zu mir und fragten: »Wie läuft es denn Ihrer Meinung nach?« Damit drückten sie ihre Besorgnis aus. Und ich beruhigte sie: »Wie soll sich ein kollektives Muster denn ändern, wenn das Muster selbst nie erkennbar wird?« Durch die Transformation dieser Muster trat die Gruppe in das nächste Gesprächsfeld ein, wo sie allmählich erkannten, dass die Krise ein Mittel zum Verständnis dessen war, was sich zwischen ihnen abspielte. Sie hatte ihre Bedeutung verändert. Sie war nicht länger das Symbol des gemeinsamen Scheiterns, sondern die Chance zu Veränderung und Nachdenken.

Das heißt aber nicht notwendig, dass es den Teilnehmern unbedingt schlecht gehen oder die Erfahrung sehr hart sein müsste. Wenn das Verständnis dafür wächst, dass in einer Gruppe, die sich darum bemüht, gemeinsam zu lernen, Frustrationen unvermeidlich sind, werden die Fortschritte leichter und fließender. Aber diese Bewegung bedarf manchmal der Unterstützung durch Menschen, die Erfahrung mit den Zyklen des Dialogs haben.

Auch im Dialog in Grand Junction kamen die grundlegenden Schwierigkeiten allmählich ans Licht. Beim ersten zweitägigen Treffen stellte ich einige Probleme dar, mit denen die Menschen in diesem System meiner Meinung nach zwangsläufig konfrontiert waren, z.B. mit dem Dilemma zwischen dem Wunsch nach offeneren Beziehungen und mehr Zusammenarbeit in und mit anderen Krankenhäusern und der Angst, größere Offenheit könne ihre Position im Wettbewerb gefährden. Die Gruppe sprach relativ offen über diese Fragen und ihre Reaktionen in der Vergangenheit – die Teilnehmer beschrieben die Paranoia, die manchmal einen großen Raum eingenommen hatte. Einige meinten, die Tatsache, dass sie das alles aussprechen könnten, sei ein Zeichen dafür, dass sich etwas verändert habe.

Schließlich konnte sich der Assistent des CEO, der von seinem Chef zum Schweigen verdonnert worden war, nicht mehr zurückhalten. Er schoss fast aus seinem Stuhl, als er sagte: »Das habe ich früher schon gehört ... dass das Krankenhaus St. Mary das Gemeindekrankenhaus am liebsten beerdigen würde, dass wir verschwinden sollen.«
Einen Augenblick lang herrschte schockiertes Schweigen. Ich spürte, wie die Leute Deckung suchten. Dann sagten andere: »Das kann ich bestätigen, das habe ich auch gehört.«
Ein Arzt von St. Mary meinte: »Ich habe auch davon gehört. Aber die Einzigen, die das erzählen, arbeiten im Gemeindekrankenhaus. In St. Mary, bei der HMO oder sonst wo spricht niemand darüber.«
»Hat noch jemand davon gehört?« fragte ich. »Oder ist George verrückt?«
Alle sagten, ja, es gebe eine sehr starke Konkurrenz und man kenne solche Gerüchte.
Der CEO des größten Krankenhauses, der erst vor kurzem zu der Sitzung gestoßen war, begann die Erkundung: »Ich bin erst seit anderthalb Jahren hier. Aber wenn es stimmt, dass ich oder mein Krankenhaus irgend etwas dazu beigetragen haben, dass dieses Klima entstanden ist, dann will ich das wissen, und dann will ich, dass das aufhört. Können Sie mir verstehen helfen, wie Sie das sehen?«
Die Teilnehmer hatten begonnen, zu sagen, was sie dachten, mit dem Ergebnis, dass sich der Dialog als ein Setting erwies, in dem man die Wahrheit sagen und über die drängendsten Probleme diskutieren konnte.

Eine weitere entscheidende Dimension dieses Feldes besteht darin, dass es noch wenig oder gar keine Reflexion des Geschehens gibt. Die Teilnehmer plädieren für ihre Positionen, ohne innezuhalten und zu erkunden, wie sie zu ihrer Auffassung gekommen sind. Es geht mehr darum, den eigenen Standpunkt auszudrücken, als ihn in Frage zu stellen. Im Extremfall kollabiert das, wie Scharmer meint, in Schuldzuweisungen. Dem liegt das Gefühl zugrunde: »Wir haben nicht nur verschiedene Positionen, sondern Ihre ist auch noch falsch und trägt die Schuld an unseren Schwierigkeiten.« Es stellt sich heraus, dass der Schritt, der aus diesem Feld heraus führt, gerade das erfordert, was am meisten fehlt: Selbstreflexion.

Die Krise des Suspendierens:
»Ich bin nicht identisch mit meinem Standpunkt«

Für viele ist es deshalb so schwierig, einen Dialog zu führen, weil sie nur das scheinbar endlose Hin und Her zwischen der Höflichkeit und dem Regelverhalten des ersten und den Zusammenbrüchen des zweiten Gesprächsfeldes kennen. Sie treten dann nach einer Phase von Angst und

Frustration den Rückzug in die Höflichkeit und gelegentlich auch in die Verleugnung an. So entsteht weder Selbstbewusstsein noch die Hoffnung auf einen Ausweg aus den Problemen, sondern bloß Zynismus.

Zu diesen Wiederholungen kommt es, wenn man die zweite Krise nicht durchläuft: die Krise des Suspendierens. Der Kern dieser Krise ist die Erkenntnis: »Ich bin nicht identisch mit meinem Standpunkt«, d.h.: »Ich habe einen Standpunkt, aber der ist nicht, was ich bin.« Es ist typisch für das zweite Feld, dass die Teilnehmer Positionen einnehmen und einander bekämpfen. Der Ausweg besteht darin, diese Positionen und die sie unterstützenden Annahmen zu suspendieren, die Bereitschaft zu entwickeln, anderen Auffassungen zuzuhören. Durch diesen Schritt verändern sich die Spielchen der Teilnehmer grundlegend.

Es handelt sich hier um einen wesentlichen Übergang, vielleicht um den schwersten im gesamten Prozess des Dialogs. Hier müssen sich die Beteiligten entscheiden, eine umfassendere Perspektive einzubeziehen, und aufhören, sich an die eigenen Positionen zu klammern.

Zur Krise kommt es, weil wir unsere Annahmen für »notwendig« halten. Sie können, z.B. bei glühenden Anhängern einer Religion, sogar zur »absoluten« Notwendigkeit werden und damit jeden wirklichen Schritt zum gegenseitigen Verständnis unmöglich machen. Hier kommt es zu einer weiteren Veränderung der Identität: »Meine Position mag richtig und durchdacht sein, aber sie ist nicht das, *was ich bin. Ich* kann Raum für andere Positionen schaffen, ohne meine innere Stabilität zu gefährden.« Der Weg zu dieser Position führt aus der inhärenten Identitätskrise hinaus.

Die Krise des Suspendierens führt die Einzelnen auch in eine Zone der Reflexion, die sie bislang nicht unbedingt betreten wollten. Das Suspendieren der eigenen Meinung erweitert den Raum nicht nur für weitere Plädoyers, sondern auch für Erkundung.

Opposition als Katalysator für die Feldveränderung in Gruppen

Ein individueller Kommentar kann in einem Dialog eine substantielle Richtungsveränderung auslösen, vor allem dann, wenn dieser Kommentar aus einem Raum kommt, in dem sich die Mehrheit der Gruppe nicht befindet.

Der stellvertretende Gewerkschaftsvorsitzende zum **Beispiel** *erzwang in einer Dialogsitzung eine neue Art der Erkundung, indem er sich der Richtung des Gesprächs widersetzte und statt dessen seinen eigenen inneren Zustand, seine Reaktionen reflektierte und suspendierte. Die Gruppe war im Grunde noch nicht bereit, sich ihm anzuschließen:*

Stellvertretender Gewerkschaftsvorsitzender: »Hier scheint jeder allem zuzustimmen, aber diese beiden Pole sind bei mir irgendwie noch nicht verbunden, und ich weiß nicht, ob das positiv oder negativ ist. Sie sind einfach nicht verbunden.«
Gewerkschaftsdelegierter: »Jetzt muss aber noch was kommen, denn über was zum Teufel reden Sie eigentlich?«
(Lautes Gelächter)
CEO: »Lassen Sie uns das suspendieren!«
Stellvertretender Gewerkschaftsvorsitzender: »Ich weiß nicht genau, ob ...«
Manager: »Wollen Sie Ärger machen?« *(Erneutes Gelächter)*
Stellvertretender Gewerkschaftsvorsitzender: »Ich weiß nicht, ob wir uns wirklich bewegen, wenn wir hier positive und negative Pole haben, die sich gegenseitig oder uns gegenseitig anziehen. Wir waren uns heute Morgen so einig, dass es einfach nicht ...«
Gewerkschaftsdelegierter: »Geradezu ekelhaft!« *(Gelächter)*
Stellvertretender Gewerkschaftsvorsitzender: »... ich bin einfach nicht wach geworden, und so ... Ich kriege wirklich nicht viel addiert. Wir kommen nicht an den Punkt, aber wie machen wir das?«
Dieser Austausch regte andere zu Plädoyers für Lösungen an – zur Steuerung dessen, was sie sich erhofften. Die Gruppe war aus dem Raum der Höflichkeit in das zweite Feld eingetreten.

Feld III:
Erkundung des Felds und Entstehung des reflexiven Dialogs

Hier beginnt im Prozess des Dialogs eine erkennbar andere Form des Gesprächs. Hier verändert sich die Energie. Jetzt endlich sprechen die Teilnehmer nicht mehr für andere oder »für die Gruppe«. Sie wechseln von »Informationen aus zweiter Hand in der dritten Person«, d.h. von Geschichten über andere Personen und Orte, zu »Informationen aus erster Hand in der ersten Person«, d.h. sie erkunden, wie die Dinge vom eigenen Standort aus aussehen. Die Teilnehmer bestehen nicht mehr nur auf ihren Positionen, sondern erklären der Gruppe, wie sie dazu gekommen sind. Es ist eine Phase des Nachdenkens: Was tue ich und welche Wirkung habe ich?

Die vielleicht dominanteste Haltung im dritten Feld ist die *Neugier*. Die meisten Menschen gestehen sich privat durchaus ein, dass sie die Gründe für bestimmte Abläufe nicht verstehen und in vieler Hinsicht nicht weniger verwirrt sind als andere, doch in der Öffentlichkeit ist dieses Eingeständnis selten. In dieser Phase, in der sich der Container öffnet, wächst die Bereitschaft dazu. Jetzt muss man nicht mehr alles wissen und alle Lösungen kennen. Man entdeckt, dass sich im Gespräch ein größerer Sinn auftut, jenseits von allem, was man sich selbst hätte ausdenken und konstruieren können. An diesem Punkt lässt man sich auch überraschen – nicht durch die eigenen negativen Reaktionen auf andere, sondern weil man wieder auf den Anfang zurückgeworfen ist, weil man gezwungen ist, sich zu bremsen und zu *denken*.

Wir haben das als *reflexiven* Dialog bezeichnet, weil die Teilnehmer jetzt anfangen, ihre Annahmen wahrzunehmen und zu untersuchen. Scharmer hat diesen Zustand als *Reflexion der Regeln* bezeichnet. Die Teilnehmer sind jetzt bereit, die Regeln zu untersuchen, nach denen sie bis jetzt funktioniert haben. Sie sind bereit, den Charakter der Strukturen, die das eigene Verhalten und Handeln bestimmt haben, zu erkunden, und zwar öffentlich.

An diesem Punkt im Dialog kann sich auch eine neue Bedeutung entfalten, die aus vielen verschiedenen Richtungen zugleich zu kommen scheint. Es ist, als ob ein Damm bräche und das Wasser die tieferliegenden Ebenen eines Themas überflute und fülle. Jetzt werden Fragen aus vielen Perspektiven gestellt. Niemand fühlt sich zur Zustimmung gezwungen. Die Gedanken fließen frei, weil man jetzt nicht mehr für andere, sondern für sich selbst spricht.

Aber charakteristisch ist auch, dass die Teilnehmer nicht mehr fordern müssen, dass andere ihrer Perspektive zustimmen oder darauf reagieren. Im zweiten Feld herrscht in der Regel die Erwartung vor, andere müssten reagieren, wenn man selbst etwas sagt. Die Teilnehmer behandeln sich nicht als Menschen, sondern als Vertreter von Positionen, und an oberster Stelle steht die Frage, ob der Andere für oder gegen die eigenen Position ist. Im dritten Feld verändert sich das. Hier haben die Teilnehmer zwar eine Position, sind aber auch Personen mit einer Geschichte und einem bestimmten Hintergrund, und sie versuchen jetzt nicht mehr, das zurückzuhalten.

Der Dialog über das Gesundheitswesen in Grand Junction hat sehr erhellende **Beispiele** *für diesen Raum geliefert.*

Die folgende Bemerkung wurde in diesem Dialog »berühmt«: Die Teilnehmer hatten über die effektivste Möglichkeit nachgedacht, das Gesundheitssystem der Stadt umzugestalten, und dabei über die Wirkung des Medizinerberufs auf die Ärzte gesprochen. Dabei kam auch zur Sprache, dass es anscheinend geschlechtsspezifische Unterschiede in der Art gibt, in der über Gesundheitsfragen gesprochen wird, und dass der Medizinerberuf Gefühle entwertet oder nicht berücksichtigt, trotz aller Behauptungen des Mitgefühls.

Ein Arzt fragte einen Kollegen: »Wann haben Sie das letzte Mal in der Öffentlichkeit geweint?«

Anschließend untersuchte die Gruppe sehr verschiedene Erfahrungen mit dem Zusammenspiel von Emotion und Medizin, mit der Bestimmung, welcher Gefühlsausdruck akzeptabel ist. Nicht jeder konnte seinen Gefühlen freien Lauf lassen, es gab vielmehr ein komplexes System der »Modulation der Emotion«, wie es ein Teilnehmer nannte, also der Art, in der das professionelle Auftreten Gefühl und Gefühlsausdruck regulierte. Das erwies sich als schwer aufrechtzuerhalten. Eine Krankenschwester meinte:

»Einmal starb ein Mann und die Schwestern liefen durchs Zimmer, und dann kam seine Frau und sagte ihrem Mann, wie sehr sie ihn geliebt hatte, und die Schwestern weinten mit ihr. Und der Arzt wäre fast gegangen. Ich bin gegangen. Ich habe das nicht ausgehalten. Ich bin raus gegangen, und jeder hat mich weinen sehen. Krankenschwestern machen das so, sie nehmen sich in den Arm und unterstützen sich. Und als dann der Arzt aus dem Zimmer kam, sah ich, dass er emotional verstört war, aber er lief weg und trat einen Mülleimer gegen die Wand.«

Die heftige Reaktion dieses Mannes entfremdete ihn den Schwestern, die nur die Trauer, aber nicht die Wut zulassen konnten.

Nach diesem Gespräch sprach die Gruppe einerseits auf sehr persönliche und andererseits auf bemerkenswert unpersönliche Weise über die Belastungen, die entstehen, wenn man ständig für andere sorgen muss und die letzte Zuflucht einer ganzen Gemeinde ist. Schließlich erkannten sie, wie sehr man sich im medizinischen Bereich auf die Technik verlässt.

Das führte dann dazu, dass die Ärzte und die für die Anschaffung großer Apparate zuständigen Manager eingehend die Ursachen mancher Entscheidungen erkundeten. Schließlich handelte es sich hier nicht um eine Gruppe von Alternativmedizinern, sondern um Menschen, die viele Jahre ihres Lebens in die traditionelle Medizin investiert hatten, die z.B. an den amerikanischen Universitäten gelehrt wird. Einer der Ärzte sagte:

»Ich glaube, in der Medizin hat sich in den letzten fünfzig Jahren eine Arroganz entwickelt wegen unserer Spielzeuge, der Antibiotika, der Medikamente, darüber wird geredet ... Ich glaube, es gibt einen viel wichtigeren Teil, nicht nur in der individuellen Praxis, sondern auch in der Krankenhauspraxis und der Kultur der Pflege und Medizin, der in den letzten fünfzig Jahren durch die Spielzeuge und die Technologie verdrängt wurde.

Und dann merken wir, dass wir frustriert sind. Und wir sind frustriert, weil wir alles haben, was es gibt, und diese Macht gespürt haben, die aber nicht real war.

(Wir) hier im Raum sind verantwortlich für die Förderung all dessen, was ich gerade benannt habe. Wir haben diese künstliche Position gefördert. Und jetzt fällt es uns sehr schwer zu sagen, dass es uns leid tut.«

In dieser Stadt, die wie viele andere Kleinstädte auch tendenziell redundante Technologien einkaufte, weil die Verantwortlichen in den verschiedenen Krankenhäusern es für unklug oder unwirtschaftlich hielten, anderen Organisation wertvolle Einkünfte aus medizinischen Untersuchungen zu überlassen, war das ein besonders pikantes Thema. Dennoch wurde deutlich, dass die medizinische Gemeinschaft zu Investitionen in Technologie neigte, um das Gefühl der Grenzen und der Schuld zu beschwichtigen, und dass die steigende Kosten im Gesundheitswesen zumindest teilweise auf den kollektiven gewohnheitsmäßigen Glauben an technische Lösungen zurückgingen, der dazu führte, dass man zuerst kaufte und später Fragen stellte.

Als wir mit dem Dialog begannen, hatten die Verwaltungsleiter der örtlichen Krankenhäuser nur selten eine der anderen Einrichtungen betreten. Aber nur wenige Monate später trafen sie sich, um wichtige technische Anschaffungen und deren Implikationen für die Gemeinde als Ganze durchzusprechen. Hier wurde die Einsicht in ein Problem unmittelbar in Handeln umgesetzt.

Neue Aktivitäten bedürfen nicht unbedingt eines Plans; der Dialog weist den Weg zu einem sehr viel unmittelbareren Handeln: zu einem tiefen Wechsel der kollektiven Bedeutung. Ich habe festgestellt, dass es sich bei den in vielen Teams und auf vielen Konferenzen entwickelten Aktionsplänen im Grunde um komplexe Rituale handelt, die selten in der beabsichtigten Aktion münden. Die Einsicht – oder, wie Patrick de Maré es nennt, die »Aussicht« –, die als Ergebnis eines gemeinsamen Bedeutungsfeldes gemeinsam entwickelt wird, verändert das Handeln zutiefst.

Kennzeichnend für diesen Gesprächsraum ist auch die wachsende Fähigkeit, modellübergreifend zu sprechen – Menschen, die im Allgemeinen sehr verschiedene Standpunkte haben, beginnen in einer Weise zu sprechen und zuzuhören, die sie zur Verbindung mit Menschen befähigt, die ganz anders sind als sie. In diesem Gesprächsfeld begannen sich die Gewerkschaftsvertreter und Manager der Stahlindustrie von der jeweils anderen Seite allmählich verstanden zu fühlen. Und an diesem Punkt setzte auch die umfassendere Erkenntnis ein, wie wenig Verständnis es zwischen ihnen gab.

Die Krise der Fragmentierung:
»Wir sind nicht identisch mit unserem Standpunkt«

Wenn eine Gruppe den Punkt erreicht, an dem gemeinsame, fließende Erkundung und Austausch möglich wird, kommt der Augenblick, in dem sich der Druck aufbaut und eine weitere Veränderung nötig wird. Bislang haben sich die Teilnehmer überwiegend auf ihre eigenen Gesichtspunkte und auf ihren persönlichen Beitrag zu der Erkundung konzentriert. Sie befinden sich auf Scharmers Kontinuum in dem Bereich des »Primats der Teile«. Aber durch diese Erfahrung entsteht etwas Neues. Die Beteiligten erkennen allmählich das Ausmaß der Fragmentierung, das die ganze Zeit, wenn auch verdeckt, vorhanden war. Die Wirkung, die unsere Urteile über die anderen auf unsere Effektivität genauso haben wie auf unsere Seele, wird erkennbar. Dadurch eröffnet sich die Möglichkeit für die Einsicht, dass das, was wir glaubten, gemeinsam getan zu haben, nicht das ganze Bild ist.

Das zeigte sich sehr deutlich in einem Dialog, den wir vor einigen Jahren leiteten. Unter den Teilnehmern waren zwei Israelis. Einer der beiden sagte, das stille Nachdenken, in das die Gruppe eingetreten war, sei ihm nicht geheuer. Er selbst »lerne durch Intensität« und habe das Gefühl, dies fehle hier. Der andere Israeli, ein nachdenklicher Akademiker, beschrieb anschließend in einer langen Notiz, wie er die folgenden Momente erlebte:

»(Seine) Worte sprachen tief in mir etwas an. Dann begann ich, über Intensität zu sprechen. Als Juden und Israelis ist unser ganzes Leben unglaublich intensiv. Die Intensität und das Leid des Unterdrückten ... die lebendige Erinnerung an alle Verfolgungen ... das Leid durch jeden Angriff ... die ständige Furcht und Erwartung weiterer Angriffe ... und die Intensität und der Schmerz, wenn wir feststellen, dass wir selbst Unterdrücker sind und um unseres eigenen Überlebens willen töten und foltern müssen ... ich habe einfach den Schmerz ausgedrückt.

In diesem Augenblick, so glaube ich, habe ich zum ersten Mal erkannt (und ausgesprochen), wie paradox es ist, wenn man durch Intensität lernt. Wir schützen uns vor der Intensität, indem wir Intensität schaffen. Die Schaffung künstlicher Erfahrungen von Intensität (z.B. unterhaltsame, sexuelle, gefährliche und/oder emotional erregende) schützt vor der eigenen, realen Intensität. Dadurch bewahren wir uns vor der Konfrontation mit dem Schmerz, dem Zorn, der Schuld, der Unsicherheit und dem Zweifel, aber auch mit der Schönheit, die wir tief in uns tragen. Wirklich gefährlich wird es, wenn wir Momente der Ruhe und des Schweigens schaffen, in denen die lästigen Gefühle und Schmerzen an die Oberfläche kommen. Deshalb geben wir Gas und lernen es, durch Intensität zu lernen. Und durch Intensität zu lehren.«

Es war sehr still im Raum, als dieser Mann sprach. Es war, als blickten wir in einen ruhigen Teich und lauschten auf das Geräusch eines breiten kulturellen Musters, das wie ein Reflex operierte, automatisch und ohne Bewusstsein. Die Anwesenden begannen zu erkunden, auf welche Weise dieses Muster auch in ihnen lebte und wie sie es förderten. Die Erkundung ging von der persönlichen Ebene, von einem Einzelnen aus, ging aber rasch darüber hinaus zur Betrachtung der kulturellen Faktoren. In diesem Augenblick erkannten wir etwas von der kollektiven Ökologie einer Nation, zumindest hatten wir ein Fenster aufgestoßen und ein Gefühl einer ganz neuen Möglichkeit gewonnen: der Möglichkeit, dass eine Dialoggruppe auf der kollektiven Ebene Einsichten befördern kann, die normalerweise nur dem Einzelnen zugänglich sind, Einsichten, die den Charakter der eigenen Erfahrung vollständig verändern können.

Weiter hatte dieser Mann notiert:

»Als ich sprach, sprach ich für mich – ... als Jude, als Israeli. Aber anschließend hatte ich das Gefühl, die Gruppe habe durch mich gesprochen. Ich glaube, ich habe der Schattenseite von Heiligkeit und Frieden, die so viele von uns erlebten, eine Stimme gegeben: den realen Schmerz und die reale Furcht, die wir in uns tragen als Angehörige von Familien, Gruppen und Unternehmen ... den Schmerz und die Furcht, zu der wir nach der Sitzung wieder zurückkehren. Es fällt mir schwer, die Erfahrung im Nachhinein zu beschreiben oder zu sagen, wie ich zu dem Glauben gekommen bin, die Gruppe hätte durch mich gesprochen. Vielleicht lag es daran, dass ich so spontan und ohne nachzudenken geredet habe. Vielleicht war es die Reaktion der Gruppe. Vielleicht war es die Art, in der die anderen dem folgten, was ich gesagt hatte.«

In der Krise der Fragmentierung verabschiedet sich eine Gruppe von Menschen von ihren vorgefassten Meinungen über sich selbst und das gemeinsame Projekt und kann dadurch sehr viel mehr Möglichkeiten erkennen. Hier entstand durch persönliche Einsicht zumindest das Potential für eine Heilung der Kultur.

Diese Krise verlangt, die isolierte Identität aufzugeben, die so viele von uns entwickelt haben, um zu überleben. Sie kann Folge der Einsicht sein, wie viel wir durch ein so isoliertes Leben verlieren, oder der Erkenntnis, dass es Möglichkeiten gibt, andere Arten kollektiver Identität zu entwickeln.

Rilke hat über die Ehe gesagt, sie befähige zwei Menschen, die Zukunft besser zu erkennen, als sie es alleine könnten. Anders ausgedrückt: Zwei Menschen, die sich zusammenfinden, können lernen, die Grenzen ihrer Identität zu überschreiten und gemeinsam ein größeres Schicksal zu erfüllen, als sie es allein gekonnt hätten. Das ist ein Beispiel dafür, welche Früchte die Überwindung der Krise der Fragmentierung tragen kann. Damit verbunden ist auch die Erkenntnis, dass wir nicht identisch mit unserem Standpunkt sind, dass die gemeinsame Identität der Vergangenheit anders war, als wir glaubten, und dass wir gemeinsam mehr erkennen können als allein. Ist diese Krise erst bewältigt, kann man in einen Raum eintreten, in dem die Kreativität stärker fließt als je zuvor.

Feld IV:
Kreativität im Feld: Generativer Dialog

Dieses vierte Gesprächsfeld ist sehr selten. Hier wird den Teilnehmern der Primat des Ganzen bewusst, wie Scharmer sagt. Hier können auch wahrhaft neue Möglichkeiten entstehen. Und nach Scharmer ist das auch der Raum, in dem die Beteiligten neue Interaktionsregeln generieren, in dem sie persönlich involviert und sich gleichzeitig der unpersönlichen Elemente ihrer Beteiligung bewusst sind. In diesem vierten Raum entsteht auch die Erfahrung, im Fluss zu sein – häufig kollektiv. Hier kommt es auch zu häufiger Synchronizität: Jemand denkt an etwas, und ein anderer sagt es. Da man sich des Primats des ungeteilten Ganzen, das uns alle verbindet, bewusster wird, bemerkt man das auch schneller.

Traditionelle Positionen sind hier so weit gelockert, dass neue Möglichkeiten entstehen können. Hier fanden die zu Anfang des Buches erwähnten lesbischen Frauen einen Weg, Kontakt zu der Frau aufzunehmen, die sie zutiefst ablehnte und von ihnen zutiefst abgelehnt wurde. Die Erfahrung, dass eine Atmosphäre möglich ist, die radikal unterschiedliche Standpunkte zulässt, ohne zu fordern, dass einer geändert wird, ist eine fundamentale Eigenschaft dieses Raums. Hier lassen sich viele neue Möglichkeiten und Optionen erkennen, die bislang verborgen geblieben waren.

*Ein Dialog, den wir vor kurzem geleitet haben, illustriert zum **Beispiel** die Eigenschaften, die in diesem Raum auftauchen. Es handelt sich um den Abschlussdialog eines von meiner Consultingfirma durchgeführten einjährigen Führungsprogramms. Die Teilnehmer sprachen über die Gefühle, die das Ende des Kurses bei ihnen auslöste, über ihre Bereitschaft, in die Welt hinaus zu gehen und einen profunden Container für andere zu errichten, und über ihre Selbstzweifel in Hinblick auf die Zukunft. Die Intelligenz, die Tiefe und der fließende Charakter dieses Gesprächs berührte alle. Es schien, als spielten sie ihren Part in einem Musikstück, für das es keine Noten gab, sondern das einfach dadurch entstand, dass jeder die eigene Melodie spielte.*

Zu Anfang dachte ein Teilnehmer über die Frage nach, die er an sich stellte: »Habe ich meine Zeit gut genutzt?« Ein anderer benutzte die Metapher der Geburt und meinte, der Prozess des gemeinsamen Lernens ähnele einer Schwangerschaft. Die anderen reagierten belustigt. Einer meinte:

»Es ist, als hätte man ein Kind gekriegt: ›Oh je, jetzt werde ich Vater!‹ Es heißt also auch, dass ich noch ein wenig wachsen muss. Ich finde immer viele Ausrede … für meinen Mangel an professionellem Handeln. … Jetzt sickert ein bisschen mehr Reife und Nüchternheit in mich ein.«

Eine Frau scherzte: »Hast du schon mal über die Wehen nachgedacht?« Er erwiderte: »Nein, aber ich will eine Narkose!« Jetzt dachten mehrere Teilnehmer laut darüber nach, wie sie ihre Zeit im letzten Jahr genutzt hatten und wie tief ihr Engagement ging.

Als der Dialog in Fluss gekommen war, dachten sie über das Thema Verlust nach. Mehrere erzählten von wichtigen Erfahrungen mit Abschlüssen und ihrem Umgang damit. Daraus entstand eine Flut weiterer Reflexionen über Verlust und Ende. Ein Teilnehmer sprach z.B. über den heimlichen Auszug seiner damals noch nicht zwanzigjährigen Tochter:

»Das war ein Schock, weil sie in meinem Haus gewesen war und damit sozusagen unter meinem Schutz gestanden hatte. Sie war ... Und in dieser Hinsicht war meine Vaterschaft sehr plötzlich zu Ende, sehr viel abrupter, als ich es wollte, nicht so geregelt. Wenn sie etwa zur Universität gegangen wäre, dann hätte ich das erwartet. Es wäre kein Problem gewesen, ich hätte es anders empfunden.

Aber so endete es sehr abrupt. Und als sie drei oder vier Tage weg war, starb ihre Katze, die ja auch in unserem Haus gelebt hatte und – na ja, wir hatten sie geliebt und waren für sie verantwortlich. Ich weiß noch, wie mir die Tränen übers Gesicht liefen, als ich die Katze begrub, zum Teil wegen des Verlustes der Katze, aber vor allem, weil es ein Symbol dafür war, dass meine Tochter nie mehr so wie früher bei mir leben würde.

Meine Frau und mein Sohn, die dabei waren, waren ziemlich schockiert, dass ich mich so darüber aufregte. Aber für mich kam das alles sehr plötzlich, und ich musste mit dem Verlust fertig werden. Natürlich habe ich meine Tochter nicht verloren – ich habe mich kurz danach mit ihr getroffen, und das war gut, ich war sogar ziemlich eifersüchtig auf das, was sie gemacht hatte – sie hatte ausgezeichnete Erfahrungen gesammelt. Und ich dachte, vor allem, als ich feststellte, wo sie lebte und was sie machte: Das würde ich auch lieber tun als das, was ich mache. Es war großartig, keine Frage.

Aber was ich verloren hatte, war meine Vaterschaft, diese Phase meiner Vaterschaft, wenn man so will. Jetzt bin ich Vater einer erwachsenen Tochter, die nicht mehr in meinem Einflussbereich lebt, auch wenn sie uns oft besucht. Wir haben darüber ausführlich gesprochen und darüber nachgedacht.

Aber die Gefühle waren schwierig, und es war das Ende einer bestimmten Lebensform, die mich festhielt, aber mir auch Raum gab, und jetzt ist es anders. Es war sehr schmerzlich und auch sehr gut, das zu spüren. Weil ich es so stark gespürt habe, war es im Grunde eine saubere Sache. Und es ist nichts übriggeblieben.«

Die Teilnehmer gingen nicht so sehr auf die Erfahrung des anderen ein, sondern zogen eine Verbindung zu dem, was in ihnen ablief. Im Grunde ging es hier darum, Strukturen aufzugeben, die den Fluss der Bedeutung eindämmten. Man kann das als Verlust empfinden, aber auch als Raum für Neues. Auffallend war das ungeplante kollektive Geschick, mit dem sich die Anwesenden dem entstehenden Strom der Bedeutung unterwarfen und gleichzeitig daran partizipierten. Die Geschichten waren persönlich, aber der Dialog kreiste nicht um diese persönlichen Geschichten, sondern um die tiefere Bedeutung, die alle durchzog. Das ist der Zauber des Dialogs.

Ein weiteres wichtiges Merkmal des vierten Gesprächsfeldes ist die Feststellung vieler Teilnehmer, dass sich die Erfahrung nicht in Worte fassen lässt. Das Betreten eines wirklich unbekannten Geländes kann manchmal sprachlos machen. Man weiß einfach nicht, was man sagen soll. Wer daran gewöhnt ist, seine Erfahrungen mit Worten zu kontrollieren, kann dadurch sehr verwirrt werden. Versuchen Sie einmal ganz bewusst, in Umgebungen, in denen sie normalerweise viel reden, gar nichts zu sagen. Aktuelle Erfahrungen sind oft mit Erinnerungen an die Vergangenheit verschmolzen. Man konstruiert durch Reden die Welt, die man kennt. Wenn man damit aufhört, kann sich das Muster verändern.

Es kann befreiend sein, Zugang zu dem Teil zu finden, der noch keine Stimme hat, weil man dann begreift, dass man etwas in sich selbst evozieren muss. Dann berichtet man nicht nur von seinen Erinnerungen, sondern spricht aus dem Herzen. Und man wechselt zu einer Haltung, in der es legitim sein kann, die eigenen Gedanken zu artikulierten, die eigenen Einsichten zu erkennen und zu würdigen, statt sie zu entwerten, weil sie im Vergleich zu den besser formulierten Positionen anderer unentwickelt oder »unbedeutend« erscheinen.

In diesem vierten Raum des Dialogs haben die Teilnehmer Verständnis für die Unfähigkeit, sich zu artikulieren, weil sie ihre eigenen Grenzen erfahren. Sie spüren auch besser, dass sie an der größeren Gruppe beteiligt sind – und entdecken, dass das, was sie sagen, Einfluss auf alle hat. Dieser Raum kann enorme Entdeckungen ermöglichen – z.B. die Erkenntnis, dass das von uns benutzte Sprachsystem uns blind für bestimmte Erfahrungen machen kann.

Die westlichen Sprachen z.B. basieren meist auf Substantiven. Sie neigen dazu, das Universum zu objektivieren, zu messen, zu erfassen. Dadurch verfangen wir uns in Kategorien. Die Sprachstruktur der indigenen Völker Nordamerikas dagegen basiert auf Verben, auf Bewegung. Nach Meinung des indianischen Linguisten James Youngblood Henderson fokussieren diese Sprachen nicht auf das Gesehene, sondern auf das Gehörte. Und Gehörtes ist in Bewegung. In der Algonkinsprache Micmac gibt es z.B. kein Wort für Baum; die verschiedenen Bäume werden nach dem Geräusch bezeichnet, das der Wind in den Blättern macht. Das Micmac-Wort für *Wald* wird als »schimmernde Blätter« übersetzt. Hier ist die Sprache der Container für die Kräfte oder den Geist der Natur.

Anders als die westeuropäischen Sprachen lehren indigene Sprachen wie Algonkin, auf den »Klebstoff« des Lebens zu achten, der alles miteinander verbindet. Henderson war verblüfft darüber, wie sehr sich die westlichen Menschen an ihre Kategorien klammern:

> »Nehmen Sie das Wort Einkommensteuer – sie haben das Wort Einkommensteuer geschaffen und ihr Leben danach ausgerichtet. Ich habe Leute gefragt, warum sie in New Hampshire leben. Und sie erzählten mir, wie sehr diese Kategorien ihre Welt beherrschen: Für sie ist das bloß ein Ort, an dem sie keine (Bundes-)Steuern zahlen.

> Mein Sohn und meine Töchter sollen so nicht leben – in der Imagination. Wir gehen in den Wald und sagen, hier ist dies und dort ist das. Sieh mal hier, die Fußspur, da läuft ein Insekt drüber, das nennt man Zeit. Näher können wir dem Begriff der Zeit nicht kommen. Wenn Insekten über eine Fußspur laufen, dann weiß man, dass sie von gestern stammt. ... Das ist so genau wie eine Uhr, wenn man weiß, was man da sieht. Aber Micmac und Cheyenne sind so total mit der Welt, die Sie als Natur bezeichnen, verbunden, dass wir kein Wort dafür haben, das ist einfach zu abstrakt.«

Die Kommunikation der Indianer dient dazu, einen Erfahrungsaustausch zu schaffen, der völlig in der Erfahrung gegründet ist. Ein englischer Sprecher muss bewusst unterscheiden, was ein Bericht und was persönliche Erfahrung ist. In den Algonkinsprachen ist diese Unterscheidung automatisch. Der Satz: »In Indonesien ist Krieg«, wird zu: »In Indonesien ist Krieg, hat er mir gesagt«, d.h. es ist ein Bericht.[4]

Die Weltsicht, auf der das Algonkin-Sprachsystem beruht, besagt, dass man seine Erfahrungen selbst finden muss, von innen heraus. Henderson meint:

> »Unsere Theorie des Universums bezieht sich nicht auf *Dinge*, sondern auf Beziehungen: Wie man Familien zusammenhält, wie man die Liebe zwischen Brüdern, Schwestern, Cousinen und Neffen bewahrt und wie man in einer Umgebung lebt, die feindlich wirkt, aber sehr reich ist ...«

Diese Sprache ist eng mit der Erde verbunden. Um sie zu verstehen, sagt er, muss man die Natur, die Welt »sein«. Diese Erfahrung kann aus dem vierten Raum des Dialogs aufsteigen – die Verbindung mit sich selbst und mit der Umwelt, aus der ein grundlegender neuer Sinn aufsteigen kann.

Interessanterweise bekommen die Worte in diesem Gesprächsfeld mehr Macht als in allen anderen. Es entsteht ein Niveau an Übereinstimmung und Verbindung zwischen den Teilnehmern, durch dass sie, wie Bohm einmal sagte, »weder in Opposition zueinander stehen noch interagieren; sie partizipieren vielmehr an einem gemeinsamen Bedeutungspool, der sich ständig entwickeln und verändern kann«. Wer aus dieser Erfahrung spricht, dessen Worte haben eine stärkere Kraft als die Worte eines Menschen, der nur aus und für sich spricht.

Die Krise des Eintritts (oder Wiedereintritts)

Es gibt noch eine vierte Krise, die im Prozess des Dialogs zu überwinden ist. So stark und fließend ein Gespräch auch wird – ob in einem selbst oder in der Gruppe –, auf Dauer lässt es sich in dieser Erfahrung nicht leben. Man muss sie verlassen und in die Welt zurückkehren, aus der man aufgebrochen ist, wenn auch nicht an denselben Ort. Es ist zwar die Rückkehr in die Welt der »Höflichkeit« und des »guten Benehmens« – aber jetzt weiß man, dass ganz andere Gespräche möglich sind. Und dann stellt man fest, dass die Umwelt sich dafür nicht interessiert oder diese Erfahrung nicht kennt oder beides. Die anderen sehen einen an, als sei man ein wenig zu lange weg gewesen und habe die Perspektive für die »reale Welt« verloren, und die besteht für viele nur aus einem oder zwei der Gesprächsräume, die man jetzt kennt. Die meisten Menschen kennen die ersten und zweiten Felder und können sich die dritten und vierten vielleicht gerade noch vorstellen, aber erlebt haben sie sie selten.

Diese Rückkehr löst eine Krise aus, denn man will das so schwer erkämpfte Gefühl von Macht und Möglichkeiten, das man gerade erlebt hat, nicht einfach aufgeben. Vielleicht hat man auch das Gefühl, niemand anderer könne begreifen, was man jetzt weiß. In dieser Krise muss man lernen, *die Veränderung der Bedeutung dieser vertrauten alten Welt zuzulassen*, die eigene Beziehung dazu zu verändern. Es ist nicht die Welt, die sich verändert hat, und man entdeckt, dass sie sich auch gar nicht verändern muss. In diesem Sinne findet man problemloser den Weg zurück in das dritte Feld, als man es ohne die Reise getan hätte. Man kann über die eigenen Schritte und ihre Wirkungen nachdenken. Man versteht allmählich die Muster und Zusammenstöße, in denen andere kommunizieren, und kann sie suspendieren, anstatt sie wie früher zu »reparieren«.

In seinem Buch *Der Heros in tausend Gestalten* meint Joseph Campbell, die Rückkehr sei eins der größten Herausforderungen für den Helden.[5] Das liegt an der Unvereinbarkeit der Welt, die Einsichten und freien Ausdruck ermöglicht, mit der »Alltagswelt«, die solchen Erfahrungen Wert und Legitimität abzusprechen scheint. In vielen Mythen der Antike ist die Rückkehr eine Art Verantwortlichkeit, die Notwendigkeit, das Leben der Gemeinschaft durch neue Einsichten zu bereichern. Für den Reisenden selbst kann das eine große Belastung sein. Man kann geradezu süchtig nach den Erfahrungen des vierten Feldes werden und sie für den Gipfel der Erfahrung halten, dem alles andere untergeordnet werden muss.

Aber ich kann hier nur wiederholen, dass Dialog auf *Bewegung* zielt. Viele glauben – und auch ich habe das einmal geglaubt –, es ginge um tiefschürfende Gespräche, das Gemeinschaftsgefühl in einer Gruppe von Menschen und die tiefen Einsichten und Taten, die daraus hervorgehen können. Aber wenn man den Dialog mit dem vierten Feld gleichsetzt, wird er zu einer allzu preziösen und unzugänglichen New-Age-Phantasie, die in gewissem Sinne die wirkliche Möglichkeit zur Transformation, die ein kontinuierlicher Zyklus der Veränderung ist, leugnet.

Führungsfähigkeit entsteht da, wo ein Einzelner oder eine Gruppe die Form der Welt versteht und sich durch bestimmte Arrangements von Merkmalen nicht täuschen oder berauschen lässt. Der Versuch, sich in die Erfahrung endemischer Phantasie oder Intimität zurückzuziehen, ohne sich der Herausforderung zu stellen, wieder in die Alltagswelt einzutreten, vergiftet, schränkt ein und verleugnet das Leben.

Vier verschiedene Qualitäten von Stille und Zeit

Die Perspektive der vier Gesprächsräume zeigt eine Vielfalt von Erfahrungen, die für das Entstehen des Dialogs zentral sind. Die Erfahrung der Stille im Gespräch unterscheidet sich in den verschiedenen Feldern deutlich. Im ersten Feld wirkt Stille unangenehm, befremdlich. Sehr schnell entsteht das Gefühl des Unbehagens; die Beteiligten finden es unangenehm, dass nicht gesprochen wird. Sie erwarten Taten und Richtung und empfinden deren Fehlen als sehr beunruhigend.

Im zweiten Feld wirkt Schweigen ganz anders. Hier gibt es Spannungen, Meinungsunterschiede, und das Schweigen des anderen wird als Urteil oder Berechnung verstanden: »Jetzt denkt er über seinen nächsten Zug nach!« (Oder: »Den hab ich fertiggemacht!«) Schweigen ist hier konflikthaft und kann sogar gefährlich wirken. Im dritten Feld dagegen wirkt die Stille nachdenklich. Man reflektiert, wartet, blickt nach innen, hört auf neue Möglichkeiten. Und im vierten Raum schließlich ist die Stille vollkommen und zu Zeiten sogar heilig. Die Weisheit der Gruppe hat Vorrang vor dem Geschwätz des Einzelnen.

Dasselbe gilt für die Zeit. Seins- und Zeitgefühl sind sehr eng verbunden. Der Vorschlag, mit Dialog zu arbeiten, wenn es um etwas geht, das Handeln erfordert, stößt oft auf den Einwand, das dauere einfach zu lange. Aber durch den Dialog kann man entdecken, dass es sehr viel Zeit gibt. Er ermöglicht eine andere Erfahrung der Zeit.

Kronos und Kairos

In den verschiedenen Räumen des Dialogs verändert sich auch das Zeitgefühl. Wir leben fast alle in sequenzieller Zeit: Sie ist bemessen, linear, ein Augenblick folgt dem anderen. Diese Zeit können wir als *Kronos* bezeichnen, nach dem römischen Gott der Zeit. *Kronos* kontrolliert uns;

fast jeder von uns trägt sein Emblem am Arm. Es ist sein unnachgiebiger Druck, mit dem wir zurechtzukommen suchen, denn *Kronos*-Zeit scheint knapp und muss rationiert werden.

Aber es gibt noch eine andere Zeit: die Zeit der Jahreszeiten, des Augenblicks. Diese Zeit, die *Kairos* genannt wird, spürt man, wenn man Ende August oder Anfang September draußen ist und sagt: »Der Herbst liegt in der Luft.« Woher wissen wir das? *Kairos* ist das Zeitgefühl, wenn man beim Strandspaziergang weiß, ob Ebbe oder Flut ist. Warum? Weil das innere Gefühl für Zyklen und Rhythmus es einem sagt. *Kairos*-Zeit offenbart die natürlichen Rhythmen, sie ist das Gefühl der »angemessenen«, der »richtigen« Zeit. *Kronos* folgt dem äußeren Plan, *Kairos* dem inneren. Der Zyklus von Schwangerschaft und Geburt ist *Kairos* pur.

Im Prozess des Dialogs können wir *Kairos* wieder entdecken und würdigen. In vielen Dialogen fragen sich die Teilnehmer nach zwei Stunden schockiert: »Wo ist die Zeit geblieben? Wir haben doch gerade erst angefangen.« Sie haben ihr Gefühl für *Kronos* verloren und haben sich dem gegenwärtigen Rhythmus des Gesprächs überlassen. Wenn sich *Kronos* dann wieder durchsetzt, kann das wie Verrat wirken. Im Dialog hört man oft die Klage: »Warum halten wir uns an einen willkürlichen Zeitplan? Hier geschieht etwas Wichtiges!«

Wir müssen beide Arten der Zeit würdigen und akzeptieren lernen. Beide sind in der Welt, die wir kennen, notwendig. Aber normalerweise dominiert *Kronos* über *Kairos*. Der Prozess des gemeinsamen Denkens im Dialog scheint die Beteiligten in die Lage zu versetzen, ihre Zeiterfahrung zu wechseln. Sie gewinnen Perspektive, sie ruhen aus und entwickeln ein schärferes Gespür dafür, wann Handeln und wann Nachdenken nötig ist.

Im ersten Gesprächsfeld dominiert *Kronos*, der Gott der linearen Zeit. Alles hat einen klaren Anfang und ein klares Ende. Man will die Reihenfolge wissen. Wenn man dann in das zweite Feld eintritt, hat man oft das Gefühl, dass die Zeit »davonläuft« – die Meinungsunterschiede nehmen mehr Raum ein als gedacht. Jetzt wirkt die scheinbar begrenzte Redezeit zunehmend irritierend. Für die Teilnehmer ist es *nicht genug*. Auch hier dominiert *Kronos*, aber jetzt gerät er unter Druck. Im zweiten Feld beziehen sich die Teilnehmer im allgemeinen auf andere Zeiten und Orte, wenn sie auf das hinweisen wollen, was gerade geschieht. Sie sind noch nicht wirklich gegenwärtig. In den ersten beiden Feldern ist Gedachtes – also Erinnertes – immer noch unreflektiert vorherrschend.

Im dritten Feld kommt es zur Veränderung. Hier können wir das Auftauchen der *Kairos*-Zeit beobachten, der Zeit, die ich als »richtige Jahreszeit« bezeichne. Die Teilnehmer werden präsenter, zentrieren sich im gegenwärtigen Augenblick. *Kronos* und *Kairos* scheinen sich hier in heikler Koexistenz zu befinden. Man wird nachdenklich und ist sich bewusst, dass das Gespräch in der Zeit stattfindet, verliert aber auch ihre Spur und hört mehr auf das sich entfaltende Gefühl der Bedeutung.

Im vierten Feld dominiert *Kairos*. Stunden vergehen wie Minuten. Dialoge in diesem Feld sind schwer zu unterbrechen, wenn *Kronos'* Druck sich bemerkbar macht.

Anmerkungen

1 Deborah Tannen: *Lass uns richtig streiten. Vom kreativen Umgang mit nützlichen Widersprüchen*, München 1999.

2 Mein Kollege Claus Otto Scharmer hat eine Theorie über die Evolution von Gesprächsräumen entwickelt, die sehr gut zu meiner Arbeit passt. Seine Gedanken, die ich weiter unten ausführe, vertiefen die Vorstellung, wonach diese Räume distinkt, erkennbar und praktisch sind.

3 Vgl. z.B. Erving Goffman: *Interaktionsrituale. Über Verhalten in direkter Kommunikation*, Frankfurt 1991, sowie Edgar Schein: *Prozessberatung für die Organisation der Zukunft*, Köln 2000 (EHP-Organisation).

4 David Peat (Hg.): *Dialogues between western and indigenous scientists*. In: Occasional Paper, Fetzer Institute, 1992, 12.

5 Joseph Campbell: *Der Heros in tausend Gestalten, Frankfurt 1999*.

12. Den Dialog begleiten

Ein echter Dialog kann nicht erzwungen werden, aber man kann die Bedingungen schaffen, unter denen ein Dialog möglich wird. Als Leitfaden eignen sich die vier Dialogphasen oder Gesprächsfelder; sie vermitteln eine Vorstellung davon, wie man einen Dialog begleitend leiten kann. Die Anforderungen an das Aufrechterhalten des Containers, das Krisenmanagement und den Umgang mit Belastungen verändern sich von Feld zu Feld.

Um einen Dialog zu ermöglichen, muss man sich in irgendeiner Form an die hier vorgestellten Prinzipien halten, um die Energien, die den Container produzieren – Zuhören, Respektieren, Artikulieren und Suspendieren – aktiv zu fördern und zu praktizieren. Auf individueller Ebene ist das aber, um es noch einmal zu sagen, einfach nicht möglich. Alle Beteiligten müssen ihre Annahmen gemeinsam suspendieren und zulassen, dass sich der Container entwickelt. Nur dann, wenn sich der Raum zwischen und in ihnen verändert, kann etwas Neues geschehen. Dazu reichen intellektuelle Prinzipien, die nicht von der lebendigen Erfahrung der Beteiligten getragen sind, allein nicht aus. So gesehen, ist Dialog keine Methode, auch wenn sich die Prinzipien, die dahinter stehen, formulieren lassen.

Im Folgenden skizziere ich die Art der begleitenden Leitung, die in den einzelnen Feldern benötigt wird.

Begleitende Leitung im 1. Feld

In der Regel verbirgt die Gruppe in dieser Phase ihre Differenzen oder nimmt sie gar nicht erst wahr. Sie steckt in den Strukturen und Regeln des sozialen Gesamtgefüges fest und sieht sich oft nicht imstande, sie zu verändern oder in Frage zu stellen. Eine Begleitung, die hier einen stärker dialogisch geprägten Austausch evozieren will, muss den Status quo hinterfragen und zu Veränderung anregen. Ausschlaggebend sind folgende Elemente:

Die eigenen Intentionen klären

Am Beginn jedes Dialogs, den Sie begleitend leiten, muss die Einsicht stehen, dass die eigene Einschätzung der Situation ausschlaggebend ist. Bringen Sie die vorgefasste Meinung mit, dass die Teilnehmer »Hilfe brauchen«? Sind Sie bereit, ihnen das zu sagen und das Risiko einzugehen, dass Ihre Meinung sich nicht bestätigt? Wenn nicht, wird die Absicht zu helfen wahrscheinlich zu Problemen bei den Bemühungen um eine gemeinsame, engagierte Erkundung führen.

Der Anfang ist alles

Wie man eine Situation angeht, bestimmt maßgeblich ihre weitere Entwicklung. Meiner Erfahrung nach tragen die ersten Momente in jedem Austausch den Keim für die gesamte künftige Interaktion in sich. Diese anfänglichen Bedingungen und die Art Ihrer Interaktion setzen vieles in Bewegung. In diesem Sinne ist jeder Schritt ein Eingriff in das System, in das Sie sich begeben.

Begegnen Sie jedem Teilnehmer anders

In einem Dialog unterscheiden sich alle Beteiligten, jeder spricht eine andere Sprache, bevorzugt ein anderes „Systemparadigma". Jeder hat seine Geschichte und zieht eigene Schlüsse. Hören Sie jedem Einzelnen genau zu und sprechen Sie mit jedem. Für das Anfangssetting eines Dialogs ist das von ungeheurer Bedeutung.

Den Container schaffen

Wie bereits gesagt, muss für das Gespräch ein Container geschaffen werden, wenn signifikante Veränderungen möglich werden sollen. Dabei sind die vier zentralen Praktiken und Prinzipien des Dialogs wertvoll. Sie geben einen grundlegenden Kontext vor, in dem man weiterarbeiten kann, und sie müssen präsent sein, auch wenn das nicht unbedingt explizit gesagt werden muss. Hilfreich sind die folgenden Bereiche:

- *Sich auf das Ideal berufen:* Der Dialog verspricht, dass eine kleine Gruppe von Menschen etwas tun kann, das Wirkung auf die Welt hat. Wenn man sich auf dieses Potential beruft, seine Formulierung unterstützt und die Teilnehmer auffordert, darüber nachzudenken, können wichtige Fortschritte erreicht werden. Mit anderen Worten: Fordern Sie die Teilnehmer auf, jetzt, in diesem Moment, auf das Potential für wirkungsmächtige Resultate in dieser Gruppe zu hören.

- *Träume artikulieren:* In der Regel verbietet es die Höflichkeit, seine Träume zu artikulieren. Wir sind Experten im zynischen Urteil, aber blutige Laien, wenn es um visionäres Denken geht. Meist ist der Zynismus auch durchaus begründet: »Visionen« und leere Zukunftsverheißungen sind ein genauso tödlicher Bestandteil der Kultur der Höflichkeit wie die Tabuisierung der Offenheit. Träume von dem, was angesichts einer ehrlichen Einschätzung des Ist-Zustands anders sein könnte, bedürfen vor allem *Unterstützung*, d.h. der niemals nachlassenden Verstärkung des Gefühls, dass Worte und Taten nicht beurteilt werden. Ein Dialogbegleiter muss sich daran messen lassen, ob er dazu in der Lage ist, ohne in intellektuelle (wenn auch unausgesprochene) Herabsetzungen zu verfallen.

- *Das Zuhören vertiefen:* Die Teilnehmer müssen begreifen, dass sie nicht nur mit den Ohren, sondern mit Kopf und Herz zuhören. Die Eröffnung eines Gesprächsraums, in dem sich die Kernbedeutungen und deshalb auch die Ergebnisse einer Gruppe grundlegend ändern sollen, verlangt von allen Beteiligten die Einsicht, dass ihr Zuhören wichtig ist.

- *Sicherheit für Opposition schaffen:* Die Teilnehmer sind zur Opposition berechtigt und müssen dem, was geschieht, nicht einfach zustimmen. Wenn sich Opposition offen äußern kann, steigen die Chancen für echten Dialog und wahre Erkundung.

- *Zum Suspendieren reizen:* Die Macht der Opponenten erfordert eine gleich starke Kompetenz beim Suspendieren, und sei es, vor allem zu Beginn, nur durch den begleitenden Leiter. Ein Dialogbegleiter, der auch den Perspektiven Raum geben kann, die nicht die seinen sind und sich vielleicht sogar sehr stark davon unterscheiden, kann viel Raum für Potentiale schaffen.

Begleitung heißt in diesem Feld, den Teilnehmern dabei zu helfen, mit der Krise umzugehen und sie zu erleben. Die Einsicht, dass sich ein Dialog nicht erzwingen lässt, sondern sich entwickeln muss, und die Kraft, in einer Phase die Nerven zu behalten, in der die Teilnehmer darauf reagieren, dass ihre intensivsten Bemühungen nur auf Höflichkeit stoßen, kann den Fortschritt in Gang bringen.

Begleitende Leitung im 2. Feld

In diesem Raum entdecken die Teilnehmer, dass die zwischenmenschlichen Störungen, die, wie sie hofften, gar nicht erst auftauchen würden, tatsächlich präsent sind und den effektiven Austausch aktiv begrenzen. Konflikte entzünden sich. Die Begleitung hier konzentriert sich darauf, soviel wie möglich über die Struktur des Systems sichtbar zu machen, eine sichere und beruhigende Atmosphäre zu schaffen, die Konflikte aushält, und im eigenen Handeln die Qualität reflexiver Erkundung und Kohärenz zu vermitteln, die man sich von den anderen wünscht. Dabei haben sich die folgenden Elemente als hilfreich erwiesen:

Kartieren der Strukturen

Das wichtigste hier ist es, den Teilnehmern zu einem sicheren Ort zu verhelfen, von dem aus sie die Kräfte identifizieren können, die am Werk sind.[1] Warum funktionieren sie so?

So sollte ich zum **Beispiel** *im Auftrag des Programmleiters einer großen Stiftung ein einjähriges Programm mit einer Gruppe von Führungskräften durchführen. Bei der Vorbereitung erzählte er mir, sie hätten es im Jahr zuvor versäumt, sich mit »produktivem Engagement« zu beschäftigen. Das habe sich als echtes Hindernis für die Gruppe erwiesen. Es gebe private, politische und Rassenkonflikte, die aber überwiegend ungelöst seien. »Haben Sie das vorher berücksichtigt und zu implementieren versucht?« fragte ich. »Ja, aber der stellvertretende Vorsitzende hat abgelehnt. Aber dieses Jahr wollen wir es machen.« »Wir« hieß hier der widerwillig zustimmende stellvertretende Vorsitzende.*

Das Gespräch machte deutlich, dass drei verschiedene Kräfte am Werk waren: Erstens das Modell des Programmleiters für den Umgang mit den Spannungen – er wollte sie offen legen und darüber sprechen. Zweitens der Ansatz seines Vorgesetzten – der gar nicht darüber sprechen wollte. Und drittens die Gruppe selbst, die eine Mischung dieser Auffassungen vertrat. Hätte ich mich auf irgendeine dieser Auffassungen festgelegt, hätte ich die anderen enttäuscht oder bedroht. Dazu kam, dass sich das Problem, das ich in der Gruppe ansprechen wollte, auf der Führungsebene der Stiftung zwischen dem stellvertretenden Vorsitzenden und seinem Programmleiter wiederholte. Sollte das Seminar tatsächlich Wirkung zeigen, dann mussten die inneren Widersprüche zwischen diesen Kräften angesprochen werden. Sie waren genauso real wie die Einwirkungen von Wind und Wetter auf die Mauern des Gebäudes.

Im Kern der meisten Situationen im 2. Feld steht ein strukturelles Dilemma: Sprechen die Beteiligten schwierige Fragen an, werden sie bestraft; sprechen sie sie nicht an, verraten sie ihre Integrität, die Menschen, den Prozess – oder alles zusammen. Wenn man solche Probleme benennt, wird es möglich, sie zu erkunden.

Förderung eines modellübergreifenden Gesprächs

Die Fähigkeit zum Zusammenleben und -arbeiten lässt sich stärken, wenn man den Beteiligten zu der Einsicht verhilft, dass ihre Differenzen von den verschiedenen Sprachen abhängen, die sie sprechen – etwa ihre unterschiedlichen Aktionspräferenzen oder die individuellen Herrschafts- und Machtwünsche, die ihr Verhalten leiten. Ein geschickter Begleiter kann deutlich machen, dass es sich bei dem, was die Dialogteilnehmer den hinterhältigen Motiven der anderen zuschreiben (die sie nicht nur nicht verstehen, sondern auch gar nicht verstehen *wollen*), um zwei ganz verschiedene Modelle der Wirklichkeit handelt. Durch die Vermittlung zwischen diesen Perspektiven fördert man die Fähigkeit, sie für sich selbst zu suspendieren und ein sicheres Setting für alle zu bieten.

Erziehen

Häufig sehen die Teilnehmer die Alternativen nicht, die vor ihnen liegen. Sie glauben, in einem harten Gespräch die eigenen Gefühle nur verdrängen oder aber kämpfen zu können. Die dritte Möglichkeit besteht darin, sich so zu verhalten, wie ich es hier beschreibe. Gerade in dieser zweiten Phase ist es besonders wichtig, das zu lernen. Die Bereitschaft der Teilnehmer ist jetzt größer, weil sie begriffen haben, dass das, was sie tun, nicht funktioniert. Es ist wichtig, in gemeinsamer Erkundung festzustellen, dass ein weiterer Erkundungshorizont existiert, wenn sie es so wollen. Hier wäre es für den Begleiter klug, auf allen drei Ebenen zu arbeiten, d.h. neue Handlungsfähigkeiten zu schaffen, prognostische Intuition zu entwickeln und sie über die Architektur des Unsichtbaren zu informieren, die das Verhalten und Denken lenkt.

Begleitende Leitung im 3. Feld

Reflektierende Erkundung verkörpern

In dieser Phase geht es vor allem darum, die reflektierende Erkundung zu verkörpern, die man von anderen wünscht. Statt die Probleme bei anderen zu suchen und zu korrigieren, sollte man offen über die eigenen inneren Reaktionen nachdenken und andere auffordern, dasselbe zu tun. Man kann auch nach Wegen suchen, die Erkundung zu vertiefen und zu verbreitern.

Auftauchende Themen beachten

In diesem Feld wird es möglich, auf Themen zu achten, die aus den Gesamtinteressen und -vorstellungen einer Gruppe kommen, aber dennoch nicht von einem Einzelnen artikuliert werden. Hört man auf die verborgenen Fragen und die unausgesprochenen Stimmen, lassen sich Energie und tieferer Austausch aktivieren.

Modellieren aus dem Hintergrund

Hier handelt es sich um teilnehmende Begleitung: Man tut, was getan werden muss, nicht als Experte, sondern zunehmend als gleichberechtigtes Mitglied eines größeren Erkundungsprozesses.

Neue Gräben voraussehen und verhindern

Wenn die Teilnehmer in dieser Phase entdecken, dass sie lernen, anders zu reden und zu denken, sind sie in der Regel versucht, sich für irgendwie »besonders« oder »anders« zu halten. Das ist nichts anderes als die Entwicklung von Idolen und somit Anzeichen für eine Rigidität im Denken, die den freien Fluss des Dialogs beschränken kann. Wenn man das bemerkt und untersucht, bleibt der Dialog lebendig und fließend.

Begleitende Leitung im 4. Feld

Dienende Begleitung verkörpern

Die Frage in dieser Phase des Dialogs lautet: Was ist das höchste Ziel, dem dieses Gespräch und/oder diese Gruppe von Menschen dienen könnte? Was ist hier möglich, das in anderen Settings nicht möglich ist? Begleitung im 4. Feld ist dienende Begleitung; sie zielt darauf, die Bedürfnisse anderer Team- oder Gruppenmitglieder zu befriedigen bzw. als Gruppe herauszufinden, was man für andere tun kann.

Den Gesamtprozess reflektieren

Hier ist es wichtig, bewusst zu machen, was es bedeutet hat, am kompletten Zyklus des Dialogs teilgenommen zu haben. Die Ermutigung der

Teilnehmer zu einem Denken, das in die Breite und Tiefe geht, erhöht die Chance, dass sie das Gelernte auch bewahren, beträchtlich.

Wege zur Lösung suchen

Dialoge, die zu Einsichten führen, eröffnen auch Handlungsmöglichkeiten. Die Begleitung im 4. Feld besteht darin, wachsam für Handlungsmöglichkeiten zu bleiben, die aus den gemeinsamen Gesprächen der Teilnehmer entstehen.

Wechselnde Leitung

In diesem Feld wird unübersehbar, dass die Leitung in ständiger Bewegung ist. Wer artikulieren kann, was geschieht, hat in diesem Moment die Rolle des Leiters. Man kann nicht im voraus eine Person zum einen und einzigen Leiter bestimmen. Leitung in dieser Phase ist abhängig von einer Variante der Meritokratie – der Fähigkeit, auf das zu hören und das zu artikulieren, was sich bereits in allen bewegt.

Vorrang des Ganzen

Charakteristisch für die vierte Phase des Dialogs ist die Erkenntnis, dass die Kräfte, die hier am Werk sind, die Kräfte eines Einzelnen übersteigen. Der Begleiter muss hier fragen: Welche Fragen gehen aus der Gesamtheit dieses Prozesses hervor? Was ist noch zu sagen, das über das hinausgeht, was ein Einzelner hätte sagen können, und doch für alle wahr ist?

Anmerkung

[1] Ich kann hier nicht alle Möglichkeiten zur Kartierung von Systemen erwähnen. Hilfreich ist es hier z.B., die kausalen Kräfte eines Systems zu modellieren *(soft-systems modeling)*. Vgl. z.B. Peter M. Senge u.a.: *Das Fieldbook zur Fünften Disziplin*. Aus d. Amerikan. v. Maren Klostermann, Stuttgart 1996; und *The dance of change*, Wien 2000. Soziale Systeme lassen sich auch mit der Methode des *action mapping* erfassen. Vgl. die Broschüre von Action Design Associates: *Mapping Guide*. Pegasus Communications in Waltham, Mass. veröffentlicht Anleitungen zu Mapping-Systemen mit Hilfe der Systemdynamik, die zu den fünf Disziplinen von Peter Senge gehört.

13. Die Ökologie des Denkens

Das Verständnis der interdependenten Ökologie der Erde hat sich in den letzten Jahrhunderten bemerkenswert gewandelt. Für die ersten weißen Siedler in Südafrika oder die ersten Holzfäller im brasilianischen Regenwald war die Umwelt eine schrankenlose Ressource, die es auszubeuten galt. Heute ist vielen Menschen klar, dass die Welt aus lebendigen, miteinander verbundenen Systemen besteht und unilaterales Handeln in einem Bereich unbeabsichtigt verheerende Konsequenzen in anderen Bereichen haben kann. So führt ein schrankenlos betriebener Abbau von Bodenschätzen z.B. häufig zur Verschmutzung des Grundwassers und zerstört die Flüsse und Wasservorräte einer Region. Die Abholzung des Regenwaldes schadet der Erdatmosphäre. Wenn China beschließt, seine jährliche Autoproduktion zu steigern, nehmen die Schadstoffe in der Luft Nordamerikas zu, und die wachsenden Emissionen von Treibhausgasen in die Erdatmosphäre erhöhen mit großer Wahrscheinlichkeit die Temperatur auf der Erdoberfläche.

Die zunehmende Beschäftigung mit der äußeren Ökologie verstellt aber auch den Blick auf ein subtileres und, wie ich glaube, genauso wichtiges Lebenssystem, das ich als *innere Ökologie* des Menschen bezeichne.[1]

Definition der inneren Ökologie

Bei der inneren Ökologie handelt es sich um ein System von ineinandergreifenden Denk- und Empfindungsmustern, das jeder Mensch in sich hat. Anders gesagt: Sie umfasst individuelle und kollektive Erinnerungen, individuelle und kollektive Assoziationen sowie die Pathologien des Denkens, die ich im 2. Kapitel beschrieben habe. Aus diesen Erinnerungen setzt sich unsere Kultur zusammen – die Annahmen, Denkgewohnheiten und Problemlösungsmethoden, nach denen wir funktionieren, aber auch unsere Kreativität, unsere Fähigkeit, über das Denken hinaus zu Wahrnehmung und Bewusstheit und die ebenfalls bereits beschriebenen lebendigen Prinzipien zu finden.

Dieser Doppelaspekt der inneren Ökologie – Erinnerung und Bewusstheit – ist in das Geflecht unserer Erfahrung eingewoben. In diesem Buch werden drei Ebenen dieser Ökologie skizziert: Verhalten, prognostische Intuition für die Fallen und Probleme des Gesprächs sowie die unsichtbare Architektur oder die »Felder«, in denen unsere Gespräche entstehen.
In diesem Kapitel will ich mich näher mit dieser inneren Ökologie beschäftigen und die bislang vorgestellten Überlegungen zu einer übergreifenderen Theorie bündeln, die dann wieder den zentralen generativen Prozessen einen Rahmen bieten kann.

Der Begriff der inneren Ökologie impliziert, dass unser Denken und Lebensstil nicht so individuell ist, wie wir gerne glauben. Wir teilen unsere Interaktions-, Gewohnheits-, Denk- und Empfindungsmuster mit anderen. Was wie ein individuelles Problem erscheint, kann in Wirklichkeit alle betreffen.
Die Auffassung, Gedanken und Gefühle, Körper und Wahrnehmung seien voneinander getrennt, ist sehr verbreitet. Wir glauben, Gedanken seien »in uns«, in unserem Schädel, während andere, externe Phänomene durch Sinne signalisiert werden, die so fein und spezifisch sind wie Telefonleitungen. Aber wie neuere Erkenntnisse aus der Physiologie und der Kognitionsforschung zeigen, ist das Denken tatsächlich aufs engste mit den Gefühlen, dem Körper und den Wahrnehmungen der Außenwelt verbunden.[2]
Wenn man z.B. an etwas denkt, das man liebt, fühlt man sich gut. Aber dieses gute Gefühl entsteht nicht durch das Denken, sondern *Gedanke* und *Gefühl* entstehen zusammen: Denken und Gefühl sind in einem neurophysiologischen System miteinander verbunden. Zu diesem System gehören die Endorphine, die im Gehirn freigesetzt werden, die neuronalen Pfade, die die Erinnerung gebahnt hat, und die mentalen Assoziationen, die zum großen Teil aus dem sozialen Kontext – Familie, Bekannte, Freunde und eigene Geschichte – entstanden sind. Man kann diese Elemente nicht so weit trennen, dass man sagen könnte, welches die »Ursache« des guten Gefühls ist. Sie beziehen ihre Macht aus dem Zusammenwirken. Die Sprache neigt hier zur Verwirrung: Wir sprechen von »Gedanken« und Gefühlen«, als seien sie getrennt und klar unterscheidbar, obwohl sie in Wirklichkeit Teil eines einzigen, aufs engste zusammenwirkenden Systems sind.
Man kann es auch anders ausdrücken: Störungen, die über die Sinne vermittelt werden, stimulieren das Nervensystem, das seinerseits Produkt eines gigantischen Evolutionsprozesses ist. Die Natur ist genauso in uns

wie außer uns. Diese Störungen werden uns nicht nur von außen vermittelt, sondern gleichzeitig direkt durch unser Nervensystem gestaltet. Ein großer Teil der Informationen über die sogenannte Außenwelt entsteht in Wirklichkeit *in* unserem Nervensystem.[3]

Vor einigen Jahren hat der Anthropologe Gregory Bateson einen verwandten Begriff eingeführt: die »Ökologie des Geistes«.[4] Er versuchte zu zeigen, dass jedes lebende System einen »Geist« besitzt, der sich manifestiert als die Funktion eines sich entwickelnden Musters von Kommunikation und Bedeutung. Dieses »verbindende Muster» verleiht ihm Form, Gestalt und Richtung. Bateson fand die Erklärung für die grundlegenden Beziehungsmuster, die alles Lebendige verbindet, in seinem Begriff des *Geistes*, der nicht nur mentale Prozesse umfasst, sondern auch lebendige Beziehungen, in denen Information (und, was wichtiger ist, Differenz) registriert und Energie freigesetzt wird.[5]

Mit Hilfe des Begriffs der inneren Ökologie können wir das Geflecht von Problemen, das sich durch Gespräche zieht und den Dialog begrenzt, verstehen, das seinerseits Teil eines lebenden Netzwerks ist, von dem wir zutiefst beeinflusst werden, aber gleichzeitig unserem Blick entzogen ist, weil wir, wie schon gesagt, normalerweise nicht darüber nachdenken, wie wir denken. Unsere Erfahrung stößt uns einfach zu.

Allerdings gibt es hier einen Vorbehalt: Die Gleichsetzung der inneren Welt mit einem Begriff, der aus der Beschäftigung mit der äußeren Welt stammt, birgt potentiell auch Gefahren, jedenfalls dann, wenn wir unwissentlich annehmen, die äußere Welt sei »genauso wie« die innere. Das ist sie meiner Meinung nach nicht. Es gibt in unserer Innenwelt Dimensionen, die in der Außenwelt nicht in derselben Weise existieren, aber dennoch wichtig sind. Ein Merkmal der Innenwelt z.B. ist die *Deutung*, d.h. die Fähigkeit, dem Gesehenen, Gehörten und Erfahrenen einen Sinn zuzuschreiben. Die moderne empirische Naturwissenschaft erkennt Deutung nicht als äußerlich valides, eindeutig, unmittelbar und empirisch beobachtbares Material an. Der Begriff der inneren Ökologie kann hier aufzeigen, dass die innere Welt Teil eines größeren lebendigen Systems ist, das sich auf unser Denken und Handeln auswirkt.

Implikationen

Der Begriff der inneren Ökologie hat zahlreiche Konsequenzen. Zum einen sind, wie bereits gesagt, unsere Gedanken und Gefühle Teil eines übergreifenden Systems – in uns selbst genauso wie in Verbindung zu anderen. Manche Menschen leben in vorhersagbaren Verhaltens- und Handlungsmustern, in denen sich die lokale Ökologie ihres Denkens spiegelt. Stellen Sie sich eine Staubwolke vor, die einer Comicfigur folgt: Sie trägt ihre eigene Ökologie mit sich.

Daraus ergibt sich eine zweite wichtige Implikation: Unser Denken und Fühlen übt einen magnetischen Einfluss auf unsere Welt aus. Das menschliche Nervensystem hat zwar eine gewisse inhärente Struktur, ist aber auch formbar. Wir haben definitiv Einfluss auf unsere Erfahrung. So gesehen, haben Gedanken und Gefühle *greifbare Auswirkungen*. Sie schweben nicht einfach um uns, sondern ziehen bestimmte Vorstellungen und Erfahrungen an und stoßen andere ab. Sie beeinflussen Form und Gestalt unseres Bewusstseins.

Ein Versuch, diesen Einfluss begrifflich zu fassen, war die Theorie, die Weltwahrnehmung vollziehe sich durch »Deutungsrahmen«: Der Mensch hat mentale Modelle, die seine Erfahrung filtern und sein Handeln leiten – in jeder Konferenz spulen sich in den Köpfen der Teilnehmer individuelle Videos ab, auf denen aufgezeichnet ist, was geschieht oder geschehen sollte.[6] Aber Gedanken sind mehr als Brenngläser, Dias oder Videos. Sie sind magnetisch: Sie ziehen ähnliche Ideen an und stoßen fremde ab. Ich hatte einmal mit einem wichtigen Abteilungsleiter zu tun, dessen ganze Umgebung seine Kompetenz bezweifelte. Man erzählte sich, er habe vor einer sehr wichtigen Beförderung gestanden, sei aber schließlich doch übergangen worden. »Wissen Sie«, setzten die Leute vielsagend hinzu, »er ist seitdem einfach nicht mehr effektiv.« Die Geschichte war irgendwie fesselnd, sie strukturierte meine Gedanken, obwohl ich den Mann noch nie gesehen hatte, und es fiel mir schwer, ihn anders zu sehen. Als ich ihn dann schließlich kennen lernte, stellte ich fest, dass er diese Geschichte ebenfalls akzeptiert hatte. Das Muster durchzog die Ökologie seiner Welt, auch seine Selbsteinschätzung und die Interaktionen anderer, ja sein ganzes Verhalten. Alles um ihn herum wirkte gedämpft und energielos. Die Selbstbeurteilung als erfolgreich, flexibel, freundlich, zornig, zu dick, ungeliebt berührt die Ökologie des Denkens der Umwelt. Mit anderen Worten: Die innere Ökologie strukturiert unaufhörlich das Material unseres Bewusstseins.

Gruppenmuster

Auch Gruppen haben ihre je eigene Ökologie. Eine Gruppe, die organisatorische Veränderungen plant, etabliert eine gewisse Präsenz, das sich aus ihrem eigenen Denken und dem der anderen um sie herum zusammensetzt. Stoßen sich Gruppe und Organisation gegenseitig ab, kann das daran liegen, dass es ein systemisches Problem in der Ökologie des Denkens gibt. Systeme können durchaus auch eine Kluft umfassen, aber die Mitglieder einer Pilotgruppe oder einer Gruppe, die Veränderungen einleiten soll, können wenig tun, um das Denken der anderen Seite zu verändern. Man kann nur einseitig beginnen, auf der eigenen Seite, indem man neue Gedanken »durchspielt«, die zur Entwicklung neuer Fähigkeiten beitragen können.

David Bohm hat die Vorstellung eines Netzes von Gedanken, das die Menschheit verbindet, in seiner These vom »System des Denkens« zusammengefasst. Bohm behauptet, das menschliche Denken bestehe aus miteinander verbundenen Elementen, zu denen nicht nur Gedanken, sondern auch Interaktionsmuster gehören, einschließlich körperlicher Interaktion und sozialer Absprachen. Er hat dieses System mit einer Gruppe von »Reflexen« verglichen: einem konditionierten Set von Reaktionen auf eine Vielzahl von Umständen. Die Erinnerung fungiert als eine Art reflexhafter Reaktion auf gegebene Umstände. Bohm meint:

> »Wenn jemand nach Ihrem Namen fragt, wissen Sie die Antwort sofort. Es ist ein Reflex. Bei schwierigeren Fragen sucht der Geist in der Erinnerung nach Antworten; ein Suchreflex tritt in Gang [...] Ich behaupte, dieses gesamte System funktioniert durch ein potentiell unbegrenztes Set von Reflexen: man kann immer mehr hinzufügen und die Reflexe modifizieren.«[7]

Menschliche Interaktionen, so meint Bohm, sind in ihrer Mehrzahl geprägt von den Erinnerungsschichten dieses Denksystems.[8]

Pathologien des Denkens

Eine andere Dimension der inneren Ökologie, die ich in diesem Buch beschrieben habe, sind die Wege, auf denen das Denken zu Problemen führt. Diese Probleme tauchen überall auf, werden aber selten als Probleme des Denken selbst behandelt. In diesem Sinne enthält die Ökologie des Denkens vertraute Gewohnheiten, die sehr einschränkend sein können. Wie ich bereits gezeigt habe, können wir z.B. im Sumpf der Gewissheiten die Fähigkeit verlieren, das Bewusstsein zu bewahren und die eigenen Annahmen zu suspendieren. Oder wir können uns von einem Idol, einem Bild blenden lassen und verlieren dann die Fähigkeit, die eigene Sprache zu sprechen. Wir können die grundlegende Kohärenz der Welt aus dem Auge verlieren, die eigene Erfahrung als Puzzle aus getrennten, unverbundenen Teilen begreifen und Gewalt ausüben, indem wir über uns selbst und andere urteilen, oder wir können das Gefühl verlieren, an der eigenen Erfahrung teilzuhaben, und uns als distanzierte, »kalte« Beobachter empfinden.

All diese Probleme des Denkens sind in die Funktionsweise der jeweiligen Ökologie eingebettet. Und sie entstehen, weil wir uns von unserer Erinnerung abhängig machen und uns in gewissem Maße auch von ihr hypnotisieren lassen. Jede einzelne der hier aufgeführten Pathologien des Denkens entsteht aus der Erinnerung. Wir erfahren z.B. unsere Welt durch fragmentierte Bilder und Deutungen, die in der Erinnerung leben. Wir machen uns Idole, d.h. Deutungen, die wir nicht als Deutungen erkennen. Nur wenn wir die Welt durch unsere Erinnerungen sehen, objektivieren wir sie; wenn wir im Augenblick leben und unmittelbar wahrnehmen, ist das nicht möglich. Wenn wir in die Gegenwart eintreten, lösen sich die Idole auf, und wir bekommen ein unmittelbareres Gefühl für unsere Stimme und Präsenz. Wir wissen, wer wir sind und was wir sagen müssen.

Die Transformierung der Ökologie bedarf auch der Transformierung unserer Erinnerung – oder zumindest der Art und Weise, in der wir sie erfahren.

Von der Erinnerung zur Wahrnehmung

Wir müssen also über die Erinnerung hinausgehen, und dazu müssen wir die eigene Wahrnehmung oder Bewusstheit entwickeln. Diese Fähigkeit liegt jenseits des Denkens; es handelt sich um so etwas wie Einsichten, die uns befähigen, unser Denken wahrzunehmen und zu verändern. Aus dieser kreativen Fähigkeit entsteht das Handeln, das neue Wege bahnt, Erinnerung und Erfahrung verändert. Dieses Handeln vollzieht sich ständig, ob in der Kunst, im Geschäfts- oder im Privatleben: Wir entwickeln neue Produkte, neue Methoden, Farbe auf Leinwand aufzutragen, neue und spannende Wege der Organisation – und scheitern oft dabei, vor allem dann, wenn wir sie am dringendsten brauchen. Wie ich bereits in dem Abschnitt über Kapazitäten für neues Verhalten gesagt habe (Kap. 4-7), gibt es vier Prinzipien, die das Wesen der kreativen Bewusstheit allgemeiner beschreiben. Um die eigene Sprache sprechen zu können, muss man ein Gefühl dafür entwickeln, dass alles in Entfaltung begriffen ist; um zuhören zu lernen, muss man würdigen, dass man die eigene Erfahrung schafft; die Fähigkeit, Annahmen und Gewissheiten zu suspendieren, erfordert es, Bewusstheit zu entwickeln, und Respekt bedarf der Kultivierung des Gefühls für die grundlegende Kohärenz des Lebens.

Reden beeinflusst das Denken

Die Aufgabe, die innere Ökologie des Menschen zu verändern, mag überwältigend scheinen, aber es gibt meiner Meinung nach durchaus eine sehr einfache und gleichzeitig tiefgreifende Möglichkeit. Die innere Ökologie spiegelt sich nämlich in der Art, wie wir reden. Die Veränderung unserer Sprache ist deshalb der Anfang einer Veränderung unseres Denkens. Wir können die innere Ökologie beeinflussen und verbessern, wenn wir die Qualität unserer Gespräche verändern.

Die Art unseres Redens erwächst aus der inneren Ökologie. Es ist deshalb nicht übertrieben zu sagen, dass unsere Worte unsere Welt gestalten. Welche Worte wir wählen und wie wir sie zusammenfügen (und wie wir auf die Worte der anderen hören), definiert im Wortsinne unser Gefühl für das, was möglich bzw. unmöglich ist. Umgekehrt gestaltet unsere Welt auch unsere Worte. Wie wir reden, hängt nicht einfach von unserem Willen, unserem Herzen, unserem Geist und unseren Entscheidungen ab; wir reden in einer bestimmten Weise, weil wir Teil eines größeren Systems sind, einer Ökologie, die das Denken aller Menschen verbindet. Da dieses System lebendig ist, wirken sich Veränderungen in einem Teil dieser Ökologie auf die gesamte Ökologie aus. Die berüchtigten privaten Probleme Präsident Clintons z.B. haben buchstäblich jeden unmittelbar beeinflusst – mit Sicherheit alle Amerikaner. Clintons Handeln zwang dazu, sich mit den eigenen Einstellungen zum Sex, seinen Grenzen und den problematischen Kräften zu beschäftigen, die uns allen innewohnen. Auch wenn Clintons Beharrungsvermögen einigen als skrupellose Unangreifbarkeit erschien, zeigte es doch auch, wie man selbst einem überwältigenden Angriff standhalten kann, ohne Würde und Macht völlig zu verlieren. Clinton erzwang ein öffentliches Nachdenken über Fragen, die bislang im Dunkeln geblieben waren, veränderte den politischen Diskurs und rückte zahlreiche Annahmen über Privatheit, Führung und moralisches Gleichgewicht in den Blick.

So wie Mikroorganismen, Pflanzen und Tiere in ökologischen Nischen Nahrung und Wasser aufnehmen, so nehmen wir das Denken aus der Umgebung in uns auf und geben es wieder an sie zurück; wenn wir ihm eine Stimme geben, verändern wir uns, und die Worte, die wir finden, verändern unsere Umwelt.

Worte zählen

Schon immer haben Menschen gespürt, dass Worte wichtig sind. Ich behaupte, dass es dafür einen Grund gibt, der jenseits unseres Vorstellungsvermögens liegt. Worte zählen. Man kann sie nicht zurücknehmen. Das liegt daran, dass sie Energie besitzen; sie sind die lebendigen Träger der Ökologie und Atmosphäre, in der wir leben. Jeder von uns hat schon erlebt, dass das rechte Wort, richtig ausgesprochen, erhebend wirkte und die grundlegende Bedeutung einer Situation veränderte. Und wir haben auch alle schon einmal erlebt, dass wenige Worte ausreichen, um alles zu vergiften, Worte, von denen man sich erst nach Jahren wieder erholte.

In Gesprächen denkt man entweder allein und klammert sich an seine Positionen oder man tut etwas Neues, d.h. man bringt sein verborgenes Potential an die Oberfläche, die Fähigkeit, die sich entfaltende Ordnung der Dinge zu würdigen, das Gefühl für die tiefreichende Partizipation am Leben sowie – gemeinsam – die Fähigkeit, die grundlegende Kohärenz unserer Welt zu erkennen. Wozu wir uns entscheiden, hängt davon ab, was wir über uns selbst lernen.

Die Veränderung der Art unseres Redens verändert die Art unseres Denkens, nicht bloß individuell, sondern kollektiv. Könnten wir die innere Ökologie in der Art unseres Denkens wiederherstellen, hätte das eine ungeheure Wirkung auf unsere Welt. Darin liegt ein sehr großes Potential des Dialogs.

**Transformation der inneren Ökologie:
Die Integration des Guten, Wahren und Schönen**

Wir transformieren die Ökologie des Denkens, wenn wir darauf achten, wie wir unsere Worte zum Leben erwecken. Das Mittel, mit dem wir die innere Ökologie verändern und wiederherstellen können, besteht in der Aufnahme und Integration der drei großen Wertbereiche der menschlichen Erfahrung, also dessen, was die Griechen als das Gute, Wahre und Schöne bezeichneten.

Indem sie darüber redeten und schrieben, verstärkten die Griechen der Antike eine Gruppe von Begriffen, die sie als verschiedene Aspekte einer kohärenten Form des Menschseins verstanden. Ken Wilbur hat darauf hingewiesen, dass diese Elemente heute sehr viel differenzierter geworden sind. In dieser Entwicklung spielte die Wissenschaft die Hauptrolle: Die Suche nach objektiven Wahrheiten hat die Welt, wie die Griechen sie einst kannten, völlig neu geordnet, zu sehr großen Fortschritten geführt und zahllose (und oft wunderbare) technische Durchbrüche erreicht. Doch aus dieser Differenzierung ist Fragmentierung entstanden. Die drei Aspekte eines einzigen Ganzen sind heute sozusagen »erwachsen« geworden, »aus dem Haus gegangen«, so unabhängig, dass sie sich gegenseitig fast die Anerkennung verweigern. Ein gutes Gespräch zwischen dem Guten, Wahren und Schönen ist heute kaum noch möglich, und deshalb haben wir es heute mit einem tiefen Muster kultureller Fragmentierung dieser drei wesentlichen Wertesysteme zu tun. In ihrer Entwicklung und Differenzierung schließt eins die jeweils anderen aus oder negiert sie.

Und noch einmal die Fragen: Das Streben nach dem Guten

Dass es Spaltungen zwischen diesen drei Dimensionen der Erfahrung gibt, lässt sich kaum bestreiten. Die naturwissenschaftliche und materielle Perspektive mit ihrem Streben nach technischer und objektiver Wahrheit z.B. enthält eine scheinbar unwiderstehliche Logik, nach der alle neuen technologischen Möglichkeiten erstrebenswert sind. »Wenn wir es nicht tun, dann tut's jemand anderes«, heißt es. Von Zurückhaltung zu sprechen, gilt als rückständig und weltfremd. Fragen wie: »Ist es schön?« oder »Dient es dem Gemeinwohl?« sind vielleicht wichtig, aber auch fast schon vergeblich. So unbestritten ist der Sieg der Objektivität, dass die Forderung, innezuhalten und alternative oder breitere Perspektiven zu entwickeln, unrealistisch erscheint; diese Perspektiven gelten als sekundär oder als Probleme, die man Experten zur späteren Lösung überlässt.

Der naturwissenschaftliche Materialismus verdrängte tendenziell andere Perspektiven, so weit, dass er *ihre Relevanz völlig bestritt*. Wilbur meint dazu:

> »Offen gesagt, hat das Es das Ich (die subjektive Erfahrung, das Schöne) und das Wir (die intersubjektive Erfahrung, das Gute) völlig monopolisiert. Das Gute und das Schöne wurden vom Zuwachs an monologischer Wahrheit erobert, die bei allen Verdiensten in ihrer Überheblichkeit größenwahnsinnig geworden ist und im Verhältnis zu den anderen geradezu bösartig wuchert [...] Die subjektiven, inneren Bereiche – Ich und Wir – wurden zu objektiven, äußeren, empirischen Prozessen, ob atomistisch oder systemisch, eingeebnet. Da Mikroskope, Teleskope, Nebelkammern oder Filme Bewusstsein und Geist, Herz und Seele der Menschheit nicht sichtbar machen konnten,

erklärte man sie bestenfalls zu Epiphänomenen und schlimmstenfalls zur Illusion.«[9]

Wenn es kein konkretes, objektives und sicheres Wissen z.B. über Ethik und Ästhetik gibt, werden sie eben nicht so ernstgenommen wie die Bereiche, die sich empirisch präzise fassen lassen.

Vor einigen Jahren hat sich Amory Lovins mit diesem nichtintegrierten Impuls beschäftigt und viele der damals vorherrschenden Annahmen über Energiebewahrung und Nutzung von Ressourcen hinterfragt.[10] Trotz einer kritischen Einstellung zum rücksichts- und gedankenlosen Gebrauch nichterneuerbarer Energien, so meinte er, strebten wir hartnäckig nach solchen Technologien. Das heißt, wir suchen die Antworten in Technologie, vergessen darüber aber, so Lovins, was die Frage war.

Die Kernfrage für das moderne Wissenschafts- und Managementmodell lautet: Was ist effizient und effektiv? Das ist zwar eine wichtige Frage, aber für sich genommen, ist sie absolut unzureichend. Die Griechen stellten eine andere Frage, die das Gute, Wahre und Schöne zu integrieren suchte: Was ist das gute Leben? Und haben wir den Mut, es anzustreben?

Für die Griechen hieß das, nicht nur über die vom Menschen geschaffenen, sondern auch über die »natürlichen« Strukturen und Normen nachzudenken, die den gesamten lebendigen Kosmos umfassten. Der Mensch suchte im Kosmos, in Himmel und Erde, seine Richtschnur. Man nahm an, dass zum guten Leben die Harmonisierung der inneren Erfahrung mit der natürlichen Ordnung gehörte, die wiederum Aspekte aller drei Bereiche umfasste. Für Platon war die Sonne, Quelle allen Lebens, das Symbol des »Guten«. Seiner Meinung nach lag die Herausforderung für jeden Menschen, vor allem aber für Menschen, die herrschen wollten, darin, diese belebende Quelle in allen Dingen, in der Natur und den Belangen des Menschen, zu entdecken.[11]

Dieses Denken lehnen wir heute ab, was zum Teil auf die Erfolge der modernen Naturwissenschaft zurückgeht. Der Himmel, so haben uns die Naturwissenschaftler informiert, bietet uns keine Richtschnur. Wir müssen uns einen eigenen Sinn erfinden, wenn wir einen brauchen. Das heißt, wir sind wieder auf den Boden zurückgekommen und haben dabei einen Großteil dieser ursprünglichen Vision verloren. Also fragen wir heute nicht mehr: Was ist das gute Leben? Statt dessen lautet die Frage: Was ist das effizienteste Leben? So gesehen, wurde die Suche nach dem Guten eingeebnet, »abgeflacht«, reduziert auf die bloße Suche nach der Macht, nach dem Effizienten, getrennt von umfassenderen Bedeutungen, Zwecken oder Ästhetik.

Die drei Sprachen und das Gute, Wahre und Schöne

Interessanterweise lässt sich dies unmittelbar mit den eigenen Gesprächen und mit Alltagssituationen verbinden, wenn man auf die »Sprachen« der Macht, der Bedeutung und des Affekts hört. Diese drei Sprachen hängen sehr eng mit den Wertbereichen des Guten, Wahren und Schönen zusammen. Ihre Spuren finden sich in der konkreten Alltagssprache. Dabei stellt man fest, dass auch sie sich voneinander gelöst haben und durch diesen Mangel an wechselseitiger Verbindung verarmt sind. Denken Sie z.B. daran, dass die Sprache der »Macht« auf Effizienz und Aktion fokussiert. Wer sie spricht, will ständig wissen: »Was werden Sie *tun*? Und doch wird diese Sprache häufig unbemerkt aus der engen Perspektive des unmittelbar vorhandenen Systems gesprochen. Es heißt: »Was werden Sie tun?«, und nicht: »Wird das, was Sie planen, in einem umfassenderen Sinne auch *gut* sein?«

Abgelöst vom Schönen und Wahren wird das Gute tyrannisch und bedrückend. Abgelöst von Affekt und Bedeutung wird Macht einseitig, dominierend, eng.

Das Gute an und für sich ist unfruchtbar. Ohne den Ausgleich durch das Wahre und Schöne führt das Streben nach dem Guten zu moralischer Strenge, ja sogar zur Tyrannei. Es gibt heute z.B. in Amerika tiefe kulturelle Gegensätze zwischen den Befürwortern irgendeiner Form des moralischen Absolutismus und denen, die den »Situationismus« oder moralischen Relativismus predigen. Es gibt Debatten über die Frage, welches Ethiksystem »wir« anwenden sollten. Gespräche zwischen diesen Lagern werden oft zu Grabenkriegen; es fehlt an ernsthafter Erkundung. Diese Unterströmung durchzog auch die dreizehn quälenden Monate der Auseinandersetzung um Präsident Clintons sexuelle Beziehungen. »Unsere« Definition moralischer und ethischer Normen erfordert es, die sehr persönlichen objektiven Erfahrungen, die Gefühle aller Beteiligten ernst zu nehmen. Und wir müssen wie auch immer geartete Mittel finden, mit denen wir Erfahrungen ernsthaft und relativ objektiv erkunden können, auch solche, die sich auf ärgerliche Weise von den eigenen unterscheiden.

Um einen besseren Dialog zwischen Menschen zu fördern, die in diesem Punkt tiefe Differenzen trennen, brauchen wir die drei Ebenen des Dialogs, die ich in diesem Buch vorgestellt habe: eine starke unsichtbare Architektur bzw. einen Container für das Gespräch, der jede Perspektive legitimiert, ohne zu implizieren, der andere sei im Recht; genügend prognostische Intuition zur Prognose der konkreten Dynamik und der Fallen, die einem guten Gespräch im Wege stehen können, sowie aktive Präsenz der vier Verhaltensweisen des Dialogs: Zuhören, Respektieren, Suspendieren und die eigene Sprache sprechen.

Das Schöne

Ähnlich steht es mit der Fragmentierung im Bereich des Schönen. Das Schöne umfasst die ästhetischen und sinnlichen Dimensionen des Lebens. Es ist der Bereich der subjektiven Wahrnehmung, des eigenen Denkens und Fühlens und des künstlerischen Ausdrucks. Für Platon war die Liebe zum Schönen ein zentraler Bestandteil der Selbsterkenntnis. Die Liebe zur physischen Schönheit, zur Sinnlichkeit könne, so Platon, zu einer Würdigung der unsichtbaren Schönheit und letztlich zur Liebe zur Weisheit und Schönheit selbst führen. In einem der berühmtesten und sinnlichsten Dialoge Platons, dem *Symposion*, reden die Teilnehmer eines nächtlichen Gelages lange und ausführlich über die Liebe und betrinken sich dabei kräftig. Bei den Griechen war Schönheit stets an wahres Verständnis gebunden: Das eine gab es nicht ohne das andere.

Wie viele Manager und Politiker machen sich wohl heute Gedanken darum, ob die Politik, die sie anstreben, tatsächlich schön ist? »Lieben« sie die Maßnahmen und Ideen, die sie umsetzen wollen? Heute scheinen solche Fragen weitgehend irrelevant; wir trennen Schönheit von Macht, Affekt und Sinnlichkeit von ethischem Handeln. Die Weltsicht, auf die sich der Dialog stützt, geht in eine andere Richtung: Schönheit oder Ästhetik eines Themas ist nie eine unwichtige, »weiche« Frage, vielmehr essentieller Bestandteil seiner erfolgreichen Entfaltung und Nachhaltigkeit. Hier wird ein ähnliches Muster auch für die Sprache des Affekts oder Gefühls sichtbar: Weil wir nicht in einer Weise denken, die Gleichheit respektiert und alle drei Sprachen integriert, bleibt das in vielen Settings unberücksichtigt,.

Aber gleichzeitig wird auch hier Fragmentierung erkennbar. Das uneingeschränkte Streben nach dem Schönen ohne Rücksicht auf die kollektiven Implikationen des Guten und die objektiven Zwänge des Wahren schafft so etwas wie ein falsches Überlegenheitsgefühl der Kunst – sie sieht sich als Hüter der Vision und Seele der Menschheit und gleichzeitig als ihr ineffektives Stiefkind.

Das Wahre

Auch die Wahrheit ist heute von den beiden anderen Domänen getrennt – vom Schönen und dem Streben nach dem kollektiven Guten. Wir verstehen Wahrheit als Wissenschaft, als Erkundung harter Fakten und beobachtbarer Daten. Aber das heutige objektive Verständnis der Wahrheit hat ältere und vielfältigere Bedeutungen besetzt und ihre breiteren Implikationen unnötigerweise verdrängt.

Folgt man den Griechen, lässt sich das Wahre nicht nur als objektive, wissenschaftliche Wahrheit, sondern als *Geist* der Wahrheit selbst verstehen. Man hat die Wahrheit mit einem Reh verglichen, das an den Waldrand kommt, um zu trinken. Die Wahrheit ist scheu. Macht man ein lautes Geräusch, flieht sie, doch an einem ruhigen, ungestörten Ort können essentielle Wahrheiten hervortreten. Dieser Vergleich spielt auf subtile Dimensionen des Wahren an, über die nachzudenken sich lohnt. Das Wahre kann sich auf innere Bereiche beziehen, nicht nur auf äußere, materielle. Anders gesagt: Die Erkundung des Wahren kann in jeder gegebenen Situation die rigorose Untersuchung der inneren Dimensionen der Erfahrung genauso einschließen wie die der objektiven, äußeren Dimensionen.

Die Griechen der Antike mögen nicht unbedingt die richtigen Antworten gehabt haben, aber wir können heute getrost sagen, dass sie einige richtige *Fragen* gestellt haben. Heute haben sich die Fragen, die uns animieren, drastisch verändert. Das heißt mit anderen Worten: Wir können unser Leben erneuern, wenn wir lernen, neue Fragen zu stellen. Aus großen Fragen ergeben sich neue Möglichkeiten. Auch wenn das auf den ersten Blick nicht strategisch wirken mag, keine Relevanz für die ehrgeizigen Ziele zu haben scheint, die wir uns setzen, ist es in jedem Setting eine der wichtigsten Aufgaben der in der Führung erfahrensten Menschen, über die tieferen Fragen nachzudenken, die sie und ihre Organisation motivieren, denn das zwingt sie gleichzeitig zum Nachdenken über ihre Entscheidungen, die oft unbewusst, gewohnheitsmäßig oder aus Angst getroffen wurden. Entscheidungen, hinter denen diese Energien standen, müssen kollabieren. Man kann sich solche Erkundungen als ultimativen Akt der Effizienz vorstellen: Man beschäftigt sich mit Problemen, bevor sie entstanden sind und hohe Kosten zu ihrer Lösung erfordern.

Aus diesen beiden Aspekten unserer inneren Welt: den Tiefendimensionen – Architektur des Unsichtbaren, prognostische Intuition und Verhalten – und den Breitendimensionen des Guten, Wahren und Schönen, besteht der große Bereich der Möglichkeiten, der in der menschlichen Erfahrung existiert. Zusammengenommen bilden sie die innere Ökologie, eine Ökologie, die der Erneuerung bedarf. Der Dialog ist eine Möglichkeit dazu.

Anmerkungen

1 Das Material für dieses Kapitel verdanke ich zum großen Teil David Bohm, seinen Veröffentlichungen und den Gesprächsmitschnitten, die als *Thought as a system* (London 1992) erschienen sind, aber auch unserer gemeinsamen Arbeit bei der Entwicklung einer »Theorie des Denkens«.

2 Vgl. insbesondere Maturana/Varela: *The tree of knowledge*, Boston 1992.

3 Ebd.

4 Gregory Bateson: *Ökologie des Geistes: anthropologische, psychologische, biologische und epistemologische Perspektiven.* Dt. v. Hans Günter Holl, Frankfurt a.M. 1994.

5 Mein Begriff der inneren Ökologie ist von Bohms Theorien abgeleitet, unterscheidet sich aber auch davon. Bohm konzentriert sich vor allem auf den Begriff des Denkens als System von Reflexen. Er untersucht nicht, wie das System des Denkens die Fähigkeit beeinflusst, Struktur oder »prognostische Intuition« wahrzunehmen, und er beschäftigt sich auch nicht damit, wie Denken »angewandte Theorien« produziert, Regeln, die man konstruieren könnte, um die Gründe des Handelns zu erklären.

6 Wie sehr sich Kategorien auf unser Denken auswirken, zeigt George Lakoff: *Women, fire and dangerous things*, Chicago 1987.

7 David Bohm: *Thought as a system*, London 1992, 52.

8 Dieser Gedanke enthält Anklänge an den Begriff des Mems, den der Evolutionsbiologe Richard Dawkins 1976 als kulturelles Gegenstück des Gens entwickelt hat. Dawkins schreibt in seinem Buch *Das egoistische Gen* (Dt. v. Karin de Sousa Ferreira, Reinbek 1998), Meme seien kulturell identifizierbare Einheiten, die die Weitergabe der Kultur ermöglichen: »Beispiele für Meme sind Melodien, Gedanken, Schlagworte, Kleidermoden, die Art, Töpfe zu machen oder Bögen zu bauen. So wie sich Gene im Genpool vermehren, indem sie sich mit Hilfe von Spermien oder Eizellen von Körper zu Körper fortbewegen, verbreiten sich Meme im Mempool, indem sie von Gehirn zu Gehirn überspringen, vermittelt durch einen Prozess, den man im weitesten Sinne als Imitation bezeichnen kann. Wenn ein Wissenschaftler einen guten Gedanken hört oder liest, so gibt er ihn an seine Kollegen und Studenten weiter. Er erwähnt ihn in seinen Veröffentlichungen und Vorlesungen. Findet der Gedanke neue Anhänger, so kann man sagen, dass er sich vermehrt, indem er sich von einem Gehirn zum anderen ausbreitet.« Mit anderen Worten: Das Konzept der Meme ist eine Form,

in der das System des Denkens seinen Einfluss geltend macht – es erweitert die Evolutionstheorie um den Gedanken, dass sich die Kultur, nicht anders als die Biologie, durch einen Prozess natürlicher Selektion entwickelt. Ideen werden weitergegeben, und im Prozess dieser Weitergabe entwickeln sie sich – und wie die Arten sich mit den Nischen, deren Teil sie sind, in ihrer Entwicklung beeinflussen, beeinflussen die Meme die menschlichen Gemeinschaften. Zur Vertiefung der Verbindung von Memen und Evolution vgl. Daniel Dennet: *Darwin's dangerous idea*, New York 1995.

[9] Ken Wilbur: *The marriage of sense and soul*, New York 1998, 56.

[10] Vgl. Amory Lovins: *Sanfte Energie: für einen dauerhaften Frieden*. Dt. v. Karl A. Klever, Reinbek 1983.

[11] In Bezug auf die Herrschaft in der menschlichen Gesellschaft war das Streben nach dem Guten für Platon Bestandteil der »Kunst der Politik«. Heute lehnen wir eine Denkrichtung ab, die besagt, es gebe so etwas wie eine »objektive« Kunst, ein »Handwerk« (griechisch *techne*) der Politik.

V. Teil

Die Erweiterung des Kreises

14. Dialog und die New Economy

»Die wichtigste Aufgabe der neuen Wirtschaftsordnung besteht darin, Gespräche zustande zu bringen.«
Alan Webber, Fast Company Magazine

Der Zusammenprall neuer wirtschaftlicher, sozialer und politischer Kräfte in den neunziger Jahren führte häufig zu dem Eindruck, man lebe in gefährlichen, aber auch vielversprechenden Zeiten. Ein Erfolg in der neuen Wirtschaftsordnung und den gesellschaftlichen Umbrüchen bedurfte ganz neuer Regeln und Strategien.[1] Daraus entstand ein Umfeld, das für den Dialog reif ist.

In ihrem Buch *The Caterpillar Doesn't Know* beleuchten Kenneth Hey und Peter Moore den Fortgang dieses Zusammenpralles von Kräften. In den Jahren seit dem Zweiten Weltkrieg, so meinen sie, habe sich die Priorität der »Wohlstandsgesellschaft« in Amerika durch die Umbrüche und Unsicherheiten der achtziger Jahre allmählich verschoben, bis hin zur heutigen Neubewertung und Entwicklung einer »Sinngesellschaft«.

Die »Wohlstandsgesellschaft« basierte auf dem Wertesystem und den Prioritäten der Nachkriegsgeneration: Wachstum der Konsumgesellschaft, traditionelle, hierarchische Machtstrukturen und ein relativ stabiles bipolares politisches Gleichgewicht. Die »Sinngesellschaft« repräsentiert einen Wechsel zum Persönlichen, zur Unabhängigkeit und zur Selbstentwicklung in der Arbeit. Für Hey und Moore haben nur die Unternehmen Erfolg, die diesem Trend gerecht werden; alle anderen müssen scheitern. Das kann man glauben oder auch nicht, aber unabhängig davon lässt sich nicht übersehen, dass der Schwerpunkt heute zunehmend und bewusst auf persönlichem Wachstum und seiner Entfaltung am Arbeitsplatz liegt. Früher wurden solche Bedürfnisse außerhalb des Arbeitsplatzes befriedigt, heute dagegen sehen vor allem junge Menschen darin zunehmend ein wesentliches Merkmal ihrer Berufstätigkeit. Ihre zentrale Frage lautet: Welche Anteile meiner Persönlichkeit muss ich vor der Tür abgeben, wenn ich zur Arbeit gehe?

Man kann kaum bestreiten, dass sich die menschliche Gesellschaft im Übergang befindet. Vertraute Orientierungspunkte verschwinden. Der Zusammenbruch des Ostblocks und die Revolutionen von 1989 waren global die vielleicht wichtigsten politischen Veränderungen der letzten 75 Jahre. Trotz der Verheißung wirtschaftlicher Prosperität und des »Sieges des Kapitalismus« erlebt die globale Ökonomie weiterhin schwere Schocks, von sinkenden Reallöhnen bis zum jüngsten Dominoeffekt durch das wirtschaftlich instabile Asien.

Solche Probleme sind aber bereits seit einiger Zeit zu erkennen. Ende der achtziger und Anfang der neunziger Jahre begannen amerikanische Firmen damit, systematisch Arbeitsplätze abzubauen und Umstrukturierungen in Angriff zu nehmen; am Ende dieser Phase gab es 2,5 Millionen Arbeitsplätze weniger.[2] Das Streben nach der »schlanken« Organisation nahm fast schon manische Züge an. Aber Arbeitsplätze lassen sich nicht endlos wegrationalisieren; irgendwann sind keine mehr da. Der Wirtschaftswissenschaftler am MIT, Lester Thurow, sieht in diesen Veränderungen einen möglichen Übergang zu Freiberuflichkeit und Unabhängigkeit und das Ende einer Zeit, in der Unternehmen die wichtigsten Anbieter von Arbeitskräften waren.

Diesem Übergang liegt die Interaktion großer Kräfte zugrunde, die zu einer Phase der »Gleichgewichtsstörung« führen, einem Begriff, den Thurow aus der Bio-Evolution übernommen hat. Dort bezeichnet er die schlagartige Veränderung nach langen Phasen der Stabilität, z.B. das Verschwinden der Dinosaurier durch ein plötzliches, umwälzendes Ereignis wie einen Kometeneinschlag. Laut Thurow befinden wir uns heute in Hinblick auf die globalen gesellschaftlichen und wirtschaftlichen Kräfte in einer solchen Zeit. Diese Kräfte interagieren wie bei der Verschiebung der Kontinentalplatten: Sie destabilisieren die Institutionen der Vergangenheit, erzwingen ein völliges Umdenken im organisatorischen Status Quo und erfordern die Entwicklung ganz neuer Erfolgsstrategien.

Thurow sieht bei dieser tiefreichenden Veränderung fünf »geologische« Kräfte am Werk: das Ende des Kommunismus, eine neue Ära geistiger Leistung und damit einhergehend das Streben nach der Entwicklung von Denkfabriken auf der Basis intellektuellen Kapitals, die dramatische Alterung der Bevölkerung in den USA, eine wahrhaft globale Wirtschaft und eine multipolare politische Welt ohne eine einzelne dominierende Macht und ohne andere allgemeine Ideologie als die des Marktkapitalismus. Er sieht Amerika in einer neuen Phase des Isolationismus, in der es die Rolle des Weltpolizisten aufgibt und schwer zu vermittelnde Eingriffe auf fremdem Boden kaum noch rechtfertigen kann. Seit dem Wegfall der kommunistischen Gefahr ist der Druck, innenpolitische Fragen in Angriff zu nehmen, beträchtlich gestiegen. Clinton hat auf der Grundlage dieser

Einsicht agiert und ist genau deswegen auch gewählt worden, während Bush, der ein Präsident mit außenpolitischem Schwerpunkt sein wollte, verlor.

Spiegel und vielleicht auch Motor dieser Veränderung ist die »Sinngesellschaft«, um den Begriff von Hey und Moore zu benutzen. In Zeiten grundlegender Veränderungen sind Menschen gezwungen, die Grundwerte zu überdenken. Diese Aufgabe wird heute, zumindest in Teilen der Gesellschaft, durch eine einzigartige Konstellation historischer Kräfte gefördert: genügend Prosperität, um über Veränderung nachdenken zu können, und ein Maß an Unsicherheit, das dieses Nachdenken befeuert, der Glaubwürdigkeitsverlust wichtiger Institutionen und vor allem eine globale Ökonomie, in der zunehmend höher entwickelte Fertigkeiten geschätzt werden.

Der Lebensstil verändert sich und entsprechend auch die Werte und Wünsche. »Abbau im Privaten« wird zunehmend populärer: Menschen vereinfachen ihr Leben, verkaufen ihre zu großen Häuser, arbeiten nicht mehr im Unternehmen, sondern zu Hause. Übertragbare individuelle Fähigkeiten und Schlüsselbeziehungen sind zum Wettbewerbsvorteil geworden und produzieren in der heutigen verdrahteten Welt völlig andere Erfolgsregeln. Das alles hat zu einem enormen Anstieg der Bemühungen um persönliche Transformation und Wachstum geführt, was sich laut Hey und Moore allmählich auch in den Leitungsebenen und Organisationsstrukturen der Unternehmen auswirkt.

Allerdings gibt es dabei auch ein Problem. »Veränderung« bezieht sich für die meisten Menschen auf Individuen, aber das ist, wie ich glaube, nicht mehr ausreichend. Was wir heute brauchen, ist etwas ganz Neues – wir können uns nicht länger nur auf persönliche Veränderung konzentrieren, wir brauchen kollektive Veränderung.

Was der Dialog verspricht, erwächst unmittelbar aus einer sehr wichtigen Dimension dieser Veränderung: der Entstehung der vernetzten Ökonomie und der zentralen Rolle der Kommunikation darin. Kevin Kelly, der Chefredakteur des Internetmagazin *Wired*, beschreibt in seinem neuen Buch *NetEconomy* drei Merkmale dieser neuen Welt: Globalisierung, Vorrang der immateriellen Vermögenswerte wie Information, Ideen und Beziehungen sowie intensive Vernetzung. Die gemeinsame Wurzel all dieser Merkmale ist laut Kelly die »Allgegenwart der elektronischen Netzwerke«. Durch die Entwicklung der vernetzten Wirtschaft sind Regeln entstanden, die der Intuition zuwider laufen, an die sich kluge Menschen aber halten sollten: Stärke entsteht durch Dezentralisierung; Großzügigkeit wird belohnt (mit anderen Worten: Wer reich werden will, verschenkt seinen intellektuellen Besitz); die Förderung des Netzwerks ist wichtiger als die Förderung der einzelnen Teilnehmer; das in Entwicklung begriffene Unbekannte ist wichtiger als das garantierte Erfolgsrezept.

Das mag sich wie idealistische Wünsche an eine Welt anhören, von der man träumt, nicht wie Regeln für die Welt, die sich real entwickelt. Microsofts aggressives Streben nach Vorherrschaft in der Software-Welt dürfte von den Konkurrenten nicht unbedingt als großzügig empfunden worden sein. Das ändert aber nichts an der Richtigkeit von Kellys Betonung des lebenswichtigen Wechsels zu Netzwerken. Man muss abwarten, ob die neuen Prinzipien angenommen und angewandt werden, doch eins steht fest: All diese Veränderungen setzten die Fähigkeit zur Kommunikation voraus. Kelly meint:

> »Die neue Wirtschaft handelt von Kommunikation, in der Tiefe und in der Breite. ... Kommunikation ist die Grundlage der Gesellschaft, unserer Kultur, unserer Menschlichkeit, unserer eigenen individuellen Identität und aller wirtschaftlichen Systeme. Das ist der Grund, warum Netzwerke eine so große Sache sind.«[3]

Es wäre naiv anzunehmen, der Wunsch nach Kommunikation oder auch nur Einsichten in eine Netzwerkökonomie reichten bereits aus, um sie zu verwirklichen. Wir müssen die eigenen Kapazitäten ausbauen, individuell wie in Organisationen und Netzwerken. Wir brauchen die Fähigkeit, ein Netzwerk mit »Binnendialog« zu schaffen.

Wenn wir den Kreis erweitern und die Dialogfähigkeit in vielfältigen Bereichen erweitern, können wir viele der Probleme der neuen Wirtschaftsordnung lösen. Im folgenden stelle ich die Bereiche vor, in denen der Dialog einen spezifischen und praktischen Wert hat.

Koordination in Netzwerken

Die Problemkreise, für die der Dialog die beste – und vielleicht einzig wirkliche – Lösung ist, sind die, bei denen man mit traditionellen wettbewerbsorientierten Marktbedingungen und hierarchischen Strukturen nicht mehr weiter kommt.[4]

Im Geschäftsleben gibt es viele Beispiele dafür, dass aus Feinden Partner und Verbündete werden.

Als Steve Jobs 1997 auf der MacWorld-Konferenz Bill Gates als neuen Partner von Apple vorstellte, hatte erkennbar ein neues Computerzeitalter begonnen. Microsoft war seit langem der Feind für Macintosh-Fans: Die Firma hatte das Apple-Betriebs-

system gestohlen und Apple in eben dem Geschäftszweig, das das Unternehmen im Grunde erfunden hatte, auf eine Nischenexistenz verwiesen. In vieler Hinsicht hatten sie damit recht: Microsoft hatte Apple tatsächlich die Energie geraubt, für die Apple berühmt war. Und da kam Volksheld Steve Jobs, der Katalysator bei der Entwicklung des PC, und forderte Mac-Fans auf, erwachsen zu werden und die 150 Mio. Dollar zu würdigen, die Microsoft investiert hatte, um Apple über seinen Engpass hinwegzuhelfen! Sicher, Microsoft hatte Apple in der Hand. Microsofts Marktanteil im Bereich Betriebssysteme lag bei 90 Prozent oder mehr, und damit hatte das Unternehmen den Kampf um die marktbeherrschende Stellung zweifellos gewonnen. Außerdem produzierte Microsoft viele der wichtigsten Softwareanwendungen von Apple; Apple konnte auf die Microsoft-Upgrades nicht verzichten, die die Apple-User brauchten. Jobs hatte erkannt, dass ihm nichts anderes übrig blieb, als die Hilfe zu akzeptieren, mit anderen Worten: Er war erwachsen geworden. Er sah die Welt nicht mehr so streng hierarchisch und schwarz-weiß. Seine Anhänger allerdings waren weniger großzügig: Sie buhten ihn aus. Man verabschiedet sich eben nicht so leicht von alten Gewohnheiten.

Es gibt viele ähnliche Beispiele für die Überwindung konventioneller Modelle der Marktbeherrschung, deren verbindendes Element der Dialog ist.

Shell Oil z.B. gründete in den Vereinigten Staaten durch Allianzen mehr als 15 neue Firmen. Damit gerieten rund 50 Prozent der Angestellten in die Situation, einerseits nicht mehr bei Shell zu arbeiten, andererseits aber immer noch weitgehend mit dem Unternehmen zusammenzuarbeiten und substantiell damit verbunden zu sein. Diese Mitarbeiter können sich durch Dialog koordinieren, trotz eigenständig operierender Firmen und Verantwortungslinien.

Oder der Geschäftsführer eines großen Krankenhauses versucht, eine Gruppe unabhängiger Ärzte dazu zu bringen, enger mit der Verwaltung zusammenzuarbeiten, um Kosten zu sparen und Dienstleistungen für die Gemeinde anzubieten, obwohl sie ihm formell gar nicht unterstehen. Die Ärzte könnten auch ganz andere Optionen wahrnehmen. Wie kann er einen fairen Austausch schaffen und weitere Spaltungen verhindern?

In diesen und ähnlichen Fällen haben Allianzen und Netzwerke Vorrang vor Befehls- und Herrschaftsstrukturen. Aber noch bleibt abzuwarten, ob wir lernen können, unter solchen Umständen erfolgreich zu arbeiten.

Überwindung tiefreichender Differenzen

Ein weiteres Setting für den Dialog sind Situationen, in denen es nicht nur massive Differenzen bei der Perspektive, sondern auch bei Weltsicht und Identität gibt. In solchen Fällen kann es schwer werden, festzustellen, was die zentralen Probleme sind. Die Tschetschenen z.B. misstrauen den Russen seit Jahrhunderten, und die Russen ihrerseits haben Angst, die Unabhängigkeit Tschetscheniens könne zum Dominoeffekt werden. Griechische und türkische Zyprioten bewohnen eine einzige Insel, aber in bezug auf ihre Kooperationsbereitschaft sind sie kilometerweit voneinander entfernt. Und solche »kulturellen« Differenzen sind keineswegs auf die nationale Ebene beschränkt. Ingenieure misstrauen Managern. Ärzte sind oft mit der Verwaltung und der Leitung ihres Krankenhauses über Kreuz. Solche Differenzen in der Kultur oder »Weltsicht« führen dazu, dass die Beteiligten ihre »Probleme« unterschiedlich beschreiben, bestimmte Fakten für wichtig halten und andere als Propaganda abtun, die eine Gruppe Freiheitskämpfer und die andere Terroristen nennen, die eine Seite für großzügig und die andere für egoistisch halten.

Solche Differenzen müssen ausgeräumt werden, um nachhaltige Veränderungen zu ermöglichen. Wenn wir unser Handeln koordinieren und zu einem gemeinsamen Verständnis finden wollen, dann *müssen* wir, wie Edgar Schein gesagt hat, irgendeine Form des Dialogs benutzen, um überhaupt Fortschritte zu erreichen.[5]

Unter solchen Bedingungen funktionieren traditionelle Formen der Kontrolle nicht. Man kann niemanden dazu *zwingen*, gemeinsam zu denken. Äußere Lösungen und Kontrolle stoßen in der Regel auf Widerstände. Solche Probleme erfordern einen Ansatz, der die Beteiligten erkennen lässt, dass trotz tiefer Differenzen in den Auffassungen neue Einsicht und Zusammenarbeit entstehen kann. Selbst die unlösbarsten Differenzen tragen die Energie und den Keim der Transformation in sich; er muss nur richtig genährt werden.

Schafft man es nicht, zu einer gemeinsamen Meinung zu finden, können die Konsequenzen für das Unternehmen verheerend sein. Die schlimmste Konsequenz ist Untätigkeit.

*Die Telefongesellschaft NYNEX zum **Beispiel** stritt vor ihrem Zusammenschluss mit Bell Atlantic jahrelang auf der Leitungsebene um den künftigen Investitionsmix. Sollte man das vorhandene Netzwerk ausbauen oder versuchen, in neue Bereiche mit hohen Gewinnerwartungen einzusteigen? Die »Technologen« drängten auf Neuinvestition. Die »Traditionalisten« fürchteten, ohne Investitionen in die Netzinfrastruktur ihre Geschäftsgrundlage zu gefährden und zu scheitern, bevor die Gewinne aus dem zukunftsträchtigen »digitalen Goldrausch« flössen. Man war sich zwar in gewisser Weise »einig«, dass beides nötig war, aber keins der beiden Lager verstand die Argumentation und Annahmen des anderen. Deshalb konnten sie sich nicht einigen, in welchen neuen Bereich man investieren sollte und in welche nicht. Diese Unentschiedenheit kostete das Unternehmen wertvolle Zeit.*

Der Mangel an gemeinsamem Denken wirkte sich auch bei einem anderen weltweiten Technologieunternehmen, das ich hier Omega nennen will, sehr negativ aus. Die Polarisierung verhinderte in diesem Fall nicht nur ein Handeln, sondern führte sogar dazu, dass neue Möglichkeiten für entscheidende Produkte nicht einmal erwogen wurden. In diesem Unternehmen verhinderte der autoritäre Stil einer einzigen Führungskraft die Entwicklung größerer kollektiver Intelligenz.

Der interne Konflikt bei Omega kreiste um die Frage, ob man in digitale Technologie investieren oder bei der analogen Technik bleiben sollte, einem Bereich, in dem das Unternehmen führend war. Die neue digitale Technik galt als teuer und ungewiss. Eine kleine Gruppe plädierte für den digitalen Weg, eine größere, darunter auch die sehr autoritäre Führungskraft, glaubte an die analoge Technik. »Digital wird propagiert, aber analog regiert«, hieß es. Das Problem lag darin, dass es kein sachkundiges Gespräch über das gab, was zu tun war. Jedes Lager pflegte seine tiefen und überwiegend negativen Annahmen über das jeweils andere. Diese Polarisierung spiegelte sich im ganzen Unternehmen; in jeder größeren Region gab es digitale und analoge Entwicklungsgruppen, die aber so gut wie gar nicht koordiniert wurden. Alle glaubten, die anderen verstünden die Probleme der Zukunft nicht. Hierarchische Autorität und die fehlgeleitete Überzeugung, Marktführer zu sein, verhinderte rechtzeitiges Handeln – unabhängig von der Richtung. Heute versucht das Unternehmen verzweifelt, Anschluss an die Entwicklung zu finden, die an ihm vorbeigegangen ist.

Wer nicht miteinander reden kann, kann auch nicht miteinander arbeiten. Scheins Anspruch an den Dialog – der eine notwendige Voraussetzung für das Handeln in Gruppen sei – basiert auf der Auffassung, dass er die einzige Möglichkeit ist, mit der man beurteilen kann, ob die Kommunikation in einem Unternehmen stimmt.[6] Schwierigkeiten in der Koordination und der gemeinsamen Problemlösung erfordern einen Ansatz, mit dem sich Differenzen produktiv überwinden lassen. Aber anders als Ansätze zur Konfliktlösung dürfen solche Interaktionen nicht nur »Übereinkunft« schaffen, sondern müssen den Konflikt als Antrieb für neue Einsichten und nachhaltiges Lernen nutzen. Dialog, recht verstanden, ist gerade in den Situationen nützlich, in denen Leute entweder nicht »an einen Tisch kommen« wollen oder den sozialen »Klebstoff« entwickeln müssen, um einen neuen »Tisch« zu bauen.

Die Grenzen traditioneller Kommunikationsmodelle überwinden

Wenn man das Wesen des Dialogs begreift, kann man die Annahmen über das, was ein gutes Gespräch ist, verändern. Dazu gehören Verwirrungen und innere Widersprüche in bezug auf Werte wie »Offenheit«, Vorstellungen von Strukturierung und Gesprächsmanagement sowie von der Rolle des Moderators.

Viele Unternehmen fördern heute sogenannte »Offenheit«, die als Toleranz, »offene und ehrliche Kommunikation«, »Engagement« oder sogar »Dialog« bezeichnet wird. Und es gibt durchaus Anzeichen dafür, dass diese Bemühungen, die in der Regel durch umfassendes Training umgesetzt werden, auch zu Ergebnissen führen.[7] Betrachtet man aber genauer, was in Organisationen abläuft, die solche Werte vertreten, stellt man fest, dass es nicht so leicht ist, wie es sich anhört, Offenheit herzustellen.[8] Ironischerweise bedeutet »offene Kommunikation« in der Praxis meist das »offene« Reden über die Fehler anderer, nicht aber eine Untersuchung dessen, was man selbst zur Entstehung von unangenehmen Situationen beigetragen hat.

Chris Argyris schreibt seit Jahren über diese Probleme.[9] Seiner Meinung nach geht dieses Verhalten darauf zurück, dass das, was tatsächlich getan wird, nicht das ist, was man zu tun glaubt, sowie auf ein soziales Wertesystem, das es belohnt, wenn Schwierigkeiten um ungestörter persönlicher Beziehungen willen verdeckt werden. Der tschechische Präsident und Schriftsteller Václac Havel bezeichnet das als »Leben in der Lüge«.[10]

In einem Unternehmen zum **Beispiel** *gab das Leitungsteam Millionen für ein Veränderungsprogramm aus, das eine »offene Kommunikation« förderte. Aber als es darum ging, Differenzen auszutragen, verweigerten sich die Mitarbeiter. Sie glaubten, wer tatsächlich seine Meinung sagte, würde zum Außenseiter. Wer in einer Kultur, in der man »offen« war, dazugehören wollte, durfte keinen Ärger machen, wenn die echten Differenzen auftraten. Die Mitarbeiter kollaborierten bei der Unterdrückung der Wahrheit – im Namen der Offenheit.*

Dialog, richtig eingesetzt, ist hier sehr viel radikaler; er fördert es, die Wahrheit über eigene und fremde Inkonsequenz in einer Form zu sagen, die dazu führt, dass man sie verändern kann. Er ermutigt zu einer Offenheit, die zum Nachdenken über die eigene Verantwortung anregt und eine Kultur aufbauen hilft, in der das als Stärke und nicht als Schwäche gilt.

Dialog stellt auch die fundamentale Überzeugung in Frage, die politischen Implikationen der eigenen Worte in Unternehmen stets berücksichtigen zu müssen. Diese Annahme entsteht aus einer Kultur, in der jeder für sich denkt. Sie hat zu dem Bild von Unternehmen als Maschinen, als mechanische Instrumente geführt, mit denen man entsprechend umgehen müsste. Das zeigt sich zwangsläufig auch in der Art unserer Konferenzen, die Strukturen, eine Tagesordnung, klare Ziele und bei jedem einzelnen Schritt vorherbestimmte Ergebnisse brauchen, aber auch jemanden, der den Prozess »aufzieht«, wie man ein mechanisches Gerät aufzieht.

Zum gemeinsamen Denken gehört es, diesen Umgang zu hinterfragen. Es ist im Dialog z.B. wichtig, Raum für Ungeplantes, nicht Vorprogrammiertes zu schaffen. Dialog gedeiht dann, wenn es *keine* klare Tagesordnung gibt, vor allem in den Anfangsphasen der Interaktion einer Gruppe. Das ermöglicht einen freieren Ablauf und damit auch den Anfang gemeinsamen Denkens. Es mag zu Zeiten chaotisch wirken, wenn man diese neue Interaktionsform erlernt, aber das Gespräch wird dadurch auch bewusster und fokussierter. Dialog ist kein zufälliges »Gerede«. Bei einem Gespräch mit ein oder zwei Kollegen über ein wirklich wichtiges Thema bleibt man konzentriert, weil einen das Thema beschäftigt. Man denkt vielleicht in die Breite und Tiefe, aber nicht fahrlässig. Dasselbe gilt für den Dialog in einer großen Gruppe: Die Teilnehmer hören intensiver zu, denken klarer und arbeiten dennoch offener und kreativer als üblich.

Heute zieht man bei Gesprächen gern Moderatoren hinzu. Das ist so üblich geworden, dass viele Unternehmen dafür feste Verträge abgeschlossen haben. Und doch entsteht das Gefühl einer Scheinlösung. Besitzt der Moderator die notwendigen Fähigkeiten, kann diese Einrichtung sinnvoll sein. Aber wenn er nicht zur Diskussion, sondern zum Dialog anregen will, muss er auf Kontrolle und Strukturierung weitgehend verzichten. Ein konventioneller, strukturierter Ansatz kann beim Versuch, in den Dialog einzutreten, störend wirken. Ein Dialog ist ein Gespräch unter Gleichen. So gesehen, sind alle gleichermaßen verantwortlich. Ein Moderator kann zwar die Dinge in Bewegung setzen, muss seine Kontrollposition dann aber aufgeben, damit alle den Prozess bewusst erleben können. Die Schlüsselfrage lautet: Funktionieren wir in einer Weise, die die eigene Bewusstheit steigert und die Abhängigkeit von äußerer Kontrolle verringert? Dialog kann uns helfen, Abhängigkeiten umzustoßen, und uns freieres Denken lehren.

»Ignoranz«-Management

Beim Wissensmanagement im unternehmerischen und institutionellen Rahmen geht es darum, das Wissen der Mitarbeiter einer Organisation oder eines Netzwerks aufzuspüren und allen zugänglich zu machen. Häufig stellt man sich das so vor, als würde das Wissen in einer digitalen Datenbank gespeichert, wo es allgemein und problemlos zugänglich ist. So gesehen, besteht Wissen im wesentlichen in der Speicherung von Erinnerungen, von Dingen, die man weiß. Aber es kann sein, dass die steigenden Erwartungen an das »Wissensmanagement« fehl am Platz sind.

Wenn wir unsere Effektivität steigern wollen, müssen wir herausfinden, was wir nicht wissen, d.h. wir müssen unsere Ignoranz entdecken.

- Es gibt verschiedene Formen der »Ignoranz«. Eine davon ist die »Blindheit«: Wir sehen z.B. den Boden nicht, auf dem wir stehen. Wie Bill O'Brien, der frühere Vorsitzende von Hanover Insurance, sagt, kann sich ein Auge nicht selber sehen. Entsprechend kennen auch Ihre Kollegen Ihre Stärken und Schwächen oft viel besser als Sie selbst.

- Eine zweite Form der Ignoranz ist »mangelndes Bewusstsein«: Man weiß etwas, kann aber nicht sagen, was es ist.
  Mit den Systemen des Wissensmanagements lassen sich diese beiden Formen der Ignoranz meist nicht erreichen. Aber gerade hier haben wir einander das meiste zu bieten. Und nur durch einen bewusst reflektierenden Prozess wie den Dialog lässt sich dieses Unwissen erkennen und nutzen.

- Eine dritte Form der Ignoranz entsteht nicht aus einer Unkenntnis der Grenzen oder einem Wissen, das sich schwer in Worte fassen lässt, sondern aus der Tatsache, dass Menschen Informationen bewusst zurückhalten.

Die Weltbank gibt mehr als 50 Mio. Dollar aus, um ein globales System des Wissensmanagements aufzubauen. Die Befürworter dieses gigantischen Projekts glauben, durch den Vergleich der Informationen über ein Entwicklungsprojekt in Lima, Peru mit einem Projekt in Mexico City oder den Philippinen die Effizienz steigern, Fehler verringern und durch Förderung des organisationsübergreifenden Informationsaustauschs Zeit sparen zu können. Die größten Probleme der Bank hängen aber nicht mit der Informationsmenge, sondern mit den Menschen zusammen. Es gibt tiefe Spaltungen in und zwischen den verschiedenen Funktions- und Organisationsebenen, die einen freien Informationsaustausch der Mitarbeiter verhindern. Kritiker behaupten, die Bank zwinge den Auftraggebern die eigenen Überzeugungen auf und setze damit die Effektivität herab. Die bankinterne Kritik zeigt denn auch, dass, gemessen an den eigenen Kriterien, nur 66 Prozent ihrer Projekte erfolgreich sind, und sieht die Ursache in beiden Faktoren. Im Wissensmanagement der Bank sind Erinnerungen an Erfolge und Scheitern enthalten, aber das allein kann die Mitarbeiter noch nicht in die Lage versetzen, die Schranken zwischen sich niederzureißen.

Außerdem bietet eine Datenbank weder Einsicht noch Weisheit, genauso wenig wie die wortlosen Praktiken von Menschen in irgendeinem Handwerk oder Beruf. In letzter Zeit hat auch die Verbindung zwischen informellem oder wortlosem Wissen in einem Unternehmen und dem Wissensmanagement viel Aufmerksamkeit gefunden, die auf der Annahme basiert, echtes Lernen fände in der Teeküche statt, wo das Know-how aus den Köpfen und Händen der Handwerker weitergegeben wird. Die Nutzbarmachung dieses Potentials, so glauben viele, könne zu Innovationen und einer sehr viel weiteren Verbreitung dieses »lokalen« Wissens führen.[11] Unbestreitbar ist diese Art des Wissens wertvoll. Aber es gibt einen sehr großen Unterschied zwischen solch »operationellem« Wissen und den bewusst erzeugten Einsichten, die entstehen, wenn Menschen auf ganz neue Weise gemeinsam denken. Dabei geht es um mehr als bloß um eine Methode, mit der sich wortloses Wissen zugänglich machen lässt: Es geht darum, etwas Neues zu schaffen. Einsicht entsteht, wie ich meine, aus dem Feld der Bedeutung, das geschaffen wird, wenn eine Gruppe – oder ein Einzelner – Zugang dazu bekommt. Der Dialog kann dazu beitragen, ein solches Feld gemeinsamer Bedeutung zu schaffen.

Der Dialog besitzt das Potential, mit dem wir unsere Ignoranz wahrnehmen und nutzen können, denn er ermöglicht eine Reflexion, die nicht die eigene ist. Und er kann uns zu Einsichten verhelfen, weil wir mit seiner Hilfe neue Möglichkeiten jenseits des bereits vorhandenen Wissens erkennen können.

Flexibilität für Veränderung

Wir brauchen Flexibilität, um in unserer komplexen Welt zu funktionieren. Der Dialog hilft, das Denken so zu erweitern, dass wir Gesichtspunkte erkunden können, die wir nicht unbedingt teilen, und eröffnet damit breitere Möglichkeiten und mehr Optionen. Bislang ging man davon aus, dass Menschen – zumindest, wenn sie in Großunternehmen arbeiteten – künftige Probleme antizipieren und entsprechende Lösungsvorschläge bereit halten sollten. Jetzt aber beginnt eine Zeit, in der niemand wissen kann, was kommen wird. Schon in einem Jahr kann unser Wissen wieder obsolet geworden sein. Die Explosion des globalen Kapitalismus und der digitalen Kommunikation etwa durch das Internet verändert Wirtschaft und Gesellschaftsstrukturen in schwindelerregendem Tempo, das wir buchstäblich nicht mehr absorbieren können. Wer soll das verstehen oder dabei gar noch mitkommen?

Diese Probleme sind keine individuellen. Solange wir versuchen, allein damit zurechtzukommen, werden wir meiner Meinung nach individuell zunehmend das Gefühl von Belastung und Isolation bekommen. In den Vereinigten Staaten wird die Selbstständigkeit des »eigenverantwortlichen Individuums« traditionell hoch geschätzt. Es ist richtig, dass der Einzelne zählt und jeder für sich verantwortlich ist. Aber die Fragen, vor denen wir heute stehen, können wir nicht allein beantworten. Wir brauchen nicht nur einen individuellen, sondern einen kollektiven Wechsel, d.h. wir müssen lernen, nicht nur allein, sondern mit anderen zu denken.

Untersuchungen der Überlebensmuster von Königspinguinen in der Antarktis haben in jüngster Zeit zu spannenden Erkenntnissen geführt. Seit langem rätselte man, wie diese Tiere die heftigen Winde und eisigen Temperaturen dieses seltsamen Kontinents überleben können, in dem Temperaturen von -80 Grad Celsius und Stürme von mehr als 160 Kilometer/Stunde keine Seltenheit sind. Jetzt wurde nachgewiesen, dass die Pinguine überleben, weil sie sich eng im Kreis zusammendrängen, um die Wärme zu halten, und sich dabei langsam so im Kreis vorwärtsbewegen, dass keiner der Vögel dem Wind zu lange ausgesetzt ist.

Kreisbildung ist eine geeignete Metapher für die Macht des Dialogs. Angesichts des kalten, provozierenden Winds der Veränderung schlage ich vor, es genauso zu machen und Dialoge in Unternehmen und Gemeinschaften zu führen, um so die erforderliche Flexibilität zu erzeugen.

Die New Economy, mit der wir im 21. Jahrhundert konfrontiert sind, setzt sich aus einer sehr anderen Gruppe von Kräften zusammen als alles, was wir bisher kannten. Angesichts wechselnder Machtbasen und des Schwerpunkts auf dem Wissen kommt dem gemeinsamen Reden und Denken überragende Bedeutung zu. Durch Gespräche erzeugen Menschen Wissen und teilen es mit. Es ist unsere Pflicht, die Fähigkeiten in diesem Bereich zu steigern.

Anmerkungen

[1] Natürlich ist die »New Economy« so neu auch wieder nicht. Viele Autoren kündigten schon in den sechziger Jahren das Informationszeitalter an und prophezeiten einen dramatischen Wechsel von der Industriegesellschaft, die sich auf maschinelle Fertigung und Kontrolle konzentrierte, hin zu dem, was Jessica Lipnack und Jeffrey Stamp in neuerer Zeit als »Zeitalter der Netzwerks« bezeichnet haben. Vgl. dies.: *The age of the network*, Essex Junction, Vt. 1994; dies.: *The TeamNet factor*, New York 1993; dies.: *Virtuelle Teams: Projekte ohne Grenzen*. Dt. v. A. Pumpernig, Wien, Frankfurt/M. 1998. Netzwerke, die

sich auf sinnvolle Verbindungen zwischen Menschen stützen und einer ganz anderen Arbeitsweise dienen, entstehen heute überall.

2 Lester Thurow: *Die Zukunft des Kapitalismus*. Dt. v. U. Reineke u.a., Düsseldorf 2000.

3 Kevin Kelly: *NetEconomy. Zehn radikale Strategien für die Wirtschaft der Zukunft*. Dt. v. Beate Majetschak, München 2001, 14.

4 Für diesen Gedanken bedanke ich mich bei Marc Gerstein und Otto Scharmer.

5 Edgar Schein: *Dialog, Kultur und Organisationslernen*. In: Gerhard Fatzer (Hg.): Organisationsentwicklung und Supervision: Erfolgsfaktoren bei Veränderungsprozessen. Köln 1996 (EHP-Organisation), 209-228.

6 Ebd., 211.

7 Unsere Untersuchung in einem großen Technologieunternehmen hat ergeben, dass die Förderung von Offenheit den Mitarbeitern tatsächlich dazu verholfen hat, das Unternehmen und die eigene Lernfähigkeit besser zu würdigen. Gleichzeitig kamen dabei aber viele undiskutierbare Themen ans Licht, die dann wieder unter den Tisch gekehrt wurden.

8 Chris Argyris: *Good communications that block learning*. In: Harvard Business Review, Juli-August 1994.

9 Vgl. Chris Argyris: *Overcoming organizational defenses*, Boston 1990.

10 Václac Havel: *Versuch, in der Wahrheit zu leben*. Aus d. Tschech. v. Gabriel Laub, Reinbek 1993.

11 Vgl. Ikujiro Nonoka/Hirotaka Takeuchi: *Die Organisation des Wissens*. Aus d. Engl. v. F. Mader, Frankfurt a.M. 1997. Die Autoren behaupten, dass sich der Erfolg japanischer Firmen vor allem auf ihre Fähigkeit stützt, wortlose Prozesse in gemeinsame Praxis und wieder zurück in wortloses Wissen zu übersetzen.

15. Dialog in Organisationen und Systemen[1]

Die Problematik programmatischer Veränderung

Professor Michael Beer und seine Kollegen von der Harvard Business School beschreiben *(Warum Veränderungsprogramme nicht zur Veränderung führen)*[2] den Zynismus, mit dem Mitarbeiter großer Firmen auf die Veränderungsprogramme reagieren, die in regelmäßigen Abständen über sie hereinbrechen. Für die von den Firmenberatern versprochene reale Veränderung der Firmenkultur fanden sich in den von dem Autorenteam untersuchten Programmen keinerlei Beweise. Und selbst in den Fällen, in denen sich tatsächlich bescheidene Veränderungen feststellen ließen, gingen sie in eine andere Richtung als ursprünglich erwartet worden war.

Veränderungsbemühungen werden meist vom Topmanagement initiiert. Die Firmenspitze beschäftigt ganze Stäbe von mit den neuesten Modellen und Theorien bewaffneten Ratgebern, Wirtschaftsprofessoren und Beratern, die tatsächlich häufig wichtige Themen herausarbeiten können. Bemisst man aber den Erfolg anhand von Faktoren wie Produktivität, Einstellungswandel oder finanzieller Leistung, bleiben die Bemühungen erfolglos, insbesondere bei komplexen Problemen, die über reine Routinefragen hinausgehen.[3] Innerhalb eines solchen, von Experten vorgegebenen »rationalen« Rahmens lassen sich, wie die Untersuchung gezeigt hat, in der Regel nur relativ routinemäßige Veränderungen erreichen. Den größten Erfolg verspricht er bei der Restrukturierung fest umrissener Firmenbereiche, in denen die einzelnen Mitarbeiter (entgegen aller Rhetorik) kaum oder gar keine Möglichkeit haben, etwas selbst zu definieren.[4] Aber überall dort, wo Mitarbeiter nicht nur anders handeln, sondern anders denken lernen sollen, sind übergreifende Veränderungsprogramme *(corporate change)* notorisch ineffektiv.

Das liegt unter anderem an den inneren Widersprüchen dieser Programme. Einmal handelt es sich, wie Chris Argyris festgestellt hat, um einen strukturellen Widerspruch: Es gibt zwei Gruppen von kausalen Kräften, die in jeweils entgegengesetzten Richtungen drängen. Man kann das mit David Kantor auch als Strukturfalle bezeichnen. Eine grundlegende Veränderung ist z.B. darauf angewiesen, dass Menschen für die Probleme, mit denen sie konfrontiert sind, Verantwortung übernehmen, oder, wie Argyris es nennt, inneres Engagement aufbringen. Veränderungsprogramme schreiben aber so gut wie ausnahmslos nicht nur die Veränderung selbst, sondern *auch* die für alle verbindliche Logik vor, mit der sie erreicht werden soll. Die Mitarbeiter halten das ein, was andere – in der Regel ihre Vorgesetzten – festgelegt haben. Das heißt, die Veränderungsprogramme enthalten meist selbst das Problem, das sie angeblich verändern wollen: Der Versuch, mit einem hierarchischen, kontrollorientierten Ansatz Lernen und Empowerment zu erreichen, ist ein Widerspruch in sich. Vielmehr geht es darum, Bedingungen zu schaffen, unter denen Lernen und Empowerment natürlich entstehen können.[5]

Der zweite Widerspruch konkretisiert sich in der Angewohnheit, Begriffe wie *Empowerment* oder *Lernende Organisation* zum Idol zu erheben[6]. Dann wird Empowerment zu einer »Sache« und nicht zu einem Weg. Entsprechend ist die »Schaffung einer lernenden Organisation« eine Norm, die es aufzuzwingen gilt, und kein Prozess, der sich entwickelt. Viele hundert Firmen haben versucht, diese beiden Widersprüche in programmierte Veränderungsbemühungen zu verwandeln. In der *Rhetorik* der Firmen mag es um Engagement und Lernen gehen, aber in Wahrheit werden die Mitarbeiter oft für solche Programme »freigestellt« und haben so gut wie keine Wahl. In manchen Firmen kommt das Konzept der lernenden Organisation oft durch den Druck der Kollegen geradezu in Mode. Das aber kann leicht ins Gegenteil umschlagen, denn eine Mode mag zwar für manche attraktiv sein, gibt aber all denen, die Moden grundsätzlich misstrauen, eher Anlass zum Missfallen.

Ökologisch betrachtet, sind diese Ergebnisse vorhersagbar. Eine geschädigte Ökologie des Denkens verwandelt lebendige Prozesse in objektivierte »Dinge« und verhindert, dass über Widersprüche und Inkohärenz nachgedacht werden kann. Häufig wird das damit gerechtfertigt, man habe nicht genug Zeit, brauche sofort Resultate und keine Sprüche, sondern Taten. Durch solche Rechtfertigungen nimmt man allen Bemühungen den Wind aus den Segeln, die Gewissheiten und Annahmen zu hinterfragen, die diese Probleme stützen.

Der dialogische Veränderungsansatz

Ein dialogischer Ansatz zur Veränderung von Organisationen und Systemen muss diese Probleme und Widersprüche berücksichtigen, wenn er effektiv sein soll. Das heißt in der Praxis, dass einzelne Mitarbeiter und Teams

Regeln und Methoden entwickeln müssen, die ihnen zu erkennen helfen, inwieweit ihr Denken und Handeln auf vorgegebenen Vorstellungen beruht. Sie müssen wieder (und immer wieder) einen Zustand erreichen, den Jon Jabat-Zinn als »strahlende« Gegenwart bezeichnet hat – Management, das auf »Gegenwart« statt auf »Erinnerung« gründet.

Mit anderen Worten: Nur *Gegenwärtigkeit* ermöglicht es, gewohnte Reaktionen und das unaufhörliche Bemühen des Gehirns um Lösungen und kluge Antworten aufzugeben[7]. Auch in Teams lässt sich das lernen, etwa wenn eine Gruppe bei einer Konferenz still bleibt und darauf hört, was »in diesem Moment das Richtige ist«, statt sich sofort in die Tagesordnung zu stürzen – die sich auf die Erinnerungen an das bereits Getane und auf die Projektionen des jetzt zu Erreichenden stützt. Vieles von dem, was sich daraus ergibt, wird bereits auf der schriftlichen Tagesordnung *stehen*, anderes dagegen kann durchaus ganz neu und völlig unerwartet sein. Dann ist *jetzt* Nachdenken erforderlich und kein Bericht über die Gedanken der Vergangenheit. Das heißt, man muss, um mit den bereits hier eingeführten Begriffen zu sprechen, die Grenze der Reflexion »überschreiten«, Reagieren und Krise hinter sich lassen und einen Forschungsraum betreten. Der Fokus eines dialogischen Veränderungsansatzes liegt also primär auf der Entwicklung weitreichender Praktiken und Fähigkeiten, die habituelle, festgefahrene Interaktionsmuster und Gedanken ständig hinterfragen und reflektieren.

Was mich am dialogischen Ansatz am stärksten angezogen hat, war nicht nur die versprochene »Offenheit« zwischen Menschen, die unzweifelhaft ein tiefes Bedürfnis war (und ist), sondern die Chance, dass eine Gruppe von Menschen das Meer, in dem sie schwimmt, grundlegend verändern kann, indem sie sich seiner bewusst wird. Der Dialog hat meine Überzeugung bestätigt, dass wir zwar eine Ökologie des Denkens *haben* – doch sie *ist* nicht das, was wir *sind*.

Das zeigt sich vor allem, wenn wir entdecken, dass wir unsere Blindheit und unsere Denkgewohnheiten teilweise in unserem Handeln erkennen können. Denken Sie einmal an die Zeit zurück, als Sie das Bild akzeptierten, dass Ihre Eltern sich von Ihrer Zukunft gemacht hatten – und an die Erkenntnis, etwas ererbt zu haben, was Ihnen nicht wirklich gehörte. Wie Humberto Maturana sagt, kann man den Ort, an dem man steht, nicht sehen; er ist zu nah, man ist ihm zu eng verbunden. Sieht man ihn aber, dann erkennt man, dass man sich bereits bewegt und sich das Feld vergrößert hat. Deshalb ist die – vielleicht erstmalige – Erkenntnis der eigenen Grenzen kein Rückschritt, sondern im Gegenteil ein Beweis des Fortschritts, auch wenn die Erfahrung zunächst deprimierend oder verstörend sein kann. Es gibt etwas in uns, das diese Dinge erkennen kann, obwohl etwas anderes die eigenen Wahrnehmungen und Denkgewohnheiten blind akzeptiert.

Von hier aus werden die Umrisse eines umfassenden dialogischen Ansatzes sichtbar, mit dessen Hilfe sich die Ökologie, in deren Rahmen ein System existiert, durch die schrittweise Entwicklung der Fähigkeit zu Bewusstheit und Wahrnehmung transformieren lässt. So wie es vier Wege zum Aufbau neuer Fähigkeiten bei Einzelnen und Teams gibt, gibt es auch vier Praktiken, mit deren Hilfe ganze Organisationen dialogisch werden. Infrastruktur und operierende Systeme, formelle und informelle Prozesse können so die folgenden Ziele fördern:

- Suspension selbstverständlich gewordener Funktionsweisen, um die Fähigkeit zu entwickeln, »das System zu erkennen«, und über die Strukturen und Kräfte nachzudenken, die zu Inkohärenz führen;
- Achtung vor der Ökologie der Beziehungen, die sich in und um die Organisation entwickeln – Beziehungen zu Zulieferern, Kunden, Regulatoren, Investoren, Wettbewerbern und Angestellten;
- Zuhören, um gegenwärtig zu bleiben und voll zu partizipieren;
- Finden, Erweitern und Stärken der zentralen *Sprache* oder Geschichte der Organisation.

Ein Wort der Warnung: In Bezug auf die Anwendung dieser Gedanken sowie die umfassendere Formulierung ihrer möglichen Funktion stehen wir noch ganz am Anfang. Aber in den kommenden Jahren, das lässt sich prophezeien, wird eine Flut von Menschen feststellen, wie sich ein echtes Fundament lebendiger Aufmerksamkeit und Bewusstheit in immer größeren Systemen bewahren lässt.[8]

Suspension und strategischer Dialog: Raum für neue Perspektiven

Die Aufforderung zu Gegenwärtigkeit und anhaltender lebendiger Recherche über die wechselseitigen Probleme und die Belange des Unternehmens bedarf keines programmatischen, sondern eines organischen Ansatzes – eines Ansatzes, der die bereits existierenden Interaktionen innerhalb eines Unternehmens ernst nimmt. Es handelt sich um eine improvisierte Form der Recherche ohne große Vorausplanung. Die Beteiligten müssen die Kontrolle aufgeben und unerwartete Ergebnisse abwarten.[9]

Don Laurie, Berater der Spitzenmanager mehrerer großer Unternehmen, hat z.B. oft mit dem Strategieforscher Gary Hamel gearbeitet, um durch die Freisetzung der Phantasie der Mitarbeiter Bahn brechende Erkenntnisse zu ermöglichen. Nach seiner Erfahrung mit Teams besitzen Vorgesetzte kaum die Fähigkeit, diesen Prozess zu leiten. Wie viele andere, die mit diesem Ansatz arbeiten, zieht auch er es vor, etwa hundert bis dreihundert Mitarbeiter aus allen Unternehmensbereichen einzuladen, sich mit den strategischen Herausforderungen auseinander zu setzen, vor denen das Unternehmen steht, und anschließend die Führungsebene – und eine große Gruppe anderer Mitarbeiter – über die Ergebnisse zu informieren. In der Regel stößt die Vorstellung, alle am Veränderungsprozess Beteiligten, ja vielleicht sogar alle Mitarbeiter würden von den Untersuchungsergebnissen dieser großen Gruppe ohne vorherige Überprüfung durch die Leitungsebene in Kenntnis gesetzt, bei den Führungskräften auf Widerstand. »Sie meinen, Sie legen uns die Ergebnisse nicht zuerst vor?«, hat mehr als ein Manager ungläubig gefragt. Bei KPMG in Holland hat die Verteilung einer gewissen Kontrolle von der Spitze auf die unteren Ebenen enorme Energie freigesetzt und zu Erkenntnissen über das Unternehmen und sein Potential geführt, die das Unternehmen maßgeblich verändert hat. Die meisten geben heute zu, dass dieses Ergebnis ohne ein Hinterfragen des eher traditionellen strategischen Ansatzes und ohne die Untersuchung des Problems aus vielen Blickwinkeln und auf verschiedenste Weise nie zustande gekommen und ein so außerordentliches, begeistertes Engagement für die Veränderung auf den unteren Ebenen des Unternehmens nie erreicht worden wäre.[10]

Achtung vor der Systemökologie.
Shell: Allianzen und vernetzte Gemeinschaft

Wer eine organisationsübergreifende dialogische Veränderung erreichen will, muss ihre Auswirkungen auf die umfassende Ökologie – das Beziehungsgeflecht der Organisation, die physische und soziale Umgebung, in der sie operiert, und die Grenzen, die sie respektieren muss – ernstnehmen.

Shell Oil USA ist ein bemerkenswerter Aufbruch zur Veränderung gelungen, der die Leitungsstrukturen der Organisation signifikant transformiert, Dutzende von Allianzen und Gemeinschaftsunternehmen geschaffen und die früher stabile, traditionelle Unternehmensstruktur atomisiert hat. Im Zuge dieser Veränderung hat Shell begonnen, eine Methode zu erforschen, mit deren Hilfe sich das Interakti-

onsnetz der Mitarbeiter in einer Weise erweitern ließ, die respektvolle Verbindung anregt und nicht erzwingt.

Die unverzichtbare Reaktion auf Souveränitätsbestrebungen der Mitarbeiter besteht darin, sie stärker zu respektieren. Damit sich diese Reaktion aber nicht auf bloße Lippenbekenntnisse beschränkt, muss sie operationalisiert und konkretisiert werden.

*Ein **Beispiel** für diese Art der dialogischen Bewegung ist die »vernetzte Gemeinschaft« bei Shell. Die Shell Oil Company erzielte 1993 bei Verkäufen im Wert von 18 Milliarden US$ nur 21 Mio. US$ Reingewinn – das niedrigste Ergebnis der Firmengeschichte. Damals war die Firma streng hierarchisch strukturiert; Anweisungen und Kontrolle verliefen von oben nach unten, und sämtliche Entscheidungen wurden in den oberen Ebenen gefällt. Die Leiter der einzelnen Bereiche waren in abgeschotteten »Türmen« isoliert, die Mitarbeiter identifizierten sich vor allem mit ihrer Funktion.*

In diesem Leistungstief übernahm Phil Carroll die Unternehmensleitung. Carroll, der ursprünglich Physiker war, vertrat einen, wie er selbst sagte, »hoffnungslos ungeeigneten« Ansatz, war aber bereit zu lernen. Er initiierte eine unternehmensweite Untersuchung, die feststellen sollte, wie eine wirklich veränderte Organisation aussehen könnte. Dieser Ansatz fußte weniger auf programmatischen Bemühungen als vielmehr auf der hartnäckigen Suche nach Möglichkeiten, Energien freizusetzen und Kompetenzen auf allen Organisationsebenen zu installieren. Es war kein »geordneter«, systematischer Prozess, und wer heute mit den Mitarbeitern spräche, würde mindestens so viel von Albträumen und Auseinandersetzungen wie von Erfolgen und Resultaten zu hören bekommen. Natürlich hat auch der Ölpreis bei der Leistungsbilanz von Shell eine Rolle gespielt, doch lassen sich die neuen Zahlen nicht allein damit erklären: 1997 lag der Reingewinn bei einer Verkaufsleistung von 28 Milliarden US$ bei 2,3 Milliarden US$.

Im Mittelpunkt der Bemühungen stand die Veränderung der Leitungsstruktur. 1994 wurde ein Gremium geschaffen, das den Schwerpunkt auf unabhängige Firmeneinheiten mit jeweils eigener Leitung legte. Shell machte aus früheren Abteilungen »unabhängig operierende Firmen«. Das Gremium hatte die Aufgabe, »den Vorgesetzten Foren zur Diskussion gemeinsamer Probleme zu bieten und die Veränderung der gesamten Firma zu fördern«. Das war für mehrere Gruppen aus dem Topmanagement ein harter Brocken, die jetzt zum ersten Mal erkannten, dass die wichtigen Entscheidungen nicht mehr von ihnen, sondern von den Leitern der neuen Betriebe getroffen wurden.

Die neuen Betriebsleiter waren denn auch nicht faul. Sie schufen Allianzen und gründeten Gemeinschaftsunternehmen mit vielen anderen Firmen, darunter auch Firmen der Konkurrenz. So gründete die Oil Products Company z.B. ein milliardenschweres Joint Venture mit Texaco, das sämtliche »Downstream«-Einrichtungen, einschließlich aller Tankstellen, umfasste. Heute gehören die Texaco und Shell-Tankstellen sämtlich der Firma Star. Als die neu gegründete Shell Service Company, die für die Informationstechnologie zuständig war, auf eigenen Füßen stehen musste, bildete sie eine Allianz mit der neuen Global Services Company von Royal Dutch Shell und trennte sich völlig von Shell U.S. Insgesamt entstanden ca. 40 neue Joint Ventures mit Firmen wie Mobil, Amoco und Texaco. Von den 22.000 Angestellten, die früher »bei Shell« arbeiteten, sind nur noch etwa 10.000 geblieben; der Rest ist Teil der großen »Firmenfamilie« in diesem umfassenderen System. Fünf Jahre zuvor hatte Shell 95 Prozent seines Bestands besessen, jetzt waren es nur noch 60 Prozent.

Solche Veränderungen entstehen nicht zufällig, auch wenn die Ölindustrie – trotz ihrer kapitalintensiven Struktur – immer zu Risiken neigt und nicht umsonst ein so spekulatives Image hat. Aber Firmen, die eine solche Differenzierung fördern und den unteren Organisationsebenen Macht und Freiheit gewähren, stehen zwangsläufig vor der Aufgabe, dem Informationsbedürfnis gerecht zu werden, und hier ist Shell keine Ausnahme. Die Veränderung und die Zusammenschlüsse führten bei den Mitarbeitern zu Verwirrung. Sie fragten sich: »Wer bin ich jetzt? Für wen arbeite ich eigentlich? Zu wem gehöre ich?« Und viele fürchteten im Zuge der Atomisierung von Shell auch einen Verlust an Shareholder Value.

Aus solchen Überlegungen heraus begann eine Gruppe innerhalb des Unternehmens mit der Entwicklung eines neuen Organisationskonzepts für die sogenannte »vernetzte Firmengemeinschaft«. Die Shell-Gruppe bildete zusammen mit den angeschlossenen Gemeinschaftsunternehmen »Teams für strategische Initiativen«, die sich unter diesen neuen Umständen mit dem Problem der Organisation befassten. Basis der Struktur dieser »vernetzten Gemeinschaft« war nicht »Kontrolle durch Besitz«, sondern »Einfluss durch Beziehungen«. In einem wirkungsmächtigen Prozess entwickelten die Teams eine Reihe von – mittlerweile angenommenen – Empfehlungen. Sie stellten eine Gruppe von Netzwerkleitern aus dem globalen Unternehmen zusammen, die ein »vernetztes Lern- und Unterstützungszentrum« zur Begabtenförderung entwickelte, die freie Bewegung von Mitarbeitern innerhalb der Gemeinschaft durchsetzte, eine informationstechnologische Infrastruktur schuf, mit deren Hilfe die Mitarbeiter gemeinsam nachdenken konnten, setzte einen Prozess der »Prüfung nach der Tat« (»after-action review«) nach dem Muster der US-Armee zur Förderung systematischer Reflexion ein und initiierte »Praxisgemeinschaften« – etwa Gruppen von Chemie-Ingenieuren aus den verschiedenen Firmen, die sich auf gemeinsamen Konferenzen austauschten und voneinander lernten.

Aber die Stärke eines dialogischen Ansatzes wurde vor allem durch den Prozess deutlich, in dem die Organisatoren der Teams die sehr diverse und potentiell fragmentierte Gruppe, die diese Empfehlungen erarbeitete, zusammengebracht hatte. Am Anfang stand die Bildung dreier verschiedener Teams, zu denen neben vielen anderen aus den breitgestreuten Firmeneinheiten von Shell auch Mitarbeiter der Geschäftsführung gehörten. Sie fragten vor allem danach, was es bedeutet, zu Shell zu gehören, und welche Leitungsstrukturen die neue Shell brauchte, um den richtigen Verantwortungsrahmen zu entwickeln. Dieser Prozess wurde von *vielen Menschen beeinflusst, und nicht alle waren Shell-Mitarbeiter. Aber für die Struktur der vier großen Konferenzen, die diese Teams in einem Zeitraum von acht Monaten durchführten, waren im wesentlich zwei Vernetzungsexperten verantwortlich, Jeffrey Stamps und Jessica Lipnack (die Autoren des Buches The Age of the Network), sowie einige im dialogischen Bereich ausgebildete Facilitators von Shell selbst, darunter William McQuillen, Jim Tebbe und Linda Pierce.*

McQuillen, Tebbe und Pierce gaben der Arbeit dieser Teams einen dialogischen Rahmen, d.h. sie suchten nach Möglichkeiten, »das Wissen um das Ganze« zu erweitern, und nach Wegen, in der Arbeit der Teams eben die Strukturen und die Ökologie zu konkretisieren, die die Leitung wünschte. Ein dialogischer Ansatz meinte hier die unmittelbare Arbeit an den Interaktionen der Teammitglieder, die so zur Grundlage der zu erarbeitenden Empfehlungen werden sollten.

Sie brachten z.B. die Teams, die sich um ihre spezifischen Fragen gebildet hatten, auf sogenannten »Knotenpunkt«-Treffen dazu, miteinander zu interagieren – was zunächst auf nicht unbeträchtliche Widerstände stieß, denn die Teilnehmer wollten die Ärmel aufkrempeln und »ihren Teil« des Problems lösen. Gerade diese Denkgewohnheiten wollten die Berater bewusst machen und durchbrechen.

Außerdem bemühten sie sich darum, einen Raum zu schaffen, in dem sich gemeinsame Meinungen entwickeln konnten. Dazu mussten sie dafür sorgen, dass die Teilnehmer ihre Meinung ohne Rücksicht auf die Geschäftsführungsebene äußern konnten und die Resultate allen gehörten. Einer der Manager berichtete:

> »Wir zählten ab – eins, zwei, drei –, alle, auch Caroll. Zufällig kamen wir zusammen in die Gruppe drei. Es gab keine Sonderbehandlung für ihn; er saß mit uns zusammen und dachte über Ökosysteme nach und über die Bedeutung der Zugehörigkeit zur Shell-Familie. Seine Stimme zählte nicht mehr als die der anderen. Daraus habe ich viel über Führung gelernt. Er hat mir in der Praxis gezeigt, dass er lernbereit und gegenwärtig war.«[11]

Die Berater erreichten das, weil sie keine vorgefertigte Tagesordnung für die Sitzungen vorsahen, flexibel auf das eingingen, was sich entwickelte, innerhalb der Gruppe nachfragten, welche Schritte anstanden, und den »Container« überwachten. Zur dialogischen Beratung gehört auch, dass man weiß, wann man die Kontrolle aufgeben muss. Einer der Teilnehmer berichtete vom Ende der ersten großen Sitzung: »Das Netzwerk übernahm die Kontrolle. Es war jetzt unser Prozess; die Teile hatten vom Ganzen Besitz ergriffen. Vorher waren wir 38 – jetzt waren wir eins.«[12]

Solche Gruppensitzungen sind dafür berüchtigt, dass sie die entscheidenden Differenzen hinter Begriffen wie »Stoßkraft« und »die Notwendigkeit, eine einheitliche

Sprache zu entwickeln«, verbergen. Aber hier wurden zumindest einige der wichtigsten Differenzen bewusst ans Licht gebracht. So zeigte sich z.B., dass einer der Subtexte des Prozesses die Konkurrenz der strategischen Initiativteams war. Einer der ranghöchsten Firmenleiter äußerte plötzlich ernsthafte Zweifel am »Wert des Netzwerkgedankens«. Die Berater machten diesen Zweifel, der in einem der Teams geäußert wurde, zum Thema der ganzen Gruppe. Da sie sich als Coach, aber nicht als Autorität verhielten, entstand Raum für wichtige Meinungsunterschiede.

Sie bauten die Achtung vor Unterschieden unmittelbar in den Prozess ein und machten sie auf diese Weise sichtbar. Diese Gruppe erfuhr – und überwand – Schranken und Grenzen, die traditionell in Netzwerken auftreten, und entwickelte dadurch ein konkretes Gefühl für ein gut funktionierendes Netz. So waren es denn auch die Geschichte dieses Prozesses und die erkennbare Energie ihrer Bemühungen, die die Empfehlungen dieser Gruppe für die Führungsebene so zwingend machten. Viele Teammitglieder hatten angenommen, die Gruppe der Geschäftsführer werde ihre Empfehlungen einfach nur zur Kenntnis nehmen. Aber sie stellten fest, dass die Geschäftsführung von der Energie des Prozesses und dem ihm innewohnenden Potential für echte Veränderungen bei Shell und seinen angeschlossenen Firmen ungeheuer beeindruckt war.[13]

Die Bedeutung des Zuhörens für die Produktentwicklung bei Ford

Zu einem dialogischen Veränderungsansatz gehört es, in Organisationen die Fähigkeit des Zuhörens und eine entsprechende Infrastruktur zu kultivieren. Gleichzeitig hören aber »nicht Organisationen zu, sondern Menschen«. Wie also soll man das Konzept der »zuhörenden Organisation oder Institution« verstehen?

Ich habe bereits darauf hingewiesen, dass Zuhören nichts Neutrales ist. Wie bei Individuen ist auch bei Organisationen oder Institutionen das Zuhören eine Konstruktion, eine strukturelle und ökologische Denkfunktion, die in die Firmenkultur eingebettet ist. Zuhören in Organisationen ist deshalb oft hochspezialisiert und selektiv.

Ein bestimmter Beruf z.B. lehrt die Praktiker, bei bestimmten Arten von Problemen und Lösungen sehr genau hinzuhören. Institutionen spiegeln die Strukturen des Zuhörens. Eine Notfallstation »hört« auf die Symptome von Menschen in relativ schweren Krisen. Jeder, von der Aufnahmeschwester bis zum Arzt, hört auf Hinweise für die Diagnose und ordnet die Patienten sofort entsprechend der Gefährlichkeit ihrer Erkrankung zu. Ein Verkaufsunternehmen hört auf potentielle Käufer und andere Faktoren, je nach ihrem Produkt.

Unterschiedliche Ökologien des Zuhörens können zu Konflikten und Strukturmängeln in einer Organisation führen.

So steht zum **Beispiel** *der Kundendienst eines mir bekannten High-Tech-Unternehmens unter dem starken Druck, die Probleme der Kunden sehr rasch zu lösen, da Fehler im Produkt der Firma die geschäftlichen Transaktionen ihrer Kunden drastisch behindern können. Die Probleme sind leicht feststellbar und oft einschneidend. Doch die Abteilung ist unterbesetzt; die Mitarbeiter können nicht jedem Problem dieselbe Priorität einräumen. Zuhören im Kundendienst konzentriert sich also darauf, jede einzelne Anfrage nach ihren technischen Schwierigkeiten einzuordnen. Da fast alle Kunden der Firma auch einen Servicevertrag abschließen, kann kein Anruf übergangen werden. Hochkomplexe Probleme werden an die erfahrensten Mitarbeiter weitergegeben, während Routineanfragen von den jüngeren Mitarbeitern erledigt werden.*

Die Verkaufsabteilung des Unternehmens kommt durch diese Art des Zuhörens in große Schwierigkeiten. Hier haben die Probleme der größten Kunden absolute Priorität. Denn je höher der Gesamtauftrag eines Kunden, desto stärker hängen weitere Verkäufe von einem guten Service ab. Reagiert der Kundendienst zu langsam, kann der Kunde zur Konkurrenz abwandern und tut es häufig genug auch.

Fred Simon, Leiter des Lincoln-Continental-Entwicklungsprogramms bei der Ford Motor Company, hatte den Ehrgeiz, solche Probleme zu erkennen und zu lösen. Seine Aufgabe war der Aufbau eines neuen Produktentwicklungsprozesses – hier für die Entwicklung eines neuen Fahrzeugs – wobei die Konflikte und Spannungen, die regelmäßig zwischen den einzelnen Ingenieurteams sowie zwischen Management und Ingenieuren auftraten, so gering wie möglich gehalten werden sollten. Er entwickelte mit seinem Team eine Methode und eine Infrastruktur des Zuhörens – eines zwischenmenschlichen Zuhörens, das die Gespräche der Mitarbeiter effektiver machte und ihnen die Möglichkeit gab, aus ihren Unterschieden zu lernen.

Simon, der bereits an der Entwicklung des neuen Ford Taurus mitgearbeitet hatte – einem Modell, dem nachgesagt wird, es habe Ford in einer Zeit sinkender Profite und schlechter Zukunftsaussichten gerettet, war jetzt für ein Budget von einer Milliarde Dollar verantwortlich, das man angesichts starker Konkurrenz aus Japan und von Chrysler in die Entwicklung eines neuen Wagens investierte. Dazu wollte er dieselben Bedingungen wie beim Taurus-Projekt schaffen. Er berichtet:

> *»Das erste, was mir einfiel, war: Wie kriege ich diese Leute wieder zusammen – die meisten arbeiteten im Grunde ja gar nicht für mich, jedenfalls hing ihre Karriere nicht davon ab. Sie haben mit mir an dem Programm gearbeitet, aber im Grunde gehörten sie zu anderen Abteilungen, und ihre Beförderung und ihr nächster Auftrag hing von diesen Abteilungen ab, nicht von mir. Wenn ich, so dachte ich, diese Leute dazu bringen kann, sich als*

Menschen zu sehen und als Individuen miteinander umzugehen, statt auf der Ebene der Arbeitsplatzbeschreibung, dann ist das ein Schritt in die Richtung, die ich bei der Schaffung eines solchen Teams einschlagen will.«

Bei meiner ersten Begegnung mit Fred Simon ging es um die Frage, ob er ein gemeinsames Projekt mit dem MIT Center for Organizational Learning, das ich entwickeln und implementieren sollte, befürwortete. Er sagte damals, er sei an unseren Vorstellungen nicht sonderlich interessiert und wolle keinesfalls, dass eine Gruppe von Akademikern mit seinem Projekt »herumspiele«. Wofür er sich allerdings interessierte, war die Frage, ob wir dazu beitragen könnten, Menschen zusammenzubringen. Zunächst arbeiteten wir mit dem Management, um »die Leute nicht zu stören, die wirklich arbeiten«, wie er es ausdrückte. »Als erstes stellten wir uns die Frage: Wie soll unsere Zusammenarbeit im Führungsteam aussehen? Ich glaube, wir waren zu zehnt. Jeder schrieb auf ein Flipchart, was ihm für die Arbeitsbeziehungen wichtig war. Als alles an der Wand hing, meinte Bill Isaacs: ›Wenn wir uns schon einig sind, wie wir zusammenarbeiten wollen, dann lassen Sie uns doch jetzt so zusammenarbeiten.‹ Eine ganze Minute lang war es still, und das wirkt in einer solchen Sitzung wie eine Ewigkeit. Schließlich sagte der Leiter der Herstellungsabteilung frustriert: ›Ich bin ja bereit, so zu arbeiten, aber die anderen bringen das niemals fertig.‹

Jetzt wussten wir also, wo wir anfangen mussten. Wir begannen mit dem Handwerkszeug der Gesprächsmethoden, und allmählich bekamen wir etwas mehr Vertrauen zueinander, und die Zusammenarbeit wurde etwas besser. Die anderen Mitarbeiter konnten die Veränderung erkennen, sie war nicht groß, aber sichtbar. Sie begannen, Fragen zu stellen.«

Wir arbeiteten etwa acht Monate mit dieser Gruppe und vertieften ihre Fähigkeit, im Team nachzudenken und miteinander zu reden. Es gab eine Reihe von Differenzen in funktionalen Fragen. Die Mitarbeiter aus dem Finanzbereich waren dafür berüchtigt, bei neuen Entwicklungsprojekten Nein zu sagen. Nach Meinung der Ingenieure hatten die Rechnungsprüfer keine Ahnung von den Kosten der Produktion eines neuen Fahrzeugtyps, und die Rechnungsprüfer wiederum hielten die Ingenieure für schlimme Verschwender. Diese Zuschreibungen entzogen sich jeder Diskussion. Aber acht Monate später wurden sie diskutiert.

Mit systemischen Methoden skizzierte das Team das größte praktische Problem: nicht termingerecht fertiggestellte Einzelteile. Bei der Entwicklung eines neuen Wagens sind zahlreiche Ingenieure für die Zeichnung von Einzelteilen verantwortlich, aus denen dann der Prototyp gebaut wird. Anschließend wird er getestet und bewertet; danach wird ein zweiter Prototyp gebaut: Ein neuer Wagen entsteht also in einem Lernprozess. Die zahlreichen Einzelteile erfordern einen festen Zeitplan und die Koordination der Arbeit vieler Ingenieure, wenn der Wagen termingerecht fertig werden soll. Allerdings kommt es auch sehr oft zu Verzögerungen, vor allem bei Automobilherstellern in den USA. Diese Verzögerungen wollte Simons Team untersuchen und möglichst verhindern. Dabei stellte das Managementteam fest, dass zwischen dem Zeitpunkt, an dem ein Ingenieur wusste, dass sich die Fertigstellung eines Einzelteils verzögert, und dem Zeitpunkt, an dem er über die Verspätung informierte, eine signifikante Lücke klaffte. Simon berichtete:

>»Als wir das festgestellt hatten, ergab sich, dass diese Lücke zwischen einer Woche und acht oder neun Monaten betragen konnte. Jetzt untersuchten wir, warum es dazu kam.
>   Um das herauszufinden, musste man kein großer Wissenschaftler sein. Es kam dazu, weil kein Ingenieur, der sein Geschäft verstand, genug Vertrauen zu uns hatte, um uns zu informieren; hatte er ein Problem erkannt, versuchte er, es selbst zu lösen. Solange er es nicht gelöst hatte, brauchte er uns auch nicht zu erzählen, dass es ein Problem gab, denn ich würde ihn sowieso nur fragen, was er jetzt zu tun gedächte. Damit läge das Problem wieder bei ihm – mit dem Unterschied, dass er ›Hilfe‹ bekäme, mit anderen Worten, Anrufe und Fragen, was er unternehme und warum das Problem noch nicht gelöst sei.
>   Er wird sich also hüten, uns zu informieren, er ist ja nicht dumm. Damit hatten wir den Ansatzpunkt in dieser Programmphase gefunden: genügend Vertrauen zum System aufzubauen, damit der Ingenieur uns informieren kann, wenn es ein Problem gibt – dann lassen sich die Dinge gleich zu Anfang korrigieren. Außerdem hat es Auswirkungen auf die Einzelteile, an denen jemand anders arbeitet, wenn er acht Monate wartet und das Problem selbst löst, während bei rechtzeitiger Information alle in diesen acht oder neun Monaten zusammenarbeiten könnten.«

Die verspätete Fertigstellung der Einzelteile resultierte also aus Angst vor Kritik und dem daraus entstehenden Mangel an Kommunikation zwischen Ingenieuren und Management. Das Leitungsteam initiierte nun mehrere Lernlaboratorien, in denen seine Mitglieder den interessierten Ingenieurteams in drei Tagen alles beibrachten, was sie selbst in acht Monaten gelernt hatten. Nach und nach wurden rund zweihundert Ingenieure mit neuen Methoden für das Lernen in Organisationen vertraut gemacht.
  Durch dieses neue Arbeitsklima konnte Simon mit seinem Team zahlreiche Produktionsrekorde brechen, von denen einer auf die fristgerechte Fertigstellung der Einzelteile zurückzuführen war. Er meinte:

>»Durchschnittlich waren 50 Prozent der Teile termingerecht fertig. Das heißt aber, dass man im ersten Prototyp nur 50 Prozent des Entwurfs testen kann. Die anderen 50 Prozent sind zusammengeschustert und lassen sich deshalb gar nicht testen.
>   Dank der neuen Interaktionsfertigkeiten konnten die Teams 98 Prozent der Teile rechtzeitig fertig stellen.«

Ein weiterer Rekord dieses Teams war die Rückgabe von 65 Millionen US$ Rücklage, die zur Lösung von Problemen im Fertigungsprozess bereitgestellt worden waren.

Natürlich waren viele Faktoren für diesen Erfolg verantwortlich, aber wie Simon und seine Mitarbeiter oft sagten, spielten die Kommunikationsfreiheit und die Fähigkeit, über bislang nicht ansprechbare Probleme nachzudenken, eine zentrale Rolle. Die Manager waren, vielleicht zum ersten Mal, bereit, den Ingenieuren so zuzuhören, dass diese sich sicher genug fühlen konnten, um Probleme schon früh anzusprechen. Ingenieure aus den unteren Hierarchie-Ebenen konnten Simon anrufen und ihn bitten, wichtige Teile des Prozesses zu stoppen – ein Verstoß gegen die ungeschriebene Regel der Bürokratie und Hierarchie großer Organisationen, die besagt, dass jeder immer zuerst mit seinem unmittelbaren Vorgesetzten zu sprechen hat.

Viele der Ingenieure meinten, die wichtigste Veränderung, der Katalysator für die guten Ergebnisse sei eine Folge der Veränderungen auf der Führungsebene. Das Management hatte sich wirklich verändert, für jeden sichtbar. Simon sagte dazu:

> *»Wir hatten mittlerweile genügend Programme durchlaufen, um zu erkennen, dass dies die beste Methode der Teamarbeit war, die alle anderen weit übertraf.«*

Die Entwicklung einer Atmosphäre der Verbundenheit erwies sich als ungeheuer wirkungsvoll. Unter anderem lernten die Teams der Firma, auf sehr unterschiedliche Weise zu interagieren. Beim Bau des ersten Prototyps z.B. entdeckten die Ingenieure ein schwerwiegendes Problem: Die Batterien wurden zu schnell leer, denn die zahlreichen elektrischen Komponenten des Wagens verbrauchten mehr Strom, als die Lichtmaschine produzieren konnte. Diese Komponenten waren von verschiedenen Teams unabhängig voneinander entwickelt worden: Die Abteilung für Klimakontrolle hatte Heizung und Klimaanlage, die Elektronikabteilung Uhr, Radio und Armaturenbrett; eine andere Abteilung die Beleuchtung entworfen. Niemand wollte auf die von seinem Team entwickelten Funktionen verzichten, um den anderen Teams einen Gefallen zu tun. All diese Teams wurde von ihren jeweiligen Betriebsleitern geführt und belohnt, nicht vom Manager des Entwicklungsprogramms.

Vor den Veränderungen in der Unternehmenskultur bei Ford schwelten solche Konflikte in aller Regel so lange, bis z.B. der Leiter des für die Elektrik verantwortlichen Teams zum Management ging und ihm die Entscheidung überließ. Und dann war es in der Regel zu spät, um all die Funktionen zu bewahren, die die unabhängigen Gruppen jeweils wünschten. Nach der Einführung eines dialogischen Ansatzes aber trug das Team der Elektroingenieure das Problem frühzeitig der Leitungsebene vor. Durch das Training in den Lernlaboratorien wussten sie, dass es sich um eine Systemfalle handelte, für die sich innerhalb des Systems keine Lösung finden lässt – und dass individuelles Handeln die Gesamtproblematik nur vergrößern konnte. Hier war eine umfassendere Perspektive nötig. Das verstand auch Simon; er hörte zu, aber nicht, um Einzelne zu bestrafen – was jemand, der ein Problem anspricht, für dessen »Lösung« Ingenieure bezahlt werden, leicht hätte fürchten können. Sie lösten das Problem der Elektrik gemeinsam und konnten so einen Großteil der Funktionen beibehalten, die jede einzelne Gruppe in den Prototyp einbringen wollte.

Dank der Lernlaboratorien schuf die Lincoln-Continental-Gruppe eine Infrastruktur, die Zuhören ermöglichte. Da die Ingenieurteams grundlegende Gesprächsmethoden und -fertigkeiten erlernt hatten, konnten sie in einer permissiven Atmosphäre offen über ihre Probleme sprechen. Die unmittelbare Wirkung dieser Fortschritte auf die Unternehmensbilanz war unübersehbar.

Aufforderung zu Sprechen: Ikea und Volvo

Eins der größten Hindernisse für jede Art von Lernen ist die Angst, zu versagen, Fehler zu machen und das Gesicht zu verlieren. Man kann gar nicht genug hervorheben, wie wichtig es ist, dass Menschen, die an Veränderungsprozessen teilnehmen, von ihren Vorgesetzten unterstützt werden. Zu dieser Unterstützung sind aber nur solche Vorgesetzten in der Lage, die die Veränderungen, die sie von anderen verlangen, selbst *verkörpern*. Führungskräfte müssen also eine Einstellung von unerschütterlicher Unterstützung und Wertschätzung erarbeiten, wenn das Unternehmen tatsächlich zu einer hörbaren Sprache finden soll.

Für Göran Carstedt, den früheren Leiter von Volvo Frankreich und Volvo Schweden sowie von Ikea Nordamerika und später auch Ikea Europa, ist es von höchster Bedeutung, Menschen dabei zu unterstützen und zu schützen, das auszusprechen, was sie wissen, aber oft glauben, nicht aussprechen zu dürfen. Carstedts Begabung scheint aus seiner Fähigkeit zu entspringen, anderen zu ihrer wahren Sprache zu verhelfen.

Die großen Erfolge der letzten fünfzehn Jahre verdankt Carstedt seiner bewusst respektvollen und unterstützenden Einstellung zu den unter seiner Verantwortung stehenden Managern, die ihm auf seine Bitte hin zeigten, was zu tun war. Sein Ansatz besteht darin, Menschen zum Sprechen zu bringen und ihnen zu zeigen, dass sie tatsächlich etwas ändern können:

> *»Wenn man an die Menschen und ihre latenten Fähigkeiten glaubt, dann wird man in dem Ausmaß mit Initiative und Ideen belohnt, in dem man Autorität ›abgibt‹. Wir glauben an radikale Dezentralisierung, an die Verlagerung der Autorität auf die Mitarbeiter, die direkten Kontakt zum Kunden haben und sie frei ausüben können.«*[14]

Carstedts Geschichte zeigt beispielhaft, welche Fähigkeiten ein Topmanager braucht und welches Klima entstehen kann, wenn ein Unternehmen eine Sprache findet, die Kunden wie Mitarbeiter gleichermaßen überzeugt.

Als Carstedt die Leitung von IKEA Europa übernahm, war er mit einem Unternehmen konfrontiert, in dessen Führung Menschen aus vielen verschiedenen Ländern saßen. Alle, auch die Leitung des Gesamtunternehmens, erwarteten von ihm, IKEA zu zentralisieren und, wie er selbst es sagt, der Zentralisierung ein Denkmal zu errichten. Statt dessen besuchte er die Direktoren in den einzelnen Ländern und fragte sie, welche Schritte sie für nötig hielten. Er führte ein internes Direktorium ein und übertrug den Direktoren vor Ort große Verantwortung, weil er der Meinung war: »Wenn etwas geschieht, dann geschieht es da, wo Sie sind.«

Vor einer ähnlichen Herausforderung stand Carstedt dann in den Vereinigten Staaten. Das schwedische Unternehmen IKEA hatte sich seit einigen Jahren bemüht, auf dem amerikanischen Markt Fuß zu fassen. Viele schwedische Manager glaubten, IKEAs landestypische »Produktsprache« werde verstummen, wenn das Unternehmen seine Tradition aufgebe und sich an die Markbedingungen in den USA anpasse, wussten aber gleichzeitig auch, dass Methoden, die sich in Europa gut bewährt hatten, für die USA kaum geeignet waren. Carstedts Ziel war ein »Gemisch« aus allen notwendigen Elementen: der schwedischen Kultur, der Produktphilosophie IKEAs und der Bedürfnisse des amerikanischen Marktes. Das Resultat war eine neue Sprache für IKEA in den Vereinigten Staaten, die sich als recht erfolgreich erwies.

Mit demselben Ansatz arbeitete Carstedt auch bei Volvo Frankreich. Als er das Unternehmen 1982 übernahm, war die Marke Volvo so gut wie unbekannt; mit nur 10.000 verkauften Fahrzeugen pro Jahr lag der Marktanteil bei 1,7 Prozent. Viele glaubten nicht daran, dass sich Volvo in Frankreich verkaufen ließ, die Marke sei zu spießig, »sicherheitsorientiert« und altmodisch. Carstedt war anderer Meinung. Für ihn lag die einzige Möglichkeit, den Verkauf von Volvo Frankreich zu verdoppeln – was vier Jahre zuvor bereits ergebnislos versucht worden war –, darin, das Engagement und die Investitionsbereitschaft der Händler zu gewinnen.

Auf insgesamt neun regionalen Konferenzen traf er sich mit den 150 französischen Volvohändlern. Er achtete auf einen U-förmigen Aufbau der Tische, nahm eine Beraterrolle ein und sagte den Teams:

> »Ich will von Ihnen wissen, was Ihrer Meinung nach getan werden muss und was Volvo tun kann, um Ihnen zu helfen, mehr Fahrzeuge zu verkaufen. Sagen Sie mir, was wir falsch machen und was Sie von uns wollen. Wenn irgend möglich, werde ich dafür sorgen, dass es getan wird.«[15]

Carstedt förderte und provozierte, ohne anderen seine Ideen aufzudrängen. Er schaffte die in Hierarchien so häufigen Ehrenbezeugungen ab und hörte zu. Schon bald begannen die Händler, ihre Verkaufsräume mit eigenen Mitteln zu verschönern. Volvos Produktsprache in Frankreich betonte und förderte er z.B. mit der

Anzeige: »Leistung wird in Sekunden gemessen – aber auch in Jahren«, die den Schwerpunkt auf die für den französischen Markt wichtige Geschwindigkeit und Langlebigkeit legte. Ein weiterer Werbeschwerpunkt war die Sicherheit, und das kam bei den französischen Kunden weit stärker an, als nach allen Prognosen zu erwarten war. Eine weitere Anzeige zeigte ein kleines Mädchen auf dem Rücksitz, darüber die Schlagzeile: »Sie müssen die Zukunft schützen, vor allem, wenn die Zukunft hinter Ihnen ist.« Carstedt lud das gesamte französische Händlernetz nach Schweden ein und zeigte ihnen die progressive und gute Arbeit in den Volvo-Fabriken, um ihnen die Tradition ihres Unternehmens bewusst zu machen, eine Verbindung zur Vergangenheit Volvos herzustellen und ihnen zu ermöglichen, ihren Kunden die Fahrzeuge gut darzustellen.

All diese Schritte – Unterstützung für die Händler, der Stolz auf die Volvo-Tradition sowie die Botschaft: »Es gibt viel zu tun, und Sie können es« – führten zu bemerkenswerten Ergebnissen. 1986 hatten sich die Verkaufszahlen verdoppelt, Volvo Frankreich war wieder rentabel.

Skizze eines dialogischen Ansatzes

Diese Unternehmen stehen für viele andere, die sich um dialogische Veränderung bemühen. Ein dialogischer Veränderungsprozess hat viele Merkmale. Einige, die in den beschriebenen und anderen Unternehmen zum Erfolg beigetragen haben, will ich kurz zusammenfassen:

Strukturfallen darstellen und transformieren

Eine entscheidende Dimension bei der Veränderung großer Systeme ist die Darstellung der Strukturfallen, die an wichtigen Schnittstellen auftauchen. Die nicht erkannten Widersprüche und Probleme, die in diesen Settings auftreten, unterminieren den größten Teil aller Veränderungsbemühungen. Wenn der Dialog funktionieren soll, muss man einen Container schaffen, der stark genug ist, um diese Fallen an die Oberfläche bringen und untersuchen zu können. Versäumt man das, verstärkt man die Probleme, die verändert werden sollen.

Die zugrundeliegende Ökologie einbeziehen

In den oben beschriebenen Beispielen wurde ernsthaft versucht, die zugrundeliegende Ökologie des Denkens einzubeziehen, anstatt von außen eine neue Logik für die Veränderung zu erzwingen. Das bedeutet, Formen zu schaffen, in denen über das, was geschieht, nachgedacht werden kann, nicht nur in Teams, sondern im gesamten System. Ein Beispiel sind die Bemühungen bei Ford, die selbstgeschaffenen Schranken im Entwicklungsprozess für das neue Produkt sichtbar zu machen, ein anderes ist die bewusste Veränderung der Strukturen, die hinter KPMGs altem Strategieansatz standen. Shell entwickelte eine lebendige Lernumgebung, in der die Mitarbeiter aus erster Hand die Probleme eines Netzwerks erleben konnten und anschließend Wege zu ihrer Überwindung fanden.

Aktiv reflektieren und nachfragen

In allen beschriebenen Beispiel hat man bewusst versucht, Wege zu entwickeln, auf denen die Mitarbeiter über das Geschehen reflektieren konnten. Auch das ist ungewöhnlich: In den meisten Unternehmen verhindert der Fokus auf der Aktion die Einsicht der Mitarbeiter, dass sie unter Umständen durch ihr reaktives Verhalten die Probleme, mit denen sie konfrontiert sind, nur verstärken.

Eine Infrastruktur zur Operationalisierung neuer Verhaltensweisen entwickeln

Auf der institutionellen Ebene besteht die Herausforderung darin, Wege zum Aufbau einer Infrastruktur zu finden, die die vier Praktiken des Dialogs stützt und stärkt. Bei Ford wurde das *Zuhören* in mehreren »Lernlaboratorien« erlernt. *Suspension* erforderte bei KPMG den Aufbau einer neuen Ebene, einer Organisation innerhalb der Organisation. Für die *Achtung* der Systemökologie bei Shell mussten abteilungsübergreifende Teams vielfältige Prozesse entwickelte, die die Zusammenarbeit und Kommunikation im Netzwerk erleichterten. Die Organisations*sprache* von IKEA vernehmbar zu machen, bedeutete in den Ländern, in denen das Unternehmen verankert war, auf offenen Kommunikationsforen ohne feste Tagesordnung den Mitarbeitern zuzuhören, die mit Unterstützung des Managements offen sprechen konnten.

Anmerkungen

[1] Eine leicht veränderte Version der dt. Fassung dieses Kapitels zuerst in: *Profile* 1.2001, 3-15.

[2] Michael Beer/S. Eisenstadt/M. Spector: *Why change programs don't produce change*. In: Harvard Business Review, November-Dezember 1990.

[3] Chris Argyris: *Empowerment, the emperor's new clothes*. In: Harvard Business Review, Mai-Juni 1998, 98; Beer u.a., ebd.

[4] Beer u.a., ebd.

[5] Argyris, ebd.

[6] Vgl. etwa die deutschsprachige Zeitschrift *Lernende Organisation*; auch bei dem Begriff »Dialog« ist das in gewissem Rahmen bereits geschehen; durch dessen allgegenwärtige Verwendung sind z.b. viele widersprüchliche Definitionen entstanden. Vgl. William Isaacs: *The perils of shared ideals*. In: Peter Senge u.a.: The dance of change. New York 1999; dt. Wien 2000.

[7] Vgl. Peter Garrett: *Dialogue and the transformation of memory*. In: *Profile* 2.2001, 17-19.

[8] Ein dialogischer Veränderungsprozess muss rationalere, geplante Bemühungen nicht ausschließen. Manche Probleme erfordern beträchtliche, detaillierte Planung und Koordination. Ich glaube aber, dass weiträumige Initiativen, die nicht von Bemühungen durchdrungen sind, die hier beschriebenen ebenso weiträumigen Kapazitäten zu etablieren, sehr viel geringere Erfolgschancen haben. »Erfolg« ist bei der Veränderung von Organisationen in jedem Fall extrem schwer zu beurteilen. Je nachdem, wen und wann man fragt, erhält man sehr verschiedene Antworten. Manchen Unternehmen arbeiten seit Jahrzehnten an der Veränderung und haben in dieser Zeit sowohl verblüffende wirtschaftliche Leistungen erzielt als auch bemerkenswerte Niederlagen erlebt. Vgl. Art Kleiner: *The age of heretics*, New York 1996; Nils Brunsson: *The organization of hypocrisy: talk, decisions and actions in organizations*, Chichester 1989; Danny Miller: *The Icarus paradox: how exceptional companies bring about their own downfall*, New York 1990.

[9] Vgl. z.B. Margaret Wheatley: *Leadership and the new science*, San Francisco 1993.

[10] Ron Heifetz/Don Laurie: *The work of leadership*. In: Harvard Business Review, Januar-Februar 1997.

[11] *The Networked Community. Shell Oil Company Report*, 4.3.

[12] Ebd., 43.6.

[13] Jessica Lipnack/Jeffry Stamps: persönliche Mitteilung.

[14] Charles Hampden Turner: *Corporate culture for competitive edge. Management guides*. In: The Economist Publications, February, Special Report No. 1196.

[15] Ebd., 112

16. Dialog und Demokratie

Wir haben die Möglichkeiten untersucht, die der Dialog Einzelnen und Gruppen bietet. Aber in vieler Hinsicht ist es wohl am verheißungsvollsten, ihn auf gesellschaftlicher, nationaler und internationaler Ebene zu etablieren. Mittlerweile sind immer mehr Politiker, Firmenleiter und Pädagogen dabei, diese Verheißung einzulösen. Und in seiner Osterbotschaft von 1995 hat sogar der Papst dazu aufgefordert, von Selbstsucht, Machtbewusstsein und Gewalt zur Durchsetzung der eigenen Ziele abzulassen und statt dessen »den Dialog als einzige Möglichkeit zur Förderung gerechter Lösungen für eine Gesellschaft, die von Respekt und wechselseitiger Anerkennung getragen wird«, zu nutzen.[1]

Aber die geforderte Offenheit, Neutralität und hohe Gesinnung, so edel sie auch sind, sind nicht leicht zu erreichen. Sie mögen angeboren sein, lassen sich aber oft, vor allem unter Druck, nicht aufrechterhalten. Trotzdem haben manche Menschen große Bedeutungsveränderungen in entscheidenden institutionellen und selbst nationalen Fragen zustande gebracht.

Die beispielhaften Fälle, die ich im Folgenden beschreibe, verweisen auf die Möglichkeiten: Produktives Engagement und Dialog führen zu echter sozialer Veränderung und in manchen Fällen sogar zur kollektiven Heilung. Patrick de Maré, einer der Pioniere des Gruppendialogs, ist der Meinung, dass Menschen das Setting großer Gruppen brauchen, um sich zu verändern. Als Psychiater hat er das Trauma des Krieges und seine Auswirkungen auf die Gesellschaft untersucht und sich gefragt, ob es kollektive Methoden gibt, die echte Heilung und Versöhnung erlauben. Dabei war er besonders an Formen interessiert, mit denen sich Aggression und Hass in etwas Produktives verwandeln lassen. In der Sprache der Architektur des Dialogs hieße das: Welche Wege gibt es, um großen Gruppen den Wechsel vom Feld II- zum Feld III-Verhalten zu ermöglichen?

Dieselbe Frage könnte sich jeder Leiter einer größeren Organisation stellen: Was müssen wir tun, um die Flamme zu nähren und die Gesprächsökologie zur Entfaltung zu bringen? Die Bürokratie ist dafür berüchtigt, dass sie die besten Visionen erstickt. Verändert man hier die Bedingungen, ändert sich oft auch sehr viel anderes; umgekehrt kann dies durch Dialog ermöglicht werden.

In diesem Kapitel stelle ich Beispiele für Bemühungen vor, einen Dialog zustande zu bringen – solche, die funktioniert, und solche, die nicht funktioniert haben.

Die Gewalt der Sprache:
Food Lion prozessiert gegen die Medien

Im Februar 1997 lud Ted Koppel, Moderator der Sendung Nightline, die Vertreter zweier feindlicher Lager dazu ein, gemeinsam über ihre Differenzen nachzudenken. Food Lion hatte ABC News verklagt, weil für ABC arbeitende junge Reporter sich fälschlich als qualifizierte Facharbeiter im Bereich Lebensmittelverarbeitung ausgegeben hatten. Die Reporter, die Food Lion aufgrund falscher Angaben dann einstellte, hatten mit verdeckter Kamera in den Küchen von Food Lion Aufnahmen gemacht, um zu beweisen, dass die Firma das Fleisch nicht sachgerecht zubereitete. Den Prozess, den Food Lion daraufhin angestrengt hatte und in dem es um Schadenersatz in Höhe von 5,5 Mio. $ wegen Betrugs, unerlaubten Betretens und Vertrauensbruch ging, hatte die Firma gewonnen.

Das Vorgehen von ABC News hatte die Leute in Salisbury, North Carolina, Heimat und Hauptquartier von Food Lion, aufgeschreckt. Die Aktien des Unternehmens waren nach der Sendung um 15 Prozent gesunken; im Jahr darauf mussten achtzig Filialen schließen.

Aber der Prozess – und das Urteil gegen ABC News – schreckten noch sehr viel mehr Menschen auf als der Film. Journalisten fürchteten, in einer Gesellschaft, die sich streng »an den Buchstaben des Gesetzes« hält, könne das Aufdecken von Unrecht, das schlimme Folgen hat, unmöglich werden. Aus ihrer Sicht war ihre Funktion als Wächter der Demokratie bedroht. Die Manager von Food Lion dagegen meinten, man müsse den Medien, die wieder einmal zu weit gegangen seien, Einhalt gebieten. Die Nightline*-Sendung, die den Titel trug »Versteckte Kameras und schwere Entscheidungen«, wollte ein Forum bieten, auf dem diese Differenzen offengelegt und über die Probleme nachgedacht werden konnte.*

Koppel hatte sich bemüht, ein neutrales und objektives Setting für das Gespräch zu schaffen. Er stellte ein Podium aus Mitarbeitern der Medien zusammen, mit Diane Sawyer, der Moderatorin des ursprünglichen Berichts, Roone Arledge, dem leitenden Produzenten von ABC, und Don Hewitt, Produzent der Sendung 60 Minutes *von CBS, und lud Führungskräfte von Food Lion und ihre Anwälte ein. Hinter den beiden Gruppen saßen Mitglieder der Jury aus dem Prozess.*

Koppel ist in der Medienindustrie für seine Fähigkeit bekannt, Foren zu wichtigen Fragen zusammenzustellen. Zu dieser Fähigkeit gehört auch der Aufbau eines Containers. Dies gelingt ihm vor allem dadurch, dass er sehr unterschiedlichen Stimmen Raum gibt und seine persönliche Glaubwürdigkeit und Objektivität deutlich macht, z.B., indem er alle Faktoren, die seine Neutralität beeinflussen oder begrenzen könnten, offen benennt. Das ist für jeden wichtig, der im Feld II arbeitet, in dem Zusammenbrüche wahrscheinlich oder sogar erwünscht sind. Koppels Einführung war vorbildlich:

> »Wenn Sie mich fragen, ob ich heute objektiv bin, muss ich die Frage natürlich verneinen. Wenn Sie mich aber fragen, ob ich objektiv mit dem Problem verdeckter Kameras und Undercover-Journalismus umgehen kann, würde ich selbst gern Ja sagen, aber das müssen Sie selbst beurteilen.
> Wir sind hier in North Carolina zusammenkommen, weil es eben nicht New York, Washington oder sonst eine der Städte ist, die angeblich von den Medien beherrscht werden.«

Koppel beschwor auch ein Ideal: Er versuchte, die Gruppe auf ein höheres Ziel einzuschwören und sie davon abzuhalten, nur diesen einen Fall wieder aufzurühren:

> »Natürlich sind wir wegen dem Food Lion-Prozess hier, und ich gehe davon aus, dass die Fragen, die dieser Fall aufgeworfen hat, heute Abend diskutiert werden. Aber wir sind uns auch alle einig, dass wir darüber hinaus allgemein über die Frage versteckter Kameras und verdeckt arbeitender Journalisten und die damit verbundenen Probleme sprechen wollen.«

Trotz dieser Bemühungen kam das anschließende Gespräch nicht über einen Schlagabtausch feststehender Plädoyers hinaus, und Koppel blieb nichts anderes übrig, als den Polizisten zu spielen. Die Manager von Food Lion hielten vor allem Plädoyers, und die Mitarbeiter von ABS News standen ihnen darin in nichts nach. Die Sprecher von Food Lion sagten, alle Behauptungen in der ursprünglichen Sendung seien unwahr und ABC News habe sich die Information auf illegale Weise beschafft. Die Vertreter von ABC bestanden darauf, das Material der Journalisten sei bis hin zu den Bildern, auf denen Mitarbeiter Lebensmittel aus Abfalleimern geholt hätte, korrekt gewesen und das habe auch niemand bestritten. Ihrer Meinung nach hatte die Firma gelogen und die Missstände vertuscht.

Die Teilnehmer verstrickten sich in den Konflikt, über den sie eigentlich nachdenken sollten. Die Vertreter von Food Lion machten den Anfang und beklagten sich darüber, dass ABC den Fall öffentlich gemacht hatte.

Gemeinsam mit Ex-Senator Alan Simpson, der ebenfalls anwesend war, behaupteten sie, das 43-stündige Filmmaterial zeige, wie die Journalisten die Ereignisse inszeniert hätten, über die ABC angeblich berichtete. Inszenierung war hier doppeldeutig: Bedeutete es, dass sich die Journalisten als Fachkräfte für Fleischverarbeitung ausgegeben hatten, um zu filmen? Dass sie sich mit unzufriedenen Gewerkschaftern verbündet hatten, die mit dem Filmteam zusammenarbeiteten und nach Fehlern suchten? Das intensive Tempo des Gesprächs ließ eine Erkundung dieser Frage nicht zu.

An diesem Punkt fühlte sich Diane Sawyer, die Journalistin, die ursprünglich über den Fall berichtet hatte, mehrfach genötigt, sich zu verteidigen, trotz Koppels Warnung vor einem bloßen Wiederholen des Falles und im Widerspruch zu ihren früheren Versprechungen:

Diane Sawyers: *Kann ich hier Einspruch einlegen, Ted?*

Ted Koppel: *Ich weiß, du wirst es tun, du hast es in der ganzen Sendung ja immer wieder gemacht. Na gut, Diane, red's dir von der Seele, und wenn wir den Rest der Sendung nur noch über den Fall Food Lion sprechen, dann ist das deine Schuld. Nur los.*

Diane Sawyers: *Nein, das will ich nicht, und das ist auch nicht meine Schuld. Wir sind nicht derselben Meinung und ich respektiere, dass Sie (die Food Lion-Vertreter), anderer Meinung sind. Ich will nur sagen, weil Sie es verschiedentlich gesagt haben, dass ich es gut fände, wenn William Jefferson, der Anwalt, der mit uns in Greensboro war, sich zu dem äußern würde, was der Richter im Gericht gesagt hat. Ich bestreite, dass die Filme das zeigen, was Sie sagen. Wir sagen etwas ganz anderes. Angesichts ihrer Äußerungen finde ich es sehr wichtig, unserem Publikum zu sagen, dass wir nichts inszeniert haben. Das, was Sie in der Sendung gesehen haben, ist das, was geschehen ist.*[2]

Sie konnte dem von den Food Lion-Anwälten ausgelegten Köder – dem Vorwurf, ABC hätte die Aufnahmen inszeniert – einfach nicht widerstehen. Dieser Schlagabtausch ist ein gutes Beispiel für eine Diskussion – bei der jeder allein denkt und das Gespräch den Charakter eines Ping-Pong-Spiels bekommt –, aber nicht für einen Dialog.

Und doch sind es gerade die Momente, in denen man immer stärker in die Versuchung kommt, zu reagieren, und die eigene Integrität und Glaubwürdigkeit auf dem Spiel steht, in denen man sich für **Plädieren** oder **Suspendieren** entscheiden kann. Die Entscheidung für das Suspendieren – für die Veränderung dieser eingefahrenen Gewohnheit und das Wagnis einer neuen Haltung, die die Energie des Gesprächs verändert – ist selten. Meist bestimmen die gewohnte Verteidigungshaltung und die »Gefühle« das Gespräch. Dabei ist Verteidigung an sich nichts Schlimmes. Geschieht sie aber unbewusst und unreflektiert, kann sie die Kommunikation lähmen. Ehe man sich versieht, plädiert man schon, und wenn man das bemerkt, ist es bereits zu spät. Aber meiner Meinung nach ist es möglich, die eigenen Reaktionen verstehen zu lernen und das Rüstzeug und die Stärke für ihre Suspendierung zu erwerben. Wenn man das erreicht, wird alles anders.

Verteidigung und »verbale Raufereien«, wie Mark Gerzon unproduktive Diskussionen nennt, lagen zweifellos nicht in Koppels Absicht und vermutlich auch nicht in der der anderen Teilnehmer. Aber es passiert dennoch oft genug, dass Menschen scheitern, die ihr Gespräch auf eine neue Ebene bringen wollen. Woran liegt das? Und was kann man dagegen tun?

Hier blieb das Gespräch im zweiten Feld, dem Zusammenbruch, und die Leitung Koppels in diesem Raum war unilateral. Die Teilnehmer plädierten für ihre Auffassungen. Ihre Erkundung der Perspektiven der anderen diente nicht dazu, *die eigene Argumentation angreifbar zu machen, sondern sie durchzusetzen. So bemühte sich z.B. Don Hewitt, den Einsatz versteckter Kameras zu rechtfertigen. Er sagte: »Kann ich eine Frage stellen?« und fuhr dann fort:*

> *»Vor 25 Jahren hat Mike Wallace mit Hilfe einer versteckten Kamera entlarvt, wie eine angebliche Krebsklinik ihre Patienten betrog. Sie hätte gar nicht erst genehmigt werden dürfen und wurde von den kalifornischen Behörden geschlossen, als sie Mikes Aufnahmen sahen [...] Sieht jemand darin ein Problem?«[3]*

»Sieht jemand darin ein Problem?« ist ein gutes Beispiel für eine als Frage getarnte Aussage. Es ist natürlich nicht auszuschließen, dass Hewitt auch herausfinden wollte, was die anderen dachten. Aber er hat mit dieser Eröffnungssalve eindeutig den Einsatz versteckter Kameras verteidigt. Die Inkohärenz zwischen dem, was er gesagt hat und was er zu sagen behauptete – dass er etwas fragen wollte – zählt zu den Mitteln, die den Schlagwechsel von Plädoyers den Zündstoff liefern. Die Beteiligten reagieren dann, oft ohne es wirklich zu begreifen, durch schlichtes Zurückschlagen.

Dass das Gespräch so hitzig verlief, lag natürlich zum Teil an dem Rahmen, in dem es stattfand: eine einstündige Fernsehsendung mit zwei emotional engagierten und überdies in einen Rechtsstreit verwickelten Parteien sowie die Möglichkeit, dass die Äußerungen gerichtsverwertbar würden, falls ABC in die Berufung ginge. Die Wahrscheinlichkeit, dass die Beteiligten ihre persönlichen Interessen hintanstellten, schien gering.

Meiner Meinung nach ist allerdings selbst in Situationen, in denen wie hier viel auf dem Spiel steht, mehr möglich. Die Beteiligten hatten weder Richtlinien noch einfaches Handwerkszeug, das ihnen ein Nachdenken ermöglicht hätte. Niemand suspendierte seine Meinung. Niemand sagte: »Möglicherweise habe ich ja Unrecht, und ich möchte dank ihrer Perspektive lernen, was ich vielleicht selbst nicht sehe.« Niemand bemerkte den Unterschied zwischen Situationen, in denen sie einen Schlagabtausch führten, und anderen, in denen sie sich auf einen reflektierenden Dialog zu bewegten – d.h. mit der »Krise des Suspendierens« umgingen. Das allein hätte sie soweit beruhigen können, dass sie bemerkten, was sie taten, und ihnen einen anderen Ton ermöglicht.

Die Teilnehmer führten keine echte Erkundung durch. Sie gingen praktisch von der Annahme aus: Wenn hier jeder seine Auffassungen verteidigen will, muss ich nachdrücklicher für meine eigenen Ansichten plädieren. Aber »nachdrücklicheres Plädieren« ist eine sinnlose Strategie, weil sie nur dazu führt, dass alle anderen sie ebenfalls benutzen.

Viele Fernsehjournalisten glauben, verbaler Schlagabtausch und scharfe Repliken seien gutes Fernsehen. Am Ende der einstündigen Sendung sagte Koppel, es wäre vielleicht besser gewesen, wenn die Diskussion nur eine halbe Stunde gedauert hätte. Das war richtig, aber nur dann, wenn die Sendung sich auf diese Art des Austausches beschränken sollte, auf einen Dialog, in dem es so wenig Bewegung und Schwung, so wenig Raum für Reflexion gab. Denn das dritte Feld, das Feld der Erkundung, kann so ansteckend und stark sein wie Zusammenbruch und Debatte. Wenn dieser Raum erreicht wird, finden die Beteiligten selten ein Ende. Er erfordert Arbeit, Bereitschaft zum Suspendieren, Handwerkszeug und Kompetenz.

Meine Kollegen Diana Smith, Robert Putnam und Phil MacArthur, die erfahrene Dialogbegleiter sind, haben ein Modell für Gruppen entwickelt, die sich im Feld II verstricken.[4] *Sie gehen von einem Kontinuum aus, in dem es möglich ist, zu leiten, zu benennen und die Gruppe zu verpflichten. Koppel leitete die Sendung wie ein Polizist: Inkonsistenzen in den Äußerungen deutlich machen, eingreifen, wenn zuviel gepredigt wird, und der Hinweis auf eine übergeordnete Ebene und übergreifende Fragen. Mit anderen Worten: Er sorgte dafür, dass die Grundregeln eingehalten werden, Einzelne nicht dominierten und die kritischen Fragen erörtert wurden. Wäre er aber mit den hier beschriebenen Vorstellungen vertraut gewesen, hätte er etwas anderes ausprobieren können. Als das Gespräch zur bloßen Wiederholung der Fragen geriet, hätte er die Teilnehmer nicht nur zur Ordnung rufen, sondern sie darauf aufmerksam machen und es benennen können: So wie wir hier reden – alle plädieren, keiner erkundet, jeder verteidigt seine Position – wiederholen wir nur, was wir bereits gesagt haben. Sehen Sie das ein? Können wir etwas anderes versuchen?*

Sollte auch dadurch kein fließenderes Zuhören möglich werden, bleibt der Schritt auf die letzte Ebene: die Ebene des Engagements. Dadurch erhöht sich der Einsatz beträchtlich. Koppel hätte mehrere Möglichkeiten gehabt, z.B.: Durch solche Plädoyers kommen wir nicht dazu, nachzudenken, warum wir diese Ansichten haben. Lassen Sie mich also fragen: Warum haben wir alle den starken Drang, uns zu verteidigen? Was hält uns davon ab, innezuhalten und zu erkunden? Oder er hätte es so versuchen können: Können wir etwas Neues voneinander lernen? Können wir uns fragen, was wir überhören, weil wir es nicht hören wollen? Eine andere Möglichkeit wäre die Aufforderung zu größerer Offenheit gewesen: Darf ich Sie bitten, uns nicht nur Ihre Position, sondern Ihre eigene Erfahrung mit diesem Gespräch heute Abend zu schildern? Was sind Ihre Dilemmata? Wovor haben Sie Angst? Was fürchten Sie zu verlieren, wenn Sie sich nicht gut verteidigen? Wir wollen einen gewissen Raum lassen und die Möglichkeit respektieren, dass es keine richtige Antwort gibt. Ich warne davor, jetzt die Ansichten aller anderen festzulegen.

Der Fall Food Lion zeigt, wie leicht das explizite Interesse, über etwas nachzudenken, von einer Reihe von Kräften abgelenkt werden kann, die letztlich aus Pathologien in der Ökologie des Denkens stammen. Die Gesprächsteilnehmer glaubten an ihre eigenen Standpunkte. Sie hatten keinen Zweifel an ihrer jeweiligen Sichtweise und plädierten nachdrücklich dafür. Jeder hielt einen einseitigen, abstrakten Ausschnitt des Geschehens für das Ganze. Und sie übten im Interesse der »Wahrheit« eine Art verbaler Gewalt aus, die ein Spiegel der Gefechtstaktiken beider Seiten war.

Solange Menschen wie Ted Koppel, die das Nachdenken vertiefen und die Qualität des Denkens verbessern wollen, nicht lernen, wie man die Atmosphäre verändern kann, in der ein solcher Austausch stattfindet, bleiben reflektive, generative Dialoge sehr selten.

Aufbau eines Containers für dialogische Beziehungen: Die Initiative von Den Haag

»Auge um Auge – und wir werden alle blind.«
Ghandi

Dialog wird oft als sinnvoller Prozess zur Lösung internationaler Konflikte betrachtet.[5] In den letzten Jahren ist es häufig vorgekommen, dass die Schlüsselfiguren in den drängendsten Konflikten unserer Zeit sich erfolgreich und ungezwungen miteinander ausgetauscht haben.[6]

Der Friedenspalast von Den Haag ist eines der stärksten Neutralitätssymbole weltweit. Das 1913 eingeweihte Gebäude wurde von dem amerikanischen Philanthropen Andrew Carnegie gestiftet. Viele Nationen haben sich durch die Bereitstellung von Kunstwerken und Material an dem Bau beteiligt. Im Friedenspalast fanden z.B. eine Reihe russisch-tschetschenischer Dialoge über Tschetscheniens Unabhängigkeitsbestrebungen statt, die vielversprechende Ergebnisse erbrachten und zeigten, dass es möglich ist, politische Gegner und Rivalen zusammenzubringen, damit sie lernen, gemeinsam zu denken.

1991 startete der Russlandspezialist Bruce Allyn, Mitarbeiter der Monitor Company, mit William Ury, Autor des Buches Das Harvard-Konzept, *ein Projekt zur Lösung ethnischer Konflikte in der ehemaligen Sowjetunion, das einen bemerkenswerten Container für den Dialog bildete: Mit einer Gruppe internationaler Kollegen und finanziert von der Carnegie Corporation, New York, berieten sie Russen und Führer der Republiken der ehemaligen Sowjetunion, die unabhängig werden wollten. In diesen Regionen spielte die ethnische Identität immer noch eine große Rolle, und durch das Ende der sowjetischen Herrschaft war es zwangsläufig zum Wiederaufleben nationalistischer Bestrebungen gekommen.*

Anfänglich bestand die Arbeit aus einer Reihe informeller Treffen mit den Führern der autonomen Republik Tatarstan und Beamten der russischen Föderation. Die Arbeit in Tatarstan, die einige Lektionen in internationaler Zusammenarbeit konsolidierte und methodische Hilfestellung für die Verhandlungen mit den Russen bot, wurde zum Modell für die Hilfe im noch stärker gefährdeten Tschetschenien.

Allyn und Ury stellten fest, dass die Konflikte dieselbe Struktur hatten: Jede Republik strebte nach mehr bzw. vollständiger Unabhängigkeit. Dass man ihnen im Gegensatz zu Georgien und der Ukraine den Status der unabhängigen Nation verweigerte, war für sie Anzeichen der Doppelmoral und Heuchelei. Viele dieser ethnischen Republiken waren im Rahmen der repressiven Kampagne Stalins gegen ethnische Minderheiten in Russland – die in Richtung ethnischer Säuberung ging – gegründet worden. Stalin wollte sie durch Teilung und Kooptierung ihrer Führung assimilieren und so jede Gefahr für seine Herrschaft beseitigen. Mitte der 90er Jahre kam es in mehreren Republiken zu Gewaltausbrüchen, insbesondere in der armenischen Enklave Nagorny-Karabach und in Tschetschenien.

Die russische Regierung hatte 1992 versucht, diese Staaten mit dem verbliebenen russischen Gebiet zu einer offiziellen Föderation zusammenzuschließen. Daran hatten sich zwei Republiken mit besonders komplexen politischen und ethnischen Bedingungen – Tatarstan und der Nordkaukasus, einschließlich Tschetscheniens – nicht beteiligt. Sie wurden durch militärische Mittel in die russische Föderation gezwungen. Sie haben eine mehrheitlich nichtrussische Bevölkerung, historisch gewachsene Regierungsstrukturen und sind überwiegend nicht russisch-orthodox, sondern islamisch.

1994 unterzeichnete Moskau schließlich einen Vertrag mit Tatarstan, der dieser Republik weitgehende Autonomie garantierte. Tatarstans Präsident, der sich von internationalen Experten im Rahmen der Haager Initiative beraten ließ, brachte die Russen dazu, die Verfassung des Landes trotz zahlreicher Wiedersprüche zur russischen Verfassung zu akzeptieren. Dank des Prinzips des »kreativen Umgangs mit Mehrdeutigkeiten« konnten die Tataren die Gewalt vermeiden, die so viele andere Staaten belastete.

Die Haager Initiative schuf einen Container, in dem die Parteien, die am Tschetschenienkonflikt beteiligt waren, offen über die erfolgreiche Erfahrung der Tataren reden und darüber nachdenken konnten. Bei einer Sitzung in Den Haag sagte Präsident Schaimiew von Tatarstan:

> »Wir haben in den Vertrag die Anerkennung beider Verfassungen aufgenommen, obwohl sie im Grunde nicht ganz vereinbar sind. Aber das ist in diesem Stadium ein notwendiger und fruchtbarer Kompromiss. [...] Es war keine Einbahnstraße [...] Gleichzeitig haben wir, um die drängendsten Konflikte zu überwinden, zwölf Regierungsabkommen im Rahmen des Vertrags über spezifische Fragen von Eigentum, Besteuerung, Verteidigung, Zölle und so weiter unterzeichnet.«[7]

Um Blutvergießen zu vermeiden, sind oft neue Ansätze erforderlich. Die Tataren verglichen ihre Lage mit der Quebecs in Kanada, das die kanadische Verfassung seit 15 Jahren nicht mehr anerkennt.

Im März 1996 entwickelten Spitzenbeamte aus Russland und Tschetschenien mit internationalen Experten einen Zehn-Punkte-Plan zur Beendigung des Tschetschenienkrieges. Allyn sagt dazu:

> »Ein Schlüsselelement des Vorschlags der Den Haager Initiative, das von den Teilnehmern einstimmig angenommen wurde, war die Bereitschaft, die Frage des politischen Status von Tschetschenien auf einen späteren Zeitpunkt zu verschieben. [...] Der Ansatz der ›aufgeschobenen Entscheidung‹ wurde vier Monate später von den russischen und tschetschenischen Führern offiziell gebilligt [...] als beide Seiten einwilligten, die Frage des Status von Tschetschenien fünf Jahre aufzuschieben. Zum Vorschlag der Haager Initiative gehörten auch direkte Verhandlungen zwischen Präsident Jeltzin und dem tschetschenischen Präsidenten Dudajew, und auch das wurde vom russischen Präsidenten später gebilligt«.[8]

Das Abkommen führte zur Entmilitarisierung Tschetscheniens und forderte freie und gleiche Wahlen.

Die Prinzipien, die hinter der Haager Initiative standen, spiegeln die Gedanken zum Dialog, die ich hier entwickelt habe.

> »Alle Konferenzen der Haager Initiative werden in einer Weise moderiert, die drei Ziele erreichen soll: Die Moderatoren bemühen sich erstens darum, einen offenen Dialog zu fördern, um die *Interessen* besser zu verstehen, die den offiziellen Positionen der Konfliktparteien zugrunde liegen. Während des Dialogs notieren die Moderatoren für alle sichtbar entscheidende Punkte in zwei Sprachen, damit alle darüber nachdenken können. Die Moderatoren leiten zweitens die Gruppe beim gemeinsamen Brainstorming zu möglichen kreativen *Optionen* an, die den Grundinteressen aller Seiten gerecht werden. Und drittens ist der Prozess so strukturiert, dass die durch den Konflikt entstandenen psychologischen und emotionalen Verletzungen gewürdigt werden können und die Notwendigkeit von Heilung und *Versöhnung* evoziert wird.
> Die folgenden Richtlinien müssen bei allen Konferenzen eingehalten werden: Alles, was gesagt wird, ist inoffiziell und darf nicht ohne Genehmigung zitiert werden; an den geschlossenen Sitzungen dürfen keine Pressevertreter teilnehmen; die Teilnehmer agieren inoffiziell und dürfen keine offiziellen Vorschläge machen, die anzunehmen bzw. abzulehnen sind; ein lektoriertes Protokoll der Sitzungen darf erst dann veröffentlicht werden, wenn alle Teilnehmer den Text gelesen und Kommentare, die zur Veröffentlichung nicht geeignet sind, gestrichen haben.«[9]

Diese Regeln verweisen auf die vier Praktiken des Dialogs: die Schaffung eines sicheren Containers, der allen Beteiligten gehört und in dem sie sich in einem Klima gegenseitiger Achtung bewegen können; die Schaffung von Bedingungen, die Zuhören und Teilnahme fördern, d.h. die offiziellen Funktionen der Teilnehmer werden nivelliert, so dass es sich um virtuelle und nicht um »reale« Konferenzen handelt; die Produktion eines gemeinsamen Textes, der von allen korrigiert werden kann; die Konzentration auf Interessen statt auf Positionen, die Suspendieren und Reflektieren fördert; ein kreatives Brainstorming zur Entwicklung von Optionen in einem Klima, in dem niemand ohne Erlaubnis zitiert werden kann, so dass die Beteiligten ermutigt werden, mit ihrer eigenen Stimme zu sprechen.

Bei diesen Treffen ging es darum, einen Ansatz zu entwickeln, der das Entstehen neuer gemeinsamer Bedeutungsebenen ermöglicht. Aber das ist noch nicht alles. Allyn und Ury haben die Beziehungen zu fast allen entscheidenden Teilnehmern dieser Konferenzen jahrelang gepflegt. Ihr Netzwerk ist schon für sich genommen zum Container für diese Gespräche geworden – zu einem in langjähriger Arbeit bewusst aufgebauten Container, der noch auf die Zeit vor Gorbatschows Glasnost zurückging. Anders ausgedrückt: Die Bemühungen, Settings zu kultivieren, in denen die in diesem Modell beschriebenen Prinzipien zum Funktionieren gebracht werden können, haben eine lange und bewusste Geschichte. Für einen echten Dialog über schwierige Probleme auf internationaler Ebene ist es, wie ich glaube, so typisch wie wesentlich, Mitspieler zu finden, die sich – zum Teil seit Jahrzehnten – darum bemühen, Differenzen zu überbrücken und die Zähigkeit besitzen, Spannungen zu halten und in ihr Denken zu integrieren.

Die Rückkehr zur Höflichkeit:
Ein Wochenendseminar des Kongresses der Vereinigten Staaten

Ende 1996, nach fünf Legislaturperioden, hatte der Kongressabgeordnete David Skaggs aus Colorado die Nase voll von den feindseligen Debatten und Konflikten und der »Metaphysik des Misstrauens« im Repräsentantenhaus. Mit einigen Kollegen – darunter Tom Sawyer aus Ohio, Demokrat wie Skaggs, sowie die beiden Republikaner Amo Houghton von New York und Ray LaHodd von Illinois – versuchte er, eine Lösung zu finden. Sie sprachen weitere Kongressabgeordnete an, und innerhalb weniger Wochen hatten 43 Demokraten und 43 Republikaner einen Brief unterschrieben, in dem eine Klausurtagung für den Kongress gefordert wurde, der dem Nachdenken über Höflichkeit und über die Debatten im Parlament dienen sollte.[10]

Die Atmosphäre im 104. Kongress war außerordentlich bösartig. Dieser Kongress hatte die Bundesregierung im Kampf mit Präsident Clinton um den Haushalt 1995 lahmgelegt und erst vor kurzem eine Überprüfung der Moral des Sprechers Gingrich mit einem Tadel abgeschlossen. Das Unbehagen auf beiden Seiten des Hauses war förmlich mit Händen zu greifen. Und doch schien schon allein die Vorstellung unmöglich, die Kultur dieser Institution zu verändern. Die Initiative von Skaggs und seinen Mitstreitern war der erste Versuch überhaupt, die Interaktionen der Abgeordneten in einer dem Nachdenken förderlichen, »abgeschlossenen« Umgebung zu reformieren. Viele Kongressmitglieder suchten verzweifelt nach einem Ausweg aus den Konflikten, aber die Möglichkeiten schienen gering. Die einschüchternd lange Geschichte des Kongresses, der rasche Wechsel seiner Mitglieder und eine zu diesem Zeitpunkt relativ geringe Zahl altgedienter Abgeordneter erschwerten die Aussicht auf Veränderung zusätzlich.
  Aber davon ließ sich Skaggs bei seiner Suche nach Alternativen nicht abhalten. Er meinte:

> »Gesetzgebung funktioniert nicht ohne Vertrauen. Vertrauen ist nur möglich, wenn man die Menschen kennt. Und es ist unmöglich, sie kennen zu lernen, wenn man keine Zeit miteinander verbringt. Was im Kongress fehlte, war Zeit zum gegenseitigen Kennenlernen.«

Seine Absicht war klar: »Wir müssen uns moralisch und emotional kennen lernen, ohne unter dem üblichen Druck zu stehen, zu siegen.« Und so entstand die Idee einer Klausurtagung. Auch Skaggs zweifelte an der Bereitschaft der Abgeordneten, daran teilzunehmen:

> »Die Herausforderung bestand darin, mehr als nur eine Handvoll von der Idee zu überzeugen. Es war ziemlich hart, sich vorzustellen, wir könnten das schaffen. So etwas hatte es noch nie gegeben – dass man sich ein ganzes Wochenende mit der anderen Seite zusammensetzt, mit Menschen, die von Beruf aus zur Selbstverteidigung neigen.«

Aber Skaggs spürte auch eine gewisse Empfänglichkeit für den Gedanken, weil das Bedürfnis nach Veränderung so stark war.
  Als Moderator wurde Mark Gerzon eingeladen, der Autor des Buches A House Divided. *Er stellte in seinem ersten Brief an die Planungskommission vor allem Fragen. Er machte keine konkreten Vorschläge, sondern initiierte eine Erkundung mit den Mitgliedern, die entsprechend beeindruckt waren. Gerzon verfolgte generell die Strategie, die Beteiligten aufzufordern, selbst die Verantwortung für das Ereignis zu übernehmen und soweit wie möglich »aus dem Hintergrund zu führen«. Es gab viele Fragen zur Strukturierung der Tagung, und Gerzon erfragte die Meinungen vieler Menschen.*

Im März 1997 dann nahmen 215 Mitglieder des Kongresses an einer beispiellosen Klausurtagung in Hershey, Pennsylvania teil. Sie gaben sich große Mühe, das Setting oder, wie ich es nenne, den Container aufzubauen. Sie schlossen die Medien von der Teilnahme aus, informierten sie aber im Anschluss an das Seminar. Auch begrenzten sie die Anzahl der Mitarbeiter der Abgeordneten, die an der Vorbereitung und der Tagung selbst teilnahmen. Dafür wurden die Ehepartner als gleichberechtigte Teilnehmer zugelassen; insgesamt waren etwa 180 Partner und 100 Kinder dabei. Zu den einflussreichsten Schritten zählte die Reise nach Hershey: Sie hatten eine gemeinsame Zugfahrt von Washington aus organisiert und alle eingeladen, ihre Familien mitzubringen. Laut Skaggs war das eine sehr hilfreiche, wenn auch »unnatürliche Erfahrung. Den politischen Gegner mit Kindern auf der Schulter zu sehen, war eine sehr menschliche Erfahrung. Auf diese Weise nahmen die Teilnehmer viele Informationen auf, noch bevor sie angekommen waren.« Um ein angemessenes Maß an Verantwortung zu verteilen, hatten die Organisatoren beschlossen, die Tagung solle von den Mitgliedern selbst geleitet werden, um den privaten und vertraulichen Charakter zu wahren, auch wenn Berater von außen in unterstützenden Funktionen dabei waren.

Einige Mitglieder hatten darüber diskutiert, ob die Qualität der Debatten tatsächlich schlechter geworden war. Eine vom Pew Charitable Trust finanzierte Untersuchung über die Anzahl der Verstöße von Abgeordneten gegen die formalen Verhaltensregeln im Kongress unter Leitung von Professor Kathleen Hall Jamieson von der University of Pennsylvania war zu dem Ergebnis gekommen, dass es 1946 und 1994 eine extrem hohe Zahl solcher Verstöße gegeben hatte. Beide Male hatte es zuvor einen Wechsel in der Leitung des Hauses gegeben.

Die Klausurtagung begann mit der Vorführung eines Videos über die Geschichte und Majestät der Traditionen des Kongresses. Der Historiker David McCollough schuf mit seinem Vortrag eine Atmosphäre, die nach übereinstimmender Meinung die Teilnehmer inspirierte; er erinnerte daran, wer sie waren und was sie taten. McCollough evozierte mit seiner Einführung das »Ideal« und machte ihnen ihre Möglichkeiten bewusst. Das war ein wichtiger Schritt aus dem 1. Feld, der Höflichkeit, zu den anderen Phasen des Dialogs.

Es gab vier Arbeitsblöcke. Im ersten Block gab es zwölf Gruppen mit je ca. 30 Teilnehmern, geleitet von je einem demokratischen und einem republikanischen Abgeordneten. Jede Gruppe formulierte ein persönliches Ziel für das Seminar. Im Vorfeld waren Befürchtungen laut geworden, eine solche Einführungsrunde könnte die Abgeordneten langweilen, aber hinterher meinten viele, diese Anfangssitzung sei sehr wertvoll gewesen; am Ende wollten alle weitermachen.

Beim zweiten Block sollten die Abgeordneten in einer offenen Sitzung über die Frage nachdenken: Welchen Einfluss hat die Qualität der Debatte im Repräsentantenhaus auf mich persönlich? Anschließend wurde in kleinen Gruppen darüber nachgedacht, welche Hindernisse einer Qualitätsverbesserung der Debatten im Wege stünden. Die Ergebnisse wurden auf Zetteln notiert. An die Pinnwand gehängt werden durften nur solche, die von je einem Demokraten und einem

Republikaner abgezeichnet waren. Die Abgeordneten sahen sich die einzelnen Zettel an und bewerteten sie danach, ob sich die betreffenden Hindernisse beseitigen oder reduzieren ließen. Am Abend gab es ein festliches Abendessen mit anschließendem Ball.

Das Gemeinschaftsgefühl wurde im Laufe des Wochenendes stärker. Am Sonntag Vormittag wurde deutlich, dass etwas Wichtiges geschehen war. Die üblichen Einstellungen waren, zumindest für den Augenblick, in den Hintergrund getreten. Die Gruppe traf sich zum »offenen Gespräch«, bei dem sich viele äußerten und viel gelacht wurde. Anschließend wurden die Abgeordneten zu Aussagen aufgefordert, die mit dem Satz beginnen sollten: »Wenn ich für den Kongress verantwortlich wäre, dann würde ich ...« Sechzig mögliche Handlungsschritte in Richtung auf Veränderung wurden formuliert, darunter der Gedanke, die Kongressleitung solle regelmäßige Treffen mit beiden Parteien organisieren, um Differenzen auszuräumen.

Viele der Teilnehmer stellten fest, dass etwas Wichtiges geschehen war. Der »Geist von Hershey« wurde zum Bezugspunkt für eine andere Form des Gesprächs. Aber trotz aller Bemühungen und Begeisterung setzte die Leitung des Kongresses in der Folgezeit ihre Versprechungen nicht um, und der Geist der Debatten verstößt immer wieder gegen die Erfahrung von Hershey.

Diese ungewöhnliche Tagung zeugt von der Sehnsucht nach echten Gesprächen und den enormen strukturellen Hindernissen, die ihnen im Wege stehen. Gerzon und seine Mitarbeiter hatten die Notwendigkeit begriffen, einen Container für dieses Ereignis zu schaffen, in dem sich die Beteiligten ihre Erfahrung wirklich zu eigen machen konnten. Damit hatten sie in weiten Teilen auch Erfolg. Einige Mitglieder der Planungsgruppe sagten auf der Rückfahrt, das Seminar sei so gut gelaufen, dass es nicht allein an der Planung liegen könne; offensichtlich sei die Gnade mit ihnen gewesen. Später sagte Skaggs: »Da war etwas, was die Aufmerksamkeit der Leute auf eine andere Ebene gehoben hat.«

Die Tagung von Hershey hatte die Erwartungen der Planer und vieler Teilnehmer weit übertroffen. Aber die längerfristigen Ergebnisse waren unbefriedigend. Die fest vereinbarten Treffen der Leitung beider Parteien fanden nie statt. Da sie den ersten entscheidenden Schritt zur Veränderung bilden sollten, tat sich auch sonst wenig. Der Geist von Hershey aber blieb: Die Organisatoren haben bereits eine neue Tagung geplant.

Solche Seminare sind wichtige erste Schritte in einem umfassenderen Veränderungsprozess, der aber gleichzeitig immer wieder Rückschläge erfährt: zwei Schritte vor, einen zurück. Die tiefreichende Veränderung von Institutionen ist kein linearer Prozess. Aber »Seminare« dieser Art haben auch etwas Problematisches, das gewünschte Veränderung unterlaufen kann. Wenn man die vertraute Umgebung verlässt und sich an einen relativ unstrukturierten, neutralen Konferenzort begibt, schafft man sich Raum und umgeht die Probleme, die für die Schwierigkeiten verantwortlich sind. Wenn man das weiß und Veranstaltungen wie die von Hershey nur als ersten Schritt zu mehr Selbstreflexion und Veränderung im Kongress selbst begreift, dann hat man etwas sehr Wichtiges erreicht. Wenn nicht, läuft man Gefahr, die Normen, die man durch solche Seminare verändern wollte, weiter zu verstärken.

Das Modell, das ich in diesem Buch vorgestellt habe, geht davon aus, dass grundlegende Veränderungen Aufmerksamkeit für die Ökologie und die Verhaltensstrukturen erfordern, durch die Probleme überhaupt erst entstehen. Solche »Strukturfallen« lassen sich vorübergehend umgehen, so dass Energie und Wohlgefühl freigesetzt werden. Aber kaum ist man zurück in der gewohnten Umgebung, setzen sich die vertrauten Strukturen sehr schnell wieder durch, und es scheint, als hätte sich nicht viel verändert. Seminare wie das von Hershey können den Teilnehmern eine Perspektive geben. Aber in der alltäglichen Umgebung ist eine bewusste Erkundung der Strukturen erforderlich, die solche Seminare nötig gemacht haben.

Es ist schwer, die Strukturen zu erkunden, die einen echten Dialog etwa im Kongress verhindern, aber es ist möglich. Hershey hat den Abgeordneten gezeigt, dass sie trotz der dem Parteiensystem quasi inhärenten Tendenz zu Debatten und Polarisierung lernen können, ihre Differenzen effektiver auszutragen, ohne die Bösartigkeit, die sich manchmal wie von selbst einschleicht. Die Erkundung wirft andere Fragen auf: Welche Strukturen stehen dem Dialog entgegen? Welche Möglichkeiten haben einzelne Abgeordnete oder der Kongress insgesamt, um diese Strukturen zu beeinflussen? Was sind die Fallen, über die man sprechen muss? Was ist das Dilemma des Einzelnen? Wer sieht die Fallen am klarsten?

Gefängnisdialoge:
Die Transformation der Erinnerung

1994 kam David Parson, Bewährungshelfer in Whitemore, einem der Hochsicherheitsgefängnisse Englands, mit einem Projektvorschlag auf Peter Garrett zu. Garrett, der seit neun Jahren in engem Kontakt zum Physiker David Bohm stand, hat Pläne für Dialoge in praktischen Settings entwickelt. Parson hatte von Garretts Arbeit mit dem Dialog in Europa gehört und wollte wissen, ob es möglich sei, Dialoge im Gefängnis zu führen. Es ging ihm darum, den Gefangenen zu helfen, ihre Gefühle anders als über Gewalt auszudrücken und neue Einstellungen zu sich und zur Gesellschaft zu entwickeln.

Garrett wurde nach einigem Nachdenken klar, dass dieses Projekt wichtiger war, als es auf den ersten Blick scheinen mochte. Gefängnisse sind Orte für Menschen, die gesellschaftliche Regeln gebrochen haben. Sie dienen zur Aufbewahrung unangenehmer und unakzeptabler Mitglieder der Gesellschaft.

Wir schließen weg, was wir nicht als Teil unseres Selbst akzeptieren wollen. Fraglich ist nur, ob das wirklich dazu dient, effektiv mit diesen Anteilen in uns umzugehen.

Schon im Kindesalter bringt man uns bei, unpassende Verhaltensweisen und Einstellungen wegzuschließen. Das ist ein notwendiger Zivilisierungsprozess, aber er hat auch seinen Preis. Wie Robert Bly einmal sagte:

> »Bis zum Alter von ein oder zwei Jahren besitzen wir eine Persönlichkeit, die man sich als rund, als dreihundertsechzig Grad umfassend, vorstellen kann. Jeder Teil unseres Körpers und jeder Teil unserer Psyche glüht nur so vor Energie. Ein rennendes Kind ist eine lebendige Kugel aus Energie. Wir alle waren einmal so eine Kugel aus geballter Energie, bis wir allmählich merkten, dass unsere Eltern bestimmte Teile der Kugel nicht so schätzten. Sie sagten z.B.: ›Kannst du nicht mal ruhig sein?‹ oder: ›Das ist aber gar nicht nett, dass du dein Brüderchen umbringen willst!‹«[11]

Die Frage ist, was wir mit dieser Energie anfangen. Bly antwortet darauf: Wir stecken sie in einen Sack, den wir mit uns tragen:

> »Bis wir in die Schule kommen, ist der Sack schon groß und voll. Dann sagen unsere Lehrer: ›Brave Kinder werden aber wegen so einer Kleinigkeit nicht so jähzornig!‹ Also nehmen wir auch unseren Zorn und stecken ihn in den Sack. Als mein Bruder und ich in Madison, Minnesota, zwölf Jahre alt waren, kannte man uns nur als ›die netten Bly-Jungen‹. Da waren unsere Säcke schon fast eine Meile lang.«[12]

Der abgelehnte Anteil unserer Person kann sich nicht entwickeln. Was in dem Sack steckt, so Bly, regrediert oder zerfällt zu einer Barbarei, mit der sich immer schwerer leben lässt. Wir verbringen die ersten 20 Lebensjahre damit, Dinge in den Sack zu stecken und uns akzeptabel zu verhalten. Aber dabei spalten wir uns. In den restlichen Lebensjahren versuchen wir dann, diese abgelehnten Teile des Selbst, unsere Schatten, wieder zu integrieren.

Das ist auch deshalb problematisch, weil wir das, was noch im Sack ist, nach außen projizieren. Wenn wir mit unseren schlimmsten Anteilen – der Wut und Verrücktheit – nicht in Kontakt sind, weil wir sie weggeschlossen haben, dann neigen sie dazu, gerade dann zu entwischen, wenn wir nicht auf sie achten, und beeinflussen unsere gesamte Wahrnehmung der Welt. Viele Autoren haben in den späten achtziger Jahren darauf hingewiesen, dass das amerikanische Bild von der hässlichen Sowjetunion – bei all ihren realen Fehlern – genauso viel über Amerika aussagt wie über die Sowjets. Wir lehnen die Teile unseres Selbst ab, die wir nicht integrieren wollen. Die Ironie liegt darin, dass die abgelehnten Teile gerade deshalb destruktiv werden, weil wir sie nicht akzeptieren.

Aber nicht nur Einzelne tragen solche »Säcke« mit sich herum. Nach Meinung Blys gilt das auch für ganze Städte, die dann fordern, alle müssten dasselbe hinein tun. Und Garrett konzentrierte sich bei der Frage nach den Möglichkeiten von Gefängnisdialogen auf den »Sack der Gesellschaft«: Was schließt unsere Gesellschaft weg? Was schafft sie uns damit aus den Augen? Auf der Basis dieser Überlegungen nahm schließlich das Projekt Gestalt an, Dialoge in Gefängnissen und Freigängereinrichtungen durchzuführen, um so den sehr viel größeren »Sack« oder Schatten, wie C.G. Jung es nennt, den die Gesellschaft mit sich trägt, verstehen zu lernen. Dialoge im Gefängnis könnten ein Setting sein, das, wie Garrett glaubt, nicht nur zur Unterstützung von Häftlingsgruppen sinnvoll ist, sondern ihnen und anderen zur Einsicht in den kollektiven Schatten, den kollektiven »Sack« verhelfen kann. Der Dialog trägt nicht nur dazu bei, die Muster Einzelner und Gruppen zu verstehen, sondern auch gesellschaftliche Muster, die alle in sich tragen. Der Dialog kann ein Container sein, in dem diese gesellschaftlichen Belastungen und Gedanken suspendiert, wahrgenommen und potentiell neu integriert werden können.

Wichtiger noch schien Garrett, dass die Exploration des Dialogs im Gefängnis Einsicht in den Kern des gesellschaftlichen »Zivilisierungsprozesses« bietet, und zwar durch die Exploration seines Zusammenbruchs. Er geht davon aus, dass solche Zivilisierungsprozesse dazu dienen, Menschen zu kontrollieren, sie zu einem ordentlichen und akzeptablen Leben zu zwingen. Aber dadurch schädigen sie die »Infrastruktur des Denkens«, in der wir alle leben. Entsprechend lernen wir, vitale Teile des Selbst zu verdrängen und abzulehnen. Manche Menschen schaffen das nicht so gut wie andere, und dann schließen wir sie weg. Aber die Frage nach der Wirkung des Zivilisierungsprozesses auf die menschliche Gesellschaft bleibt, genauso wie die Frage, ob die Art und Weise, wie er für Stabilität sorgt, unbeabsichtigte Nebenwirkungen hat, die mehr Probleme mit sich bringen, als wir glauben.

Garrett hat in den letzten vier Jahren Dialoge in Gefängnissen geleitet. Jeden Dienstag Morgen versammeln sich Häftlinge, verurteilt wegen Mordes, bewaffneten Raubes, Drogenschmuggels und anderer Verbrechen, aber auch Gefängnisbeamte, Schließer und der Gefängnisgeistliche. Es gibt keine festgelegte Hierarchie bei der Reihenfolge der Sprecher oder der Themenwahl; jeder kann jederzeit über jedes beliebige Thema sprechen. In einer zweiten Gruppe am Nachmittag versammeln sich Sexualverbrecher, Männer, die wegen Vergewaltigung, Kindesmissbrauch, Kindesmord oder Serienmorden einsitzen. Beide Gruppen tagen einmal in der Woche anderthalb Stunden. Die Teilnahme ist völlig freiwillig.

Das britische Gefängnissystem arbeitet mit »Verlegung«, d.h. Häftlinge, die wegen der schlimmsten Verbrechen – Mord, Serienmord, wiederholte Vergewaltigung, Pädophilie – in einem der sechs Hochsicherheitsgefängnisse einsitzen, können nach einigen Jahren ohne Ankündigung in ein anderes verlegt werden. Damit soll verhindert werden, dass die Häftlinge Beziehungen aufbauen, die ein Sicherheitsrisiko für sie selbst oder das Gefängnissystem darstellen. Die Gefangenen wissen also, dass sie jederzeit innerhalb einer Stunde in ein anderes Gefängnis verlegt werden können und nie mehr in das alte zurückkehren.

Die Themen, die diese Häftlinge im Dialog ansprechen, reichen von der Auswirkung ihrer Verbrechen auf ihr Leben und das ihrer Opfer bis zum Charakter des Lebens im Gefängnis. Die Gefängnisdialoge bieten ihnen die Chance, über den Schmerz in ihrem Leben zu sprechen und nachzudenken. Es gibt nur wenige Orte im Gefängnisleben, in denen das möglich ist, aber in gewissem Rahmen kann dieser Prozess die bittere Realität transformieren.

Die Untersuchung der Gefängnisdialoge, die das Institut für Kriminologie in Cambridge durchführte, bestätigt diese Beobachtung. In einem Bericht heißt es:

> *»Die Dialoggruppe, bei der sich das Gefängnispersonal gelegentlich den Gefangenen beim »lauten Denken« anschloss, wurde oft als der Ort bezeichnet, an dem die Begegnungen zwischen Angestellten und Häftlingen am besten verliefen [...] Die Beziehungen in der Dialoggruppe waren deshalb so gut, weil sie ehrlich, aber auch kritisch waren. ›Es ist einer der wohl ehrlichsten Orte im Gefängnis.‹ [...] Für die Häftlinge war dies ein Ort, an dem sie die Angestellten so sehen und kennen lernen konnten, wie sie wirklich waren, und dasselbe galt umgekehrt.«*

Und später heißt es:

> *»Die Gespräche, die wir miterlebten (und an denen wir teilnahmen), waren außergewöhnlich reif, offen und konstruktiv. Gelegentlich waren sie außerordentlich bewegend. Es schien, als seien die Gefangenen (und manchmal auch das Personal, wenn es dabei war), nicht mehr im Gefängnis und würden wieder sie selbst. Die Wirkung dieses ›Raumes‹ auf die einzelnen Teilnehmer, auf ihre Beziehungen und auf das Leben im Gefängnis war unserer Meinung nach uneingeschränkt positiv.«*[13]

Ganz offensichtlich bieten die Dialoge den Gefangenen genauso wie den Angestellten und der Gefängnisleitung einen guten Ort für Reflexion. Besonders spannend sind aber die Einsichten, die Garrett aus seiner fünfjährigen Arbeit mit einigen der schlimmsten Verbrecher Großbritanniens gewonnen hat. Seine Botschaft lautet, dass der Dialog jeden Teilnehmer verändert, oft auf ganz unerwartete Weise:

> »Ich habe mit Überraschung entdeckt, dass Menschen in konfrontativen und gefährlichen Situationen nicht Rückzug, sondern Engagement wollen. Das lief zunächst meiner Intuition entgegen [...] Es gibt eine besondere Form des Engagements in konfrontativen Situationen, eine gesunde Mischung aus Unterstützung und Herausforderung, verbunden mit authentischer Erkundung der eigenen Erfahrung und der des anderen, die solche Situationen kreativ und fruchtbar macht.«[14]

Der Dialog ermöglicht diese Form des Engagements, die solch tiefreichende Veränderung und solch tiefgreifendes Lernen erlaubt.

Anmerkungen

[1] *New York Times*, April 1995, A7.

[2] Abschrift der Sendung *Prime Time Live*, ABC News, 1997.

[3] Ebd.

[4] Ihre Firma »Action Design Associates« entstand aus der Zusammenarbeit mit Chris Argyris und Donald Schoen.

[5] Wissenschaftler und Praktiker haben das immer wieder versucht. Besonders zu nennen ist hier Herb Kelman aus Harvard, der schon vor den gegenwärtigen Verhandlungen jahrelang Workshops mit Palästinensern und Israelis durchführte. Daran waren viele Schlüsselfiguren beteiligt, die in diesem Prozess Menschen von der »anderen Seite« des Konflikts kennen lernten und allmählich andere Vorstellungen von deren Motiven entwickelten.

[6] Das Abkommen von Oslo wurden nach mehrmonatigen Geheimverhandlungen zwischen Israelis und Palästinensern geschlossen. In den Jahren und Monaten vor dem Ende der Apartheid traf sich der südafrikanische Präsident de Klerk privat mit dem damals noch im Gefängnis lebenden Nelson Mandela. Und der Politiker John Hume traf sich mit dem Sinn-Fein-Führer Gerry Adams zu Gesprächen über die Möglichkeiten, die Gewalt in Irland zu beenden.

[7] Mitschrift von ›Den Haag I‹, 1995 (unveröffentlichtes Dokument).

[8] »Die Haager Initiative«, 1998, 7; persönliche Mitteilung von B. Allyn.

[9] Ebd.

[10] Aus: *U.S. House of Representatives Bipartisan Retreat: A brief history*, 1998 (unveröffentlichtes Memo).

[11] Robert Bly: *Die dunklen Seiten des menschlichen Wesens.* Hg. v. W. Booth. Aus d. Amerikan. v. J. Gottwald. München 1993, 30f.

[12] Ebd., 31.

[13] Alison Liebling/David Price: *An exploration of staff-prisoner relationships at HMP Whitemoor*, Oktober 1998.

[14] Peter Garrett, private Mitteilung 1999.

17. Ganzheit ernst nehmen

> »Und was ist gut, Phaidros? Und was nicht gut?
> Müssen wir wirklich andere danach fragen?«
> *Platon, Symposion*

Wie die Leser dieses Buches bereits wissen, verdankt sich die Praxis des Dialogs unter anderem den Konzepten von David Bohm und Chris Argyris. Als sich die beiden 1989 zum ersten Mal begegneten, stellte sich Chris Argyris mit den Worten vor: »Ich glaube, wir haben etwas sehr Wichtiges gemeinsam. Wir nehmen beide Ganzheit sehr ernst.«

Es ist eine der wichtigsten Prämissen dieses Buches, dass wir die Bewusstheit und das Verständnis, das wir brauchen, um schwierige Konflikte zu lösen, disparate Kulturen zu verbinden und die gespaltenen Kräfte unserer Gesellschaft zu integrieren, bereits in uns tragen. Wir müssen, um mit Sokrates zu sprechen, nicht andere danach fragen, auch wenn die herrschende Kultur uns vom Gegenteil überzeugen will. Wenn der Dialog eines anbietet, dann ist es ein Prozess und eine Methode, mit der wir das, was wir an Bewusstheit und Verständnis bereits besitzen, erkennen und danach handeln können. Das verstehe ich unter »Ganzheit ernst nehmen«.

Wir haben in diesem Buch untersucht, wie sich ein Dialog im Lauf der Zeit entfalten kann, was seine einzelnen Phasen sind und welche Konsequenzen das für die Führung hat. Wir haben untersucht, warum ein Dialog nicht so problemlos entsteht, wie wir es gerne hätten – welche der Hindernisse, Strukturfallen, Grenzen und starren Denkmuster, die so viele menschliche Erfahrungen prägen, Dialog und grundlegende Veränderung erschweren. Und wir haben uns angesehen, wie sich mit Hilfe des Dialogs praktische Veränderungen erreichen lassen.

Jetzt müssen wir noch darüber nachdenken, welche Grenzen wir mit Hilfe des Dialogs überschreiten können. Die Wegweiser dazu sind die drei Bereiche, von denen die Griechen der Antike sprachen: das Gute, das Wahre und das Schöne.

Sie werden sich erinnern: Gas Gute bezieht sich auf den Bereich der Moral und des kollektiven Handelns, das Wahre auf das Streben nach objektiver Wahrheit und das Schöne auf Ethik und Ästhetik. Alle drei zusammen ergeben eine Perspektive für die Integration der inneren und äußeren Dimensionen des menschlichen Lebens.

In diesem Kapitel untersuche ich, ob der Dialog, so wie ich ihn hier entwickelt habe, als Vehikel zur Integration taugt, d.h. ob er ein Mittel ist, um die angeblich »weichen« und schwer fassbaren inneren Dimensionen wie Moral, künstlerischer Ausdruck, Sinn, Introspektion mit den angeblich »härteren« und objektiveren äußeren Dimensionen wie empirische Forschung zu verbinden.

Ein Weg zur Ganzheit

Jede Führungskraft kann sich folgende Frage stellen: Wie trage ich dazu bei, in die Maßnahmen und Aktionen, für die ich verantwortlich bin, das Gute, das Wahre und das Schöne einzubringen? Eins der Potentiale des echten Dialogs besteht darin, Menschen in die Lage zu versetzen, die Fragmentierung dieser drei Sprachen zu überwinden und ein Mittel zu gemeinsamer Erkundung und gemeinsamem Verständnis zu finden. So gesehen, ist der Dialog der Weg zu einer neuen Sprache der Ganzheit, einer Sprache, die uns erlaubt, eine Lösung für unsere drängendsten praktischen Probleme zu finden, die alle drei Elemente einschließt, die Relevanz aller drei Sprachen würdigt. Ein echter Dialog erfordert die Präsenz aller Dimensionen, keine darf fehlen.

Es ist also sinnvoll, einige Merkmale und Dimensionen der heutigen Entwicklung aus dieser Perspektive zu betrachten. In diesem Kapitel geht es um drei Themen: um die Auswirkungen des Internet und die Verlockungen und Grenzen des »digitalen Dialogs«, um den sich wandelnden Machtkontext in Unternehmen und in der Gesellschaft und schließlich um die durch die Verpflichtung auf den Dialog nötig gewordene Umformung der Sprache.

Die Integration des Schönen:
Das Herz ist analog

Der »digitale Dialog« ist in dieser Hinsicht sehr viel versprechend, aber er birgt auch Gefahren. Heute ist viel von den Möglichkeiten einer »vernetzten« Welt für die Transformation des Handels, die Freisetzung von Wissen und zahlreiche neue Wege der menschlichen Interaktion die Rede.[1] Aber im Gespräch über dieses handgreifliche Symbol der gegenwärtigen

Revolution der zwischenmenschlichen Verbindungen wird kaum erwähnt, dass wir unser gemeinsames Reden und Denken verändern müssen, um diese wirkungsvollen Werkzeuge besser nutzen zu können.

Viele Menschen haben viel Arbeit in die Entwicklung der Systeme, Netzwerke und Browser gesteckt, die das Internet braucht. Diese äußere Ökologie nehmen wir wahr, aber die innere übersehen wir gerne. Welches System regelt die menschliche Kommunikation? Was ist für ihr reibungsloses Funktionieren nötig? Was steht seinem Funktionieren im Wege? Ich habe in diesem Buch drei Ebenen beschrieben, die für das menschliche Kommunikationssystem wichtig sind: neue Verhaltensweisen, Interaktionsstrukturen und die unsichtbare Architektur für das gemeinsame Denken. Aber daran wird kaum systematisch gearbeitet. In der Regel geht es nur darum, die neuen Werkzeuge zum Funktionieren zu bringen, nach dem Motto, ihre Präsenz allein werde die gewünschten Veränderungen auf diesen Ebenen schon erzwingen.

Ich bin da weniger optimistisch. Sicher kann jeder seine eigene Talkshow im Internet starten, nur: Wer hört zu? Das Internet, darauf hat mich ein Freund aufmerksam gemacht, ist der Traum jedes Narzissten: Jeder kann ein Buch veröffentlichen, ja sogar Voyeure aus aller Welt zu sich nach Hause einladen. Die Vorstellung, die Breitbandübertragung verbessere gleichzeitig auch die Qualität von Information, mag verlockend sein, aber die Tiefe des Austausches hängt letztlich davon ab, was im Geist und im Herzen der Menschen vor sich geht. Das Internet lässt sich als Versuch unserer alphabetisierten und isolierten Kultur verstehen, zur Gemeinschaft zurückzukehren. Die Leute stellen sich anscheinend vor, umfassende digitale Vernetzung führe auch zu umfassendem Kontakt und damit zur Heilung der großen Krankheiten unserer Zeit: Isolation, Schnelligkeit und Kontaktmangel.

Bis jetzt aber hat die digitale Revolution *Verbindung, aber keinen Kontakt* gebracht, und zwar eben deshalb, weil wir den Erfahrungsebenen, die für einen echten Dialog nötig sind, nicht die nötige Aufmerksamkeit schenken. Wenn wir uns darauf konzentrieren, spricht nichts dagegen, dass das Internet zum Medium wird, das diese Ebenen tatsächlich auf profunde Weise verstärkt.

Heute können wir uns zwar immer mehr Informationen senden, sind aber deshalb noch lange nicht in der Lage, Verständnis, Einsicht, Weisheit oder Herz miteinander zu teilen. Die wichtigste Erkenntnis ist vielleicht die, dass das menschliche Herz »analog« ist: kontinuierlich, fließend, wellenartig. Es lässt sich nicht, zerlegt in Informationspakete, irgendwohin beamen und wieder so zusammensetzen, wie es war. Der

Ehrgeiz, ein exaktes digitales Replikat menschlichen Denkens und Ausdrucks zu schaffen, spiegelt die Konzentration auf die Systematisierung der äußeren Welt. Aber dadurch wird die innere erneut übersehen. Die naturwissenschaftliche Geisteshaltung will, um mit Ken Wilbur zu sprechen, die Bereiche des Wir und des Ich »kolonisieren«. Diese Energie wird auch im expansiven, ja fast schon imperialistischen Charakter der digitalen Revolution erkennbar. *Alles* soll digital werden. Das ist nicht an sich »schlecht«, sondern symbolisiert unsere Tendenz, alle Aspekte des menschlichen Lebens zu erklären und zu objektivieren. Hier ist das objektiv Wahre am Werk, ohne Kontakt zum subjektiv Schönen. Was aber wäre die Aufgabe des Schönen in diesem Zusammenhang? Vielleicht nur die der Erinnerung daran, dass die schlichte Berührung einer menschlichen Hand eine größere Wirkung haben kann als sämtliche digitalen Bibliotheken. Verbindung ohne Kontakt.

Wir haben in diesem Buch gelernt, dass das menschliche Kommunikationssystem – das Gedankenfundament unserer Gespräche – grundlegend beschädigt ist. Diese Beschädigung lässt sich nicht einfach dadurch beheben, dass man die Medien erweitert, über die wir kommunizieren. Wir können mit ihrer Hilfe z.B. die individuelle Stimme, aber nicht unbedingt auch die Reflexion über die Qualität dieser Stimme verstärken. Sie ermöglichen uns, Perspektiven besser zu suspendieren, fördern aber weniger das Prinzip der Bewusstheit als vielmehr Vorurteile und Gewissheiten. Alles hängt davon ab, wie man sie nutzt und inwieweit wir lernen, die drei Ebenen des Dialogs, von denen in diesem Buch die Rede war, zu aktivieren.

Als das Repräsentantenhaus der Vereinigten Staaten sämtliche Protokolle, Transkripte und Berichte ins Internet stellte, damit der einzelne Bürger sich über die Probleme und Taten Präsident Clintons »selbst ein Urteil bilden« konnte, war das eine bislang beispiellose Demonstration der Fähigkeit des Internets zu unbegrenztem Zugang. Aber dennoch frage ich: Was haben wir dadurch gelernt? Hat diese ungeheure Datenmenge tatsächlich dazu geführt, dass ein einzelner Bürger den Skandal anders empfand und sich anders dazu verhielt? Dass er anders mit den Anteilen umgegangen ist, die verdammen, was äußerlich ist, weil es sich mit schmerzlichen Realitäten deckt, die in ihm sind?

Viele Menschen aus meiner Bekanntschaft empfinden die Online-Kommunikation als großen Vorteil. Sie können sich jederzeit einwählen und ohne Angst vor Unterbrechungen (und sei es nur durch die Körpersprache der Gruppe) sagen, was sie wollen. Viele sind der Ansicht, die Qualität ihres Online-Dialogs sei besser als die des direkten Gesprächs, und das ist bezeichnend: Die Online-Verbindung filtert einen großen Teil der Geräusche direkter Kommunikation aus. Das hat in gewissem Sinne tatsächlich Vorteile. Wir können Entwürfe von dem machen, was wir zu sagen haben. Wir können nachdenken ohne den Zwang, reagieren zu müssen. Die größere Ruhe ermöglicht uns, Zugang zu unseren besseren Seiten zu bekommen und sie anderen zu präsentieren. Online-Kommunikation ist fast schon meditativ: Wir sind in sehr realem Sinne im Gespräch mit uns selbst.

Aber die Anteile, die verändert werden müssen, sind nicht schon dadurch verschwunden, weil wir sie aus unserer Email-Kommunikation herausfiltern. Es handelt sich oft gerade um die Anteile, die wir vor uns selbst verbergen, die aber deutlich werden, sobald wir unter Druck mit anderen interagieren. Diese Dimensionen unserer Interaktion sind sehr stark und erfordern die meiste Arbeit.

Die Stärke der Online-Erkundung

Welche Auswirkungen die digitale Revolution haben wird, kann heute niemand wirklich sagen. Aber die Perspektive des Dialogs zeigt einige Möglichkeiten. Dialog aktiviert z.B. Reflexion und *Suspendieren*. Die Fähigkeit, sich dessen, was geschieht, bewusst zu werden, während es geschieht, ist ein zentraler Bestandteil der dialogischen Seinsweise. Wie ich oben bereits angedeutet habe, besitzt dies Stärke und verleiht die Freiheit, etwas zu schaffen, weil wir dadurch lernen, die Versklavung durch Erinnerungen aus der Vergangenheit zu beenden. Aber Nachdenken, vor allem in großen Gruppen, erfordert Disziplin und Arbeit. Die Online-Medien bieten hier so etwas wie ein Übungsfeld für die schwierigere direkte Zusammenarbeit. Darüber hinaus erzwingt das Internet auch eine neue Form des *Zuhörens*. Wenn wir die Aussagen verschiedener Menschen über Email oder auch in Videokonferenzen hören, müssen wir das Gesagte auch bewusst verarbeiten. Wir sind in der Lage, sehr viel mehr Stimmen zu hören, als wir es ohne dieses Medium könnten.

Dafür gibt es mittlerweile eindrucksvolle Beispiele. Buckman Laboratories, ein Chemieunternehmen mit Sitz in Memphis, hat ein Wissensnetz geschaffen, dass virtuelle Echtzeitverbindungen zu sehr vielen seiner zwölfhundert Mitarbeiter bietet. Buckman stellt in acht Fabriken auf der ganzen Welt mehr als tausend verschiedene Chemikalien her; das Unternehmen hat Zweigstellen in rund achtzig Ländern. Das von ihm aufgebaute »K'Netix«-System ist von vielen verschiedenen Organisationen untersucht worden. Es funktioniert so: Ein Kaufmann aus Indonesien fordert ein Programm zur Pechreduzierung für eine örtliche Papiermühle an. Nur wenige Stunden später reagiert ein Mann aus Memphis mit einer Aufstellung der von Buckman produzierten Chemikalien und weist auf die Examensarbeit eines indonesischen Studenten über die Reduzierung von Pech bei tropischen Harthölzern hin. Kurz darauf meldet sich ein Manager aus Kanada mit einer Beschreibung der Methoden, die in British Kolumbien benutzt werden. Es folgen Antworten aus Schweden, Neuseeland, Spanien und Frankreich, Rat aus dem Rural Delivery Department in Memphis, chemische Formeln aus Mexiko und Südafrika. Elf Antworten aus sechs Ländern sichern Buckman einen Auftrag im Wert von 16 Millionen Dollar.[2]

*Ein weiteres **Beispiel** für die Wirkung von Online-Diskurs und -Erkundung ist das Global MBA Programme der Duke-University. Alle Tagungen der MBA-Gruppe sind online. Die Gruppe hat Mitglieder in Asien, Europa und Nordamerika, die sich fünf Mal treffen, aber ihre Untersuchungen meist über Online-Foren und Chats durchführen. Sie sind also zunächst sehr intensiv zusammen und halten dann Kontakt über das Netz. Nach ihrer Aussage handelt es sich um einen reflektierenden Diskurs. Die Feedback-Schleife von intensiver direkter und Online-Arbeit ist für die Studenten und die Fakultät gleichermaßen produktiv. Sie ermöglicht ein gemeinsames Nachdenken und Lernen, das auf dem einen oder anderen Weg allein nicht zu erreichen wäre. Es ist gut möglich, dass das Internet die Fähigkeit zur Reflexion fördert, die essentiell ist, wenn wir es für den Dialog und nicht nur für die Diskussion nützen wollen.*

Denkbar sind viele verschiedene Formen der Online-Infrastruktur, -Werkzeuge und -Methoden, mit denen sich z.B. die vier zentralen Praktiken des Dialogs stimulieren und neue Fähigkeiten ausbauen lassen. Denkbar sind auch Modelle dazu, wie die Technologie in bestimmten Gemeinschaften aufgenommen wird, um die prädiktive Intuition in Hinblick auf ihren Gebrauch zu verbessern. America Online z.B. ist nicht nur ein großer virtueller Marktplatz, sondern folgt auch einem überwiegend offenen Systemansatz. Daraus lässt sich prognostizieren, dass AOL für Menschen, die das geschlossene System bevorzugen, nicht das Richtige ist. Sie wünschen sich geschlossene Normen, etwa besser regulierte Räume und stärkere Zugangsrichtlinien. Verschiedene Menschen brauchen unterschiedliche Container, um sich entfalten zu können.

Umdeutung des Guten: Die Macht des Kreises

In seinem Buch *The Gift* beschreibt Lewis Hyde die ersten Interaktionen der amerikanischen Indianer mit den Pilgervätern. Beim ersten Treffen brachten die Indianer den britischen Besuchern eine schöne Friedenspfeife mit. Die freuten sich und beschlossen sogleich, sie dem britischen Museum in London zu übergeben. Zu ihrer großen Überraschung aber erwarteten die Indianer bei ihrem nächsten Besuch, die Pfeife, nachdem sie wieder gemeinsam geraucht worden war, zurückzuerhalten. Für die Siedler war klar, dass ein Geschenk, das man bekommt, in den eigenen Besitz übergeht, während für die Indianer ein Geschenk zur Weitergabe bestimmt war.[3] In dieser Geschichte werden zwei unterschiedliche Vorstellungen von Eigentum, aber auch zwei verschiedene Auffassungen von kollektiven Verbindungen und Moral sowie deren Wirkungsmacht deutlich, oder, anders ausgedrückt: zwei ganz verschiedene Vorstellungen von dem, was das Gute ist. Nach der einen Auffassung, aus der sich die kapitalistische Marktwirtschaft entwickelte, sind Waren dazu bestimmt, besessen und bewahrt zu werden. Nach der anderen, die in den meisten indigenen und Stammesgesellschaften vorherrscht, ist der überwiegende Teil (wenn auch nicht alle) der Waren Bestandteil eines kollektiven Flusses. Bündnisse werden über den Austausch von Geschenken geschlossen. Ein solcher Austausch ist für die meisten kreativen Kollektive von zentraler Bedeutung. Wissenschaftliche Gemeinschaften sind auf den freien Gedankenaustausch angewiesen, um gedeihen zu können. Strebt ein Mitglied nach Besitz, ist dieser Geist zerstört.

Auch der Dialog ist im wesentlichen eine Beziehung des freien Austausches. Das dialogische Gespräch will einen wechselseitigen Beitrag leisten. Ein Gespräch, das dazu bestimmt ist, anderen etwas zu entlocken, verlässt die Ebene des Dialogs.

So verstanden, definiert die Austausch-Beziehung auch die Machtbeziehungen im Dialog neu. Dialog verhilft disparaten Gruppen zur Entwicklung einer gemeinsamen Bedeutung. Meiner Meinung nach leistet er aber noch mehr: Er kann das Verständnis vom Wesen der Macht tiefreichend verändern. Dialog ist ein Gleichmacher, er transformiert repressive hierarchische Formen und gibt jedem Einzelnen die Freiheit, das, was er denkt und fühlt, unmittelbar zu akzeptieren und auszudrücken. In seiner reinsten Form aber ermöglicht der Dialog die Entstehung wahrhaft kollektiver Führung, wie ich es nennen will, einer Führung, deren höchstes Ziel letztlich darin besteht, etwas beizutragen, zu geben, statt zu nehmen.

Warren Bennis und Patricia Biederman[4] beschreiben die Spitzenleistungen von Gruppen, die ein ungewöhnliches Niveau von Übereinstimmung und Zusammenarbeit erreichen. Zu den Beispielen, die sie anführen, zählen das Manhattan-Projekt oder Steve Jobs berühmt gewordene Macintosh-Gruppe bei Apple Computer. In »großartigen Gruppen« bringen die Mitglieder bereitwillig alle ihre Ideen ein, um eine in ihren Augen »göttliche«

Mission zu erfüllen. So war z.B. das Macintosh-Team wirklich überzeugt, durch sein Produkt und seine Vision von dem, was ein PC sein könnte, der Menschheit einen Dienst zu erweisen.[5]

Mit den in diesem Buch skizzierten Prinzipien soll zu formulieren versucht werden, warum und wie solche Gruppen das erreichen. Im Wesentlichen finden sie den Mut und die Inspiration, den Schritt aus dem »Zusammenbruch« des Containers hin zu einer gewissen Form fließender Übereinstimmung zu machen. Bei Macintosh war eindeutig Steve Jobs derjenige, der die anderen dazu inspirierte, ihre möglichen Differenzen zu überwinden und sich an einer umfassenderen Vision zu orientieren. In anderen Situationen bleiben die Beteiligten trotz diverser Hochs und Tiefs soweit im Fluss, dass sie großartige Ideen und Ergebnisse zustande bringen. Ist dieser Zustand erst erreicht, entdecken die Beteiligten die Bewegung der Macht, einer Macht, die Menschen strukturiert, aber vor allem eine Gruppe von Ideen so umformt und ihr soviel Anziehungskraft verleiht, dass alle einen gemeinsamen Fokus und ein gemeinsames Ziel haben.

Die Bereitschaft zum ungehinderten Austausch von Ideen, ohne enge Grenzen ziehen zu müssen, um sie zu schützen und zu bewahren, erzeugt ein gemeinsames Denken und einen gemeinsamen Bedeutungspool, aus dem viel entstehen kann. Gerät aber umgekehrt eine Gruppe plötzlich in einen Austausch, in dem die Gedanken und Worte sorgfältig gehütet werden, in dem man erst abwartet, was der andere sagt, und danach entscheidet, wie man mit der Situation umgehen soll, dann kommt es zum Zusammenbruch.

Der Kreis ist eine gute Metapher für eine Art des Austausches, der eine ganz unübliche Offenheit von Herz und Hirn erfordert. In der Kreiswirtschaft geht es um das Geschenk, in der Marktwirtschaft um den kommerziellen Austausch.

Dialog ermöglicht das »freie Fließen der Bedeutung«, das die Machtbeziehungen zwischen den Beteiligten verändern kann. Wenn ein solches freies Fließen entsteht, zeigt sich, dass kein Einzelner es besitzen und legitimieren kann. Man kann nur lernen, dieses Fließen zu verkörpern und ihm in gewissem Sinne zu dienen. Vielleicht ist das der wichtigste Wechsel, den der Dialog ermöglicht: die Einsicht, dass Macht nicht länger das Vorrecht einer Person mit einer bestimmten Rolle oder auch nur eines Einzelnen ist, sondern in der Verbindung eines Einzelnen oder einer Gruppe zur Macht des Lebens selbst liegt. Die Macht, die niemanden respektiert, aber alle einschließt, das Beste im Menschen fordert und große Kreativität weckt, ist die Liebe. Durch den Dialog kann die Macht der Liebe freigesetzt werden, nicht im sentimentalen oder moralistischen

Sinne, sondern im Sinne wahrer Kreativität. Hier liegt auch das Geheimnis der Integration der drei Sprachen. Auch wenn wahrscheinlich kaum eine der »großartigen Gruppen« oder anderer potenter Kollektive ihren Erfolg öffentlich auf die Liebe zurückführen würde, glaube ich doch, dass Liebe oft ein unsichtbarer Bestandteil war.

Die Wahrheit sagen: Eine neue Sprache der Ganzheit

Dialog steht für eine Arbeitsweise, die bei unseren Vorfahren möglicherweise noch zur genetischen Ausstattung gehörte, für uns aber neu ist. Die wenigsten Menschen haben wirklich Erfahrung damit. Wir sind es nicht gewöhnt, schon gar nicht in Situationen, in denen viel auf dem Spiel steht, offen und bewusst miteinander zu sprechen, ohne die Absicht, uns das Ergebnis dieses Austauschs ganz oder teilweise anzueignen. Wir wissen nicht, wie wir uns an einer Erkundung beteiligen sollen, ohne vorher geplant zu haben, was wir sagen sollen. Wir treten gut vorbereitet an, voller festgelegter Ideen, und haben uns vielleicht darum bemüht, auch andere vorzubereiten. Und sobald es Probleme gibt, greifen wir wieder zu Argumenten und Debatten.

Das führt bei zunehmender Erfahrung mit dem Dialog unter anderem zu der Erkenntnis, dass unsere Worte sich nicht besonders gut dazu eignen, das auszudrücken, was wir fühlen. Die Sprache vieler Menschen ist ein Spiegel unseres »Maschinenzeitalters«. Das gilt besonders für die Firmenkultur. Wir »forcieren« Themen, werden zum »Motor der Veränderung«, »produzieren« Expansionsbestrebungen. Aber es gilt auch in anderen Fällen. Unsere Sprache ist fragmentiert. Wir reden, um unsere Positionen zu verstärken. Die Tendenz zur Fragmentierung wird auch darin deutlich, dass unsere Worte, wie Nachfragen zeigen, anscheinend für jeden etwas anderes bedeuten. Worte wie *Prozess* oder *System* haben für ganz verschiedene Menschen so viele unterschiedliche Bedeutungen, dass sie fast schon andere Sprachen bilden. Uns fehlt eine Sprache der Ganzheit.

Der Gewerkschaftsfunktionär Greg arbeitet seit mittlerweile über dreißig Jahren in der Fabrik in Kansas City. Greg ist zierlich, ein Kettenraucher mit rauer Stimme, und die Falten in seinem Gesicht verraten das Gewicht der Erfahrung. Er ist mit der Gewerkschaft groß geworden: »Ich war mein Leben lang Gewerkschafter. ... Mein Vater hat mich mit sechs Jahren zu einem Streik mitgenommen ... die Gewerkschaft ist einfach eine Lebensform. Wir brauchen sie sehr nötig. Ein schlechter Arbeitgeber sorgt für eine gute Gewerkschaft. Bei einem guten

Arbeitgeber ist gute Gewerkschaftsarbeit nicht möglich. Das geht einfach nicht. Es fehlt die Notwendigkeit.«

Die anderen Gewerkschafter hatten großen Respekt vor Greg, vor allem wegen seiner unbeirrbar harten Linie gegenüber dem Management. Aus seiner Perspektive versuchte das Management immer, sie übers Ohr zu hauen; manchmal wusste man nur nicht genau, wie. Dennoch blieb er auch für das Management stets glaubwürdig, er redete ehrlich und direkt, ohne jeden Zynismus. Oft sprach er aus, was die Manager zu verbergen suchten, und sie respektierten das ungeachtet ihres Ärgers. Er zählte z.B. gerade in dem Moment, in dem das Management die Beziehungen zur Gewerkschaft im bestmöglichen Licht erscheinen lassen wollte, exakt auf, wie viele noch unbeantwortete Beschwerden bei der Gewerkschaft eingegangen waren. Aber zu seiner großen Überraschung entdeckte er auch, dass er den Wert des Dialogs schätzen und ihn sogar als notwendige Veränderung für Management wie Gewerkschaft verstehen lernte. Diese Entdeckung aber hatte ihren Preis.

Greg sprach mich nach mehreren Monaten der Zusammenarbeit einmal sehr irritiert an: »Ich bin unzufrieden mit dir, Bill.« »Warum?« fragte ich. »Du hast mir eine der besten Waffen aus der Hand genommen, die ich hatte. Jetzt kann ich nicht mehr einfach zum Management gehen und mich streiten. Das konnte ich immer, aber jetzt geht das nicht mehr. Was soll ich denn jetzt statt dessen tun?«

Wenn man sich auf den Dialog einlässt, kann das auch gefährlich sein. Es kann die eigene Bewusstheit so verschieben, dass man nicht mehr fähig oder willens ist, zur »monologischen«, gelenkten und letztlich missachtenden Arbeitsweise zurückzukehren. Das kann problematisch sein, denn man weiß unter Umständen nicht mehr so genau, wie man schwierige Situation steuert. Die anderen scheinen sehr viel besser in der Lage, die eigenen Vorschläge zur Versöhnung und die Bemühungen um tiefere Erkundung abzulehnen. Der Versuch, zu sagen, was »wahr« ist – eine neue Sprache der Bedeutung zu sprechen – wird nicht immer mit offenen Armen aufgenommen.

Aber die Wahrheit zu sagen ist noch aus anderen Gründen gefährlich. Auch die Sprache der Bedeutung kann schlicht einseitig sein, genauso wie die anderen hier vorgestellten Sprachen. Sie kann das Gespür für Taten überspringen, Menschen und ihre Gefühle umgehen oder objektivieren. Wir denken oft kategorisch und grob in Entweder-oder-Begriffen. Alfred Korzybski, der berühmte Semantiker, hat gesagt, dass ein Ding immer mehr und zugleich weniger ist als seine Bezeichnung. Es gibt kein Wort, das all die Bedeutungen vermitteln könnte, die wir vermitteln wollen.

Aber wenn wir aus unserem wahren Wesen heraus sprechen, haben die Worte einen unmissverständlichen Klang. Auf diese Weise wird das Wahre neu in das Schöne und Gute integriert, denn wenn wir mit unserer Stimme sprechen, ist sie schön und spricht nicht nur für uns selbst, sondern fast schon für alle. Der Fehler liegt darin, dass wir dem einen Namen oder einen Begriff geben wollen. Wir sollten uns statt dessen einfach entspannen und zur Kenntnis nehmen, dass etwas Wahres gesagt wurde.

Beim Abschluss eines fünftägigen Seminars zu Lernen und Dialog saßen die rund siebzig Teilnehmer, Manager und Führungskräfte, in einem großen Kreis zusammen und reflektierten die Erfahrungen, die sie in dieser Woche gemacht hatten. Eine Engländerin stand auf und sagte: »Ich habe etwas zu sagen. Ich habe das Gefühl, als hätte sich vor meinen Augen ein Wolkenschleier gehoben. Alles wird klarer. Es mag seltsam klingen, aber mir ist, als wäre es möglich, wieder zu sehen. Und was ich sehe, ist wirklich schön. Es schließt Sie alle ein, aber auch die außerordentliche und doch so einfache Möglichkeit, dass Menschen auf neue Weise zusammensein können.«

Die Worte waren dabei weniger wichtig als der Klang ihrer Stimme. Ihre Worte klangen einfach wahr. Sie evozierten ein Gefühl von Verbundenheit und verliehen dem, was in der Luft lag – große Unabhängigkeit und fließende Interdependenz – eine Stimme. Sie war sich dessen bewusst, was geschah, während es geschah. Sie sagte es, und es war so.

Sind sie je von einer Konferenz mit dem Gedanken weggegangen: *Ich wünschte, ich hätte das und das gesagt,* oder: *Hätte ich das wirklich sagen sollen?* So etwas zeigt Ihre anhaltende Fragmentierung: Sie haben zwar die Erfahrung insgesamt in sich auf-, aber nur die einzelnen Teile wahrgenommen und sie später, eins nach dem anderen, zusammengesetzt.[6] Über ein Ereignis nachzudenken, nachdem es geschehen ist, ist wichtig, und die meisten vielbeschäftigten Menschen nehmen sich in der Regel nicht die Zeit dazu. Aber die wichtigste Dimension des Bewusstseins ist Nachdenken und Bewusstheit *im Augenblick des Geschehens* – d.h. dass man das, was man »gerne gesagt hätte«, so rechtzeitig erkennt, dass man es auch sagen kann. Diese Fähigkeit ist ein Zeichen für dialogische Kompetenz und ein Merkmal für eine neue Ganzheit der Sprache.

Der Dialog drängt uns, diese Fähigkeit noch einen Schritt weiter zu treiben. Ziel ist die kollektive Erkundung in der Gegenwart, bei der nicht die Position oder das Denken eines Einzelnen dominiert, sondern umfassendere Fragen und neue Gebiete für die Erkundung offengelegt werden.

In solchen Momenten entstehen oft Ängste und Minderwertigkeitsgefühle: Wir erkennen, wie wenig wir wissen, wie wenig Neues wir zu sagen haben, wie hölzern und vorhersagbar so viele unserer Worte und Taten sind. Dazu kommt, das vieles, was wir verborgen haben, nun potentiell offen erkundet wird. Das kann einschüchternd wirken, und meiner Meinung nach ist das Unbehagen vieler Menschen in dieser Phase mit dafür verantwortlich, dass echter Dialog so selten ist.

Ein guter Dialog erfordert Erfahrung und Fähigkeit. Er hat Folgen, und deshalb erfordert er Arbeit und persönliche Reife. Dennoch stoßen selbst die erfahrensten Praktiker des Dialogs auf einen weiteren Stolperstein. Denn paradoxerweise gehören sie zu den Menschen, die eben *nicht* sofort eine Expertenhaltung einnehmen, d.h. von außen auf die anderen blicken. Sie können mit den Teilnehmern offen und direkt in die Erkundung eintreten, ohne Abwehr und Reaktion zu provozieren. Aber in dieser Phase kennt man die Antworten noch nicht, hat keine rasche Lösung parat. Man muss nachdenken, vielleicht auch Fehler machen, Fragen entwickeln, die sich noch nicht beantworten lassen. Man macht die Entdeckung, dass die Entwicklung einer neuen Sprache für die Erfahrung eine der schwierigsten Herausforderungen des Dialogs ist.

Jenseits der Mustersprache

Christopher Alexander hat seine sogenannte »Mustersprache«[7] entwickelt, um die strukturellen Probleme in der Architektur zu lösen. Diese Mustersprache bezeichnet die Kategorien, in denen sich die lebendigen Elemente jedes Bauprojekts erfassen lassen. Sie stützt sich auf die gründliche Beobachtung der Merkmale menschlicher Aktivität. Dank der Beobachtung normaler Verhaltensmuster in typischen Lebens- und Arbeitssituationen, des »Gefühls« verschiedener Orte mit unterschiedlichen physischen Arrangements konnte Alexander die grundlegenden Bedingungen benennen, die nötig sind, um Gebäude von hoher Qualität zu entwerfen. Seine besondere Gabe liegt darin, die zugrundeliegende Ordnung von Orten wahrzunehmen, die das Gefühl der »Lebendigkeit« vermitteln, und daraus Richtlinien für den Bau zu entwickeln.

Nehmen wir Muster Nr. 159: »Licht von zwei Seiten in jedem Raum.« Hier weist Alexander auf die Qualität und die Wirkung des Lichts in Räumen hin. Er definiert dieses Muster so: »Wenn Menschen die Wahl haben, halten sie sich lieber in Räumen auf, die Licht von zwei Seiten haben, während Räume, die nur von einer Seite Licht haben, unbenutzt und leer bleiben« (S. 811). Alexander vermutet, dass das Licht in Räumen, die nur von einer Seite beleuchtet sind, verhindert, dass sich Menschen verstehen, so dass sie solche Räume meiden. Wenn aber alle Räume nur von einer Seite beleuchtet sind, bleibt ihnen natürlich nichts anderes übrig, als solche Räume zu nutzen. Zu einem anderen Muster, dem »Eingangsraum«, sagt er, dass Menschen einen »Raum zum Durchgehen« brauchen, wenn sie ein Gebäude betreten oder verlassen (a.a.O., 673).

Die Benennung von Räumen, in denen Interaktionen stattfinden, erfordert eine andere Art des Sehens. Man braucht Übung, um den ganzen Raum zu sehen und nicht nur die Gegenstände oder Dinge, die ihn bevölkern. Wir sind es meist nicht gewöhnt, so mit Räumen oder Gesprächen umzugehen. Für Gesprächsräume gibt es Bezeichnungen, etwa: »Die Atmosphäre war zum Schneiden.« Aber man kann lernen, die entstehenden Muster in einer Gruppe wahrzunehmen und ihre Sprachen zu sprechen.

*In einem Dialog zum **Beispiel** fiel einem Teilnehmer eine bemerkenswerte Tatsache auf: Der Kreis war nach Geschlechtern geteilt. Alle Männer saßen auf einer Seite, alle Frauen auf der anderen. Wir sprachen damals gerade über Kreativität und die Rollen von Männern und Frauen. Es war für alle eine verblüffende Erkenntnis, dass sich die physische Sitzordnung im Gespräch niedergeschlagen hatte. Plötzlich war der Dialog »aus einem Guss«: Was die Teilnehmer sagten, spiegelte sich in der Art, in der sie es sagten, und das wiederum spiegelte sich in der Sitzordnung.*

Metalog

Eine Erfahrung dieser Art ist ein Hinweis darauf, dass wir aus der Phase, in der wir auf neue Art miteinander sprachen, in eine Phase eingetreten waren, in der wir auf neue Art miteinander zusammen waren. Die Wurzel des Worts *Dialog* ist, wie bereits gesagt: »Bedeutung fließt hindurch«. Darin verbirgt sich eine räumliche Metapher: Das Eine fließt durch das Andere. Aber bei dem oben erwähnten Gespräch war es anders: Die Teilnehmer waren in dem Augenblick, in dem sie darüber sprachen, selbst die Bedeutung. Meiner Meinung nach verweist das auf einen Zustand, der jenseits des Dialogs liegt und den man als *Metalog* bezeichnen kann. *Meta* heißt »jenseits« oder »in einer späteren Entwicklungsstufe«, wie in *Metaphysik*. Aber *Meta* heißt auch »mit«, »außerdem«. Bedeutung, die sich mitbewegt, fasst die Essenz unserer Erfahrung. Unter Metalog verstehe ich einen vereinheitlichten Erfahrungszustand, in dem Bedeutung und Struktur sich gegenseitig spiegeln.[8]

Die Entwicklung einer Sprache, die die kreativen Räume des Gesprächs unterfüttern kann, zählt, wie ich glaube, zu den sehr zentralen Bereichen menschlicher Entwicklung. Solange wir der Sprache des Maschinenzeitalters verhaftet bleiben, sind wir unbeweglich; wir können uns nicht erheben, nicht denken. Wenn wir unsere Sprache verändern, verändern wir unser Denken und damit auch unsere Wirkung auf andere.

Die zweite Unschuld

Ein Freund hat mir einmal gesagt, der Dialog sei der Zustand, aus dem wir immer wieder herausfallen.[9] Er ist – wie ich – davon überzeugt, dass der dialogische Austausch auf der ganzen Welt ständig im Gange ist: als freies Fließen der Materie von einer Seinsebene zur anderen. Der Mensch besitzt aus irgendeinem Grund die Fähigkeit, diesen Fluss zu verlassen, zumindest in seinem eigenen Bewusstsein. Es ist ein wichtiger Schritt auf dem menschlichen Weg zur Reifung, das Gefühl für die Erfahrung der Teilhabe am Fluss des eigenen Lebens wiederzugewinnen. Dazu bedarf es einer Art von Unschuld, die erworben werden muss. Robert Bly hat gesagt, die erste Unschuld sei uns gegeben, die zweite müssten wir uns erarbeiten. Erarbeiten heißt hier, all das aufzugeben, was zu dem Glauben verleitet, wir seien irgendwie fehlerhaft, unvollständig, böse und verdienten es deshalb nicht, das Leben als kontinuierlichen, kohärenten Fluss zu erfahren. Ich habe festgestellt, dass es harte Arbeit ist, sich dieser Einstellungen bewusst zu werden und sie aufzugeben. Der Prozess des Dialogs als Gespräch mit- und untereinander ist dabei oft eine große Hilfe. Er fördert das Verständnis und versetzt mich an einen ruhigeren Ort, in dem ich in einen Dialog mit mir, meiner Welt und der umfassenderen Ökologie eintrete, in der ich lebe. Ich kann sie wieder als ganz, als kohärent sehen, auch wenn viele Elemente unvollständig oder gebrochen sind. Aber der Gesamtkontext ist ungebrochen. In diesem Zustand habe ich anderen etwas zu bieten und finde einen sicheren Standort in mir selbst. Das ist die zweite Unschuld.

Die Musik des Dialogs in mir versetzt mich in diesen Zustand, in diesen lebendigen Prozess. Ich bin dann nicht isoliert, sondern eng mit den Bedürfnissen und Perspektiven anderer verbunden. Hier gibt es sowohl Tiefe als auch Breite. Ich spüre die großräumige Architektur, erkenne die Interaktionsmuster, die um mich entstehen, bin handlungsfähig. Das Gute, Wahre und Schöne ist in einem beständigen, dynamischen Gleichgewicht. Ich kann jede der wohltönenden Stimmen aufnehmen. Das gibt mir Handlungsfähigkeit, aber mein Handeln offenbart jetzt ein größeres Ganzes.

Ich beginne einen Dialog mit mir selbst und dadurch auch einen Dialog mit Ihnen. In diesem Zustand vollzieht sich, in den Worten Martin Bubers eine »denkwürdige, nirgendwo sonst sich einstellende gemeinschaftliche

Fruchtbarkeit. Das Wort ersteht Mal um Mal substantiell zwischen den Menschen, die von der Dynamik eines elementaren Mitsammenseins in ihrer Tiefe ergriffen und erschlossen werden.«[10]

Ergriffen von diesem elementaren Mitsammensein berühren wir die wahre Macht des Dialogs, und der Zauber entfaltet sich.

Anmerkungen

[1] Vgl. z.B. Kevin Kelly: *NetEconomy: Zehn radikale Strategien für die Wirtschaft der Zukunft*. Aus d. Amerikan. v. B. Majetschak, München 2001.

[2] Vgl. *Fast Company*, Juni 1998, 118ff.

[3] Dieses Missverständnis hat sich in Nordamerika bis heute in dem Ausdruck *indian giver* erhalten; Lewis Hyde: *The gift. Poetry and the erotic life of property*, New York 1979, 4.

[4] Warren Bennis/Patricia Biederman: *Geniale Teams: das Geheimnis kreativer Zusammenarbeit*. A. d. Engl. v. L. Hoffman, Frankfurt/M. 1998.

[5] Vgl. a. Olaf-Axel Burow: *Ich bin gut - wir sind besser. Erfolgsmodelle kreativer Gruppen*, Stuttgart 2000.

[6] Richard Moon und Chris Thorsten haben diese Analogie entwickelt und die Bedeutung von »Zustandsveränderungen« untersucht — Methoden, die einen durch Übungen zur physischen Verkörperung rasch wieder in die Gegenwart zurückbringen.

[7] Christopher Alexander: *Eine Mustersprache: Städte, Gebäude, Konstruktionen*. Aus d. Amerikan. v. Hermann Czech, Wien 1995.

[8] Gregory Bateson erwähnt den Gedanken des Metalogs in: *Ökologie des Geistes*. Dt. v. Hans Günter Holl, Frankfurt/M. 1994.

[9] Ich danke John Gray für diese Beobachtung.

[10] Martin Buber: *Elemente des Zwischenmenschlichen*. In: Das dialogische Prinzip. 8. Aufl. Heidelberg 1997, 295.

Anhang: Diagramme

David Kantors System der vier Akteure

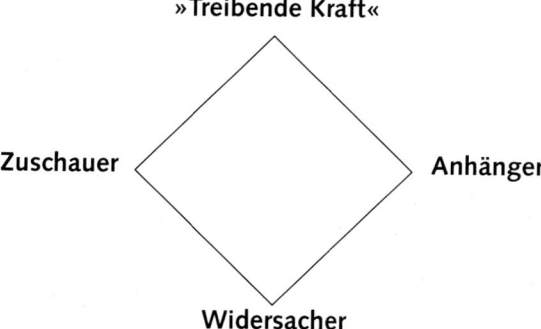

Ohne »treibende Kraft« gibt es keine Richtung

Ohne Anhänger gibt es keine Erfüllung

Ohne Widersacher gibt es keine Korrektur

Ohne Zuschauer gibt es keine Perspektive

Kapazitäten für neues Verhalten

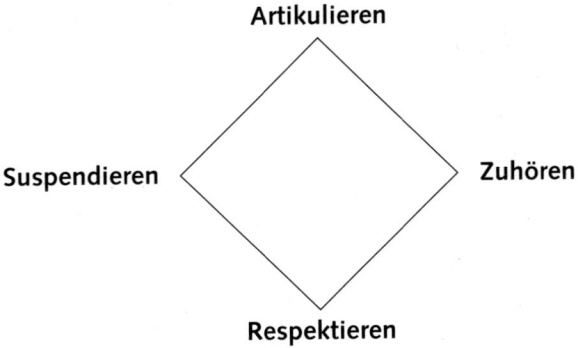

Artikulieren
Die Wahrheit sagen, soweit man sie kennt, sagen, wer man wirklich ist und wie man wirklich denkt
Frage: Was muss gesagt werden?

Zuhören
ohne Widerstand und Zwang
Frage: Wie fühlt sich das an?

Respektieren
Sich der Integrität der Position eines anderen und der Unmöglichkeit, sie ganz zu verstehen, bewusst sein
Frage: Wie passt das zusammen?

Suspendieren
Suspendieren von Annahmen, Urteilen und Gewissheiten
Frage: Wie funktioniert das?

Kernprinzipien des Dialogs

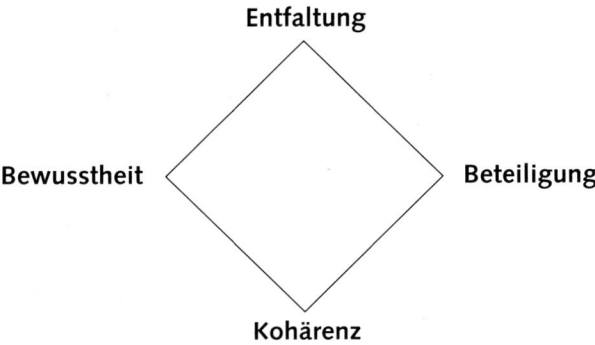

Entfaltung
In und durch uns entfaltet sich kontinuierlich ein implizites Potential

Beteiligung
Ich bin in der der Welt, und die Welt ist in mir

Kohärenz
Alles ist bereit vollständig; ich muss herausfinden, wie

Bewusstheit
Selbstwahrnehmung; ich bin mir der vielen verschiedenen Stimmen in mir bewusst

Bernd Schmid, Arnold Messmer

SYSTEMISCHE PERSONAL-, ORGANISATIONS- UND KULTURENTWICKLUNG
Konzepte und Perspektiven

978-3-89797-039-7 · 260 Seiten; zahlr. Abb.

Der dritte Band der Handbuchreihe erweitert die systemischen Betrachtungen auf Perspektiven der Personal-, Organisations- und Kulturentwicklung. Konsequent wird der systemische Ansatz vertreten, nach dem auch Organisationen lebendige Organismen sind.

Hier werden zahlreiche Modelle und Vorgehensweisen beschrieben, die sich in der professionellen Praxis in vielen Bereichen unserer Gesellschaft als besonders nützlich erwiesen haben. Sie sollen in die eigene Arbeit integriert werden. Von besonderer Bedeutung ist es, an diesen Beispielen zu lernen, wie man Prozesse verstehen und steuern kann. Nachhaltig entscheidend ist, dass Professionelle ihre eigenen kreativen Fähigkeiten entwickeln und Modelle, Methoden, Haltungen und Sinn passend zur Persönlichkeit wie auch zur Organisation zusammenbringen.

Gerhard Fatzer (Hrsg.)

NACHHALTIGE TRANSFORMATIONSPROZESSE IN ORGANISATIONEN
(TRIAS-KOMPASS 4)

978-3-89797-016-8 · 328 Seiten; zahlr. Abb.

Das Konzept der lernenden Organisation, wie es durch Peter Senge ausgeführt wurde, erfährt seine notwendige Fortführung, indem es um die Perspektive der Nachhaltigkeit der Transformation ergänzt wird. Es werden die Grundlagen von Transformationsprozessen dargestellt und im methodischen Ansatz der ›Lerngeschichten‹ als Dokumentationen von Lernprozessen von Personen, Teams und Organisationen vorgestellt. Dieser Ansatz verbindet die Aktionsforschung mit dem Dialog und stellt die wichtigsten Grundlagen zur Methode vor.

In den Worten von Edgar Schein bietet das Buch nicht nur die theoretischen Grundlagen von Transformationsprozessen, sondern auch »einige Tools für die Transformation und gleichzeitig Lerngeschichten, die so konkret sind, dass sie dem Leser detailliert zeigen, was, warum und wie getan wurde«.

Mit Beiträgen von: Jeff Clanon, Gerhard Fatzer, Charles Handy, Eckart E. Jensen, Kathrin Käufer, Art Kleiner, Joana Krizanits, Werner Mundwiler, George Roth, Thomas Sattelberger, C. Otto Scharmer, Edgar H. Schein, Sabina Schoefer

Gerhard Fatzer (Hrsg.)

GUTE BERATUNG VON ORGANISATIONEN – AUF DEM WEG ZU EINER BERATUNGSWISSENSCHAFT

Supervision und Beratung 2

978-3-89797-032-8 · 381 Seiten

Nach fünfzehn Jahren und zehn Auflagen wird der erfolgreichste deutschsprachige Titel zum Thema (Supervision und Beratung) nun fortgesetzt. Die internationale Beratungslandschaft hat sich in der Zwischenzeit vollkommen verändert und die unterschiedlichen Ansätze werden hier endlich systematisch auf ihre Eignung zu einer neuen Form von Beratungswissenschaft abgeklopft. Die wichtigen neuen Forschungen und Konzepte tragen dazu bei, grundsätzlich andere Wege für die Anforderungen der Zukunft zu betreten. Mit Beiträgen von: Gerald Deix, Dorothee Dersch, Gerhard Fatzer, Joana Krizanits, Wolfgang Looss, Heidi Möller, Kornelia Rappe-Giesecke, Thomas Sattelberger, Edgar Schein, Sabina Schoefer, Othmar Sutrich, Rudolf Wimmer.

Winfried Pohl, Gisela Sämann

EFFEKTIVE KOMMUNIKATION
Die Kunst der Beziehungsgestaltung im beruflichen Alltag

978-3-89797-051-9 · 128 Seiten; zahlr. Abb.

Das Buch entwickelt einen Weg zur Kommunikation als emotional ver ankertem, direktem Ausdruck der eigenen Persönlichkeit. Praktische Übungen und Fallbeispiele führen ein in den Dialog auch in schwierigen Situationen.

»Wir leiten Sie an, sich Ihres eigenen körpersprachlichen Ausdrucks bewusst zu werden. Die Bewusstheit über Ihr äußeres Verhalten und inneres Erleben sowie die Klarheit über Ihre Ziele sind unerlässliche Voraussetzungen jeder Kommunikation, die gelingen soll.
  Wir zeigen Ihnen auch, wie Sie Ihren Gesprächspartner wirklich wahrnehmen können, ohne ihn in Schubladen zu stecken. Sie lernen effektive Dialoggestaltung, den Umgang mit negativen Gefühlen und wie Sie sich mit Selbstcoaching-Techniken in schwierigen Situationen selbst unterstützen können. Sie erweitern zum einen Ihr Wissen um die wesentlichen Dimensionen effektiver Kommunikation. Zum anderen erhalten Sie praktische Anregungen und Übungsaufgaben für Ihren Alltag.«

»Überzeugend geschrieben ... bietet eine gute Anleitung, sich seiner selbst im kommunikativen Geschehen mehr bewusst zu werden und die eigenen Potentiale zu entwickeln.«
(Helmut Meyer, OrganisationsEntwicklung)

Wolfgang Looss

UNTER VIER AUGEN: COACHING FÜR MANAGER

Korr. Neuausg.
ISBN: 978-3-89797-038-0 · 217 Seiten, Abb.

»Coaching wird inzwischen in irgendeiner Form in nahezu allen Arbeitszusammenhängen betrieben und angeboten, zumindest wird dieses sprachliche Label für die unterschiedlichsten Tätigkeiten reklamiert.«

Looss gibt kompakt und praxisnah Antworten auf die Fragen nach Adressaten und Anlässen, nach Formen und Ablauf, nach Auswahl- und Erfolgskriterien, nach Rolle und Funktion des Beraters wie nach den Grenzen und Alternativen dieser hochwirksamen Methode der Einzelberatung von Führungskräften.

»Looss bietet Coaches einen kompetenten Überblick.«
ManagerSeminare 104.2006

Edgar H. Schein

AUFSTIEG UND FALL VON DIGITAL EQUIPMENT CORPORATION
Eine Learning History oder: DEC ist tot – lang lebe DEC

unter Mitarbeit von Peter S. DeLisi, Paul Kampas und Michael Sonduck
ISBN 3-89797-027-9 · 272 Seiten, zahlr. Abb.

Digital Equipment Corporation war ein Pionierunternehmen der Computerbranche, dessen legendärer Gründer Ken Olsen von Edgar Schein als Berater von 1966 bis 1992 begleitet wurde. In dieser Lerngeschichte wird dargestellt, wie die einzigartige Kultur von DEC durch die Freisetzung von unternehmerischer und technologischer Kreativität zum Erfolg führte, aber irgendwann die Weiterentwicklung behinderte und zum Niedergang des Unternehmens beitrug, das 1998 von Compaq übernommen wurde. Das Buch ist die erste vollständige Dokumentation eines Beratungsprozesses vom Beginn bis zum Ende einer Organisation.

»*Die Learning History von DEC illustriert, dass die Entwicklung jedes Unternehmens einzigartig ist, dass aber bestimmte Phänomene Allgemeingültigkeit haben, weil sie sich aus den zwangsläufigen Konsequenzen ergeben, die Erfolg, Wachstum und Firmengeschichte mit sich bringen.*«
Ed Schein im Vorwort

»*A guide for other companies!*«
Gordon Bell

profile

**Internationale Zeitschrift für Veränderung, Lernen, Dialog /
International Journal for Change, Learning, Dialogue**

ISSN 1615-5084
EHP – Verlag Andreas Kohlhage
Erscheint zweimal jährlich (März/Oktober), ca. 110 Seiten

Profile ist das erste professions- und ansatzübergreifendes Forum für die Diskussion und Reflexion verschiedener Aspekte des Themenfeldes ›Entwicklung, Veränderung, Lernen‹ in Organisation und Unternehmen.

Profile fördert den Dialog zwischen unterschiedlichen Ansätzen und Professionskulturen. Es geht um die Initiierung wechselseitiger Impulse. Menschen in der Arbeitswelt, Teams, Gruppen und ganze Organisationen stehen vor der Herausforderung, sich zu entwickeln, sich zu verändern, zu lernen und darüber in einen Dialog zu treten.

Profile ebnet den Weg zu einer neuen Beratungswissenschaft und zu neuen Formen von Unternehmens- und Führungskultur. Die dazu notwendigen Vorbedingungen und Formen werden hier beschrieben, indem die Perspektive stets über den eigenen Tellerrand hinaus gerichtet bleibt.

Profile ist die einzige Zeitschrift im deutschsprachigen Raum, die besonders den Dialog zwischen Veränderungsagenten unterschiedlicher Länder fördert: durch Mehrsprachigkeit, durch die Internationalität der Autoren bei klassischen wie bei aktuellen Beiträgen.

Profile entwickelte das seither mehrfach kopierte Modell einer Zeitschrift, die ›Dialog‹ ernst nimmt, indem zahlreiche Beiträge durch Kommentare ergänzt werden und indem Interviews mit Führungsverantwortlichen und Beratern die Aufätze ergänzen.

Profile präsentiert neben Autoren aus den Bereichen Forschung, Beratung und Management darüber hinaus stets auch Künstler, Fotografen, Karikaturisten und andere Professionen mit dem Ziel, nicht nur redundante Illustration oder Lifestyle zu integrieren sondern auch von diesem Dialog zu profitieren.

Profile kommt als Probeheft zu Ihnen – bestellen Sie unter www.profile-online.com